EL LOGOS CUÁNTICO

EL LOGOS CUÁNTICO

Juan F. Benemelis
2014

Neo Club Ediciones

Miami

EL LOGOS CUÁNTICO

PRIMERA EDICIÓN 2014
(c) Juan F. Benemelis
Miami, Fl. USA

Depósito legal

COLECCIÓN ENSAYO
NEO CLUB EDICIONES
neoclub@neoclubpress.com
neoclubpress.com

INDICE

Las matemáticas reflejan realidad. No entra quien ignore la geometría. Pí y los números irracionales. Filósofos matemáticos o matemáticos filósofos. Matemática y esencia humana. Matemática y la cosa en sí. La probabilidad matemática. Las matemáticas puras. Matemáticas vs mecanicismo. Las matemáticas celestes. La topología algebraica. Las paradojas matemáticas. Geometría no–euclidiana. Razón matemática como metafísica. El derrumbe de la lógica. El Tractatus de Russell. La matemática es inconsistente. Los teoremas de Gödel. Otros sistemas de entidades. Los axiomas indemostrables. Matemática solo es probabilidad. El infinito matemático. Los transfinitos.

La lógica formal. Ley, proporción y verificación. El método silogístico. Contínuo y racionales. Lógica inductiva. Variables de números no descriptivos. Lógica y simbolismo. Esencialismo e instrumentalismo. Sentido común es apariencia. La lógica y matemática de Russell. La Principia. El solipsismo. Los escollos epistemológicos. Números primos y factores mórficos.

De protones y electrones. Espacio–tiempo multidimensional. El código secreto de la naturaleza. La energía radiante. El quantum de luz. Energía discontinua. La dualidad onda–partícula. La equivalencia masa–energía. El fenómeno Einstein. La anomalía foto–eléctrica. La inconsistencia mecanicista. Nuevos paradigmas de la naturaleza. La Teoría de la Relatividad. El espacio curvado. El espacio–tiempo. El Universo no–estático. Lo absoluto como relativo. La línea geodésica de la luz. La cuarta dimensión. De lo tangible a lo intangible.

El peligro dogmático. La velocidad de la luz. Los conos de luz. La sutil ambigüedad de la relatividad. Rutherford, Böhr y el átomo. El orden altera el producto. La causalidad o el azar. Las partículas: nubes borrosas. La mecánica ondulatoria. La indeterminación cuántica. La partícula elusiva. Partículas que deciden. La paradoja sub–atómica. La observación disparatada. Las partículas: las creamos y nos crean. Las partículas son virtuales. La renuncia a la causalidad. No hay modelo de la realidad. La posibilidad es actualidad. Dios si juega a los dados.

La carrera atómica. El Proyecto Manhattan. El Teorema de Bell. La partícula piensa. La información instantánea. Más allá de la cuarta dimensión. Vivimos en un punto especial del Cosmos. El átomo es una hipótesis. La energía fabrica la naturaleza. Anti–partícula y anti–materia. El micro–cosmos. El zoológico atómico. El neutrino.

Nuestra creencia objetiva: errónea e ilusoria. La actualidad: instante hipotético. Nada es uni–lineal. Gaïa: hipótesis ecológica. Convergencia ciencias y humanidades. La complejidad reta nuestra razón inmutable. Los arquetipos y la sincronía. El paradigma mental. El inconsciente colectivo. Las conexiones con el Universo. Sincronía de pensamientos. Nosotros y lo externo: espejismo. El orden material es una figuración. El vacío no está vacío. Topología, nueva geometría. Variabilidades e incertidumbres. Lo improbable no es imposible.

Lo simultáneo no es casualidad. Lo incomprensible del mundo incomprensible. Conectados a velocidad super–lumínica. Los campos energéticos. La fuerza vital que gesta vida. El tiempo es un punto infinito. Se puede viajar en el tiempo. En pos del pasado y del futuro. La naturaleza: espejismo de la luz. Espacio y tiempo no–continuos. La energía brota de la nada. Los campos de información. La materia es holográfica. No existe Yo y el exterior. Otros universos. Los multiversos. Las burbujas–universos. El Universo paralelo. Mis otras realidades simultáneas. Mis múltiples Yo. Universo holográfico.

¿Qué es el caos? Dinámica de inestabilidad. En busca del caos. Simbología dinámica. El efecto mariposa. El azar y el caos. La persistente inestabilidad. El caos no es desorden. El caos gesta estabilidad. Ciencia y método del caos. Nada es irreversible. El Universo: orden y desorden. El caos creador del Sistema Solar. Veinte mil maneras de morir. Nuestro caótico planeta. El caos y la vida. El sistema caótico humano. La regeneración genética. El desequilibrio psíquico. La historia: caos y no leyes. El orden nace de la fluctuación. El catastrofismo encauza la Tierra.

La escala determina la estructura. Lo casual concreta las posibilidades. La geometría fractal. La naturaleza es irregular. Matemáticas fractales. Del Universo a la ínfima pequeñez: fractal. Las formas cambian con la distancia. El fractal ojo del arte.

Turbulencia y desorden. Los fluidos son inestables. Turbulencia e ingeniería. La atmósfera es caótica. Los atractores de la turbulencia. Las transiciones de las sustancias. Todo lo visible está interconectado. El homo como apariencia virtual. El mundo holográfico. Los paradigmas de la eternidad. Somos cerebro–mente cósmico. El ilógico sentido común. El holismo planetario. La materia universal. Paradojas y mucho más. Somos fuente de conciencia.

Pero puesto que me ha sido impuesto
por este Santo Oficio
que debo abandonar la falsa opinión
de que el Sol es el centro del mundo
y no se mueve,
y que la Tierra no es el centro del mundo
y se mueve,
y que se me ha prohibido sostener, defender
o enseñar en modo alguno
la falsa doctrina mencionada...
abjuro, maldigo y aborrezco
los susodichos errores y herejías
y en general cualquier otro error,
herejía y secta contraria a la Santa Iglesia...

Galileo Galilei

La potencia desencadenada por el átomo
lo ha cambiado todo
excepto nuestros modos de pensar,
lo que nos empuja a una catástrofe sin precedentes.

Albert Einstein

INTRODUCCIÓN

A contrapelo de los textos educacionales, los principios primordiales de las ciencias no están establecidos y nuestros conocimientos de astronomía, astrofísica o cosmología son primitivos.

Creamos nuestros paradigmas y estamos convencidos que la línea recta es la distancia más corta entre dos puntos, que la materia ni se crea ni se destruye, que podemos prever el futuro o explicar el origen de la vida. Si profundizamos algo creemos que la velocidad de la luz es la barrera infranqueable, que nos representamos mentalmente cinco millones de años o mil millones de años luz, que entendemos el *big–bang*, y que Platón y Aristóteles ya nos dijeron todo lo necesario para deducir todo lo demás.

Y entonces lo que no entendemos lo consideramos como no "lógico". Sin embargo, era "lógico" dejar huesos que no podían comerse y no convertirlos en instrumentos de caza para la próxima cena; era lógico tomar el fruto del árbol y no enterrar la semilla para comer meses después; era "lógico" vivir de tradiciones orales y no perpetuar la palabra en arcilla; era "lógico" que la Tierra fuese plana por miedo a caernos.

Nuestros conceptos y construcciones mentales dividieron el mundo entre los que tienen razón y los que no; fuimos a guerras con argumentos para derrotar contrarios y escribir historia en versión de vencedores; estamos (casi todos) de acuerdo con el derecho a disentir y expresar las opiniones libremente, pero no tanto si son contrarias a las nuestras. Los hombres en Occidente parecen apoyar la liberación de la mujer unánimemente (de los demás); hablamos tanto de éxitos y descubrimientos científicos que olvidamos lo que quedó obsoleto o desechado, de los paradigmas agotados.

Ningún acontecer natural es de por sí bueno o malo, ni es a su vez hermoso o feo, excepto en el pensamiento. En la naturaleza no prevalecen valores o significados particulares, ni finalidades. Ella no actúa movida por propósitos, ni siquiera reverencia la vida.

El análisis de la naturaleza parece ir prescindiendo poco a poco de considerar la razón constructiva como su principio; Pierre–Simón, Marqués de Laplace y Charles Darwin representan con máxima sencillez esta transformación.

Lo incomprensible que nos resulta la naturaleza se refleja en descubrimientos tales como la indeterminación cuántica y la inestabilidad de las partículas elementales.

La metafísica ya no es patrimonio de la filosofía, ni siquiera de la propia inferencia. A esta altura los "filosofemas" van mucho más allá de la especulación y la imaginación, por eso la filosofía especulativa, la ontología, es una parte de la prehistoria de la astrofísica y la física teórica.

De hecho no hay una filosofía, o una matemática, o una física universalmente válida, sino una filosofía fáustica, y una filosofía apolínea, una matemática fáustica y una matemática apolínea, y así.

Las historias posibles, las bifurcaciones que se han presentado en su devenir nos hacen pensar en el derrumbe de la relación causa–efecto, al que se han suscrito generaciones.

Las posibilidades que se presentan a cada fenómeno no siguen una línea determinista, rígida, a partir de causas iniciales, pues la relación causa–efecto, contrario a lo que se piensa, no es ley universal. Entramos así en el meollo de la teoría cuántica donde el azar– y no las leyes específicas ordenadas— determina las combinaciones atómicas que dan lugar a la comparecencia de la materia en el Universo.

Y, todo ello, curiosamente, cuando las ciencias puras se hallan en retirada de sus intentos por axiomatizarse. Y ésta es la torcida piedra filosofal que me ha llevado por todo este libro.

Hemos distorsionados nuestro entendimiento sobre química y biología, especulando que pueden ser reducidas a leyes de la física... y nos equivocamos al estudiar la conciencia como un epifenómeno mental sujeta a complejas reacciones electro–químicas, donde la naturaleza humana está restringida a las funciones de los instintos y las represiones.

Lo que sabemos de biología es irrisorio; no se ha iniciado la renovación de la naturaleza biogenética humana pues meramente dominamos rudimentos en el campo de la embriología.

Rechazamos el caos y tememos el cambio, como si no viviéramos día tras día entre el caos y la evolución, en transformación permanente. Si la lógica no basta para entender el caos preferimos ignorarlo, o pensamos que podemos arreglarlo: no funciona, pero tranquiliza.

Quien tenga cincuenta años ve natural la televisión. Así como los niños actuales reconocen como natural la computadora, así se verían en las cuevas de Altamira las lanzas, en Adén la navegación a vela, o en China los cohetes.

¿Por qué razón la Edad de Bronce antecede a la Edad del Hierro, aún cuando este es más abundante y su manufactura más simple que la aleación precisa para producir el bronce?

¿Cuántos mortales han podido entender de verdad "la cosa en sí" de Emmanuel Kant, o el $e=mc^2$ einsteiniano, o por qué la Bolsa de Valores bajó y no subió?

Para interrogantes como estas la mayoría de las veces el paradigma queda corto o es un disparate: aunque lo aplaudan. De la misma manera que los antiguos se "explicaban" epidemias, terremotos o muerte, nos "explicamos" inteligencia artificial, Universo en expansión o comportamiento del mercado, y tenemos teorías, propuestas y soluciones, con el único inconveniente de que fallan muchas veces.

Si no creyera que podemos asumir ese casi destino, no hubiera escrito *Logos y Axiomas* ni plantear lapidariamente que las generaciones luchan y mueren por ideas que diez años después a nadie interesan. Cinismo, dirán algunos, pero realidad que nos golpea y no hemos aprendido por hipocresía o dogmatismo.

Estas y muchas otras sobrecogedoras interrogantes las presento en *Logos y Axiomas*, y sin adornos digo que no tenemos respuesta y no podemos tenerla si no somos capaces de desembarazarnos de ese lastre reduccionista–lógico–racional–silogístico con que construimos los paradigmas y vivimos los últimos cinco mil años, por lo menos.

Hemos estado pensando y pensamos con categorías, esquemas y construcciones mentales de sociedades anteriores al "momento" que vivimos: podemos ser neo–liberales, marxistas, fundamentalistas, estructuralistas, pero pensamos, analizamos, razonamos y actuamos exactamente igual a los celtas, hindúes, visigodos, aztecas, jacobinos, enciclopedistas, etcétera.

Sería arrogante ofrecer respuestas para todo, ni siquiera para muchas cosas. Los verdaderos pensadores, que trascienden, no dicen lo que debe hacerse, sino qué preguntas debemos responder para dejar de vivir en y de la historia, y pensar y actuar sobre lo que tenemos por delante y debemos resolver si realmente queremos transformar nuestro futuro. O si preferimos seguir como hasta ahora.

La resultante ha sido la tragedia de la humanidad contemporánea, transfigurada en seres ególatras encapsulados en pieles, para los cuales las verdades supremas son trascendentes y preconcebidas.

La visión científica del mundo no contiene en sí valores éticos ni estéticos; no es capaz de explicarnos por qué la música nos place, ni responder a la pregunta ¿de dónde vengo y a dónde voy?

Las respuestas han sido dadas por científicos, salvadores, santos y sabios de la humanidad y no obstante todavía se baraja la misma pregunta.

He aquí la cuestión impenetrable para todos nosotros. Tal es la paradoja del tiempo, que traslada a la física el "dilema del determinismo". La paradoja del tiempo está en el centro de este libro.

Igualmente las religiones de la Antigüedad y las modernas atribuyen paradigmas somáticos a las fuerzas universales.

Resulta inconcebible cómo antaño sin la ayuda de telescopios, o instrumentos, los mesopotámicos, los egipcios, y los chinos con mayor precisión matemática que los europeos del siglo pasado, fueron capaces de predecir el movimiento del Sol, de la Luna y de planetas, la oscilación del eje terrestre y la consecuente reducción de su rotación con los desequilibrios gravitacionales.

Muchas de las hipótesis científicas desechadas, de haber predominado hubieran conducido a nuestra sociedad por vías diferentes a las actuales; por eso, los paradigmas científicos que han sustentado el progreso en cada etapa de la sociedad no son la suma de las teorías precedentes; por eso, la crisis que se confronta en las ciencias y en la sociedad reside en que aún insistimos en ver y analizar al mundo y la naturaleza en los términos de las ciencias clásicas.

Este libro aboga por una reversión de la presente cosmovisión logicista, la cual, en nombre del progreso y de la cultura, nos ha arrastrado al desconcierto presente.

Comenzando con las teorías catastróficas, que basan sus conclusiones en reales o supuestos acontecimientos durante los cuales nuestro planeta sufrió cambios tan tremendos que provocaron la desaparición de las formas de vida existentes, cualesquiera que estas fueran, las erupciones gigantescas de volcanes aún latentes, las etapas glaciales y los choques de meteoritos y cometas.

Ante la confrontación cognoscitiva entre el catastrofismo y el gradualismo evolutivo hay que llegar a la conclusión de que la evolución de la vida no está pre–ordenada y que el proceso hacia la inteligencia no tuvo que ser "inevitable".

Adentrándose en estas confrontaciones se debe cuestionar tanto a Darwin como al naturalista francés Jean–Baptiste Lamarck y a los "genetistas" ante el hecho de si la raza humana esta predestinada a cambiar solo bajo el lento mecanismo evolutivo, y si la conciencia fundamentalmente ilimitada es el potencial del cambio.

La mayor parte del control reside en el núcleo de la célula, dentro del cual se encuentra el "código" genético, el "negativo" químico que permite a la bacteria duplicarse a sí misma. Las estructuras químicas que controlan y dirigen toda esta actividad pueden comprender moléculas compuestas de más de un millón de átomos dispuestos de una manera complicada aunque altamente específica.

Nos asombra la inexistencia de leyes universales rigiendo el crecimiento ascendente del intelecto humano como nos demuestra la teoría de la relatividad y el hecho de si la bóveda celeste se halla en expansión infinita o colapsará,

Todo por la ignorancia y la autosuficiencia de las ciencias, así como del pensamiento filosófico y social de los últimos siglos; en especial durante el decimonónico transcurso victoriano inglés, el cual llegó al punto de pronunciar como hereje cualquier cuestionamiento a los considerados inconmovibles dogmas científicos.

Lo que cada vez sorprende más es cómo tal consideración sobre de las ciencias y la filosofía se mantuvo así hasta que se destapó la mecánica cuántica a principios y mediados del siglo XX, demoliendo no solo esa visión clásica sino afectando también nuestra perspectiva de realidad que ya comenzaba a escaparse sin siquiera percatarnos.

Sin embargo en todas partes –en química, geología, cosmología, biología, las ciencias pasadas y futuras desempeñan papeles diferentes. A partir del automatismo cartesiano los viejos esquemas mentales aún dominan nuestra aproximación a la naturaleza, sobre todo la auto–suficiencia científica del siglo XIX.

Los llamados primitivos se sentían totalmente afines y unos con el mundo animal y vegetal de su grupo y de su ámbito. Como recientemente ha explicado Ernst Cassirer[2] en términos claros y bellos, el humano no se destaca netamente sobre la naturaleza, en vida y sentimiento, en pensamiento y teoría, hasta la culminación de la cultura griega clásica.

Una definición adecuada de la ciencia sería decir que consiste en pensar acerca del Universo a la manera griega, y lo sería porque la ciencia no existió jamás sino en los pueblos que sintieron la influencia egipcia–faraónica, mesopotámica y de la Hélade. Esa ha sido hasta ahora nuestra ciencia, en especial la griega, que se basa en la objetivación.

Por ello describo ejemplos de cómo nos hemos mostrado estáticos ante toda esta complejidad, adquirida por las disciplinas científicas y por la especialización tecnológica.

1

Paradigmas matemáticos

Las matemáticas reflejan realidad

Si se estudia la historia de las matemáticas de la Antigüedad a nuestros días, se conoce entonces la verdadera naturaleza de la filosofía en cada etapa de la humanidad. Si se examinan las reglas y paradigmas matemáticos de cada etapa histórica, se interpreta entonces la génesis de las diferentes corrientes del pensamiento humano en todos los campos del saber.

Las matemáticas empíricas y pragmáticas son una ciencia debido a la capacidad humana de realizar operaciones. Así, como ciencia de las operaciones humanas, obedece a la forma en la cual se estructura el mundo mediante el pensamiento.

Ellas explican la realidad porque el Universo es matemático y tal es la realidad en cierto modo, es decir no está meramente descrita por las matemáticas sino que su estructura se explica con precisión o aproximadamente en lenguaje matemático.

El sentido de lo *a priori* en las matemáticas ha sido formulado históricamente, pero ello introduce el factor de que así las verdades dejan de ser absolutas o infalibles. El problema de los fundamentos de las matemáticas se vuelve un asunto epistemológico de otra naturaleza.

Así tenemos una colección de realidades teóricas con aspectos abstractos e intuitivos, con aplicaciones directas e indirectas. No estamos ante un instrumento apriorístico, sino ante una ciencia natural cuyo "objeto" es verificable, puesto que existe todo un estrato de lo real a lo que se refieren y que provoca en el sujeto la abstracción de lo "general".

Ciertamente nunca veremos sus ecuaciones que regulan la naturaleza, pero las regularidades de la naturaleza son matemáticas. Por ejemplo nuestro entorno es de tres (3) dimensiones, con una cuarta (4) dimensión, el tiempo, aceptada luego de las aportaciones einsteinianas. Si se alterara la regularidad de la naturaleza, digamos conteniendo otro número más de dimensiones, una quinta (5ta. dimensión) sin dudas no estaríamos vivos.

Pese a reconocer que las abstracciones matemáticas han demostrado ser una poderosa herramienta, para indagar en sus secretos muchos "científicos sociales" siguen ubicándola como un instrumento de apoyo. Por eso, una demostración matemática no es una simple yuxtaposición de silogismos; son silogismos colocados en cierto orden.

Poincaré comenta al respecto[1]: "¿Cuál es la naturaleza del razonamiento matemático? ¿Es realmente deductivo como realmente se cree? Un análisis profundo nos muestra que no es así; que participa en una cierta medida de la naturaleza del razonamiento inductivo, y que por eso es fecundo".

Pero él afirmaba que las leyes de la ciencia no se relacionaban con el mundo material, sino que representaban convenciones arbitrarias con el objetivo de promover una descripción más conveniente y "útil" de los fenómenos correspondientes.

El párrafo siguiente lo demuestra[2]: "Toda generalización es una hipótesis; es preciso igualmente tener cuidado entre las distintas clases de hipótesis. Hay, en primer lugar, aquellas que son completamente naturales y de las cuales no se puede de ningún modo prescindir. Hay una segunda categoría de hipótesis que calificaré de indiferentes. Las hipótesis de tercera categoría son las verdaderas generalizaciones y son ellas las que la experiencia debe confirmar o invalidar."

Para algunos historiadores de las ciencias, como Randall Collins[3], "las matemáticas son un discurso social de la red de matemáticos, un discurso ineludiblemente histórico, la matemática es la más histórica de las disciplinas ella involucra su historia, en sus procedimientos para usar simbolismo en un grado que no se encuentra en ningún otro campo".

El contenido de las matemáticas "puras" se deriva de las relaciones cuantitativas del mundo material y sus verdades no responden a un conocimiento especial innato. Por eso sus axiomas son auto evidentes al ser productos de un largo período de observación y experimentación de la realidad. Al ser un campo especial de descubrimiento empírico, en la medida que significa investigación de experiencia en el tiempo, es su experiencia lo que está implicado en las convenciones simbólicas que adopta.

Si bien no todos sus conceptos son reducibles a la lógica proposicional, si lo son para la teoría de conjuntos. Sabemos, por obra de Gödel, que ningún sistema axiomático consistente puede cubrir toda la matemática. En la fundamentación de la matemática no se revela el conocimiento matemático. Del mismo modo que la matemática ha de reducirse a la lógica y la teoría de conjuntos, así el conocimiento natural ha de basarse de alguna manera en la experiencia sensible.

Las matemáticas tratan su simbolismo como si fueran cosas que representan una actividad práctica más que un conjunto de ideas, pero es un simbolismo provisional que no guarda relación con la concepción platónica y no está destinado a solo tautologías. A cada nivel se investigan y se clasifican operaciones y los objetos matemáticos.

Las teorías matemáticas han sido fuente de enormes avances científicos y, a la vez, origen de numerosos errores que han tenido consecuencias negativas. Uno de ellos ha sido reducir de manera formalista, el funcionamiento complejo y contradictorio de la naturaleza a fórmulas cuantitativas estéticas y ordenadas.

Como si fuera un pensamiento absoluto sin contacto con el mundo material, que presenta a la naturaleza como un punto unidimensional que se convierte en línea, plano, esfera, etcétera. Para Aristóteles el matemático investiga abstracciones, pero no se tiene experiencia de líneas o planos o puntos al igual que las sustancias materiales, que si bien son anteriores al cuerpo en definición, no lo son en sustancia a priori.

Las matemáticas han bosquejado una trocha profunda y han ocupado un lugar ambiguo en el amplio mundo del pensamiento. Por un lado son admiradas por aquéllos que consumen sus ideas seriamente, y por otro lado son impugnadas como un culto arcano, algunas veces útil, por quienes adoptan ante ella solo una pose. Tal es el destino de las ciencias, el verse siempre fustigadas por el misticismo ideológico.

La hostilidad hacia ellas, por parte de la comunidad de los intelectuales humanistas, y su rechazo popular, se derivan de su método de investigación, pero sobre todo de su lenguaje matemático. Los humanistas han proscrito a las matemáticas de su campo, aunque tal actitud es un fenómeno relativamente nuevo, que corta la larga tradición intelectual en la que humanistas y matemáticos se unían para lograr un conjunto coherente.

Esto contradice el currículum en las artes liberales contemporáneas que eluden incluir cualquier elemento de matemática. Pero cualquier razonamiento profundo requiere de un equipamiento mental en el cual ellas asumen el plano prominente, incluso, la composición musical como una de sus ramas.

No entra quien ignore la geometría

Los egipcios calculaban correctamente el área de triángulos, rectángulos y trapecios, y el volumen de figuras como ortoedros, cilindros y, por supuesto las pirámides. Para ello utilizaban un cuadrado de lado del diámetro del círculo, cercano a la constante pi (*3,14*). La figura científica más descollante en el Egipto faraónico fue Imhotep (III dinastía), el cual, aparte de ser escritor, era el arquitecto, el constructor de pirámides, el astrólogo y el médico real.

Tanto los egipcios como los babilónicos resolvieron ecuaciones lineales (*ax = b*) y cuadráticas (*ax2 + bx = c*), así como ecuaciones indeterminadas *como x2 + y2 = z2*, con varias incógnitas. Los babilonios ya utilizaban las raíces positivas de cualquier ecuación de segundo grado, e incluso llegaron a dominar raíces de ciertas ecuaciones de tercer grado.

Al ser la ciencia de las matemáticas la de las magnitudes, las abstracciones de la geometría euclidiana no se ocupan del aspecto cuantitativo de las cosas. Las matemáticas clásicas, lineales, al igual que la lógica formal, se aplican en categorías fijas e inmutables y sirven solo como aproximaciones, pues nunca reflejan la realidad; sus ecuaciones lineales no son suficientes, son incapaces de tratar con cambios cualitativos en oposición a los meramente cuantitativos.

La intuición matemática que tanto se nos inculcó en nuestra enseñanza no nos brinda el instrumental necesario para enfrentar el extravagante comportamiento del más sencillo de los sistemas no lineales. La geometría elemental de líneas y planos, cuadrados, círculos, esferas, triángulos, conos y paralelogramos, si bien son abstracciones con las cuales Euclides armó una geometría, la que se enseña a la mayoría de los escolares, nos ubica en callejones sin salida.

Los pitagóricos iniciaron la concepción mística del número y de la armonía del universo, solo que se estaba ante un horizonte lleno de contradicciones, como lo imposible de expresar la longitud de la diagonal de un cuadrado en números.

En Pitágoras la armonía musical era reducible a proporciones numéricas *1:2*, *2:3*, *3:4*; asimismo, el ángulo "recto" en los lados de triángulos rectángulos se resumía en *3:4:5*, ó *5:12:13*. La conclusión pitagórica era que todo podía llevarse a proporciones numéricas. Pitágoras propuso la fórmula (*w = n + 1*). El famoso teorema de Pitágoras plantea que para un triángulo equilátero *h* es la hipotenusa o el lado opositor del ángulo derecho, *a* y *b*, en el cual ambos son los dos otros lados; la relación es la siguiente: $h^2 = a^2 + b^2$.

Asimismo, los pitagóricos resolvieron las ecuaciones para figuras geométricas simples (cuadrados, triángulos rectángulos e isósceles), y sólidos simples como pirámides. Asimismo con "números oblongos" rectángulos oblongos (*2+4+6*...;) con la suma de números pares.

No fueron, sin embargo, los pitagóricos quienes demostraron la validez del teorema de Pitágoras; fue Euclides al considerar que *a* es el lado de un triángulo opuesto al ángulo recto (*b* y *r*). Los *Elementos* de Euclides liberaron a la matemática de "aritmética" conmensurable y racional, aunque ya los babilonios habían llegado a tal conclusión.

Para su desazón descubrieron que muchos números no se pueden expresar en números (como fracción) por ser "irracionales", como la raíz cuadrada de (**2**) dos. Así nacieron los números irracionales, luego los imaginarios, los trascendentales, los trans–finitos, todos con características contradictorias pero indispensables para el funcionamiento de la ciencia moderna.

Platón, por su parte, reelaboró el teorema de Pitágoras, al establecer que *a — 2n* *(n–^ 1) + 1; b = 2n (n + 1); c = 2n–^ 1,* pero tal fórmula no demostraba la validez del teorema de Pitágoras.

Aunque, Platón fue el pionero en el campo de los irracionales se percató que la aritmética pura era incapaz de explicar la naturaleza. En el dintel de la puerta de su Academia rezaba el siguiente lema: *"No entre en mi casa quien ignore la geometría".* Su método geométrico autónomo de los "elementos" fue asimilado por Euclides. Pero tanto Pitágoras como Platón no tomaron en cuanta la geometría euclidiana que conceptuaba triángulos diferentes de la misma base y altura[4].

Los pitagóricos relacionaban las matemáticas con las constelaciones pensando que las mismas prefijaban las formas de las cosas. Asimismo se fundamentaban en los diagramas del atomismo desarrollados por Parménides y Zenón.

Parménides puede considerarse como el primer físico teórico, sobre todo por establecer el primer sistema hipotético–deductivo: lo que es, es y lo que no es no existe; por eso el no–ser, el vacío, no existe, por ello el movimiento es aparente, racionalmente imposible al no existir espacio vacío; asimismo, que el mundo es un bloque sin partes (Si "*X*" cambia, entonces ya no es "*X*" pues no persiste durante el cambio).

Pero todo ello resulta una contradicción al punto que el propio Demócrito contradijo a Parménides afirmando que existía movimiento puesto que existía el vacío; y que el mundo no era una entidad homogénea pues se componía de partes y por lo tanto era múltiple. Aunque Demócrito adoptó la teoría de Parménides referente al átomo indivisible como un universo compacto en miniatura; para Demócrito el cambio es producto del reordenamiento de los átomos, de ahí la posibilidad de predecir los cambios futuros.

Además incursionó en el cálculo integral, formulando la teoría de volúmenes de conos y pirámides. Al cuantificar el espacio (distancia mínima) y el tiempo (intervalo mínimo) consideró la existencia de distancias en el espacio y el tiempo.

Tanto en Demócrito como en los pitagóricos la medición partía de unidades naturales reducibles a números puros, por lo cual no tenían en cuenta los teoremas irracionales, a diferencia de Platón, sobre todo en el caso de las distancias entre los vértices producto de la inconsistencia de la diagonal *d* con el lado *a*.

De esta suerte tenemos que la circunferencia del círculo desarrollada por los griegos nos lleva a una ecuación en la cual el círculo es igual a **2πr;** el área es **πr2,** donde π es una constante con un valor de **3.141 592**. En la geometría analítica la ecuación de un circulo se centra en su origen, que es $x2 + y2 = r2$.

Pí y los números irracionales

El primer gran filósofo de inspiración matemática es Platón (en el *Menone*, en el *Teeteto*, en el *Timeo*, en el *Convito*); los otros filósofos matemáticos de la antigüedad eran Aristóteles, cuyo método de la lógica fue el punto obligado de referencia para toda la escolástica, y Apolonio de Perga, el cual desarrolló la familia de curvas conocida como cónica.

En el *Timeo* Platón desarrolla una teoría de la materia y una geométrica de la teoría atómica con las raíces cuadradas irracionales de "*2*" y "*3*", superando la anterior versión puramente aritmética sobre las partículas elementales.

Su teoría de la materia, partículas elementales invisibles o figuras planas de dos triángulos (el rectángulo isósceles –raíz cuadrada de *2*–, y el triángulo rectángulo semi–equilátero –raíz cuadrada de *3*–, ambas irracionales), se aplica a la moderna teoría de los sólidos, especialmente los cristales.

Platón consideró erróneamente que la suma de los múltiples racionales de "*2*" y múltiples irracionales de "*3*" le posibilitaba lograr todos los números irracionales y formar todos los triángulos. Ello le facilitó construir modelos que explicaban los movimientos planetarios. Por eso, el mayor aporte filosófico de Platón fue su teoría geométrica del mundo.

El misterioso *p* (*pi*) era bien conocido por los antiguos griegos, y generaciones de estudiantes han aprendido a identificarlo como la ratio entre la circunferencia y el diámetro de un círculo. Sin embargo, no se puede calcular su valor exacto.

Por su parte, Arquímedes, elaboró el llamado "método exhaustivo" para calcular la aproximación del valor de *pi*, la proporción entre el diámetro y la circunferencia de un círculo estableciendo que se hallaba entre *3,14085* y *3,14286*.

Pero si intentamos escribir su valor exacto tenemos el extraño resultado de *p = 3,1415926535897932384626433832795É* y así hasta el infinito. Pi (*p*) que se conoce como un número trascendental, es absolutamente necesario para encontrar la circunferencia de un círculo, pero no se puede expresar como la solución de una ecuación algebraica[5].

Si bien es necesario para hallar la circunferencia del círculo no se puede expresar como solución de una ecuación algebraica. Igualmente, la raíz cuadrada de *–1*, fue denominado "número imaginario" al no existir un número real que multiplicado por sí mismo de como resultado *–1*, ya que el producto de *2–* es *1+*. La raíz cuadrada de *–1* es una contradicción y un contra–sentido, pero sin él no tendríamos matemática elemental ni superior, no podríamos construir circuitos eléctricos ni las ecuaciones de la mecánica cuántica.

Ya que tenemos la raíz cuadrada de *–1*, que no es un número aritmético en absoluto. Los matemáticos[6] lo denominan un "número imaginario", porque no hay ningún número real que multiplicado por sí mismo de como resultado *–1*, ya que *2–* dan como resultado *1+*.

En criterios de Hoffman[7]: "El hecho de que una fórmula de ese tipo tuviera cualquier conexión con ese mundo de estricta experimentación que es el mundo de la física es en sí mismo difícil de creer. Tal cosa iba a ser la fundación profunda de la nueva física, e iba a investigar más profundamente que nada que se hubiese hecho anteriormente hacia el mismo centro de la ciencia y la metafísica, lo que es tan increíble como en su tiempo tenía que haber parecido la doctrina de que la tierra es redonda".

Los griegos descubrieron que no existe una unidad de longitud capaz de medir el lado y la diagonal de un cuadrado, por ser una de ellas inconmensurable al no existir dos números naturales *m* y *n* cuyo cociente sea igual a la proporción entre el lado y la diagonal.

En los liceos de las ciudades griegas de la Antigüedad, la instrucción de las matemáticas, específicamente en la rigurosa técnica de la geometría axiomática, era el precedente obligatorio para abordar cualquier estudio de especulación filosófica trascendental.

Las escuelas clásicas de la filosofía se basaban en la lógica matemática, como los pitagóricos, los sofistas, los estoicos de los cuales derivarían los posteriores racionalistas, los positivistas lógicos y los filósofos analíticos. Finalmente, los filósofos que se han constituido puntos de la referencia obligada para la historia de la filosofía, han fundamentado sus trabajos en las matemáticas. No asombra por lo tanto que los pensamientos de estas escuelas o estos individuos sean asequibles a los matemáticos.

El intelectual del mundo islámico medieval era, simultáneamente, un creador de las letras y un científico. A finales del siglo IX, el matemático islámico Abu Kamal al–Din demostró las leyes fundamentales e identidades del álgebra[8]. Asimismo, aplicó la teoría de los conos a la solución de los problemas de óptica.

No sería hasta 1854 que Occidente logra un aparte al álgebra. El filósofo y matemático inglés Goerge Boole[9] propuso lo que luego se conoció como el álgebra Booleana, o la sub–área en el cual los valores de las variables son los verdaderos valores de verdadero y falso: $a + b$ significando a o b, mientras ab representa a y b.

Ello hace uso de la teoría de conjunto y se aplicaría por los diseñadores de programas computacionales al permitir el uso de la notación binaria **0** y **1**, para las funciones lógicas necesarias de la computación para lograr sus cálculos.

A principios del siglo XIII, el matemático italiano Leonardo Fibonacci (1170–1250) influido por las matemáticas del mundo islámico, halló una aproximación a la solución de la ecuación cúbica $x3 + 2x2 + cx = d$. Fibonacci desarrolló la secuencia numeral **0, 1, 1, 2, 3, 5, 8, 13, 21**,…, en la cual cada término es la suma de los dos precedentes términos[10].

Filósofos matemáticos
o matemáticos filósofos

Otros grandes filósofos fueron también matemáticos como Pitágoras, Nicolás Cusano, Avicena, Averroes, Ibn Jaldún, Blas Pascal, René Descartes. La construcción social de las matemáticas superiores surge como ejemplo privilegiado hacia 1520–

1600 con Scipione del Ferro, Ludovico Ferrari, Girólamo Cardano, Niccolo Trataglia, y con el cálculo infinitesimal de Newton–Leibniz, y en el siglo XIX.

En su práctica matemática, Galileo planteó paradojas que contradecían la lógica. Las matemáticas clásicas se basaban en relaciones lineales de la vida real. Así, la regularidad observada por Galileo en el péndulo era solamente una aproximación, pues el ángulo cambiante del cuerpo en movimiento crea una ligera no–linealidad en las ecuaciones.

Para obtener sus resultados exactos, Galileo descartó la no–linealidad que conocía: la fricción y la que provenía de la resistencia del aire.

Así, cuando en lógica se dice que las leyes tienen que expresarse en ecuaciones diferenciales, se quiere afirmar que las relaciones finitas, que tengan lugar, no pueden formularse en forma de leyes exactas, sino solamente sus límites, disminuyendo las distancias. No se plantea con ello que estos límites sean las verdaderas realidades físicas; por el contrario éstas continúan siendo las relaciones finitas.

Cardano[11] resolvió la ecuación cúbica general en función de las constantes que aparecen en la ecuación. En su *Ars magna* se adentró en los números complejos buscando soluciones para ecuaciones superiores a quinto grado. Por su parte, Ludovico Ferrari encontró la solución exacta para la ecuación de cuarto grado.

La Revolución Científica que trajeron la Reforma y el capitalismo mercantilista fue producida por las matemáticas como nueva maquinaria de manipular ecuaciones, antecediendo dos o tres generaciones al despegue del resto de las actividades científicas; a la intensificación del trabajo de las redes de ciencias naturales, y las nuevas filosofías de Francis Bacon y René Descartes. A esta nueva "tecnología de investigación" no fue ajena la secularización intelectual.

Descartes en el siglo XVII, el siglo de las matemáticas y del imperio de la razón, considerará que la verdad matemática lograda por el humanos se halla en igualdad al conocimiento de Dios; es decir, el humano sabe exactamente la verdad que sabe Dios. En el plano cualitativo estamos por lo tanto en igualdad a Dios, aunque en el cuantitativo matemático no sabemos la verdad infinita que sí es conocimiento de Dios.

Los cálculos numéricos, en su perfección, expresan por lo tanto una necesidad y disipan cada posibilidad. Esta misma consideración del Dios cartesiano se encontrará en el filósofo holandés Baruch Espinoza, para el cual Dios es el pensador del universo entero en todas sus manifestaciones, por eso no existe la posibilidad de que *2 + 2* sean *5*.

Pero el punto de viraje en las matemáticas puede señalarse en la magnitud variable de Descartes, la cual posibilitó el descubrimiento del cálculo diferencial e integral, algo que fue completado por Newton y Leibniz. El cálculo implantó el uso de los números infinitos sin implicaciones lógicas o conceptuales. Con ello, muchos axiomas de las matemáticas griegas clásicas quedaron atrás.

Leibniz suponía que existían infinitesimales, aunque todo lo que somos capaces de observar excede de un cierto tamaño mínimo. Por eso hay dos aspectos en los números infinitos que se conocen difieren de los números finitos: reflexibilidad y no–inductividad.

Sin embargo, no puede asombrarnos el discurrir de Espinoza, el cual vivió en el siglo de la física y de la matemática, el siglo en el cual se procura recurrir siempre a las matemáticas. En esos mismos años otro gran pensador, Thomas Hobbes[12], llega a las mismas conclusiones: las matemáticas como precisión del conocimiento del humano, idéntico al del Dios.

Matemática y esencia humana

Sin embargo, habrá que esperar al filósofo nihilista Friedrich Nietzsche, el cual declarará la guerra a la idea de que las matemáticas son un conocimiento puesto a nuestra disposición, considerando que los números resultan un mundo en sí mismo. Así, se diseña y demuestra el rectángulo de los triángulos, pero el rectángulo del triángulo existe independiente, como una construcción mental.

Descartes ya había notado este límite e intentó solventarlo integrándolas a la filosofía: si las matemáticas investigan cosas que no existen de manera rigurosa, la filosofía pone en claro cosas existentes de manera no rigurosa.

Aquí Descartes tuvo el gran mérito de dar vida a un método eficaz que indaga las cosas existentes (como la filosofía) de rigurosa manera (como las matemáticas), lo cual significa investigar cada cosa con el método matemático, incluso el pensamiento y el Dios; y donde cada problema complejo debe ser descompuesto en orden. Para Nietzsche las matemáticas y los números no nos introducen en la esencia profunda de las cosas,

La cita de un trabajo de Descartes[13], aparecido originalmente como apéndice a su *Discurso del método*, el cual inaugura la filosofía moderna, nos induce a buscar la incursión de las matemáticas en otras ramas del conocimiento, sobre todo en la filosofía. Es el momento que se inicia el deslinde de filósofos y científicos, y de los intelectuales quienes como mandarines monopolizaban la información cultural. Hasta ese momento las matemáticas se hallaban imbricadas en la filosofía.

Los matemáticos expresan que un número es reflexivo cuando no puede ser aumentado añadiéndole uno. Por eso una propiedad inductiva de los números es aquella que es hereditaria y pertenece a cero; ya que se sabe que todos los números reflexivos son no–inductivos, pero no se sabe que todos los números no–inductivos sean reflexivos. Ello, no obstante, los números infinitos actualmente conocidos son, todos, tanto reflexivos como no–inductivos.

Isaac Newton trató de aplicar su modelo matemático al Sistema Solar, pero nunca pudo responder a la interrogante de qué hace mover a los planetas o cómo actúa el Sol sobre los mismos.

Asimismo, se frustró en su intento de descifrar la dinámica de la Luna y consideró un fracaso su teoría lunar; también se percató de ciertas irregularidades en los movimientos planetarios, sospechando que éstas podían llevar al desequilibrio de todo el Sistema Solar, pero trató de remendar su teoría mecánica del Sistema Solar sugiriendo que tales órbitas se reajustaban en algún punto y momento.

Fue su visión matemática, coherente del Universo, lo que varió el curso de la física–matemática y estableció, por siglos, los patrones del discurso científico.

Luego de publicada su obra que impuso las leyes universales y del orden en el cosmos, amén de la confirmación de la armonía "kepleriana", procedió a conformar un marco racional para los asuntos políticos y sociales absorbiéndose en la cultura.

Pese a que Newton utilizó el cálculo en sus estudios, sin embargo no lo hizo público, por miedo a una repercusión adversa. La controversia entre Bernard Fontenelle, defensor de los números infinitos, y Georges de Bufón se puso candente cuando D'Alembert negó su existencia[14].

Su preciso e íntegro diseño (e incorrecto) del Sistema Solar se instaló de forma tan penetrante en nuestra cultura que fue asumido como el modelo no solo para la física sino para todos los campos del saber humano.

A partir de él, las matemáticas se establecen en diversas ramificaciones, las que tendrán profundas consecuencias para toda la filosofía en general y, en específico, la que respecta a la ontología y la metafísica[15]

Matemática y la cosa en sí

En sus respectivas teorías sobre el conocimiento, los filósofos David Hume y Emmanuel Kant validan la hipótesis lockeana de la sensación mental empírica como la única senda para llegar a la conciencia humana, al tiempo que explican sus teorías sobre el escepticismo y el gnosticismo filosóficos[16] con relación a la existencia independiente y material de la fuente externa que provoca la sensación mental y el conocimiento.

Entre los filósofos modernos Emmanuel Kant asignó a la geometría euclidiana el papel fundamental para la opinión sensorial de los objetos externos.

Kant niega, categóricamente, el conocimiento de las "cosas en sí, o de las fuentes objetivas y externas de la sensación mental[17]. También argumenta que la existencia del Universo objetivo no se puede conocer por medio de la experiencia humana y de la razón pura, sin el elemento de fe o de religión.

De acuerdo con Kant, las leyes del espacio son reconocidas por nosotros porque están en nuestras mentes; un conocimiento *a priori* que emerge compelido por circunstancias externas[18]. Al final se inclina por la razón pura o conocimiento, en contra de los valores espirituales y de la metafísica, postulado que marca todo el pensamiento filosófico del siglo XIX, hasta quedar esquematizado en los reduccionismos de Karl Marx y Max Weber.

Entre sus más notorios seguidores, directa o indirectamente, se incluye a William Leibniz, Schopenhauer, Edmund Husserl, Gottlob Frege, Charles Sanders Peirce, Bertrand Russell, Whitehead, incluyendo a contemporáneos como Willard Oman Quine, Saul Kripke y Joñaru Putnam.

Sería a partir del siglo XVII que tendrían lugar los más importantes avances en las matemáticas desde la era de Arquímedes y de Apolonio. Para Christopher Wren (1633–1723), Robert Hooke y Edmond Halley (1708–1777), las matemáticas de Descartes no explicaban el movimiento elíptico de los planetas con el Sol como punto focal en un extremo. Una de las primeras aplicaciones exitosas de la mecánica newtoniana fue la que hizo Halley para computar la órbita de un cometa[19].

Pero fue Johannes Kepler quien canonizó las derivativas newtonianas; su esfera armónica del universo ubicaba al Sol como el centro del sistema planetario. Kepler transformó los círculos en elipsis y Newton halló en las leyes de Kepler la evidencia que necesitaba para apoyar su formulación de las leyes dinámicas que en apariencia gobernaban el Universo[20].

Durante el siglo XIX tuvo lugar en Europa una conjunción de la filosofía con las matemáticas, en especial entre los alemanes, de los cuales Ernst Mach y el físico Moritz Schlick pasaron a ser sus figuras cimeras. De esta tradición se valió Russell para configurar el método de la lógica analítica.

A fines del siglo XIX el filósofo inglés George Edward Moore escribió que la discrepancia dentro de la filosofía se debió al intento de explicar un sinnúmero de interrogantes sin intentar descubrir cuál de ellas se deseaba responder. Moore concluyó aconsejando que la filosofía estuviera necesitada de análisis mucho más cuidadosos[21].

De tales criterios se desarrollará en las sociedades tecnológicas de Occidente la filosofía analítica, donde la matemática resulta su módulo central. Los resultados matemáticos, entonces parecen ser los paradigmas de la precisión, del rigor y de la certidumbre; desde los teoremas elementales sobre los números y figuras geométricas hasta las construcciones complejas del análisis funcional.

Uno de los filósofos más influyentes ha sido Ludwig Wittgenstein; su *Tractatus logico–philosophicus* no es más que una formulación poética literaria del cálculo proposicional. No podemos obviar a Einstein y sus lecciones sobre la simetría; al teórico matemático alemán Hermann Weyl, con su verdad matemática caracterizando la universalidad del método deductivo[22].

El fisicalismo o la consideración de que todos los objetos son espaciales–temporales, llevan a que la tendencia intelectual reciente del "constructivismo" asuma una realidad de un universo matemático de leyes, independiente del humano, que inventa sus propios paradigmas matemáticos.

La probabilidad matemática

Laplace, fue el constructor de la doctrina del determinismo y en un sentido limitado buscó probar que el Sistema Solar era estable. Entre 1799 y 1825, Laplace publicó su *Tratado de Mecánica Celeste*, una obra monumental en cinco masivos volúmenes, donde abordó los movimientos del Sistema Solar en términos puramente matemáticos.

Pero, incluso en tiempos de Laplace, había indicaciones de que los modelos matemáticos eran inadecuados para capturar los detalles de la mecánica planetaria, en especial de la Luna. Precisamente cuando se aplicó el manual newtoniano al Sistema Solar se encontraron sus primeros atascos.

El Sistema Solar no es un conjunto estable, ni un exacto mecanismo de relojería, o un modelo de equilibrio como lo idealizaron Newton, Kepler y Laplace. Ese sistema estelar presenta problemas insolubles de mecánica celeste, sus grandes misterios, alterando su organización constantemente y mostrando un comportamiento inesperado; su dinámica contiene elementos de caos y de complejidad, donde las órbitas planetarias se comportan con incertidumbre, y demasiados parámetros que simplemente no pueden ser dilucidados por cálculos matemáticos,

Incluso, las matemáticas modernas apoyadas por la computación digital son incapaces de solventar la ubicación precisa de nuestro Sistema Solar dentro del cuadro general del Universo.

Pierre de Fermat (1601–1665), un burócrata y abogado de Toulouse cuyo pasatiempo eran las matemáticas, realizó increíbles soluciones en el campo de la geometría analítica y de la óptica. Aunque, fueron las aritméticas de Diofante las que ayudaron a su aporte principal en la teoría de los números, especialmente la propiedad de los números primos[23].

Fermat colaboró con Blaise Pascal en el terreno de las probabilidades matemáticas, de las cuales se sirvió el prominente matemático Christiaan Huygens para establecer su cálculo de las probabilidades. Para comprenderlo y aun para que este cálculo tenga sentido es necesario admitir, como punto de partida, una hipótesis o una invención que implique siempre cierto grado de arbitrariedad.

El suizo Leonhard Euler (1707–1783) no solamente fue el matemático más prolífico de la historia, sino que está considerado el humano creador de la obra intelectual más extensa[24]. Su descomunal composición teórica, de 866 libros y ensayos, representa un tercio de todo lo investigado en su época en los campos de las matemáticas, de la física y de la ingeniería mecánica.

Euler aportó ideas fundamentales sobre el cálculo, el álgebra y otras ramas de las matemáticas y sus aplicaciones. Asimismo englobó el cálculo diferencial de Leibniz con el análisis matemático de Newton, y trabajó en los orígenes del cálculo de variaciones. Asimismo afirmó las funciones trascendentales de beta y gama; y populizó muchas notaciones, entre ellos los símbolos *pi* y *sigma*.

No solamente fue el pionero en el campo de la topología, sino que además elevó al ámbito científico la teoría de los números, implantando el teorema de los números primos y la ley de la reciprocidad bi–cuadrática.

En la física no quedó atrás al articular la dinámica newtoniana, fundar la mecánica analítica, especialmente en su hipótesis del movimiento de los cuerpos rígidos, y concretar la teoría cinética de los gases en un modelo molecular.

En 1766, la emperatriz de Rusia, Catalina la Grande, atraída por su fama, le extendió una generosa oferta para que continuase sus investigaciones y escritos en la Academia de San Petersburgo. Euler aceptó, pero ya ciego tuvo que valerse de su memoria prodigiosa para dictar sus tratados de óptica, álgebra y mecánica lunar.

Influido considerablemente por la prodigiosidad de Euler, Joseph–Louis LaGrange[25] incrementó el rigor matemático excluyendo la intuición en favor de las pruebas analíticas. En su monumental *Mécanique analytique*, inaugura un tratamiento analítico puro de la mecánica, en la que establece sus luego conocidas "ecuaciones de LaGrange" para los sistemas dinámicos.

En sus escritos de 1791 a 1801, LaGrange inventa un cálculo sobre rigurosas bases algebraicas, y desecha las referencias geométricas e intuitivas. Con ello echa las bases a las soluciones algebraicas de las ecuaciones diferenciales y la teoría de números. Esta revolución del álgebra consistió en atajos que cubrían clases enteras de cálculos, formulando métodos en la forma de meta–reglas para resolver ecuaciones abstractas. LaGrange, a su vez, es el pionero de la teoría de los conjuntos, que será vital para el siglo XX, y es él quien transforma la mecánica en una rama del análisis matemático.

Las matemáticas puras

Para el siglo XVIII las matemáticas estaban exhaustas y estancadas, al igual que sucedía en la física. Tanto LaGrange como Laplace son los representantes de esta fatiga científica. Sin embargo el siglo XIX, explotó en creatividad matemática con su alta exigencia en los niveles de rigor científico, surgiendo un grupo de brillantes matemáticos, y una abundante difusión de revistas y ensayos especializados.

Este rigor llevó a la axiomatización con la obra de Pascal. A pesar del uso de las matemáticas superiores en temas físicos, como hizo Joseph Fourier, entre otros, se produjo una diferenciación con la física

Los científicos reconocían que las matemáticas puras diferían de las otras ciencias, pues su estructura no se supeditaba a las leyes de la naturaleza. Sin embargo, su permanencia entre las ciencias es producto de su empleo en todas las teorizaciones científicas.

Estas matemáticas puras devienen en una actividad independiente al concentrarse los investigadores en desarrollar algoritmos, aparte de las aplicaciones.

En el siglo XIX se propagan ampliamente los estudios del cálculo y los diferenciales, así como las ecuaciones algebraicas, abriendo nuevos territorios para las ciencias. En esa época, los genios como el alemán Carl Friedrich Gauss y el francés Agustín–Louis Cauchy (1789–1857) desarrollan nuevos métodos analíticos para servir exitosamente a una sociedad envuelta en los inicios del maquinismo[26].

El matemático Gauss titubeó ante la idea de reconocer el infinito matemático, porque tendría que conceder entonces una realidad infinita. Sería el filósofo y matemático checo Bernard Bolzano quien entronizó el "infinito completo" en sus paradojas implícitas. Los matemáticos del siglo XIX intentaron poner un "límite" a la existencia de magnitudes infinitesimalmente pequeñas de órdenes variables al proponer que lo eran solo "potencialmente".

Fourier[27] descubre las series matemáticas que llevarán su nombre; otros novedosos grupos numerales fueron resueltos, a su vez, por el astrónomo y filósofo William Rowan Hamilton (1788–1856). Este científico escocés desarrolló la aritmética de los números complejos para las cuaternas (mientras que los números complejos son de la forma $a + bi$, las cuaternas son de la forma $a + bi + cj + dk$).

Laplace es quien perfecciona la teoría de las probabilidades con una nueva disciplina matemática, que permite abordar los enigmas de la física.

Gauss, por su parte, cubre entonces casi toda el área de las matemáticas puras y aplicadas, y es el puente entre las ciencias del siglo XVIII y las modernas. Gauss profundiza en el electro–magnetismo, y luego se dedica a la astronomía aportando un método original para estipular la órbita de los cuerpos celestes.

Su tesis más impresionante, publicada en 1801, introduce un tratamiento novedoso en la teoría de los números, descubriendo el "teorema de los números primos", el cual indicaba la existencia de números grandes perfectos, que eran iguales. Esta teoría de los números incluye una vasta porción de las matemáticas, en particular su aspecto analítico; y se debe a la herencia de los griegos la moderna aplicación del método deductivo. Pero la teoría de los números se hallaría confinada al estudio de las integrales y los números primos[28].

Gauss es también el autor de la notación moderna para las congruencias, y a él le corresponde una nueva visión para su estudio. Además, fue el primero en definir una geometría no euclidiana, e hizo mejoras en la teoría de las probabilidades. De igual forma, tuvo éxito en la interpretación física de los números complejos – con componentes reales e imaginarios–, representándolos como puntos en planos bidimensionales.

Los números complejos luego configuraron todo un campo de análisis, que más tarde ampliaron Cauchy, Karl Weierstrass (1815–1897), y Georg Bernhard Riemann (1826–1866). En la ingeniería y la física los números complejos tendrían una aplicación extensiva en el siglo XX y en la actualidad, desde los circuitos eléctricos y las ondas electromagnéticas hasta las alas de los aviones.

Matemáticas vs mecanicismo

El concepto de espacio curvado fue propuesto por el matemático Carl Gauss unos dos mil años después de que Euclides formulara los elementos de una geometría correspondiente a un espacio plano.

Los fundamentos de esta geometría, que sintetizó los conocimientos de su época, son los cinco postulados: "—<" donde las líneas paralelas mantienen siempre una misma distancia; la suma de los ángulos interiores de un triángulo es 180°—. Gauss propuso y organizó la medida de los ángulos del triángulo formado por los picos montañosos Inselberg, Brocken y Hoher Hagen, en el monte Harz. Este teorema se pudo confirmar, pues la suma de ángulos resultó ser de 180°, de acuerdo con la precisión de los topógrafos de su época.

Los textos de Cauchy, publicados en 1821 y 1823, emprendieron con rigurosidad los teoremas básicos del cálculo, concediéndoles una visión lógica sustentada en cantidades finitas y la idea del límite. Pero como siempre acontece en las matemáticas, cada solución plantea un dilema diferente; y, en este caso sería el problema de la definición lógica del "número real". El remedio concluyente lo encontraría el alemán Dedekin en los números racionales.

Cauchy no sólo probó que los ángulos de los poliedros convexos se prescribían por sí mismos, igualmente incursionó en el espinoso tema de las condiciones de convergencia en las series infinitas; de la misma manera una teoría matemática de la elasticidad y una reseña talentosa de integrales, libre del proceso de diferenciación; y finalmente preparó un estudio seminal sobre las funciones complejas.

Uno de sus más reconocidos teoremas resulta un ataque a la manida teoría de la causalidad, del cartesianismo causa–efecto. Cauchy se refiere a una "singularidad" en una región del espacio–tiempo en la cual pueden suceder violaciones de la causalidad, advirtiendo que los sistemas físicos iniciales, es decir las causas, desaparecen en el proceso de la evolución.

El intocable bloque del mecanicismo determinista se comienza a atacar en primer lugar desde las matemáticas, con uno de los descubrimientos más controversiales del siglo, la geometría no euclidiana revelada simultáneamente por el matemático ruso Nicolái Ivánovich Lobachevski (1793–1856), el oficial austríaco János Bolyai (1802–1860), y el matemático Georg Riemann. Lobachevski fue quien desarrolló una geometría abierta, o de curvatura negativa[29].

El intocable bloque del mecanicismo determinista comienza a atacarse, en primer lugar, desde las matemáticas, con el método de geometría no–euclidiana concebida por el matemático ruso Nikolai Lobachevski[9], y con los trabajos de Riemann. Ambos científicos razonan que la geometría de Euclides es reemplazable, que la recta geométrica puede conceptuarse como una curva, y que la esfera está sumergida en un espacio de cuatro dimensiones.

La misma geometría fue desarrollada de manera independiente por Carl Gauss y Bolyai, y comprende dos tipos de geometría: la hiperbólica y la elíptica. Estos científicos razonaban que la geometría de Euclides era reemplazable; que la recta geométrica puede conceptuarse como una curva, y que la esfera está sumergida en un espacio de cuatro dimensiones.

El 10 de junio de 1854, a la edad de 28 años, Riemann dio a conocer las herramientas matemáticas necesarias para definir y calcular la curvatura positiva y dedicó el resto de su vida a tratar de unificar la gravedad, la electricidad y el magnetismo a partir de la idea de curvatura del espacio. Sus intentos fracasaron Su intento de unificación fracasaría al tomar en consideración sólo las relaciones entre gravedad, espacio y espacio curvado, en vez de gravedad, espacio–tiempo y espacio–tiempo curvado[30].

Estas hipótesis de Lobachevski, Bolyai, Riemann y Gauss constituyeron un enérgico ataque contra la geometría euclidiana y el espacio cartesiano, y presagian la teoría de la relatividad de Einstein. Pero el reconocimiento de la geometría no euclidiana como un método matemático fue rechazado por el grueso de los científicos, los cuales llenos de un paroxismo de fervor cuasi religioso proclamaron que la geometría euclidiana era la sola y única geometría.

No fue hasta 1840 que Riemann define a las integrales como el límite de ciertas sumas, idea que resultará básica para el cálculo integral. Más adelante, en el siglo XX, se conformará la nueva "integral de Lebesgue", creada por el matemático francés Henri–Léon Lebesgue (1875–1941).[31]

Riemann expandió el argumento de las ecuaciones diferenciales parciales, ahondó en la teoría de las variables complejas; la geometría diferencial también fue objeto de su investigación, así como la teoría de los números analíticos. Riemann no solo es el creador de la topología moderna, sino que sus descubrimientos de las funciones continuas –no diferenciables–, mostrarían lo inadecuado de la intuición geométrica como guía de análisis.

Puede decirse que hasta Riemann los matemáticos presumían que cualquier función continua debía poseer derivativas. Por estos aportes Riemann figura como uno de los matemáticos más reputados en su época al proveer esta ciencia con un arsenal teórico que la instalará terminantemente como la ciencia de las ciencias.

La noción de infinito, que los filósofos denominaban "devenir", fue introducida en las matemáticas como una cantidad variable susceptible de crecer más allá de todos los límites. En ello, el trabajo de Bolzano fue ampliado por Julius Richard Dedekin (1831–1916), quien posteriormente presentó al infinito como algo positivo.

La nueva geometría no–euclidiana se asimila y explora, sobre todo con la aproximación algebraica profundizada por Dedekin y por Leopold Kronecker.

Sin olvidar en estas últimas décadas del siglo XIX al genio matemático ruso–alemán Georg Cantor, (1845–1918), un estudioso de las famosas "series de Fourier" y que concluyó una teoría de números irracionales, formulando la teoría de conjuntos, a la cual deben las matemáticas en general, y la aritmética en particular, uno de sus más notables perfeccionamientos.

Las antinomias de Kant y las supuestas dificultades del infinito y de la continuidad fueron resueltas finalmente por Cantor quien a partir de definición de conjuntos infinitos en la teoría de los números, inauguró los "números trans–finitos", más grandes que todos los números cardinales ordinarios, y con ellos toda una rama desconocida descansando en la teoría de los conjuntos.

Cantor demostró que si bien no hay un último número finito, no puede haber un último número transfinito. Sus paradojas no resueltas aún recorren las matemáticas modernas.

La elaboración de la teoría de los números infinitos de Cantor en 1882, y la definición de número hecha por Gottlob Frege en 1879 dieron por resultado que el número no es ni espacial, ni físico, ni subjetivo, sino no–sensible y objetivo, en el sentido de cosa no real, concreta. Su aporte fue crucial, ulteriormente, para toda la investigación crítica de los fundamentos de las matemáticas y de la lógica matemática.

Su abstracta y abstrusa teoría, virulentamente atacada en su tiempo, hoy es parte sustancial de los fundamentos de las matemáticas, aplicándose al complejo estudio de la turbulencia de los fluidos. Habría que agregar que los números son propiedades de los términos generales o de las descripciones generales, y no de las cosas físicas o de los sucesos mentales.

Las matemáticas celestes

Los astrónomos Urbain Jean Joseph Leverrier (1811–1877) y John Couch (1818–1892), cada uno por su cuenta y valiéndose de la ley de la gravitación de Newton, pronosticaron matemáticamente la existencia de un planeta distante que perturbaba la órbita de Urano. Bajo esta sospecha fue que en 1884 se descubrió al planeta Neptuno, en una órbita cercana a la posición predicha por la fórmula matemática. Pero aún la mecánica celeste presentaba enormes enigmas.

Algunos fenómenos que involucraban la mecánica de movimiento no seguían las leyes gravitatorias o la mecánica newtoniana. Uno de ellos eran las desviaciones inexplicables observadas en la órbita del planeta Mercurio, que no respondían a tirones gravitatorios, o a la inercia de su masa. El alcance significativo de esta equivalencia entre las masas gravitatorias e inertes, sin embargo, no fue apreciado hasta que Einstein enunciara su teoría de la relatividad, y la incapacidad para distinguir entre el campo gravitatorio y un marco de referencia acelerado.

Lejos de considerar una prueba definitiva de estabilidad que eludiese a Newton, Laplace y Henri Poincaré, en la actualidad se ha afirmado que acaso no exista un solo modelo de equilibrio; la incertidumbre es lo más irrefutable para las órbitas planetarias pues el Sistema Solar no se comporta como un reloj, al resultar mucho más complicado, con demasiados parámetros para procurar resultados matemáticos de su concurrente estabilidad.

Si estos confusos laberintos acontecen en este sistema con una sola estrella, el Sol, las excentricidades de los sistemas binarios de estrellas escapan a nuestros instrumentos matemáticos. A todas luces el caos desempeñó un papel decisivo en la formación de nuestro Sistema Solar, el cual desde sus inicios no presentaba su actual configuración, con planetas bien espaciados cuyas órbitas casi circulares cursan un plano aproximado.

Cada planeta, aun tan pequeño como Plutón, y las lunas grandes, en algún grado repercuten en los otros mediante la interacción gravitacional. Pero el modelo mecánico no consideró las derivaciones exóticas que han introducido los acercamientos de estrellas masivas a nuestro Sol, los ligeros efectos de los planetas interiores en su rápido desplazamiento. El viento solar compuesto de partículas y radiaciones que también acarrea consigo masa que hace disminuir paulatinamente la dimensión del Sol.

Así, tienen lugar las olas causadas por la proximidad lunar en la superficie terrestre que disipan energía. Se ha confirmado que las fuerzas de fricción entre la densa atmósfera gaseosa del planeta Júpiter con sus satélites producen un efecto similar; bajo tales influencias, de fricciones casi imperceptibles a no ser en lapso de tiempo muy amplios, las órbitas planetarias y lunares cambian lentamente en el curso de millones de años, separándose gradualmente.

El francés Évariste Galois (1811–1832), resultará uno de los talentos científicos de la historia. Antes de su muerte, a los 21 años escribió algunos de los tratados más penetrantes y de mayor alcance en las matemáticas. Con la publicación de sus manuscritos en 1846 y 1870, la reputación de Galois como un gigante de las matemáticas fue ampliamente reconocida[32].

Galois crea la reputada "teoría de conjuntos" que resuelve muchos de los escollos asociados con las ecuaciones algebraicas, y que es una piedra angular del razonamiento y de la sociedad tecnológica. Su teoría de conjunto ha posibilitado los viajes al espacio, a la Luna y los satélites artificiales al Sistema Solar.

La topología algebraica

Henri Poincaré quien descubrió el determinismo del caos en el contexto del Sistema Solar, con su observación de que en los sistemas deterministas había espacio para considerar las pequeñas perturbaciones, las que introducían un alto grado de incertidumbre. Con su inusual uso de la perspectiva geométrica, comprobó elementos imperceptibles de caos, posibilitando las predicciones a escalas de tiempo humano.

Poincaré califica como uno de los más encumbrados científicos de Francia, y uno de sus filósofos más originales, dejando su huella profunda en las matemáticas, la física y la mecánica celeste. Puede decirse que originó la topología algebraica y la teoría de las funciones analíticas con variables complejas. Conjuntamente con Einstein y Lorenz, se le acredita ser coautor de la teoría especial de la relatividad.

Las exploraciones de Poincaré en el terreno del caos y el orden lo llevaron a aseverar que la aplicación de la mecánica newtoniana al Sistema Solar no podía descifrar sus inestabilidades, alegando que el Sistema Solar, al igual que el péndulo, aparentemente gobernados por leyes newtonianas, podía desplegar dinámicas complicadas[33], es decir la dinámica del caos.

Poincaré lo aclara de la siguiente manera[34]: "Si nosotros no fuéramos ignorantes, no habría probabilidad, no habría lugar sino para la certeza; pero nuestra ignorancia no puede ser absoluta, sin lo cual no habría tampoco probabilidad." A lo que agrega Prigogine[35]: "El no equilibrio es fuente de orden, el equilibrio se convierte en sinónimo de desorden."

En su eminente ensayo *Ciencia y método*, escrito en 1908, Poincaré expuso la imposibilidad de conocer exactamente las leyes de la naturaleza y la condición del Universo en su momento inicial; para él, en caso hipotético, solo podríamos percibir la situación original de forma aproximada, lo que impedía predecir textualmente su estado en períodos posteriores.

Por otro lado apuntó que los fenómenos no podían predecirse acorde con leyes generales preexistentes pues una ligera perturbación, una causa tan pequeña en sus requisitos iniciales que podía escapar de la observación general, al final introducía un enorme cambio[36].

Así, en un período de tiempo dilatado, las variaciones de segundos o minutos que ejerce cada uno de los planetas sobre los otros eran capaces de crear las condiciones indispensables para un cambio abrupto de configuración orbital, incluida la desorganización de todo el Sistema Solar.

El increíble descubrimiento de Poincaré implicaba que lo impredecible, las conductas que se hallaban fuera de las leyes generales, podían tener lugar en un sistema regido enteramente por leyes exactas e inquebrantables.

Al demostrar que las ecuaciones matemáticas y los sistemas de la física manifestaban el caos, Poincaré logró fusionar ambas ramas nuevamente; así se abordó la estabilidad del Sistema Solar lográndose una mayor comprensión de cómo surgió el Sol y los planetas y de si planetas como el nuestro existen en otros rincones de la galaxia Vía Láctea. Algo parecido a lo que intentó también sin éxito Einstein, al tratar de asociar su teoría de la relatividad general con la mecánica cuántica, para explicar el Universo.

La teoría matemática de las probabilidades fue desarrollada por Blas Pascal, el francés Pierre de Fermat y Girólamo Cardano, y es una rama que aborda la determinación cuantitativa de un grupo de posibilidades que pueden ocurrir. La probabilidad matemática es ampliamente usada en la física, la biología, así como en las ciencias sociales, el comercio, la manufactura, las compañías de seguros, la fluidez en los patrones del tráfico.

Asimismo se aplica a áreas como la genética, la mecánica cuántica. Ella involucra problemas teóricos profundos e importantes del análisis y cálculo matemático, de nuestro rápido desarrollo.

¿Qué es el azar? Este concepto es difícil de justificar y más aún de definir en términos de física clásica. Pero a partir de Poincaré y la teoría de las probabilidades, el azar no es más que la medida de nuestra ignorancia. Si conociésemos las leyes de la Naturaleza y la situación del Universo en el instante inicial, podríamos predecir con exactitud la situación de este Universo en un instante ulterior. Por eso nuestra debilidad no nos permite abarcar el Universo entero y nos obliga a dividirlo[37].

Las paradojas matemáticas

A principios del siglo XIX los matemáticos pensaban que habían logrado una descripción aproximada de la naturaleza y se solazaban en las reconstrucciones de estructuras lógicas. Pero finalizado ese siglo no podían soslayar la existencia de múltiples contradicciones que se iban acumulando, a las que llamaban "paradojas".

En su libro Morris Klein describe lo siguiente[38]: "Las creaciones del siglo XIX, extrañas geometrías y extrañas álgebras, obligaron a los matemáticos, a regañadientes, a reconocer que los exactos matemáticos y las leyes matemáticas de la ciencia no eran verdades. Descubrieron, por ejemplo, que muchas geometrías diferentes encajaban igualmente bien con la experiencia espacial. No puede ser que todas ellas sean ciertas. Aparentemente el diseño matemático no era inherente a la naturaleza, o si lo era, las matemáticas humanas no eran necesariamente la descripción de ese diseño. Se había perdido la llave de la realidad.

Apunta Klein[39]: "La creación de estas nuevas geometrías y álgebras hizo que los matemáticos experimentasen una conmoción de otro tipo. Se habían quedado tan embelesados con el convencimiento de que estaban consiguiendo verdades que se habían lanzado impetuosamente a asegurar estas verdades aparentes a costa de un razonamiento con una base sólida. El darse cuenta que las matemáticas no eran un cuerpo de verdades hizo tambalear su confianza en lo que habían creado, y se comprometieron a reexaminar sus creaciones. Estaban consternados por haberse dado cuenta que la lógica de las matemáticas estaba en mala forma".

En 1900, todo lo que vale y brilla en el mundo matemático se da cita en un congreso para escuchar a David Gilbert (1862–1943) plantear allí los 24 problemas más importantes del pensamiento abstracto aún no resueltos por las matemáticas, y señalar que en la medida que se solucione cada uno de ellos, se abrirán nuevos campos en las matemáticas, sistemas infalibles y se brindará al resto de las ciencias poderosas herramientas para transformar la humanidad.

Los más brillantes matemáticos y filósofos de la época emprendieron casi inmediatamente la tarea de resolver estas contradicciones. Hasta el presente, la mitad de los 24 problemas de Gilbert se han resuelto, y producto de sus resultados nuestra civilización ya ha sufrido un vuelco.

De hecho se concibieron, formularon y avanzaron cuatro métodos matemáticos diferentes, cada uno en los cuales se congregó a numerosos adherentes. Todas estas escuelas fundacionales intentaron no solo resolver las contradicciones conocidas sino asegurar que nunca más iban a surgir nuevas contradicciones, es decir, establecer la consistencia de las matemáticas.

El afán de resolver los escollos ante las matemáticas solo llevó a nuevas e insolubles contradicciones. En estos esfuerzos fundacionales surgieron nuevas cuestiones. La aceptación de algunos axiomas y algunos principios de la lógica deductiva se convirtió en un punto de discusión que llevó a que las múltiples escuelas adoptaron posiciones diferenes[40].

El famoso trío matemático conocido como el Círculo de Königsberg[41], de David Gilbert, Adolf Hurwitz y Hermann Minkowsky (quien descubre por la época las implicaciones cuatri–dimensionales de la relatividad de Einstein) conformaron la famosa tendencia formalista, que trató a brazo partido de imponerse como la vertiente válida en la matemática.

El trabajo del alemán Gilbert, bautizado como formalismo[42], fue abrazado por John von Neumann y Gödel. Gilbert elabora una obra formidable de tan profundas repercusiones que prácticamente desbarata varios campos y disciplinas de investigación tenidas como sacrosantas.

También propuso formalizar partes relevantes de las matemáticas con ayuda de una lengua artificial basada en la lógica, y con ello probar por medio de las matemáticas finitas que ninguna paradoja se puede derivar de los sistemas formales.

Gilbert, considerado el matemático más genial de su época, trabaja en casi todas las áreas de las matemáticas y se erige en la cabeza visible del movimiento hacia la abstracción, que luego domina el pensamiento y la cultura del siglo XX. Como filósofo de las matemáticas, incursionó en la teoría de los números algebraicos, el análisis funcional y el cálculo de las variantes. No obstante, sobresalió en los estudios de geometría, al punto de considerársele junto a Euclides las dos figuras cimeras de esa materia en toda la historia.

Geometría no–euclideana

En la actualidad no existe seguridad sobre cuál de las tres geometrías (euclidiana, hiperbólica, elíptica) provee la mejor representación del Universo. Se sabe que la euclidiana proporciona una representación excelente de esta parte del Universo.

Se espera que el futuro se va a determinar a partir de la definición de cuál de entre ellas es la geometría apropiada para el Universo. Si es la euclidiana, el Universo se expandirá indefinidamente a velocidad de escape; si es la hiperbólica, entonces nos hallamos ante un Universo abierto que se expandirá indefinidamente; si es la elíptica, entonces el Universo es cerrado y su expansión se detendrá, para luego colapsar y estallar nuevamente.

La geometría euclidiana es solo una geometría provisoria, pues sus axiomas no son ni juicios sintéticos a *priori* ni hechos experimentales son, sencillamente, convenciones.

¿Es verdadera la geometría euclidiana?

Los principios de la geometría no son hechos experimentales, por eso el postulado de Euclides no puede ser demostrado por la experiencia, y lo mismo sucede, por ejemplo, con el del matemático ruso Nikolai Lobachevski.

En Poincaré los axiomas geométricos no son, pues, ni juicios sintéticos a priori ni hechos experimentales. Son convenciones; entonces, ¿qué se debe pensar de esta pregunta? ¿Es verdadera la geometría euclidiana? La pregunta no tiene ningún sentido, una geometría no puede ser más verdadera que otra; solamente puede ser más cómoda[43].

La geometría de Riemann es la esférica extendida a tres dimensiones. La de dos dimensiones sería la de la superficie de una esfera habitada por seres chatos; en ella, la distancia más corta entre dos puntos sería una recta, pero en realidad es un arco de la circunferencia de la esfera. Esta superficie es positiva[44] En realidad esta geometría es un caso particular de muchas otras postuladas por él.

Tanto Veronese como David Gilbert idearon nuevas geometrías que desechaban el axioma de Arquímedes. A partir de Einstein la geometría no euclidiana se aplicaría a las físicas. Mientras la geometría descriptiva apoyaría los diseños de ingeniería y arquitectura, y la geometría analítica y proyectiva propiciaría a los matemáticos el estudio de la geometría de los espacios pos–tridimensionales.

Tanto la geometría como las ciencias deductivas descansan en axiomas indemostrables. La ampliación de los estudios de geometría, condujo al análisis de vectores en espacios afines y métricos; investigación que dio a luz a la topología y al concepto de fractales.

Razón matemática como metafísica

El matemático–filósofo Alfred North Whitehead, reconocido como uno de los grandes filósofos del siglo XX, realizó contribuciones definitivas en el campo de la teoría matemática[45] Whitehead poseía también un conocimiento profundo de filosofía, de literatura y su cultura general le posibilitó el estudio de los fundamentos matemáticos, de la filosofía de las ciencias y el desarrollo de la lógica simbólica.

Whitehead desarrolló a principios del siglo XX su método de abstracción extensiva, por el cual supeditaba las ciencias a la filosofía, opuesto a los conceptos marxistas del "materialismo científico".

Con ello propició la exploración y la explicación de conceptos naturales fundamentales en términos científicos y, de hecho.

Para formular una filosofía de las ciencias naturales tuvo que hacer una pirueta metodológica incongruente, al examinar conceptos presuntamente aceptables a las ciencias puras como hipótesis inexplicadas que intentaban explicarse y verificarse a través de su método de análisis filosófico.

Al final Whitehead se inclinó hacia una filosofía más específica y heterogénea, enfocando la metafísica, la religión, los principios del conocimiento, creando una revolución en la epistemología. La influencia de Whitehead en un amplio número de aspectos ha sido extensa y variada. Se le asocia con la llamada "filosofía del proceso", en el pensamiento contemporáneo, y sus ideas han sido asumidas indistintamente, incluyendo teólogos y filósofos de la religión.

En sus tentativas por borrar el abismo entre la razón pura y la metafísica espiritual, a través de una filosofía de las ciencias, y de toda una concepción estructuralista, Whitehead[46] une esfuerzos con Russell en la aspiración de una gran unificación lógica. Es cuando Cantor llega al análisis de lo infinito en las matemáticas y Frege, al de los números.

Pero estas aspiraciones aportarán poco al entendimiento de cómo la verdad matemática se comporta, y por ende, toda la naturaleza. Si bien las matemáticas habían servido, hasta la fecha, para dar respuesta satisfactoria al aspecto práctico de la civilización —su tecnología—, se mostraban insuficientes para dilucidar los paradigmas de la mecánica cuántica o del insondable Universo.

El derrumbe de la lógica

En la década de 1930 comparece de pronto un matemático desconocido, Nicolás Burbaque, un visionario que anuncia públicamente en Francia la enciclopédica tarea de transformar todo el "corpus" de las matemáticas modernas, para ver de qué forma se salva de la corrosión introducida por las paradojas de Russell.

El trabajo de Burbaque adquiere dimensiones monumentales, al modernizar el marco obsoleto que hasta el momento sostiene las estructuras de las matemáticas; entonces todo el vínculo entre las diversas ramas matemáticas se hace claramente visible. Con ímpetu Burbaque publica obra tras obra cuya profundidad deja boquiabiertos al mundo de las ciencias.

La intención del grupo Burbaque se torna controvertible, pues los resultados a que llega son contrarios a sus postulados iniciales. Con el grupo Burbaque se viene abajo la obra lógica de Russell, que inicialmente querían salvar.

La lógica de Russell se muestra incompetente como método para hallar las complejidades de las diferentes teorías matemáticas que va abordando Burbaque. Es entonces que Burbaque decide separar definitivamente las matemáticas de la lógica, y ésta queda restringida a una pequeña parcela de la filosofía de las matemáticas.

Por largo tiempo Burbaque será un enigma; nadie, ni siquiera sus editores, conocían dónde enseñaba este super–genio y a qué institución estaba vinculado; la única pista es que escribía en francés. Hasta que al fin se descubre que era un nombre ficticio tras el cual los mejores matemáticos franceses[47], formaron un colectivo que debatía, investigaba y escribía bajo tal seudónimo, convencidos que de forma individual nunca lograrían el dominio sinóptico de su ciencia,.

El grupo se encontraba unido bajo un sino conceptual común: la matemática como abstracción; de tal esfuerzo surgió la primer filosofía coherente de esta ciencia, marcando un caso único de desinterés individual en la creación científica.

El Tractatus de Russell

Es cierto que Descartes consolidó a las matemáticas como una ciencia del orden y las relaciones, al igual que los griegos clásicos. Pero fue Leibniz fue quien maduró la idea de que las matemáticas eran capaces de explorar las estructuras de todos los mundos posibles. Luego, Henri Poincaré y Herman Weyl consideraron las matemáticas como una ciencia del infinito.

La filosofía del positivismo se basaba en la experiencia y el conocimiento empírico de los fenómenos naturales, en los cuales la metafísica y la teología eran consideradas como un sistema de conocimiento inadecuado e imperfecto.

La doctrina fue llamada positivista por el matemático y filósofo Auguste Comte, aunque muchos de sus conceptos pueden trazarse a David Hume, Saint–Simón y Kant. El grupo de filósofos conocidos como positivistas lógicos incluían a Wittgenstein, Russell y George Edward Moore.

La autoridad intelectual y los trabajos científicos de Cantor, Frege, Gilbert, Whitehead, Russell, Wittgenstein y Burbaque no son suficientes para afianzar al pensamiento racional y lógico, clásico, en pleno desastre. Estamos a principios del siglo XX, y es en el campo de las matemáticas donde se está librando la magna batalla de las ideas centrales del humano, de las físicas exóticas y de su futuro.

Como explica Klein[48]: "Hacia 1900 los matemáticos creyeron que ya habían conseguido su objetivo. Aunque tenían que conformarse con las matemáticas como una descripción aproximada de la naturaleza y muchos incluso habían abandonado la creencia en el diseño matemático de la naturaleza, gozaban con la contemplación de su reconstrucción de la estructura lógica de las matemáticas. Pero antes de que hubieran acabado de brindar por su supuesto éxito, se descubrieron contradicciones en las matemáticas reconstruidas. Normalmente se referían a estas contradicciones como paradojas, un eufemismo que evita enfrentarse al hecho de que las contradicciones viciaban la lógica de las matemáticas.

Es una contienda silenciosa en medio de la inadvertencia general, pues las luces del público ilustrado estaban enfocadas erróneamente a otros campos, como el de la plástica, la antropología o la psicología, por citar ejemplos.

La frustración en las formulaciones tradicionales matemáticas no es solo su inhabilidad para articular las actuales experiencias, sino también para armar una alternativa viable a los dogmas que subyacen en su óptica fundacional. Para los propósitos de reformar el formalismo contenido en sus teoremas no era suficiente el restablecimiento de los programas fundacionales, o platónicos, los logicismos, los formalismos o los intuicionismos.

Morris Klein[49]: describe cómo los más brillantes matemáticos y filósofos de la época emprendieron casi inmediatamente la tarea de resolver estas contradicciones. De hecho se concibieron, formularon y avanzaron cuatro métodos diferentes, cada uno de los cuales congregó a numerosos adherentes. Todas estas escuelas fundacionales intentaron no sólo resolver las contradicciones conocidas sino asegurar que nunca más iban a surgir nuevas contradicciones, es decir, establecer la consistencia de las matemáticas. En estos esfuerzos fundacionales surgieron nuevas cuestiones. La aceptabilidad de algunos axiomas y algunos principios de lógica deductiva se convirtieron en los puntos de discusión sobre los que las múltiples escuelas adoptaron diferentes posiciones.

El logicismo de Russell, el intuicionismo de Jan Brouwer y el formalismo de Gilbert tienen que ver con la forma en que los matemáticos perciben entonces los conjuntos, el rol de la lógica y sus consideraciones sobre la comprobación matemática. Así, parece que Gilbert y Burbaque con su dominio sobre los fundamentos de las matemáticas, determinarán todo el siglo XX.

Ludwig Wittgenstein fue uno de los pensadores más influyentes del siglo pasado, en especial por su contribución al movimiento conocido como filosofía analítica y lingüística. En su *Tractatus Logico–philosophicus* creía haber proveído la solución final a los problemas filosóficos, considerando esta disciplina como un análisis conceptual y lingüístico.

En su *Tractatus* argumentaba que el lenguaje estaba compuesto de proposiciones complejas susceptibles de analizarse en proposiciones simples hasta arribar a proposiciones muy elementales.

El positivismo lógico asociado con el Círculo de Viena fue influido grandemente por sus conclusiones. Al final de su quehacer intelectual Wittgenstein consideró que su *Tractatus* era erróneo, en especial por su visión estrecha del lenguaje, puesto que el mismo podía describir nunca la estructura lógica intrínseca del mundo.

La matemática es inconsistente

René Thom, el auto–titulado "imperialista de la matemática" encontraba imposible verificar experimentalmente, de forma completa, las leyes científicas en las que intervenían funciones $f(x) = y$, pues hay una infinidad de valores para "x". Tal limitación era demasiado importante pues era con su solución de que podía plantearse la exactitud de la ciencia moderna.

El golpe final al logicismo y al positivismo y a casi todos los ismos del siglo lo propinó Kurt Gödel en 1930, genio de las matemáticas y de la lógica, en palabras de Einstein; y de nuevo el mundo de las ciencias matemáticas sufre los embates de otro ciclón. Puede tildarse a Gödel como el heredero moderno de Aristóteles.

Gödel es el producto del increíble fermento intelectual de la Viena de principios del siglo XX. Una sociedad cosmopolita que desplaza al París romántico y al Londres victoriano como el foco de las ideas, y que produce a pensadores de talla en la física, la filosofía, las matemáticas, la psicología, la sociología como Wittgenstein, Karl Kraus, Gustav Klimt, Ludwig Boltzmann y Freud, entre otros; y que Jung hubiera calificado como la "sincronicidad vienesa".

Gödel se sumó al Círculo de Viena, junto al filósofo Moritz Schlick que se hallaba bajo el influjo de Ernst Mach, el ideólogo del racionalismo. El coro central de los matemáticos del Círculo lo constituían Rudolf Carnap y Karl Menger, filósofos y lógicos de las matemáticas. La inclinación del Círculo por el meta–lenguaje se dejó sentir en las matemáticas de Gödel, aunque nunca compartió del todo el positivismo contumaz del Círculo de Viena.

La Primera Guerra Mundial destruye esta sincronicidad del espacio y el tiempo, que gesta un genio tras otro en todos los campos de las ciencias y las humanidades.

El Círculo de Viena puso a Gödel en contacto con Rudolf Carnap, filósofo de la ciencia, y Karl Menger[50], un gran matemático. El Círculo se hallaba enfrascado en los escritos de Wittgenstein, cuya preocupación por el metalenguaje indujo a Gödel a sondear cuestiones similares en matemática. Asimismo, Carnap, el matemático austriaco Hans Hanh y el físico Hans Thirring[51] investigaban los fenómenos para–psicológicos, a los que también Gödel mostraba interés.

Convencido de que, además del mundo de los objetos, existe un mundo de los conceptos al que los humanos tienen acceso por intuición, Gödel se apartó de la visión positivista del Círculo de Viena,

Sin dudas, el quehacer científico de este matemático responde a una tenaz búsqueda de la racionalidad en la naturaleza. Sus teoremas de incompletitud minaron los fundamentos de las matemáticas y engendraron un intenso debate filosófico sobre la naturaleza de la verdad. Ellos ponían en tela de juicio incluso los métodos fundamentales de las matemáticas clásicas.

Gödel aventuró el teorema de la incompletitud con la tesis de la existencia de enunciados verdaderos de los números naturales que no pueden ser demostrados; es decir, la existencia de objetos sometidos a los axiomas de la teoría de números, pero que no se comportan como números.

Al no contradecirse los axiomas serían formalmente "indemostrables", pues ningún sistema de leyes (axiomas o reglas) es capaz de demostrar todos los enunciados verdaderos de la aritmética, al no poder hacerlo también con los falsos. El mundo matemático quedó atónito y su figura cimera del momento, Gilbert, quedó desarmado en su intento de fundamentar las matemáticas con una teoría lógica y sencilla.

Los teoremas de Gödel

Los paradigmas de Gödel han establecido los límites informáticos y computacionales y, sin quererlo, minaron las bases del logicismo matemático. Entre otros resultados significativos e inquietantes demostraba que los principios lógicos aceptados por varias escuelas no podían demostrar la consistencia de las matemáticas, incluyendo el tan reputado método axiomático–deductivo.

Esto no se podía hacer sin invocar principios lógicos tan dudosos como para cuestionar lo que se conseguía. La intención de Gödel no fue desbancar el método axiomático–deductivo, sino señalar la imposibilidad de mecanizar la deducción de los teoremas.

Los teoremas de Gödel introdujeron en el aparentemente imperturbable campo de la lógica lo imposible de la auto–confirmación matemática[52]. No solo era insostenible controlar la elusiva realidad exterior, sino incluso nuestros propios constructos mentales.

Gödel demostró tal cosa cuando nos dijo que no podemos enunciar sistemas lógicos de una cierta complejidad que sean coherentes y completos, como por ejemplo la aritmética elemental, pues siempre contendrán proposiciones indecisas de las cuales no podremos decir si son ciertas o falsas.

A partir de su paradigma, un enunciado debía tener un "valor de verdad" bien definido –ser verdadero o no serlo– tanto si había sido demostrado como si era susceptible de ser refutado o confirmado empíricamente. Desde su propio punto de vista, tal filosofía constituía una ayuda para su excepcional penetración en las matemáticas.

Así demostró lo defectuoso del método axiomático–deductivo tan altamente considerado en el pasado como método para el conocimiento exacto.

Sin embargo, Gödel no consideraba que sus teoremas demostrasen la inadecuación del método axiomático, sino que hacían ver la imposibilidad de mecanizar las deducciones de los teoremas. A su modo de ver, justificaban el papel de la intuición en la investigación matemática.

Para Gödel en la medida que los axiomas puedan ser caracterizados por un sistema de reglas mecánicas, no importa cuáles sean los enunciados tomados como axiomas, pues siempre resultan indiferentes Si algunos enunciados son verdaderos para los números naturales, otros enunciados verdaderos sobre los números naturales seguirán siendo indemostrables.

En particular, al no contradecirse los axiomas entre sí, entonces, ese hecho mismo, codificado en un enunciado numérico, será "formalmente indecidible" –esto es, ni demostrable ni refutable– a partir de dichos axiomas. Cualquier demostración de consistencia habrá de apelar a otros principios diferentes a los propios axiomas.

Su visión platónica, que no interfería con su mundo objetivo, descansaba en la creencia de un mundo de conceptos accesible a la intuición humana, como la verdad que consideraba un enunciado independiente de nuestra experiencia. Como apuntara el filósofo de las ciencias Georg Kreisel[53], el platonismo en la filosofía gödeliana se evidenciaba en su indagación de nuevas configuraciones y derivaciones analizando conceptos imprecisos.

Gödel demostró que los métodos matemáticos aceptados desde tiempos de Euclides eran inadecuados para descubrir todas las verdades relativas a los números naturales. Su descubrimiento minó los fundamentos sobre los que se había construido la matemática hasta el siglo XX, acicateó a los pensadores para buscar otras posibilidades y engendró un vivaz debate sobre la naturaleza de la verdad.

Este resultado será electrificante en las ciencias del siglo XX, indicando que las matemáticas no eran infalibles. Al probar Gödel que todos los teoremas de un sistema matemático –aun cuando se constate su consistencia–, finalmente resultan una imposibilidad y, por lo tanto, no resultan un instrumento de convalidación para ninguna ciencia[54], esto hace años la monumental obra de Frege, deconstruye la lógica de Russell, precipita al olvido el programa formalista de Gilbert, supera el enciclopedismo del grupo Burbaque y, de paso, también desmonta todos los sistemas, ideologías, filosofías y disciplinas absolutas en las ciencias y las humanidades, que se habían elaborado desde Newton y Descartes[55].

Otros sistemas de entidades

Gödel se destacó inicialmente en lógica matemática, como lo demuestra su tratado *Sobre las proposiciones formalmente indecidibles de Principia Mathematica y sistemas afines,* publicada en 1932. En su *La completitud de los axiomas del cálculo funcional de primer orden,* resolvía un problema pendiente, que David Gilbert y Wilhelm Ackermann habían planteado en 1928, sobre la manipulación de expresiones que contengan conectivas lógicas y cuantificadores permitirían, adjuntados a los axiomas de una teoría matemática, la deducción de todas y solo todas las proposiciones que fueran verdaderas en cada estructura que cumpliera los axiomas.

En lenguaje llano, ¿sería realmente posible demostrar todo cuanto fuera verdadero para todas las interpretaciones válidas de los símbolos?

Se esperaba que la respuesta fuese afirmativa, y Gödel confirmó que así era. Su disertación estableció que los principios de lógica desarrollados hasta aquel momento eran adecuados para el propósito al que estaban destinados, que consistía en demostrar todo cuanto fuera verdadero basándose en un sistema dado de axiomas.

No demostraba, sin embargo, que todo enunciado verdadero referente a los números naturales pudiera demostrarse a partir de los axiomas aceptados de la teoría de los números.

Entre dichos axiomas, propuestos por el matemático italiano Giuseppe Peano en 1899, figura el principio de inducción[56]. El axioma, al que se dio en llamar "principio dominó" –porque si cae el primero, caerían derribados todos los demás– podría parecer evidente por sí mismo.

Sin embargo, los matemáticos lo encontraron problemático, porque no se circunscribe a los números propiamente dichos, sino a propiedades de los números. Se consideró que tal enunciado de "segundo orden" era demasiado vago y poco definido para servir de fundamento a la teoría de los números naturales.

Por tal motivo, se refundió el axioma de inducción y se le dio la forma de un esquema infinito de axiomas similares concernientes a fórmulas específicas, en vez de referirse a propiedades generales de los números. Pero estos axiomas ya no caracterizan unívocamente los números naturales, como demostró el lógico noruego Thoralf Skolem[57] algunos años antes del trabajo de Gödel: existen también otras estructuras que los satisfacen.

El teorema de Gödel enuncia que es posible demostrar todos aquellos enunciados que se siguen de los axiomas. Existe, sin embargo, una dificultad: si algún enunciado fuese verdadero para los números naturales, pero no lo fuese para otro sistema de entidades que también satisface los axiomas, entonces no podría ser demostrado.

Ello no parece constituir un problema serio, porque los matemáticos confiaban en que no existieran entidades que se disfrazasen de números para diferir de ellos en aspectos esenciales. Por este motivo, el teorema de Gödel que vino a continuación provocó auténtica conmoción.

En su artículo de 1931, Gödel demostraba que ha de existir algún enunciado concerniente a los números naturales que es verdadero, pero no puede ser demostrado. Se podría eludir este "teorema de incompletitud" si todos los enunciados verdaderos fueran tomados como axiomas. Sin embargo, en ese caso, la decisión de si ciertos enunciados son verdaderos o no se torna problemática a priori.

Los teoremas de Gödel anulan los postulados de Gilbert, promotor de un programa para fijar los fundamentos de las matemáticas por medio de un proceso "auto–constructivo", donde la consistencia de teorías matemáticas complejas pudiera deducirse a partir de la consistencia de teorías más sencillas y evidentes.

Los axiomas indemostrables

Cantor había introducido la noción de tamaño "cardinal" para conjuntos infinitos. En 1908, Ernst Zermelo formuló una lista de axiomas para la teoría de conjuntos, especialmente la hipótesis del continuo y el axioma de elección, lista que desencadenó una gran polémica. Gödel, sin embargo, demostró que ambos principios eran coherentes con los restantes axiomas.

El aporte axiomático de Gödel solo tiene como calificativo el de increíble; no tiene precedentes en la lógica y en las matemáticas, o en el resto del pensamiento humano, y su aplicación al resto de las ciencias y a la filosofía se va efectuando lentamente por sus implicaciones revolucionarias.

Lo que significa es lo siguiente: las verdades de las matemáticas, o de cualquier otra ciencia y disciplina humanista, jamás podrán comprobarse, pues las matemáticas en esencia son incompletas. Uno de sus teoremas establece que la prueba finita nunca puede proporcionarse; así, se desvanece el sueño de David Gilbert de verificar la consistencia de toda la matemática, y por ende de las ciencias.

La muerte del programa de Gilbert a manos del teorema de Gödel aniquiló el concepto leibziano de que el conocimiento puede ser a la vez exhaustivo y reducible a procedimientos algorítmicos. Los teoremas de Gödel alterarán profundamente nuestra visión de las matemáticas y ofrecen a las ciencias una forma novedosa de investigación.

En los momentos que confirma la inconsistencia matemática, la ilusión de una ciencia exacta, absoluta, capaz de la verificación, lo mismo está aconteciendo en las físicas, donde la mecánica cuántica ya ha tropezado con la imposibilidad de conocer la naturaleza total de las partículas, o sea, la incertidumbre de la materia; en la astrofísica, donde Einstein derriba la noción de tiempo lineal y de espacio absoluto; en la geofísica, donde el evolucionismo gradual darviniano se ve sacudido por la incidencia de los fenómenos catastróficos casuales.

También acontece en el arte, donde se logra la total liberación de las formas impuestas por la realidad de la naturaleza y donde surge el movimiento surrealista. El sólido mundo cartesiano y newtoniano –la inconmovible sociedad europea– se viene abajo, al menos en términos conceptuales.

Los teoremas de Gödel alterarán considerablemente nuestra impresión de las matemáticas y proponen a las ciencias un perfil novedoso de investigación.

Sus teoremas de provocaron una debacle en todas las ciencias, y los paradigmas posteriores basados en sus teoremas, lejos de traer soluciones incorporaron nuevas complicaciones. El efecto resultante de este nuevo desarrollo fue el de añadir a la variedad de posibles métodos matemáticos y dividir a los matemáticos en un número de fracciones divergentes todavía mayor.

Con Gödel se entroniza una gama de escuelas y corrientes de matemáticos (platónicos, conceptualistas, formalistas, intuicionistas, etcétera), ninguna de las cuales acepta los postulados de las otras. Si para los platónicos las matemáticas todavía son infalibles, los conceptualistas la ven como un modelo simétrico ajeno a la realidad.

Los formalistas, seguidores de David Gilbert, conciben las matemáticas como una manipulación de símbolos a partir de reglas específicas cuyas afirmaciones tautológicas le conceden consistencia interna, aunque sin sentido real.

Para la escuela intuicionista las fórmulas matemáticas solo representan al propio acto de la computación. Ellas serán utilizadas por Niels Böhr para describir los fenómenos de la mecánica cuántica.

Años más tarde, Gödel le haría notar al economista Oscar Morgenstern[58], que en el futuro se descubrirían fenómeno extraño a partir del descubrimiento de las partículas elementales físicas por los científicos del siglo XX, a quienes ni siquiera se les hubiera ocurrido considerar la posibilidad de factores psíquicos elementales.

Matemática sólo es probabilidad

Las innovadoras matemáticas de Gödel, aplicables sin dificultad en algoritmos de cómputo, echaron también los cimientos de las ciencias de computación modernas.

Con las matemáticas exactas que anteceden a Gödel no se podría avanzar en la investigación más allá de las dimensiones que conocemos, sería imposible abordar el espacio–tiempo como unidad indivisible, no podríamos adentrarnos en la fisión atómica, en la inteligencia artificial, en la robótica; resultarían imposibles los ensayos en los aceleradores de partículas; no podríamos explicarnos la velocidad de la luz, los agujeros negros, el *big–bang*.

Así, Gödel permitía la entrada triunfal a las teorías de las probabilidades, de las ciencias complejas, del caos, la computación y la geometría fractal.

Los conceptos y los métodos introducidos por Gödel desempeñan un papel central en toda la informática moderna. Generalizaciones de sus ideas han permitido la deducción de otros resultados relativos a los límites de los procedimientos computacionales. Para finales de la década de 1930, Gödel obtuvo apasionantes resultados en teoría de conjuntos.

Al final de su vida, se orientó hacia la filosofía y hacia la teoría de la relatividad. En 1949 demostró que eran compatibles con las ecuaciones de Einstein los universos donde se pudiera viajar retrógradamente en el tiempo.

Gödel publicó excepcionalmente poco en vida –menos que ninguno de los otros grandes matemáticos, si se exceptúa a Bernhard Riemann–, pero la influencia de sus escritos ha sido enorme. Sus trabajos han afectado prácticamente a todas las ramas de la lógica moderna.

Al modificar el rumbo por donde se encauza el pensamiento humano en todas sus disciplinas y categorías, Gödel, junto a Einstein, Niels Böhr y John S. Bell, pertenece a los próximos siglos, donde sus paradigmas se generalizarán y llegarán a transformar totalmente la faz de nuestra civilización.

Un desconocido para los enclaustrados en las disciplinas humanísticas, Gödel califica entre los más profundos pensadores de todos los tiempos y será recordado por milenios.

El mito del cerebro como máquina es inadecuado para describir el trabajo matemático, pues cada problema y cada solución están determinados históricamente, más allá de los aspectos imaginarios e ideales. Asimismo, el pensamiento matemático no es análogo a la operación de la computadora, ni la inteligencia artificial es una ciencia independiente.

¿Quedaba el humano de nuevo a merced de la naturaleza, y de las fuerzas y entes divinos, al perder su instrumento de control sobre la misma?

La respuesta era negativa, puesto que en otra latitud de las ciencias, en la física cuántica, se descubría que el humano ni gobernaba la naturaleza a lo Newton, ni que tampoco la administraba a lo San Agustín de Hippona, sino que era parte integrante de la misma.

El infinito matemático

Durante un largo período de tiempo, al menos en Europa, los matemáticos intentaron abolir el concepto de infinito. Sus motivos eran bastante obvios. Aparte de la dificultad evidente a la hora de conceptualizar el infinito, en términos puramente matemáticos implicaba una contradicción para una ciencia que trataba con magnitudes definidas.

Por su propia naturaleza el infinito no se puede contar ni medir, por lo cual existía un auténtico conflicto entre las dos equivalencias. Este fue el motivo por lo cual los grandes matemáticos de la antigua Grecia, como si fuese una plaga maligna evitaban definir el infinito.

Pese a ello, desde los principios de la filosofía en Mileto, los científicos helenos especulaban sobre el infinito. Por ejemplo, Anaximandro (610 – 547 a. de J.C.) lo tomó como base de su filosofía[59].

Para el humano lo normal es lo finito, lo que tiene principio y fin; pero conceptuar lo infinito implica en matemática una contradicción, ya que utiliza magnitudes específicas. Las matemáticas en la antigua Grecia se auto–impusieron una barrera al descartar lo infinito, a diferencia de su aceptación en la India, por ejemplo.

Muy pocos pensadores de la antigüedad utilizaban el concepto de infinito, una excepción lo serían Anaximandro como base de su filosofía, y Zenón (450 a. C.) en su paradojas o antinomias. Arquímedes utilizó los indivisibles en geometría al considerar sin fundamento lógico los números infinitos. Arquímedes trató de calcular el valor aproximado del llamado misterio griego, el número trascendental (*pi*), con el método conocido como "exhaustivo", pero hasta el infinito.

Por eso, desde Pitágoras hasta el descubrimiento del cálculo diferencial e integral en el siglo XVII, los matemáticos evadían el concepto de infinito. La limitación de los modelos matemático que solo logran aproximarse a la realidad de la naturaleza, pues el infinito existe en ella, en el universo, en la materia, y la existencia del infinito en matemáticas es un reflejo de esto.

Las paradojas de Zenón de Elea plantean la dificultad inherente en la idea de una cantidad infinitesimal como componente de magnitudes continuas intentando demostrar que el movimiento es una ilusión. Zenón "refutaba" el movimiento de maneras diferentes. Planteaba que antes de alcanzar un punto dado un cuerpo en movimiento tenía que recorrer la mitad de la distancia. Pero antes de eso tenía que recorrer la mitad de esa mitad, y así hasta el infinito. Por lo tanto, cuando dos cuerpos se mueven en la misma dirección, pero el situado atrás, a una distancia dada del otro, se mueve a una velocidad mayor del de delante, erróneamente asumimos que le alcanzar[60].

Pero Zenón rechazaba este asergo[61]: "El más rápido nunca adelantará al lento". Esta es la famosa paradoja de Aquiles el veloz. Imaginémonos una carrera entre Aquiles y una tortuga. Supongamos que Aquiles puede correr diez veces más rápido que la tortuga que sale con 1000 metros de ventaja. Cuando Aquiles haya cubierto los 1000 metros, la tortuga estará 100 metros más adelante; cuando Aquiles haya recorrido los 100 metros, la tortuga estará 10 metros más adelante; cuando Aquiles haya recorrido estos 10 metros la tortuga habrá avanzado otro metro, y así hasta el infinito.

Las paradojas de Zenón no demuestran que el movimiento sea una ilusión, o que en la práctica Aquiles no alcanzará la tortuga, pero brillantemente revelan las limitaciones del método de pensamiento conocido como lógica formal. El intento de eliminar toda contradicción de la realidad, como se esforzaron los eleáticos griegos, inevitablemente conduce a este tipo de paradojas insolubles, o antinomias como las llamó Kant más tarde. Para demostrar que una línea no se podía componer de un número infinito de puntos, Zenón planteó que si fuese así, Aquiles nunca alcanzaría la tortuga. Realmente aquí tenemos un problema lógico[62].

Como explica Alfred Hopper[63]: "Esta paradoja sigue dejando perplejos incluso a aquellos que saben que es posible encontrar la suma de una serie infinita de números formando una progresión geométrica cuya ratio común sea menos de 1, y cuyos términos se hagan consecuentemente más y más pequeños y de esta manera convergiendo en algún valor límite.

Hegel planteó las numerosas contradicciones implícitas en las matemáticas y por eso reaccionó de manera diferente y consideró que la introducción del infinito matemático concedía opciones novedosas al conocimiento humano, pese a chocar con el mismo método que la clasificaba como ciencia, porque el cálculo del infinito exige métodos que las matemáticas tienen que refutar. Por su parte Berkeley no podía permitir que el cálculo contradijera la lógica y por eso lo rechazaba.

Por su parte Hegel plantea cómo la introducción del infinito matemático abrió nuevos horizontes y llevó a resultados importantes, aunque se siguió sin explicar teóricamente porque chocaba con las tradiciones y los métodos existentes[64]: "Pero en el método del infinito matemático esta encuentra una contradicción radical al propio método que le es característico, y en el que se basa como ciencia. Porque el cálculo del infinito admite y exige métodos de procedimiento que cuando las matemáticas operan con magnitudes finitas, tienen que rechazar la infinitud de plano, y al mismo tiempo tratar estas magnitudes infinitas como cuantos finitos. Así se intentan aplicar a los primeros los mismos métodos que son válidos para estos últimos".

La referida teoría fue expuesta por Cantor en sucesivas memorias publicadas en *Mathematische Annalen*, entre los años 1872 y 1895; de ellas, la que se refiere a los conjuntos infinitos se publicó en 1895. La teoría de Cantor ha encontrado una nueva aplicación en el no resuelto estudio de las corrientes turbulentas en los fluidos laminares.

Cantor será tildado de loco por el grueso de los matemáticos, pero sus teorías ofrecerán posteriormente el medio de unificar todas las matemáticas. Con el nuevo instrumental de Cantor a su disposición, Ernest Zermelo y el israelita Abraham Fraenkel comienzan a enjuiciar los propios fundamentos matemáticos. Como estudioso de las famosas "series de Fourier", Cantor concluyó una teoría de números irracionales y formuló la teoría de conjuntos, base del análisis de las matemáticas modernas.

Lo que hace la teoría de los conjuntos es inscribir el límite en el propio infinito, sin lo cual jamás existiría el límite: en el interior de su rigurosa jerarquización, instaura una desaceleración, o más bien, como dice el propio Cantor un "principio de detención" sólo para crear un número entero nuevo, cuando la compilación de todos los números anteriores tiene la potencia de una clase de números definida, ya determinada en toda su extensión.

Sin este principio de detención o de desaceleración, existiría un conjunto de todos los conjuntos que Cantor obviamente rechaza, y que sólo podría ser el caos, como lo demuestra luego Russell. La teoría de los conjuntos es la constitución de un plano de referencia que no sólo comporta una endo–referencia (determinación intrínseca de un conjunto infinito), sino también ya una exo–referencia (determinación extrínseca).

A pesar del esfuerzo explícito de Cantor para unir el concepto filosófico y la función científica, la diferencia de característica subsiste, pues la primera se desarrolla en un plano de inmanencia o de consistencia sin referencia, mientras la segunda lo hace en un plano de referencia desprovisto de consistencia[65].

Con el refinamiento matemático de Cantor, en las últimas décadas del siglo XIX la valiosa estructura de lo infinito comienza a revelarse y sus teorías ofrecerán el medio de unificar todas las matemáticas, que se hallaban segmentadas en disímiles ramas. Las matemáticas de Cantor permitieron los experimentos de la bomba atómica anglo–norteamericana.

Pero la teoría de conjuntos se consolidará con Julius Dedekin. Este matemático alemán será conocido por sus estudios en continuidad y definición de los números reales. Entre sus aportes figuran sus análisis sobre la naturaleza de los números y la inducción matemática, incluyendo la definición de los conjuntos finitos e infinitos. Su trabajo sobre la teoría de los números, en particular los campos de números algebraicos resultarán influyentes.

Paralelamente, la obra matemática del inglés Arthur Cayley (1821–1895) contribuyó al avance de las matemáticas puras. De sus matrices algebraicas se sirvió la mecánica cuántica de Heisenberg en 1925. Cayley sugirió que tanto la geometría euclidiana como la no euclidiana eran variantes especiales de una sola geometría.

Los transfinitos

Los números transfinitos son claves para entender la naturaleza del tiempo y el espacio. La mecánica cuántica utiliza conceptos matemáticos de características contradictorias, como los números "q" descubiertos por el físico Paul Dirac, los cuales desafían las leyes de las matemáticas (al plantear que $a \times b = b \times a$). La física moderna acepta lo infinito en el tiempo, en el universo.

Una relación no–lineal no se puede resolver con facilidad desde las matemáticas; no existe un gráfico que describa una línea continua. En las relaciones no–lineales las leyes son aproximaciones que se van refinando con el descubrimiento de "nuevas" leyes o modelos matemáticos teóricos.

Las matemáticas modernas se fundamentan en el concepto de continuidad: entre dos puntos en el espacio existe un número infinito de puntos, y entre dos puntos en el tiempo hay un número infinito de momentos.

Pero, tales contradicciones eran rechazadas sistemáticamente, y solo debido a la capacidad matemática de Hegel fue que se desbrozó el camino para dar cabida a lo finito e infinito en el tiempo, el espacio y el movimiento.

Para Hegel el Universo era finito e infinito a la vez. El manejo de la lógica formal en Europa dilató el progreso matemático, y con él a todas las ramas de la ciencia y su impacto en el progreso tecno–social.

Muchos persisten en excluir la objetividad del infinito y su capacidad de reflejar el mundo objetivo y real y solo lo circunscriben a las matemáticas "puras". Y todo pese a que el infinito es dable como instrumento matemático ya que se corresponde con la existencia del infinito en la propia naturaleza.

Estamos familiarizados con la idea del *continuum*, o creemos estarlo, y no nos es habitual la dificultad que este concepto presenta a la mente, a menos que se conozcan las matemáticas modernas, del matemático alemán Peter Lejeune Dirichlet, de Dedekin, de Cantor. Al *continuum* todavía lo empleamos para el espacio y el tiempo, y difícil sería eliminarlo en la geometría abstracta, pero puede muy bien quedar fuera de lugar cuando se trata del espacio y del tiempo físicos.

El hecho de que los "no matemáticos" esquiven estas dificultades, y olviden cómo la mente griega comprendía la idea del *continuum*, se debe, en mi criterio, a la notación decimal. En nuestros días escolares nos tropezamos que existían fracciones decimales de infinitas cifras, y que tales fracciones representaban un número, incluso cuando no es posible señalar recurrencia alguna en sus cifras.

De cualquier modo, nos percatábamos que se podía adscribir un número definido a cada uno de los puntos de una recta, entre *0* y *1*, así como entre *0* e infinito, e incluso entre (−) infinito y (+) infinito, siempre que señaláramos en la recta el punto cero. Esa era la única manera de sentirnos en posesión del *continuum*.

Todas las dificultades atribuidas a la continuidad tienen su origen en el hecho de que un ordenamiento continuo deberá tener un número infinito de elementos: ellas son, por consiguiente, dificultades referentes al infinito.

Al respecto el criterio de Russell no arroja mucha luz[66]: "La infinita divisibilidad de un objeto parecería significar, a primera vista, que hay distancias infinitesimales. Esto es, sin embargo, un error. "Pero", se dirá, "al fin la distancia se volverá infinitesimal". No, puesto que no hay fin.

La totalidad del cálculo diferencial e integral, y en verdad, prácticamente toda la matemática superior, depende de la noción de límite. Anteriormente se suponía que los infinitesimales estaban incluidos en los fundamentos de esta noción, pero él en su época considerado un genio matemático, el alemán Karl Weierstrass, padre del análisis moderno, demostró que esto era un error[67]; cuando se estaba en presencia de lo que se creía que eran los infinitesimales se estaba, en realidad, frente a un conjunto de cantidades finitas que tienen como límite inferior a cero.

Habitualmente se consideraba a este "límite" como una noción esencialmente cuantitativa, es decir, como una cantidad a la cual otras se aproximaban cada vez más, hasta poder diferir de ella en menos que cualquier cantidad dada.

Pero, en realidad, la noción de "límite" es puramente ordinal y no implica idea alguna de cantidad (salvo, accidentalmente, cuando el conjunto considerado es cuantitativo). Un punto dado sobre una línea puede ser el límite de un conjunto de puntos de la misma, sin que sea necesario introducir coordenadas, medidas o términos cuantitativos de ninguna naturaleza.

2

ABSTRACCIÓN LÓGICA

La lógica formal

El objetivo de la lógica formal era proporcionar un punto de referencia para distinguir argumentos válidos de los que no lo eran. El pensamiento lógico formal está construido sobre la base de un método deductivo, que procede de un silogismo más general a través de un número de premisas para llegar a la conclusión necesaria. Existen diferentes tipos de silogismos que en realidad son variaciones sobre el mismo tema.

Aristóteles fue el primero en escribir una explicación completa de la lógica formal como métodos de razonamiento, y en su *Organon* nombra diez categorías, algo que se ignora frecuentemente[1]. Por ejemplo, Bertrand Russell considera que estas categorías no tienen sentido; pero esto no sorprende pues los positivistas lógicos, como el propio Russell, han descartado prácticamente toda la historia de la filosofía.

Las categorías de la lógica formal son generalizaciones elementales de la realidad. Las reglas de la lógica son aplicables a la realidad, por ser útiles al tratar con situaciones reales. La aplicación de las reglas de la lógica es constituye una inferencia.

Es decir, a partir de "premisas", obtiene otros enunciados o descripciones de hechos, llamados "conclusiones". Se deducen del hecho de que cualquier objeto tiene ciertas cualidades que le distinguen de los demás; que cualquier cosa existe en cierta relación con las otras cosas; que los objetos forman categorías más amplias, en las que comparten propiedades específicas; que ciertos fenómenos provocan otros fenómenos.

Las construcciones laberínticas de la lógica formal hacían parecer que estaban realmente implicados en una discusión muy profunda; la razón de esto reside en su propia naturaleza. Como su nombre sugiere se trata de la forma en la cual no cuenta el contenido; este es precisamente el principal defecto de la lógica formal, su talón de Aquiles.

El hecho de que una regla, o una proposición parezcan ser verdadera no es razón suficiente para que sea verdadera, y ello pone en entredicho a Bertrand Russell, Morris Cohen y Ferdinand Gonseth[2].

El problema es que las categorías de la lógica formal, deducidas de una cantidad de observaciones y experiencias bastante limitadas, realmente solo son válidas dentro de estos límites. De hecho, cubren una gran cantidad de fenómenos de la vida diaria, pero son bastante inadecuados para tratar con fenómenos más complejos que impliquen movimiento, turbulencia, contradicción y cambio de cantidad en calidad.

Las proposiciones lógicamente verdaderas no lo son porque describan la conducta de todos los hechos posibles; lo serían de asumir el riesgo de ser refutadas. Al aplicarse un cálculo a la realidad este pierde su carácter lógico, pues se convierte en una teoría descriptiva empíricamente refutable.

La aplicabilidad de las fórmulas afirmadas por los cálculos lógicos es limitada pues esos cálculos son sistemas semánticos construidos para la descripción de ciertos hechos. Así, la aritmética de números naturales o la de números reales sólo describen ciertos tipos de hechos pero no otros.

Las abstracciones de la lógica formal son adecuadas para expresar el mundo real solo dentro de unos límites bastante estrechos. El propósito del conocimiento es reflejar el mundo objetivo y sus leyes subyacentes y relaciones necesarias tan fielmente como sea posible.

Como planteó Hegel, "la verdad siempre es concreta". Estamos haciendo constantemente todo tipo de asunciones lógicas sobre el mundo en el que vivimos. Esta lógica es el producto de un largo proceso de evolución.

Pero el pensamiento humano es esencialmente concreto, al punto que la mente no asimila fácilmente conceptos abstractos. Nos sentimos más cómodos con lo que tenemos delante de nuestros ojos, o por lo menos con cosas que se pueden representar de manera concreta.

Ley, proporción y verificación

¿Es posible que las leyes eternas de la lógica sean defectuosas?

La ciencia se basa en la búsqueda de leyes que puedan explicar el funcionamiento de la naturaleza. Tomando la experiencia como partida intenta generalizar, yendo de lo particular a lo universal. La historia de la ciencia se caracteriza por un proceso de aproximación, sin llegar nunca a conocer "toda la verdad". En última instancia la prueba de la verdad científica es el experimento, como dice Feynman, "el único juez de la verdad científica".

Pero la ciencia no es sólo ensayos y errores; la ciencia newtoniana, por ejemplo, no es sólo un conjunto de cuatro conjeturas (las tres leyes de la mecánica y la ley de gravitación); ellas sólo constituyen el "núcleo firme" del programa newtoniano, con una heurística disponible para la solución de problemas con la ayuda de matemáticas sofisticadas.

La validez de las formas de pensamiento depende de si se corresponden a la realidad del mundo físico, algo que no se puede establecer a priori, sino que se tiene que demostrar a través de la experimentación y la observación. En contraste con todas las ciencias naturales la lógica formal no es empírica, es a priori, y al no derivar del mundo real presenta una contradicción flagrante entre forma y contenido.

No siempre razonamos de acuerdo con las leyes de la lógica. Por tanto, no es cierto que las reglas de la lógica son leyes naturales del pensamiento; asimismo no son leyes normativas que nos dicen cómo debemos pensar; ni son las leyes más generales de la naturaleza, leyes descriptivas válidas para un objeto cualquiera.

Se plantea que las leyes de la lógica formal son construcciones totalmente artificiales, construidas por los lógicos, en la creencia de que tendrán alguna aplicación en algún campo del pensamiento, en el que revelarán alguna que otra verdad. Las llamadas "leyes" de la lógica formal se han considerado como una expresión absoluta del pensamiento dogmático.

Las leyes de la lógica formal, que parten de una visión esencialmente estática de las cosas, pueden ser útiles para los fenómenos normales y simples, pero cuando se trata con fenómenos complejos que implican movimiento, cambios cualitativos, se hacen inadecuadas, llenas de problemas y contradicciones de carácter filosófico.

En su *Ciencia de la lógica*, Hegel[3] plantea un análisis de la Ley de la Identidad, demostrando que es unilateral e incorrecta. La apariencia de una cadena de razonamiento necesario en el que un paso sigue al otro es totalmente ilusoria. La ley de la contradicción simplemente plantea la ley de la identidad de manera negativa, puesto que es una tautología. Y lo mismo en relación a la ley del medio excluido.

En los últimos años ha tenido lugar una reacción sana contra el reduccionismo mecánico, contraponiéndole la necesidad de un punto de vista holístico de la ciencia. Ello no invalida que las ideas se deriven de una u otra manera del mundo físico y, en última instancia, se apliquen de nuevo a este. De esta manera se considera que la validez de cualquier teoría, más tarde o más temprano, tiene que demostrarse en la práctica.

La capacidad de pensar en abstracciones marca una conquista colosal del intelecto humano. La capacidad de hombres y mujeres para pensar lógicamente es el fruto de un proceso prolongado de evolución social. Precede a la invención de la lógica formal. Locke[4] ya había expresado esa idea en el siglo XVII.

No solo la ciencia "pura" sino también la ingeniería serían imposibles sin el pensamiento abstracto, que nos eleva por encima de la realidad inmediata y finita del ejemplo concreto, y da al pensamiento un carácter universal. En última instancia, los grandes avances en la teoría llevan a grandes avances en la práctica.

¿Existen los números? esas entidades con las cuales hacemos adiciones, retiros, multiplicaciones, divisiones y cantidad. Y si existen, ¿qué cosa son? Hace ya 2,400 años, Platón se había hecho las mismas preguntas.

Las ideas que definen los objetos del pensamiento tienen existencia al concretarse en la acción de ser, y esta acción son los números. Y esto nos lleva a preguntarnos si los números, como objetos de nuestro pensamiento, existirán también.

Según Aristóteles los números existen como abstracciones simples, aunque realiza una distinción entre la sustancia y el accidente: el *2* ó el *3* no existen por sí solos sin la sustancia referida: 2 libros, 3 casas.

Así, la Tierra o el libro serán sustancias por disponer de una existencia independiente, mientras el azul o el rojo serán accidentes porqué solo existen vinculados a una sustancia: el libro azul, la tierra roja.

Sin embargo, para Platón los números no solamente existen acoplados a las cosas materiales (sustancias) sino como universalidades. Para Platón el artesano construye el objeto a partir de la referencia de su pensamiento. La idea por lo tanto tiene existencia autónoma, y no depende del objeto material para su valencia. Al ser los números ideas, por lo tanto tienen las prerrogativas de tales ideas, al no representar simplemente números, sino la misma esencia de los números.

Los números ideales, por lo tanto, constituyen los modelos supremos de la matemática de los números. Los fundamentos teóricos de esta doctrina están en la convicción radical en Platón de la correspondencia perfecta entre el conocimiento matemático y el conocimiento objetivo.

Si bien el concepto de Platón nos parece improbable ante el aristotélico, sin embargo existe la duda de si existirían los números si nadie los contaran más, si habría una aniquilación inesperada de la verdad ¿tendrían los números una existencia independiente?

Esta diferencia en los niveles ontológicos responde a la consistencia de ser, a la calificación de las ideas como modelos respecto a los objetos sensibles correspondientes. Esta diferencia entre Platón y Aristóteles continuó en el Medievo, en el cual el Demiurgo platónico era defendido por los franciscanos, mientras la contraposición aristotélica por los dominicos.

Y esto implica una divergencia radical en el concepto de las matemáticas. Para los franciscanos *2 + 2 = 4* independientemente del Dios, que debe someter a esta verdad y no puede cambiarla, el mundo debe adherirse de hecho a él. Para los dominicos, ese *2 + 2 = 4* lo ha decidido Dios de su iniciativa espontánea.

En esta forma la lógica de Aristóteles llegó a la Edad Media, que fue la época de mayor esplendor del silogismo, cuando los escolásticos dedicaban toda su vida a discusiones interminables sobre todo tipo de cuestiones teológicas oscuras, como el sexo de los ángeles.

Al llegar al Renacimiento, la época de gran estímulo al espíritu humano, la insatisfacción con la lógica aristotélica era generalizada. Había una creciente reacción contra Aristóteles, que realmente no era justa con este gran pensador, pero que partía del hecho de que la Iglesia Católica había suprimido todo lo que valía la pena de su filosofía.

El método silogístico

El silogismo es un método de razonamiento lógico, que se puede describir de muchas modalidades. Aristóteles lo describe de esta manera[5]: "Un discurso en el que, habiendo afirmado ciertas cosas, se deduce necesariamente de su ser otra cosa diferente de lo afirmado". Los escolásticos medievales centraron su atención en este tipo de lógica formal que Aristóteles desarrolló en *La analítica anterior y posterior*. Pero el silogismo fue resultado del desarrollo biológico, antropológico y social de la humanidad.

Para Aristóteles, el silogismo era solo una parte del proceso de razonamiento. Se privó a la lógica de toda vida, y se la convirtió, en palabras de Hegel, en "los huesos sin vida de un esqueleto".

A finales de la Edad Media el silogismo estaba desacreditado, aunque subsistía en los países católicos que no habían sido afectados por la Reforma. Alrededor de 1680, el filósofo alemán William Leibniz creó una lógica simbólica aunque nunca la publicó. Otros intelectuales como François Rebeláis, Francesco Petrarca y Michel de Montaigne, todos denunciaban los silogismos.

A finales del siglo XVIII la lógica estaba en tan mal estado que Kant se sintió obligado a lanzar una crítica general de las viejas formas de pensamiento en su *Crítica de la razón pura*. Al igual que Hegel consideraba el silogismo como "un artificio" donde las conclusiones ya se habían introducido subrepticiamente en las premisas para crear una falsa apariencia de razonamiento.

Los principios no resultan puntos de partida de la investigación, sino su resultado final, y no se aplican a la naturaleza y a la historia humana, sino que se abstraen de ellas. Y Kant lo formula cuando apunta que al no reflejar la realidad objetiva, las formas de la lógica formal no tienen sentido en absoluto. Esta idea fue posteriormente desarrollada por Hegel, desbrozando la teoría del conocimiento y la lógica de Kant.

El pensamiento silogístico, el método deductivo abstracto, pertenece a la tradición francesa, especialmente desde Descartes. La tradición anglosajona enrumbaría por vías totalmente diferente, fuertemente influenciada por el empirismo y el razonamiento inductivo.

Pero la ciencia necesita un marco filosófico que le permita valorar sus resultados. La afirmación de Locke de que todo en el intelecto se deriva de los sentidos contiene el germen de una idea correcta, pero presentada de una manera unilateral ha tenido las consecuencias más dañinas sobre el desarrollo de la filosofía.

La reacción contra este formalismo tuvo su reflejo en un movimiento hacia el empirismo, que dio aliento a la investigación científica y el experimento. Sin embargo no es posible dejar al margen todas las formas de pensamiento, y el empirismo llevaba desde el principio la semilla de su propia destrucción. La única alternativa a los métodos inadecuados de razonamiento consiste en desarrollar métodos adecuados y correctos.

Mientras Kant solo demostraba las deficiencias y contradicciones de la lógica tradicional, Hegel desarrolló un método que incluía la dialéctica y la contradicción, en el cual la lógica formal se mostraba incapaz. Este análisis crítico completó el trabajo de Kant.

Si bien Hegel y sus discípulos ensancharon el alcance de la lógica en forma completamente distinta, una teoría satisfactoria acerca del infinito matemático fue salvada por la obra de Georg Cantor, el cual demostró que las supuestas contradicciones son ilusorias, ya no hay razón alguna para buscar una explicación finita del mundo. El instinto, la intuición, o la visión interior es lo que primeramente conduce a las creencias que luego la razón confirma o refuta.

Es un hecho sorprendente el que las leyes básicas de la lógica formal elaboradas por Aristóteles se mantuvieron inmutables durante dos milenios, etapa en la que tuvo lugar un proceso de cambio en todas las esferas de la ciencia, la tecnología y el pensamiento humano. Y sin embargo los científicos se han contentado con utilizar esencialmente las mismas herramientas metodológicas que utilizaban los escolásticos medievales en los días que la ciencia estaba todavía al nivel de la alquimia.

Dado el papel central que la lógica formal ha jugado en el pensamiento occidental, es sorprendente que se haya prestado tan poca atención a su contenido real, significado e historia.

En realidad, la lógica formal no escapa, en última instancia, de la experiencia, de la misma manera que cualquier otra forma de pensamiento. El método común de la lógica formal es la deducción, que intenta establecer la verdad de sus conclusiones, partiendo que ella tiene que fluir de las premisas; y las premisas tienen que ser ciertas. Si se cumplen las dos condiciones, el argumento es válido.

Sin embargo, para los lógicos formales es indiferente si las premisas son ciertas o no. En la medida en que la conclusión provenga de ellas, la inferencia es deductivamente válida, pues lo importante es distinguir entre inferencias válidas y no válidas. Al no depender la validez de la inferencia, del sujeto, la forma se eleva por encima del contenido. Como planteó Hegel, cada premisa da lugar a un nuevo silogismo y así hasta el infinito.

La mayor contradicción reside en la premisa fundamental de la lógica formal. Al pretender que todo se justifique ante el silogismo, la lógica se ve totalmente confundida cuando se le pide que justifique sus propios presupuestos.

Hasta el Congreso Internacional de matemáticos[6] en 1900, sus axiomas se tenían como si fuesen rigurosamente lógicos; a partir de entonces, las complicaciones teóricas han llegado al grado de crisis.

Continuo y racionales

¿Es el criterio de falsabilidad de Karl Popper la solución del problema de la demarcación entre la ciencia y la seudo–ciencia? En 1934, Popper[7] defendió que la probabilidad matemática de todas las teorías científicas, para cualquier magnitud de evidencia, es cero. Esto supone que las teorías científicas son también igualmente improbables.

En general, el físico habla de observables en un sentido muy amplio, comparado con el estrecho sentido que da el filósofo de la palabra, pero en ambos casos, la línea de separación entre lo observable y lo inobservable es muy arbitraria. Para Rudolf Carnap son las que contienen términos directamente observables por los sentidos o medibles mediante técnicas relativamente simples. Se las suele denominar también generalizaciones empíricas.

Cuando nos referimos al "orden", a lo "continuo", a lo "operacional", a lo "organizacional", no citamos solo nociones puestas exclusivamente por el sujeto; es decir, estas corresponden, de una manera particular, a ingredientes de lo real. Lo "continuo" no existe en sí mismo puesto que esa noción de una realidad "pegada", libre de la "nada", no existe como tal.

Por ejemplo, lo continuo existe en su relación con el sujeto epistémico con el objeto. Y no podría engendrarse si no existiera ese objeto particular mencionado. De manera precisa, las nociones básicas de las matemáticas se construyen a partir de la relación sujeto–objeto, que posee una esencial dimensión material.

Para Poincaré, el continuo no es más que una colección de puntos dispuestos en un cierto orden, en un número infinito, pero inconexos los unos de los otros. No es ésta la concepción ordinaria entre los elementos del continuo, en la cual se supone existe una especie de vínculo íntimo que los hace un todo.

De ahí que se califique al continuo matemático de primer orden, a todo conjunto de términos formados conforme a la misma ley que la escala de los números conmensurables o racionales. En el caso de intercalar nuevos escalones se obtendría un continuo de segundo orden, en la cual hay curvas que no tienen tangentes[8].

Carnap perseguía lo que llamaba una reconstrucción racional, donde cualquier construcción del discurso fisicalista en términos de la experiencia sensible es considerado como satisfactorio, como la lógica y la teoría de conjuntos.

En sus experimentos, Carnap buscó cómo traducir sentencias que contuvieran cierto término a otras que no los tuvieran, con el objetivo de elaborar las equivalencias, aunque en realidad el resultado eran las implicaciones.

Acorde con Willard Quine[9]: "Confiar en la inducción como una vía de acceso a las verdades de la naturaleza es, de otra parte, suponer, o punto menos, que nuestro espacio de cualidad (factor de similitud) se adecua al del cosmos. La bruta irracionalidad de nuestro sentido de similitud, su irrelevancia en cualquier respecto en lógica y matemática ofrece escasa razón para esperar que tal sentido sea algo en consonancia con el mundo —un mundo que, a diferencia del lenguaje, nunca hicimos—".

Para Carnap debemos distinguir siempre un empleo filosófico (como *pseudo*) del científico. No debe confundirse a Carnap con los teoremas de Kant pertenecientes a otra categoría. En Kant el estado–mental de los "objetos existe independientemente de nosotros" y son "empíricamente" verdaderos pero "trascendentalmente" falsos porque son otro caso de género de distinción.

Sus postulados demuestran que la relación entre la investigación filosófica del conocimiento no pueden ser comparadas con las de todas las cosas que son ordinarias en la vida científica, por ser estas últimas más extrañas y oscuras.

"Es cierto —escribe Carnap[10]— que una sucesión de palabras sólo tiene sentido si están dadas sus relaciones derivativas a partir de oraciones protocolares, oraciones observacionales"; vale decir, si "se conoce la manera de [su] verificación. La falta de significado en un sentido preciso, es una sucesión de palabras que, dentro de un lenguaje dado, no constituyen una oración. En un principio se sostuvo que una oración, para ser significativa, debe ser completamente verificable. Dentro de esta concepción no había lugar para leyes de la naturaleza entre las oraciones del lenguaje. Popper ha hecho una crítica detallada de la concepción según la cual las leyes no son oraciones."[11]. Carnap[12]: "las conclusiones principales son que debemos distinguir entre comprender el significado de una expresión dada e investigar si tiene aplicación y cómo se aplica".

Según Carnap[13] la física está prácticamente libre, en su totalidad, de la metafísica, gracias a los esfuerzos de Mach, de Poincaré y Einstein; y, con esperanzas que nunca se cumplieron aboga que los esfuerzos en la psicología terminarán por convertirla en una ciencia libre de la metafísica.

Para Carnap la ciencia de formular el principio del empirismo de una manera más exacta, enunciando un requisito de confirmación o comprobación como criterio de significado[14]: "Como empiristas, exigimos que se restrinja de cierta manera el lenguaje de la ciencia; exigimos que no se admitan predicados descriptivos y, por ende, oraciones sintéticas que no tengan alguna conexión con observaciones posibles. Aquello que no debe admitirse es, por supuesto, la metafísica".

Carnap no entiende que su enunciado es un problema sin solución, un pseudo problema, pues resulta imposible construir un lenguaje de la ciencia que incluya todo lo que desea decir la ciencia, excluyendo el lenguaje considerado metafísico.

Aunque intriga el poco interés por intentar resolver, de ser posible, el dualismo aparente de ciencia–metafísica. ¿Por carecer de significado la metafísica? Digo intriga ante el enorme interés por ahondar tal dualismo, y por "extirpar" la metafísica, como el viejo sueño de Wittgenstein por hacer que la metafísica carezca de sentido.

Ante la idea constantemente emitida por Carnap, de si todas las mentes desaparecieran del universo, las estrellas continuarían su curso, pues según él se trataba de una afirmación científica perfectamente legítima, basada en leyes universales confirmadas, los físicos Lewis y Schlick afirmaban que esta oración de Carnap no era verificable, pues una ley universal o una teoría no es un enunciado propiamente dicho, sino más bien "una regla, o un conjunto de instrucciones, para la derivación de enunciados singulares a partir de otros enunciados singulares.

Lógica inductiva

En el proceso del conocimiento hay tres factores funcionalmente importantes: el sujeto, la sociedad, y el objeto material. El sujeto epistémico, por hallarse en lo biológico y lo físico, es activo y el objeto material es también dinámico y activo, y ambos se influyen. La referencia a lo social como factor epistemológico le da una dimensión histórica a los procesos del conocimiento.

El problema lógico de la inducción dado por Hume surge a partir de la aparente incompatibilidad de justificar una ley por la observación o el experimento, ya que el mismo "trasciende" a la experiencia; de como la ciencia propone y usa leyes "en todas partes y en todo momento"; del principio del empirismo, según el cual en la ciencia solo la observación y el experimento pueden determinar la aceptación o rechazo de los enunciados científicos, inclusive leyes y teorías, y es posible solucionarlo teniendo presente que todas las leyes y teorías no son nada más que hipótesis (conjeturas) de ensayo.

En Hume la relación entre los hechos no tiene una vinculación real, y señala correctamente lo imposible de fundamentar lógicamente a la inducción. Dicho de otra manera, no es posible inferir una teoría a partir de enunciados observables. Esto, empero, no impide decir —por el absurdo— que ello no afecta la posibilidad de refutar una teoría por enunciados observables.

La lógica inductiva busca definir las probabilidades de teorías dispares según la evidencia tenida a mano. Si la probabilidad matemática de una teoría es elevada entonces la cualifica como científica; si es baja no es científica. Por tanto, el distintivo de la honestidad intelectual sería afirmar sólo todo aquello que sea, por lo menos, muy probable.

Lo probable suministra una escala continua desde las teorías débiles de probabilidad baja, hasta las de probabilidad elevada. No es posible atenuar el ideal de verdad probada llegando al de "verdad probable" como hacen algunos empiristas lógicos, estilo Rudolf Carnap, o al de "verdad por consenso" como proceden los sociólogos del conocimiento, en especial el antropólogo y economista húngaro Karl Polanyi[15] conjuntamente con Thomas S. Kuhn.

El hecho de que a toda regla de inferencia conocida le corresponda una fórmula hipotética o condicional lógicamente verdadera de algún cálculo conocido ha llevado a confundir las reglas de inferencia con las fórmulas condicionales correspondientes.

Las reglas de inferencia son enunciados incondicionales para todo lo deducible, calificando así como reglas de procedimiento o de ejecución; pero las fórmulas de los cálculos son enunciados condicionales o hipotéticos.

Después de la sustitución de las variables por constantes, las reglas de inferencia afirman algo *acerca* de un determinado argumento; el método para construir un cálculo lógico consiste en reducir sistemáticamente un gran número de reglas de inferencia a una sola.

Variables de números no descriptivos

La lógica matemática es la ciencia que consiste en utilizar símbolos para generar una teoría exacta de deducción y de inferencia lógica, basada en definiciones, axiomas, postulados y en reglas que transforman elementos primitivos en relaciones y teoremas más complejos.

El matemático inglés George Peacock sería el inventor del álgebra simbólica, tema sobre el cual se expresa Randall Collins[16]: "Las intenciones de Peacock y Augustus De Morgan eran tradicionales en que negaron la posibilidad de otras formas de álgebra que la que seguía las leyes de los enteros positivos; su modelo fue la ciencia empírica y no dieron valor en una matemática abstracta por sí misma".

El profesor de matemáticas inglés, Morris Kline lo describe así en su libro[17]: "Las creaciones del siglo XIX, extrañas geometrías y extrañas álgebras, obligaron a los matemáticos, a regañadientes, a reconocer que los exactos matemáticos y las leyes matemáticas de la ciencia no eran verdades. Descubrieron que muchas geometrías diferentes encajaban igualmente bien con la experiencia espacial. No puede ser que todas ellas sean ciertas.

Aparentemente el diseño matemático no era inherente a la naturaleza, pues de serlo las matemáticas del humano no serían necesariamente la descripción de ese diseño, y se habría perdido la llave de la realidad.

A lo que sigue Kline[18]: "El darse cuenta de eso fue la primera de las calamidades que iban a caer sobre las matemáticas (...) La creación de estas nuevas geometrías y álgebras hizo que los matemáticos experimentasen una conmoción de otro tipo. Se habían quedado tan embelesados con el convencimiento de que estaban consiguiendo verdades que se habían lanzado impetuosamente a asegurar estas verdades aparentes a costa de un razonamiento con una base sólida. El darse cuenta que las matemáticas no eran un cuerpo de verdades hizo tambalear su confianza en lo que habían creado, y se comprometieron a reexaminar sus creaciones. Estaban consternados por haberse dado cuenta que la lógica de las matemáticas estaba en mala forma".

La creciente generalización y abstracción que fueron adquiriendo las matemáticas obligaba al abandono del estudio solo de los números naturales y llevaba seriamente a la consideración de sistemas numerales arbitrarios para solucionar las ecuaciones y los conjuntos. Para buscar un sentido a todo ello, los matemáticos del siglo XIX e inicios del XX necesitaron de un nuevo conjunto de criterios, pues aún se trataban las variables como nombres de números no descriptivos.

La lógica sería el tema de investigación de varios matemáticos a fines de ese siglo y principios del siglo XX. Un destacado grupo de matemáticos se impuso la tarea de modernizar la lógica formal como George Boyle (1815–1864), Augustus De Morgan (1806–1871), Ernst Schroeder, Gottlob Frege[19], Bertrand Russell y Whitehead.

Así se inauguró un campo nuevo, hoy conocido como la lógica simbólica, o lógica moderna. Esta lógica provee el estudio sistemático del razonamiento para reconocer la verdad y los medios para analizar la consistencia de los conceptos básicos.

Aparte de la introducción de nuevos símbolos, y de ciertas exclusiones embarazosas, en realidad no hubo un cambio real. Se hacían afirmaciones por parte de los filósofos lingüísticos, pero sin mucho fundamento.

La semántica, que estudia la validez de un argumento, se separó de la sintaxis, que trata la deducibilidad y las conclusiones a partir de los axiomas y premisas. Pero ya los antiguos griegos se habían enfrentado a lo mismo y lo tenían clasificado como lógica y retórica.

La lógica es reduccionista por esencia y pretende convertir el concepto en una función de acuerdo con la senda que trazaron Frege y Russell. Lo que define la función es una relación de dependencia o de correspondencia, al ser el conocimiento una función. Las proyecciones geométricas, las sustituciones y transformaciones algebraicas no consisten en reconocer algo a través de las variaciones, sino en distinguir variables y constantes, en discernir términos que tienden hacia límites sucesivos.

En la medida que un número cardinal pertenece al concepto proposicional, la lógica de las proposiciones exige una demostración científica de la consistencia de la aritmética de los números enteros a partir de axiomas.

Ahora bien, de acuerdo con los dos aspectos del teorema de Gödel, la demostración de consistencia de la aritmética no puede representarse dentro del sistema (no hay endo–consistencia), y el sistema tropieza necesariamente con enunciados verdaderos que sin embargo no son demostrables, que permanecen indecidibles (no hay exo–consistencia, o el sistema consistente no puede estar completo)[20].

Lógica y simbolismo

Para sorpresa absoluta, el ejercicio de las matemáticas en el siglo XX es más filosófico que pragmático, pues se caracteriza por una mayor abstracción y generalización. El italiano Giuseppe Peano fue reconocido por su trabajo en lógica matemática o simbólica. Pero Gottlob Frege es considerado el padre de la lógica matemática.

Frege[21], se destacará entonces como el arquitecto del llamado fundamentalismo matemático, y el más formidable lógico desde los tiempos de Aristóteles. Sus trabajos hacen el revolucionario reclamo de que Aristóteles caracteriza equívocamente a la lógica, y ofrece como alternativa una teoría de cuantificación que se identifica con los rudimentos de la teoría de los tipos y la teoría de los resultados.

Frege argumenta que todos los conceptos legítimos matemáticos pueden definirse en términos lógicos, y que todos los teoremas matemáticos se deducen de los principios de la lógica. Frege intenta desplazar la intuición del ser racional al distinguir la lógica matemática de la geometría y admitir que la verdad de la geometría euclidiana no se funda en la lógica, sino en la primitiva intuición del espacio euclidiano.

Con Frege se establece una aproximación formal y mecánica al razonamiento, con sus simbolismos explícitos, sus axiomas y reglas explícitas y sus comprobaciones explícitas. En lo adelante, las reglas de la lógica se configuran como leyes generales del humano, la ley de las leyes de la naturaleza, en palabras de Frege, cuya obra deviene en uno de los paradigmas fundacionales.

Su aporte se complementará más adelante con los ensayos de Cantor, Dedekin, Zermelo, Peano, Russell y Gilbert, forjadores de la disciplina de la lógica matemática y de muchos de los instrumentos básicos de las matemáticas modernas.

Estos trabajos iniciales de lógica fueron modernizados por los británicos Russell y Whitehead, coautores de la *Principia Mathematica*, así como Alonzo Church[22], Kurt Gödel, David Gilbert, Emil Post, y Alfred Tarski (1902–1983). De acuerdo con el físico y filósofo argentino Mario Bunge a la filosofía de las ciencias se la considera como un "análisis lógico de la ciencia". La lógica desempeña un papel crucial en la filosofía contemporánea pues se basa en las relaciones lógicas entre conjuntos de frases. Su centro de atención se ha desplazado desde el silogismo hacia los argumentos hipotéticos y disyuntivos, algo que ya vemos en Hegel.

El método básico no ha variado pues el "valor verdadero" era una cuestión de "esto o lo otro". A esto se le llamó cálculo proposicional, pero el mismo ni siquiera puede tratar con argumentos que previamente eran estudiados por el silogismo más básico. Más que una innovación en la historia del pensamiento lo que se ha hecho es resucitar viejos teoremas.

Arend Heyting[23], el fundador de la escuela intuicionista en matemáticas, niega la validez de algunas de las pruebas utilizadas en la matemática clásica. Sin embargo, la mayoría de los lógicos se aferran desesperadamente a las viejas leyes de la lógica formal.

La lógica, podríamos decir, consta de dos partes. La primera investiga lo que son las proposiciones. La segunda se ocupa de ciertas proposiciones sumamente generales que aseguran la verdad de todas las proposiciones de determinadas formas. Esta segunda parte se funde con la matemática pura. La lógica determina que es posible, a veces, establecer una correlación de similitud entre un gran número de cosas de una perspectiva y un gran número de cosas de otra.

De esta manera, el espacio que consiste en relaciones entre perspectivas puede ser transformado en continuo, y si lo preferimos en tridimensional. Por eso, todos los aspectos de una cosa son reales, mientras que la cosa es una construcción puramente lógica. Ésta tiene, con todo, el mérito de ser neutral entre los diferentes puntos de vista, y de ser visible para más de una persona, en el único sentido que puede ser visible, es decir, en el sentido de que cada cual ve uno de sus aspectos. Cada aspecto de una cosa es miembro de dos clases diferentes de aspectos, a saber.

Pero la introducción de símbolos matemáticos en la lógica no cambia su "corpus" tradicional, pues siempre se tienen que transformar en palabras y conceptos. Son útiles para operaciones técnicas de informática, pero ello no le hace variar el contenido acostumbrado.

El análisis lógico no contendría la comprensión del mundo, y por ello las ciencias no contendrán a la comprensión del mundo. Pero no es así en la filosofía de las ciencias que debe ser armónica con él.

Al estar cuajado de innumerables contradicciones el sistema lógico de Frege y de su antecesor Cantor demuestra su inconsistencia en sus pretensiones de ingenio de análisis de todas las disciplinas del saber humano. Frege se percata de que su elegante sistema contiene una inconsistencia precisamente en su base, el famoso axioma–V.

En su esfuerzo se revela un absurdo, cuando por una parte tiene lugar el último empeño serio por desplazar la intuición del ser racional (su lógica), y por la otra sucede el primer sorprendente descalabro del sistema que pretende instituir.

Términos como "predicados monódicos", "cuantificadores", "variables individuales", y demás, no le conceden a la lógica formal la categoría de ciencia, puesto que el valor científico de un cuerpo de creencias no es directamente proporcional a la complejidad de su exposición, sean símbolos o lenguaje.

No creemos que exista una lógica no–aristotélica como existe una geometría no–euclidiana. Estos axiomas son tautologías que se aplican de manera mecánica y externa a cualquier sujeto, y solo funcionan cuando se trata de procesos lineales. Pero cuando se enfrentan a fenómenos más complejos, contradictorios y no–lineares, estas leyes de la lógica formal se rompen.

La realidad es que, pese a sus cambios formales (el cálculo proposicional y el cálculo predicativo), todo indica que con el avance de las ciencias la lógica formal hace mucho llegó a su límite de uso, pues cualquier nuevo añadido nada agrega.

Esencialismo e instrumentalismo

Las paradojas del movimiento, las antinomias, la objeción de Henri Bergson al análisis y la insistencia de los filósofos en que el continuo "cantoriano" no resuelve sus dificultades, se derivan todas de este mismo problema de que un movimiento parece componerse de movimientos, o, según dice Kant, un espacio está compuesto de espacios.

La posición kantiana es empirista en el descubrimiento pero apriorista en la justificación. Según Carnap las ciencias contienen enunciados analíticos y sintéticos por los métodos de justificación que aplican. El célebre filósofo vienés Ernst Mach, dijo que el papel de la ciencia es producir economía de pensamiento de la misma manera que la máquina produce economía de esfuerzo.

Así, un resultado nuevo tiene valor cuando reúne elementos conocidos, hace mucho tiempo, pero dispersos hasta el punto de parecer extraños los unos a los otros, e introduce de repente el orden donde reinaba el desorden. Para obtener un resultado que tenga valor real, no es suficiente crear solamente el orden, sino el orden inesperado[24].

Para Hempel las ciencias empíricas se diferencias de las que no lo son por los métodos que usan para justificar sus afirmaciones, que se confirman con el control empírico.

El esencialismo en la física distingue el Universo de la realidad esencial, el universo de los fenómenos observables y el universo del lenguaje descriptivo o de la representación simbólica. El esencialismo forma parte de la filosofía galileana de la ciencia; con ella el científico aspira hallar una descripción verdadera del mundo que sea también una explicación de los hechos observables, para establecer la verdad de tal teoría más allá de toda duda razonable.

Según el esencialismo, las teorías científicas, describen las "naturalezas esenciales" de las realidades que están detrás de las apariencias. Ella tiende a las explicaciones últimas que no pueden ser ulteriormente explicadas ni requieren tal explicación ulterior.

Isaac Newton, envuelto en el esencialismo quiso hallar una explicación última y definitiva de la gravedad tratando de deducir la ley del cuadrado de la distancia; pero fracasó al descansar su explicación a partir del impulso mecánico, la acción causal de Descartes. Se da el caso también de James C. Maxwell, el cual partiendo del esencialismo galileano creía en las esencias, pero cuya obra demolió su propia creencia.

La concepción instrumentalista transformada en el dogma actual de la teoría física, sin embargo fue objetada por Einstein y por Schrödinger. Para el filósofo instrumentalista considera que la relatividad einsteniana solo analiza los resultados de observaciones y, por tanto, el objeto de estudio era realmente un instrumento para predecir observaciones.

El instrumentalismo es una tesis según la cual las teorías científicas no son más que reglas de inferencia para el cálculo tecnológico; son meros instrumentos o herramientas prácticas para propósitos específicos, como la predicción de sucesos futuros.

Los físicos instrumentalistas se apoyan solo en el dominio del formalismo matemático, es decir, del instrumento; y sus aplicaciones, y creen que se han liberado finalmente de todos los contrasentidos filosóficos.

Si bien el instrumentalismo ofrece una descripción perfecta de estas reglas, es incapaz de explicar la diferencia entre ellas y las teorías puesto que las ciencias "puras" se someten a prueba y ensayo y pueden no ser correctas; es lo que Bacon consideró como las encrucijadas entre dos teorías. No solamente se somete a prueba la teoría científica en específico sino que con ello también a todo el sistema de teorías y suposiciones consideradas válidas para ese momento.

Por eso de todas las teorías el instrumentalismo es notorio por su vaguedad y no ofrece solución.

En realidad la ciencia debe someter a prueba sus teorías y eliminar las que no resistan las comprobaciones. En este sentido, todas las teorías son y seguirán siendo hipótesis y no conocimientos irrefutables. La constante búsqueda y refutación es la manera que la ciencia avanza. Pero ello no se aplica a las reglas de computación o de cálculo tecnológicas.

Si bien el astrónomo puede considerar falsa la teoría de Newton, luego de someterla a prueba, para los instrumentalistas carece de sentido someter un instrumento a pruebas con el fin de rechazarlo, puesto que los instrumentos y sus teorías no pueden ser refutados, sólo pueden afirmar diferentes campos de aplicación.

El pretendido carácter científico de la astrología, de la teoría marxista de la historia, del psicoanálisis y de la psicología del individuo. La teoría marxista de la revolución social fue refutada por la historia. En el caso del psicoanálisis de Freud y la psicología del individuo del vienés Alfred Adler[25] al no ponerse a prueba y partir sólo de observaciones clínicas se erigen como "irrefutables".

Es el caso también de la metodología de las ciencias sociales con sus predicciones históricas, su historicismo, el determinismo histórico y el relativismo histórico, todo vinculado al determinismo y al relativismo lingüístico.

Toda generalización es una hipótesis y es preciso igualmente tener cuidado entre las distintas clases de hipótesis. Un enunciado es verdadero si es coherente con los demás enunciados del sistema, por eso el concepto de la verdad no pertenece a la lógica, es una tarea del análisis filosófico, semiótico–semántico, pues no hay un criterio general que la obtenga como aplicable a todos los casos, sino que son siempre parciales y fiables.

Carnap dice que un enunciado analítico es verdadero en virtud del significado de sus términos. Esto es criticado porque se piensa que esta definición no está expresando el sentido de la verdad, ya que no hablaría nada del mundo sino solamente de lo que hay dentro del mismo enunciado. Un enunciado sintético es verdadero o falso en virtud de cómo es el mundo y no qué significan sus términos.

Sentido común es apariencia

Ha sido un error en la filosofía la creencia o convicción inconsciente de que todas las proposiciones tienen la forma de sujeto y predicado. Francis Herbert Bradley[26] afirmaba que[27]: "todo lo que el sentido común cree, es pura apariencia. Nosotros volvemos al extremo contrario y pensamos que es real todo lo que el sentido común, no influido por la filosofía ni la teología, supone que es real".

Pero las proposiciones que pertenecen a la ciencia pueden ser verificadas mediante enunciados verdaderos[28]. Einstein pone en claro que carece de sentido hablar de movimiento absoluto, incluso en el caso de la rotación, puesto que podemos elegir cualquier sistema como punto de referencia (relativo) en reposo.

De esta manera se prescribe la tesis galileana cuyo conocimiento astronómico parte solo de la conducta de las estrellas, describiendo y prediciendo observaciones. Wittgenstein soñaba con desarrollar un "lenguaje formal" para toda las ciencias, incluso la psicología. Utilizando una analogía inexacta con la física, el llamado "método atómico" desarrollado por Russell y Wittgenstein (y más tarde repudiado por este último) se intentó dividir el lenguaje en "átomos", o sea, la frase simple, a partir de la cual se construirán las frases compuestas.

Las frases, entonces, se someterían a una "prueba de veracidad" utilizando las viejas leyes de la identidad, contradicción y medio excluido.

Donde Wittgenstein está errado es que ninguna teoría científica puede ser deducida de enunciados observacionales ni ser descripta como función de verdad de enunciados observacionales.

El problema lógico de la inducción surge con David Hume el cual considera imposible justificar una ley por la observación o el experimento puesto que trasciende la experiencia.

Sin embargo, la inferencia inductiva que refutó Hume se acerca más a la definición de verificación científica, pues según Hume no hay argumento lógico válido que establezca que los casos de los cuales no hemos tenido ninguna experiencia se asemejan a aquellos de los que hemos tenido experiencia[29].

Al igual que Wittgenstein, la teoría de Hume también yerra pues su teoría central se basa en la de repetición, basada en la similitud. El escollo en Hume es el problema de cómo obtener conocimiento, sobre todo si la inducción es un procedimiento que carece de validez lógica y es racionalmente injustificable. Hume nunca consideró obtener conocimiento por un procedimiento no inductivo, un cierto tipo de racionalismo.

Tratar de imponer leyes a la naturaleza resulta un dogmatismo. Las teorías científicas no se han transmitido como dogmas, sino con el propósito de descubrir sus puntos débiles para poder mejorarlas. El razonamiento lógico deductivo, la inferencia basada en las observaciones, ha desempeñado un papel importante en la ciencia porque ha permitido descubrir las implicaciones de las teorías.

Se afirma a menudo que la teoría de Newton puede ser inducida y hasta deducida de las leyes de Kepler y de Galileo. Pero puede probarse que la teoría de Newton (inclusive la del espacio absoluto) contradice la de Kepler en términos estrictos (aun si nos limitamos al problema de los dos cuerpos y despreciamos la atracción mutua entre los planetas) y también la de Galilea; aunque por supuesto, de los paradigmas de Newton pueden deducirse aproximaciones a las otras dos teorías.

Sin embargo el método científico no depende exclusivamente del inductivo. A diferencia de las "ciencias aplicadas", las "ciencias puras" no son una reducción de lo desconocido a lo conocido, todo lo contrario, es la reducción de lo conocido a lo desconocido.

La metodología de la ciencia se hace comprensible al considerar que su objetivo es obtener teorías explicativas. Todas las leyes y teorías científicas son esencialmente tentativas, trabajan con conjeturas, debido al método crítico que trata de efectuar refutaciones. Si bien no es posible inferir una teoría a partir de enunciados observacionales, sin embargo se refuta una teoría a partir de enunciados observacionales. Según Popper[30]: "El método del ensayo y el error es un *método para eliminar teorías falsas* mediante enunciados observacionales, y su justificación es la relación puramente lógica de deducibilidad, la cual nos permite afirmar la falsedad de enunciados universales si aceptamos la verdad de ciertos enunciados singulares".

La lógica y matemática de Russell

Bertrand Russell (1872–1970), premio Nobel, cuyo énfasis en el análisis lógico determinó el curso de la filosofía en el siglo XX, intentó extraer las matemáticas de las nociones abstractas filosóficas y concederles un marco científico preciso.

En 1901 el joven Russell, recién arribado a los círculos matemáticos, en una breve publicación se encargaría de señalar las inconsistencias de Frege. En su obra *The Problems of Philosophy*, Russell echó mano de la sociología, la psicología, la física y las matemáticas para refutar la escuela dominante en la filosofía del período[31].

Para Russell, el objeto que perciben nuestros sentidos tiene una realidad inherente e independiente de nuestra mente[32]: "Cuando decimos que una cosa es "independiente" de otra, queremos decir o bien que a una le es posible existir lógicamente sin la otra, o bien que no hay relación causal entre ambas, como sería el caso si una ocurriera como efecto de la otra. La única manera, hasta donde yo entiendo, en que una cosa puede ser lógicamente dependiente de otra es aquella en que esta otra es parte de la primera [...] En este sentido, la pregunta: "¿podemos conocer la existencia de cualquier realidad de la cual no es parte nuestro yo?" formulaba de esta manera, creo que, cualquiera sea la forma en que el "yo" pueda ser definido, nunca se lo puede suponer como parte del objeto inmediato de los sentidos. La cuestión de la dependencia causal es mucho más difícil".

Es Russell quien muestra la contradicción entre los descubrimientos conceptuales como la conexión más natural entre la ontología y la epistemología en las matemáticas, con el principio de que cada propiedad natural determina un resultado que satisface la propiedad del mismo[33]: "Si deseamos construir una ciencia exacta debemos desconfiar de las asociaciones que la experiencia nos lleva a formar".

La "paradoja de Russell", como se llamará a este estudio, conmociona el mundo de la lógica y atenta de plano contra todos los conceptos y fundamentos de las matemáticas, que hasta ese momento eran las bases de todo el pensamiento racional, mecánico y lógico de cualquier humano, y era el instrumento que permitía las descomunales construcciones metálicas, desde las estructuras de rascacielos a los intimidantes buques de guerra.

En los medios científicos cunde la alarma con Russell ante la realidad de que se desmorone todo el edificio mental levantado desde Newton.

¿Era posible que las observaciones de un jovenzuelo, por muy precoz que fuese, desmoronasen con tanta facilidad el edificio teórico de la lógica que, ladrillo por ladrillo se construyera a partir de Aristóteles?

Se impone entonces la reconstrucción de esta disciplina evadiendo sus paradojas e inconsistencias. Entonces, influido por Moore y por las nuevas conceptualizaciones en lógica del italiano Giuseppe Peano, Russell descubrió nuevas dimensiones de la naturaleza verdadera de las matemáticas y logró descifrar el crucigrama que por siglos venía inquietando a los filósofos.

La *Principia*

Para Russell las matemáticas del siglo XIX habían resuelto muchos de los tópicos que estaban enmarcados entre los grandes misterios del pensamiento humano, por ejemplo la naturaleza de lo infinito, de la continuidad, del espacio, del tiempo y del movimiento.

La metafísica que desarrolla Russell es, esencialmente, la del obispo Berkeley: todo lo que es, es percibido. Pero sus razones son algo diferentes, pues no sugiere que haya imposibilidad alguna de existencia para las entidades no percibidas, sino solamente que no existe base segura para creer en ellas. Berkeley creía que lo que podía aducirse contra ellas era definitivo.

Acaso la filosofía –pensaba Russell– podía extraer de ello sus métodos de análisis y finalmente avanzar por nuevas sendas. En Russell el misticismo resultaba lo que oscurecía el pensamiento humano. El entendimiento teórico del mundo, que es el objeto de la filosofía, no es asunto de gran importancia práctica ni para los animales, ni aún para la gran mayoría de los humanos civilizados.

Citando a Russell entendemos mejor tal postulado[34]: "Es imposible eliminar totalmente el factor subjetivo en nuestro conocimiento del mundo, puesto que no podemos averiguar experimentalmente qué aspecto ofrece el mundo desde un punto en que no haya nadie para verlo. La historia de un trozo de materia es una "línea de Universo"; la historia de una onda luminosa no lo es."

Aunque la filosofía se fundamenta en la razón y evade el dogma con Russell se halla en el medio entre teología y ciencia pues propone hipótesis sobre cuestiones cuyo conocimiento no se ha comprobado[35]: "La filosofía, desde sus primeros tiempos, ha sustentado mayores pretensiones y ha alcanzado menores resultados que cualquier otra rama del conocimiento".

En vez de afrontar una nueva realidad, la comunidad científica de la época entonces se decide por la estrategia del avestruz, por la reconstrucción de unas matemáticas que evaden las paradojas introducidas por Russell. Irónicamente, esta nueva tarea será emprendida por el propio Russell, el cual conjuntamente con Alfred North Whitehead intenta en 1903 salvar el logicismo en su voluminosa *Principia Mathematica*.

La *Principia* develó los métodos e instrumentos cardinales que dieron forma al siglo XX, como la "teoría de las descripciones" que pretendía solventar un problema con el cual ya Platón venía luchando: el de cómo uno puede pensar y hablar sobre cosas no existentes.

Asimismo la famosa "doctrina de los tipos" que Russell orientó a la solución de algunas paradojas matemáticas, y que proponía un conjunto de reglas definidas capaces de discernir si una serie específica de palabras tenía significado. Al establecerse por las matemáticas un criterio técnico de lo que no tenía sentido, quedaban eliminadas las paradojas matemáticas.

Veamos lo que dice Russell al respecto[36]: "La física es matemática, no porque sepamos mucho del mundo físico sino, precisamente, porque lo que sabemos es muy poco". Y continua "La única actitud legítima respecto al mundo físico nos parece que debe ser la de un completo agnosticismo en lo que concierne a todo lo que no sean sus propiedades matemáticas."

Para algunas escuelas filosóficas, la positivista en especial, ello implicaba la apertura hacia campos más extensos, como el de un criterio general para lo "sin sentido", el cual eliminaría no solamente las paradojas matemáticas sino todo un conjunto de problemas filosóficos. La idea tomó cuerpo posteriormente en el famoso "Círculo de Viena".

En medio de su labor Russell se familiarizó con los trabajos del matemático alemán Gottlob Frege, el cual había refinado la lógica de Peano tratando de demostrar que partes de las matemáticas realmente eran una rama de la lógica.

Y en realidad al hacerlo, Frege desarrolló la lógica matemática que posteriormente fue la base para el lenguaje de las computadoras. Pero Frege no albergaba intención alguna de extender su método más allá de las fronteras de las matemáticas.

Al respecto plantea Russell[37]: "Dondequiera que observamos una serie cualitativa, tal como la de los colores de un arco iris, suponemos que debe haber causalidad e insistimos en que los números utilizados como medidas deben tener el mismo orden que las cualidades que miden. Lo primero es un postulado, lo segundo una convención. Ambos han demostrado su utilidad, pero ninguno de ellos es una necesidad a priori".

Russell también comparte este principio y reflexiona que las matemáticas (la geometría, la teoría de los números, el análisis) resulta una rama de la lógica. Pero su *Principia* no es del todo satisfactoria pues no logra lidiar con las paradojas del propio autor, como se demostrará más adelante.

En términos generales, la visión matemática ahí expresada, identificada con la lógica puede ser correcta, pero ha probado ser estéril en la práctica. Russell pensó en forma diferente y consideró que el método de la lógica analítica podía ser el modelo para revolucionar la filosofía, de la misma forma en que Galileo le dio un vuelco a la física.

Desde un punto de vista teórico esta visión matemática identificada con la lógica era impecablemente correcta; sin embargo, probará toda su inconsistencia al comparecer en la escena de las ciencias, la física cuántica y los teoremas del matemático y filósofo Kurt Gödel.

El solipsismo

Además de sus trabajos iniciales y como vimos anteriormente, Russell vigorizó el positivismo lógico en las décadas treinta y cuarenta del siglo XX. El filósofo Wittgenstein, se hallaba bajo el ascendiente teórico de Russell, en lo que respecta al atomismo lógico.

En su búsqueda de la naturaleza y los límites del conocimiento, logró revivir la filosofía empirista en el campo de la epistemología. A partir de sus teoremas, tanto el matemático holandés Jan Brouwer como el polaco Jan Lukasiewicz (1878– †) fundaron la escuela de lógica intuitiva[38].

En sus intentos por borrar el abismo entre razón pura y metafísica espiritual, a través de una filosofía de las ciencias, de una concepción estructuralista, Cantor llega al análisis de lo infinito, Frege al de los números y Russell y Whitehead al intento de una gran unificación, pretensiones que poco aportarán al entendimiento de cómo la verdad matemática es conocida.

Los matemáticos de la vertiente intuicionista, que encabeza el danés Jan Brouwer, arremeten contra el programa del logicismo de Russell, y apuntan que las matemáticas eran mucho más que la lógica, pues ellas se enraízan en nuestra capacidad mental para describir las entidades matemáticas y discernir sus propiedades. Brouwer extrae de Kant la noción de que la certidumbre cognoscitiva se halla implícita en la mente humana.

El concepto de existencia es el presupuesto de la posibilidad en la filosofía de Russell, la cual comprende no solo las cosas físicas existentes en el espacio y en el tiempo, sino también las intemporales; por eso sus determinaciones son inciertas y equívocas, porque bordean el solipsismo. Solo una determinación resulta clara y es la negativa, que excluye la posibilidad de la existencia.

Como una teoría seriamente epistemológica el solipsismo afirma la idea de que no hay modo para deducir los acontecimientos que experimentamos, el carácter de los mismos, y ni siquiera la existencia de los que no experimentamos. También se desarrolló una teoría llamada "fenomenalismo", ocupando una posición intermedia entre el solipsismo y las ideas científicas corrientes.

Esta teoría admite que hay otros acontecimientos además de los experimentados, pero sostiene que en su totalidad, son percepciones u otros acontecimientos mentales. Prácticamente ello quiere decir lo siguiente, cuando la teoría se ha definido por científicos que han aceptado el testimonio experimental de otros observadores, pero se niegan a deducir cualquier cosa que no haya sido experimentada por observador alguno.

Luego de escribir una extensa obra, en 1943 Russell se declara insatisfecho de todos sus ensayos menos de la *Lógica matemática* y afirma[39]: "la teoría del conocimiento, de la que me he ocupado muy por extenso, tiene cierta subjetividad esencial; dicha teoría pregunta ¿cómo conozco yo? e inevitablemente toma su punto de partida de la experiencia personal. Sus datos son egocéntricos, lo mismo que los primeros estadios de su argumentación".

Admite junto a Kant y a Locke que las cosas no eran objetos del conocimiento directo, sino que partían de los datos sensibles, de introspección y los de la memoria.

Para él, todo el conocimiento y el lenguaje nacían de la experiencia individual inmediata, de nuestro Yo, aunque la experiencia no resultase un método de comprobación. De ahí su crítica al neo–empirismo al afirmar que "el significado de una proposición es el método de su comprobación", concepto que deja a un lado los juicios de la percepción.

Para Russell el lenguaje está constituido de proposiciones y sus símbolos significan hechos que hacen verdaderas o falsas tales proposiciones. Tanto los objetos que componen los hechos como los significados de los símbolos son necesarios para el lenguaje.

También adicionaba el "conocimiento por descripción", constituido por la verdad; así, un objeto no puede ser conocido directamente al no aplicarse su descripción, pero es reducible al conocimiento directo, como los objetos físicos y los espíritus de otras personas.

Esto será el principio y la base de la lógica y de su teoría del lenguaje, buscando justificar las modalidades de la inferencia de los datos a las realidades físicas o síquicas del sentido común y la ciencia. Más que inferencias, son intentos de reducir los conceptos de la ciencia a datos síquicos presuntos, que por su inmediatez ex hipótesis se admiten como definitivos e indiscutibles.

Al respecto abunda[40]: "Los objetos de los sentidos, aun cuando se presentan en sueños, son, fuera de toda duda, objetos reales que nos son conocidos. ¿Qué nos hace entonces llamarlos objetos irreales de los sueños? Únicamente la naturaleza inusitada de su conexión con otros objetos de los sentidos. Y contrariamente, no debe esperarse que los objetos de la vigilia tengan mayor realidad intrínseca que la de los sueños. A medida que caminamos alrededor de la mesa su aspecto cambia. Cuando todo ha cambiado por un movimiento corporal, ningún lugar permanece tal como era. El mundo tridimensional visto por una mente no contiene por lo tanto ningún lugar en común con el mundo visto por otra, pues los lugares solo pueden estar constituidos por las cosas que están dentro o alrededor de ellos. Aún más, podemos suponer que hay un número infinito de mundos que en realidad no son percibidos".

Dada una escena onírica, con nuestra intervención, puede ocurrir en un sueño, caso en el cual se considera que la inferencia es equivocada.

¿Hay algo que pueda hacer más convincente el argumento por analogía cuando estamos como creemos despiertos?

La hipótesis natural sería la de creer que los demonios y los espíritus de los muertos nos visitan mientras dormimos; pero, por regla general, las mentes modernas rechazan esta opinión, aunque es muy difícil ver lo que se podría decir en contra.

La física contemporánea puede dividirse en dos partes: una, que se ocupa de la propagación de la energía en la materia o en regiones donde no hay materia, y la otra que estudia los intercambios de energía entre esas regiones y la materia. La primera exige la continuidad, pero la segunda precisa de la discontinuidad.

Los escollos epistemológicos

Los escollos epistemológicos de la física cuántica no son resueltos por el paradigma del positivismo lógico que falla lastimosamente en establecer una distinción entre "lo significativo" y "lo no–significativo". En 1936, el brillante matemático polaco Alfred Tarski va más allá de los postulados del Círculo de Viena al establecer una restricción más amplia a la lógica y expresar que no existe una lengua universal, pues cada lengua formal incluye alocuciones que no pueden clasificarse como verdaderas o falsas[41].

Al reiterar que no existe un lenguaje universal como pretendían las matemáticas Tarski sería el pionero en las equivalencias que establecen una restricción más abismal a la lógica, pues cada lengua formal, ya sea científica o humanista, incluye alocuciones que no pueden clasificarse como verdaderas o falsas.

Estos teoremas de Gödel, de Tarski y luego del matemático británico Alan M. Turing[42], profeta y pionero de la computación electrónica, conforman una familia en torno a las limitaciones y dificultades intrínsecas en todas las lenguas simbólicas, y enumeran lo imposible del afán de la física y de las ciencias y humanidades por absolutizarse como conocimientos superlativos de la civilización, por establecer la comprobación exacta y lógica en cualquier sistema, por fundar axiomas fundamentales.

Por consiguiente, la enseñanza última de las matemáticas es que no se pueden cotejar los teoremas de cualquier ciencia con la realidad exterior, pues sólo pueden llegar a aproximaciones o ensayar probabilidades y conductas caóticas. Y es que no se pueden construir deducciones en una lengua exacta, ya sea matemática, física, de neurociencia, psicológica o sociológica.

Las leyes de la naturaleza no se pueden discernir de modo deductivo, axiomático y formal, debido a lo utópico en describir un mundo rigurosamente seguro y perfecto aun con los conceptos abstractos de los axiomas y las deducciones, pues ese mundo no existe así. Sin embargo en muchas ramas de las ciencias se continúa bajo la premisa ya demolida de que la naturaleza obedece a un conjunto de leyes fijas propias que son completas, precisas y consistentes.

En momentos que Gödel sanciona la inconsistencia de las matemáticas y proclama la ilusión de considerarlas como ciencias exactas, absolutas, capaces de la verificación, están aconteciendo cosas parecidas en otras ramas del saber. El ejemplo de las físicas, donde la teoría atómica y la cuántica tropiezan con la imposibilidad de conocer la naturaleza de las partículas subatómicas –materia o energía–, la llamada incertidumbre de la materia.

Igualmente, esta noción hace su entrada en la astrofísica, donde Einstein derriba la idea corriente de tiempo lineal (pasado, presente y futuro) y de espacio absoluto.

De manera idéntica sucede en la geofísica, donde el evolucionismo gradual darwiniano se ve sacudido por la incidencia de los fenómenos catastróficos en la historia del Universo (big–bang, supernovas, colisiones galácticas); y la espada de Damocles de meteoritos capaces de devastar nuestro planeta.

Lo mismo en nuestra sociedad contemporánea, consciente de una historia que necesariamente no debió transcurrir como la conocemos. De forma similar sobreviene en el arte, el cual articula la total liberación de los arquetipos impuestos por la realidad de la naturaleza y se desborda en la corriente surrealista.

A todo ello seguirán descubrimientos desconcertantes como la teoría de una naturaleza donde rige el caos y no el orden. El concepto de una realidad nuestra muy lejos de ser geométrica (rectas, curvas, conos, etcétera) sino fractal (irregular, de remolinos, bifurcaciones).

Un Universo donde todos los hechos no están aislados, sino interconectados, por muy remotos, insignificantes y limitados que sean. De partículas subatómicas en comunicación instantánea a velocidades superiores a la de la luz, no importa la distancia de su separación en el Universo.

De nosotros, humanos, como partes y constructores mentales del entorno natural que nos circunda, pero a la vez resultados de ese mundo exterior. Un Universo de energía y no de materia, donde estamos implicados.

Del mundo físico no gobernado por la ecuación causa–efecto sino la de probabilidades. Una realidad en la cual no prevalece la casualidad en los hechos y fenómenos, por muy banales que parezcan, sino que todo se halla sincronizado.

Números primos y factores mórficos

El individuo contemporáneo, y las elites culturales y políticas aún razonan a la usanza newtoniana, en términos geométricos, racionales, lógicos y de causa–efecto. Y, en las humanidades y en muchas ramas de las ciencias se continúa bajo premisas prevalecientes hasta el siglo XIX, pero ya demolidas como la de una naturaleza regida por un conjunto de leyes fijas propias, completas, precisas y consistentes.

Es bastante desconocido el gigantesco avance de las matemáticas durante el siglo XX. Sin el mismo hubiera sido imposible revelar la relatividad einsteniana, ingeniar la física cuántica, forjar la astronomía, concebir la computación y crear las tecnologías de punta.

Pero es más decisiva su ruptura total, su diferenciación con las matemáticas que se venían practicando desde el principio de la civilización. Anterior al siglo XX las matemáticas se enfocaban primordialmente en los objetos y sus propiedades, en lo que existe fuera de su terreno, hasta que finalmente los matemáticos se percataron del poder de abstracción de su ciencia.

En forma simple puede explicarse que las matemáticas ya no se caracterizan solo por su interrelación con los objetos, su aplicación en números o geometría; ella se definirá también por su morfismo, es decir, por la forma en que todo se transforma bajo sus mapas o funciones. Así, objetos y morfismo en lo adelante resultan su coro central.

El desarrollo de computadoras poderosas y ultra–rápidas no solo permitiría a los científicos llevar a cabo fórmulas complicadas, dando un nuevo impulso a muchos aspectos de la teoría de los números, incluyendo los primos grandes, y las dificultades en manejar números mayores.

Estos adelantos en los números primos y los factores resultaron decisivos en el desarrollo, almacenamiento y transmisión codificada de las bases de datos bancarios, del PIB y la programación económica, de los movimientos bursátiles, de la trayectoria de los satélites, de las comunicaciones, etcétera.

El presente atolladero de la filosofía de las matemáticas, visible en las actuales polémicas sobre sus estructuras, sus conceptos interactivos y las nuevas propuestas de definiciones de veracidad, en parte resultan secuelas de la gran controversia concerniente a sus fundamentos provocada por Frege, Russell y Whitehead hasta Jan Brouwer, Gilbert y Gödel.

Entre los textos matemáticos más importantes y de obligada referencia, de recién publicación figuran la del filósofo británico Philip Kitcher, *The nature of Mathematical Knowledge* publicada en 1983 y la obra del también filósofo británico Paul Ernest *The Philosophy of Mathematics Education*, las cuales se afanan en la búsqueda de los fundamentos teóricos[43].

La teoría de la verdad en las matemáticas de Kitcher no califica de logicista o de formalista; es de naturaleza histórica y muy similar a la de Herbert Spengler. Solo que el criterio histórico no es suficiente para establecer la racionalidad de las matemáticas.

Aunque Kitcher considera que las ciencias y las matemáticas están bajo el mismo marco epistemológico; su error reside en establecer la diferencia entre los objetos de las ciencias naturales y los de las matemáticas. Los objetos matemáticos no son una abstracción aristotélica sino productos de una realidad de la relación sujeto–objeto.

Es el caso también de Paul Ernest el cual proclama el "constructivismo social" en la filosofía de las matemáticas, aceptando las dos ideas centrales de Kitcher (origen empírico y evolución social del conocimiento matemático), aunque soslayando el historicismo.

La práctica matemática descansa en el ir y venir entre el conocimiento subjetivo y el objetivo; el otro criterio adicional se refiere a cómo su énfasis está centrado en la parte social, o lo que la comunidad legitime como tales, y no partir de lo que demande la contrastación con la experiencia empírica.

Si Kitcher cae en el relativismo histórico, Ernest lo hace en el relativismo social. Este constructivismo empírico de ambas tendencias exhibe un innegable subjetivismo, y de manera general debemos decir que las viejas categorías de lo a priori, a posteriori, analítico–sintético, o la de los "fundamentos" deben abrir paso a nuevas ideas, métodos y actitudes filosóficas.

Es por esa razón que Gödel concluye[44] que "Dios, por definición, es lo más perfecto que puede ser pensado. Si pensáramos en Dios como inexistente, entonces no sería realmente la idea de Dios, pues tendría la imperfección de no existir. Entonces, la oración Dios existe es necesariamente verdadera; por lo tanto Dios existe. Este razonamiento matemático no tenía como intención convencer de la existencia de Dios, sino demostrar que el llamado "argumento ontológico" de la existencia de Dios es válido. Es decir, lo considerado misterio e enigmático podía ser descifrado mediante las ciencias, en este caso las matemáticas".

Los actuales atisbos cuasi–empiristas, si bien resultan una forma coherente para abordar la filosofía de las matemáticas, no pueden tenerse como una nueva dirección y abandonar los paradigmas fundacionales. La razón es que este cuasi–empirismo está limitado en lo concerniente al descubrimiento de la veracidad de los resultados; no puede constatar a plenitud las pruebas formales así como a otras caracterizaciones fundacionales, que son prácticamente equivalentes a la lógica matemática, y donde el resto solo es una superestructura irrelevante.

La corriente cuasi–empirista en las matemáticas todavía no aborda la dicotomía básica entre el realismo y el constructivismo.

Todo el sentido de la lógica, los axiomas y los fundamentos de las matemáticas iniciados por Frege, Russell y Gödel, pueden verse a distancia como un inmenso y necesario desvío para que esta ciencia llegue a transfigurarse de una disciplina lógica en una intuitiva.

Al descubrirse nuevas definiciones de las matemáticas surgen campos inéditos de estudio, como las ciencias y la teoría de las complejidades, como la modelación de la realidad en formas simbólicas. Estos inesperados terrenos enriquecen nuestras experiencias y vidas, y sientan las bases instrumentales especulativas que precisan las ciencias y la tecnología de este siglo XXI.

El logro de las matemáticas es vasto, y es un componente poderoso de nuestra cultura humana y en el futuro nos deparará sorpresas. Ellas son instrumentos mentales para suscitar descubrimientos; a medida que inventemos nuevos y más poderosos algoritmos matemáticos las ciencias podrán avanzar con mayor efectividad.

A pesar de todo lo que en el campo de las matemáticas se ha recorrido desde los pitagóricos, en realidad estamos en los comienzos de nuestra exploración de esa ciencia. Hemos adquirido la confianza de poder establecer un orden trascendente de la realidad; en tal sentido, el ordenamiento material del Universo no puede expresarse racionalmente si no utilizamos las matemáticas.

Los mapas teóricos matemáticos nos revelan lo visible y lo invisible (partículas, células), y el territorio espacioso e incógnito por recorrer, como el origen del Universo, el inicio de la vida, el enigma de la mente, etcétera.

No hay substituto programable para la actividad de la imaginación matemática. Como hemos planteado con anterioridad, las computadoras más poderosas que poseemos, y las que podemos figurar, son incapaces de lidiar directamente con los números infinitos de puntos, de líneas o curvas. Debemos aclarar algo importante: el mundo matemático de la computación no es un continuo y no puede abordar las consideraciones intuitivas. Se necesitarán aproximaciones originales matemáticas, y todo indica que serán las conectadas con la teoría del caos.

3

Relatividad y cuarta dimensión

De protones y electrones

En un discurso dirigido a la Royal Institute, en 1900, Lord Kelvin expresó sus ideas de que sólo quedaban "dos nubes" en el cielo de la física: el problema de la radiación de los cuerpos negros y el experimento de Michelson–Morley[1].

No había duda, dijo Kelvin, de que pronto serían aclaradas; pero el Lord se equivocaba; sus dos "nubes" señalaban el fin de la era que comenzó con Galileo y Newton. El problema de la radiación de los cuerpos negros condujo a Planck al descubrimiento del "quanto" de acción. En los treinta años siguientes la totalidad de la física newtoniana pasó a ser un caso especialmente limitado de la teoría del quanto que estaba en plena evolución.

El siglo XIX fue la centuria del evolucionismo, de la biología, la geología y la sociología.

¿Qué fue entonces el siglo XX, además de resultar el de las contiendas bélicas más sangrientas de nuestra civilización?

Sin llegar muy lejos puede aseverarse que fue el siglo donde entraron en crisis los sistemas y modelos perfectos erigidos por el *homo* desde el Renacimiento.

Es el siglo donde Guillermo de Occam, Vico, Newton, Kant, Hegel, Darwin, Toynbee, Marx y otros encuentran por fin la paz de los sepulcros y donde los nuevos inquisidores como Nietzsche, Einstein, Weber, Planck, Russell, Whitehead y demás se empantanan inmediatamente después de hacer temblar los cimientos de nuestra metafísica o racionalidad.

En el siglo XX, la Segunda Guerra Mundial marcó el punto cumbre del maquinismo de la sociedad industrial "pura". Precisamente, el siglo sustanció el choque entre las "leyes inmutables" y la "naturaleza caótica", donde el aguerrido núcleo newtoniano quedó petrificado ante el finito e inestable universo atómico en el cual las fortuitas e incesantes colisiones de las partículas precipitan su combinación y separación.

Es un siglo destructor e incapaz de entregar otros sistemas perfectos de organización estatal y de pensamiento, que tanto ha buscado el homo, imbuido desde hace milenios por el absolutismo dogmático animista y la regimentación de la autoridad social.

Uno de los logros más notables de las últimas décadas fue la redefinición de la dinámica clásica, de la mano de los pioneros de Poincaré y el físico–matemático ucraniano Alexander Liapunov a finales del siglo XIX. A ello se unió el extraordinario descubrimientos, en el siglo XX, de que las partículas elementales suelen ser inestables.

El teórico social Mark Durheim, uno de los pioneros de la sociología moderna, sorprende a los elementos pensantes de la sociedad decimonónica al expresar que no existían teorías perfectas o falsas, sino que todas eran relativas ante una realidad cada vez más complicada.

Después que Henry Bergson lanza su asalto contra la razón y el evolucionismo mecanicista, se precipita el derrumbe de los inmutables preceptos de la filosofía de las ciencias que, en adelante, será una disciplina en incesante exploración.

El grupo de los físicos de mayor renombre comenzó a cuestionar la física clásica (Mach, Gustav Kirchhoff, Hermann von Helmholtz, Heinrich Hertz, Ludwig

Boltzmann). Pero fueron las tesis de Mach, en especial, las que impactaron a la intelectualidad germana, dieron luz al positivismo del posterior Círculo de Viena y a las tendencias calificadas como "energistas" con sus concepciones meta–teóricas de constituirse en la suma de todo el pensamiento científico.

Entre los cambios científicos más significativos figurarán en la química, el estudio de sistemas químicos complejos, sus patrones de formación y otros tipos de estructuras disipativas; en las matemáticas, el estudio de las bifurcaciones de los sistemas inestables.

El desarrollo de la física en el siglo XX ya había transformado la consciencia de los que con ella están relacionados. El estudio de la complementariedad, el principio de incertidumbre, la teoría cuántica de campos y la Interpretación de Copenhague de la mecánica cuántica producen conocimientos íntimos de la naturaleza de la realidad muy semejantes a los producidos por el estudio de la filosofía.

Einstein postula la teoría de la relatividad general (fundación de la física teórica) entre 1905–25 otorgando plasticidad al espacio, al tiempo y a la masa; asimismo descubre el efecto foto–eléctrico como la emisión foto–eléctrica cuantificada por la luz en los metales.

Es de notar que Einstein llevó a cabo un experimento, el famoso experimento de condensación Bose–Einstein que resulta de importancia cardinal para explicar el fenómeno de la super–fluidez atómica. El efecto fue llevado a cabo conjuntamente con el físico hindú Satiendra Nath Bose (1894–1974).

A muy bajas temperaturas (alrededor de 2×10^{-7} K) la condensación Bose–Einstein puede crear formas en las cuales miles de átomos se transforman en una sola entidad, un super–átomo.

En 1911, el físico británico Ernest Rutherford mostró, finalmente, que los átomos de la materia tenían verdaderamente una estructura interna: están formados por un núcleo extremadamente pequeño y con carga positiva, alrededor del cual gira un cierto número de electrones.

El francés y premio Nobel de física, Luís Víctor de Broglie funda la mecánica ondulatoria en 1924, trabajando sobre el concepto teórico del electrón como onda–partícula. El danés Niels Böhr, premio Nobel de Física en 1922, cuantifica la emisión fotónica de Planck, y en longitudes de onda radiada, la de Einstein. Böhr, en 1913 sugirió que los electrones no eran capaces de girar a cualquier distancia del núcleo central, sino solo a ciertas distancias específicas.

Erwin S. Schrödinger, que comparte con Paul Dirac el Premio Nobel de Física en 1933, demuestra definitivamente la dualidad onda–partícula de la materia. El italiano Enrique Fermi, otro premio Nobel de física, difunde la técnica neutrónica para la disgregación del átomo, trabaja en los niveles cuánticos de los materiales semiconductores y logra los primeros experimentos sobre la pila atómica junto a Leo Szilard y Walter Zinn.

En 1932, el físico inglés, James Chadwick, en sus estudios sobre la estructura atómica descubrió en Cambridge que el núcleo contenía otras partículas, llamadas neutrones. Chadwick encabezó el grupo de científicos ingleses que trabajó en el "proyecto Manhattan" durante la Segunda Guerra Mundial.

Los protones y electrones en realidad, estaban formados por partículas más pequeñas que fueron llamadas quarks por el físico Murray Gell–Mann, que ganó el premio Nobel en 1969, y de las cuales existe una gran variedad. Sin embargo, esto puede inducir a error, porque la mecánica cuántica nos dice que las partículas no tienen ningún eje bien definido. El espín solo nos dice cómo se muestra la partícula desde distintas direcciones.

Las dos grandes revoluciones del siglo no pertenecen al real del militante banderizo como es común creencia, sino a la teoría de la relatividad, que facilitó conocer la temprana historia termal del espacio estelar, y la mecánica cuántica, que permitió el estudio de la transformación de una partícula en otra, constriñendo el radio de la erizada masa de absurdos que se derivó de la física newtoniana, la que inexplicablemente quedó como opúsculo referencial e, incluso, coro central de la física.

No vayamos a imaginarnos", escribe Banesh Hoffmann[2], "que los científicos aceptaron estas nuevas ideas con gritos de alegría. Las combatieron y resistieron tanto como les fue posible, inventando todo tipo de trampas e hipótesis alternativas en un vano intento de evitarlas".

Pero las paradojas evidentes estaban allí ya desde 1905 en el caso de la luz, e incluso anteriormente, y nadie tuvo el valor o el ingenio para resolverlas hasta la llegada de la nueva mecánica cuántica.

Las nuevas ideas son tan difíciles de aceptar porque instintivamente todavía nos esforzamos a representarlas en términos de las partículas pasadas de moda, a pesar del principio de indeterminación de Heisenberg. Todavía no nos atrevemos a visualizar un electrón como algo que, teniendo moción, no puede tener posición, y teniendo posición, no puede tener algo parecido a moción o descanso".

"Pero muchos físicos excelentes", apunta Popper[3], "estaban enormemente impresionados por el operacionalismo de Einstein, que consideraban parte integrante de la relatividad (como hizo el propio Einstein durante mucho tiempo). Y de esta manera fue como el operacionalismo se convirtió en la inspiración de la comunicación de Heisenberg de 1925, y de su sugerencia ampliamente aceptada de que el concepto del rastro del electrón, o de su clásica posición–cum–momentum, no tenía sentido".

Espacio–tiempo multidimensional

Es la época en que el matemático Poincaré irrumpe con su postulado hereje que sostiene que las teorías científicas no son una réplica exacta y mecánica de la realidad, sino instrumentos del pensamiento. Pierre Duhem añade a esto que no existen teorías perfectas o falsas, sino que todas son relativas ante una realidad cada vez más compleja[4].

El filósofo y psicólogo William James[5] (1842–1910), por su parte, se afilia a las opiniones de Poincaré; después que Henri Bergson lanza su asalto contra la razón y el evolucionismo mecanicista, se precipita el derrumbe de los inmutables preceptos de la filosofía de las ciencias, que en lo adelante queda como una disciplina en constante revisión.

La escuela filosófica pragmática de William James propugnaba que la física cuántica no se podía erigir en una conceptualización completa de los fenómenos subatómicos.

Poincaré descubre en 1905 las leyes de la transformación del espacio–tiempo, de las múltiples dimensiones, aunque las plantea como postulados sin aparente conexión con la realidad física.

Poincaré, en honor a la verdad, planteó antes que Einstein la teoría de la relatividad[6]: "El estado de los cuerpos y sus distancias mutuas en un instante cualquiera depende solamente del estado de esos mismos cuerpos y de sus distancias mutuas en el instante inicial, pero no dependerán de ningún modo de la posición absoluta inicial del sistema y de su orientación absoluta inicial. Es lo que podré llamar, para abreviar, la ley de relatividad. Las lecturas que podemos hacer en nuestros instrumentos, en un instante cualquiera, dependerán solamente de las lecturas que hubiéramos podido hacer en los mismos en el instante inicial".

El que Einstein percibiese que tales leyes repercutían en el mundo real le adjudica la invención de la relatividad, relegándose al olvido la primicia de Poincaré.

No es una novedad para las ciencias el que en los paradigmas de Einstein los puntos referenciales del Universo sean relativos; lo que Einstein introduce es la extensión de la relatividad contenida en la mecánica de Galileo al resto de la física, y el abandono de la idea newtoniana de los puntos referenciales absolutos, y toda la metáfora del éter que hasta ese siglo se creía que envolvía al Universo.

Esto será determinante frente a las altas velocidades, las distancias cósmicas y los intensos campos gravitatorios.

La teoría atómica y la teoría de la relatividad serán dos de las herramientas conceptuales más formidables concebidas por el humano. No solo establecieron las paralelas por donde desandarían las ciencias en el siglo XX y el futuro inmediato, sino que aniquilaron de un brochazo todas las filosofías, las raíces gnoseológicas de las ciencias sociales y las disciplinas de las humanidades, las ideologías culturales, y todos los "ismos" con sus soluciones mágicas para el planeta.

El que aún se resistan en reconocer el papel de vanguardia de las ciencias, a adaptarse o desaparecer es un monumento a la tozudez humana.

Ya el núcleo de los físicos geniales se percata que la llave para comprender la naturaleza, el Universo, la vida, el mundo concreto que nos rodea reside en el mundo subatómico. Descubrir los secretos del átomo, por tanto, no es un mero ejercicio académico de un puñado de excéntricos en búsqueda de los laureles del Nobel. Pero el átomo, depositario de los secretos del universo y de la naturaleza, del conocimiento universal, del poder más infinito que haya soñado el *homo* no se mostraría cooperativo a dejar que se desentrañasen sus misterios.

El código secreto de la naturaleza

Así, sentado ante la blindada bóveda del conocimiento, un irrisorio grupo humano comenzó el lento proceso de ir escrutando el código secreto de su sellada entrada, para dar con el "ábrete sésamo", mientras el resto de la civilización seguía envuelta en guerras, discriminaciones, derroches de recursos e insensateces y ambiciones políticas.

Para este primer grupo de pioneros de la física, desnudar el átomo era llegar a la fuente universal de la materia: la energía; era discernir cómo ésta se comportaba, y de dónde provenía; era descubrir cómo se construía el mundo concreto que nos rodea; era explicar el porqué de la vida; era saber edificar entonces una civilización sobre bases científicas y no a tientas como lo ha sido hasta ahora.

La fisión nuclear (de los reactores nucleares y las bombas atómicas) tiene lugar cuando un núcleo pesado, como el del uranio se divide en dos partes, emitiendo subsecuentemente dos o tres neutrones, y con ello emanando una cantidad de energía equivalente a la diferencia entre la masa en reposo de neutrones y la fisión. La fisión puede ocurrir espontáneamente en la naturaleza o resultar producto de la irradiación de neutrones[7].

Poco a poco, y a medida que esta avanzada exploratoria se acercaba a El Dorado de la naturaleza, se hizo patente que desentrañar las incógnitas del átomo era brindarle a la humanidad fuentes energéticas inagotables que suplantasen a los contaminantes y limitadísimos hidrocarburos fósiles. Era incursionar en una medicina atómica[8] que en un futuro nos facilitase los instrumentos para erradicar de una vez las enfermedades. Era, en definitiva, poner a la disposición universal tecnologías de ensueño.

Y, pese a la indolencia de los intelectuales humanistas, muchos científicos comprendieron también que esta conquista de los secretos de las partículas atómicas otorgaría el conocimiento veraz para fundar filosofías, ciencias y especialidades académicas en verdad provechosas para la humanidad. Que explorar el vasto zoológico de partículas y definir sus dinámicas y propiedades era dar con resultados de tal magnitud para el homo que le posibilitarían solucionar todos los males endémicos de nuestra sociedad con mayor acierto que los experimentos utópicos estatales, que las ideologías infalibles, que los "ismos" de cualquier tipo.

Los más profundos físicos de este siglo se han venido haciendo cada vez más conscientes de que se están enfrentando a lo inefable. Max Planck, el padre de la mecánica cuántica, escribió lo siguiente[9]: "La ciencia significa una conducta sin descanso, un desarrollo en continuo progreso hacia un objetivo que la intuición poética puede captar, pero que el intelecto nunca llegará a entender por completo."

En 1975, Isidor Rabí, Premio Nobel escribía[10]: "No creo que la física tenga fin jamás. Pienso que la novedad de la naturaleza es tal, que su variedad será infinita, y no solo en las formas cambiantes, sino en la profundidad de los conceptos y en la novedad de las ideas." Y Stapp escribiría[11], también, en 1971: "La humanidad podrá continuar indefinidamente su búsqueda para descubrir nuevas verdades importantes."

La energía radiante

La ciencia clásica comprende desde la gravedad de Newton hasta el electromagnetismo de James C. Maxwell; la física de Newton queda reservada solo para distancias y volúmenes a escala humana, así como a las orbitales cercanas a nuestro planeta.

La incapacidad del mecanicismo para explicar fenómenos como la radicación intermitente de los agujeros negros, de comprobar la existencia del éter como trasmisor de la luz o la energía electromagnética, así como el descubrimiento de la radiactividad por el físico y Nobel laureado Antoine Henri Becquerel y los esposos Curie posibilitaron dos grandes teorías que hoy son el marco por el cual se desenvuelve la ciencia actual: la teoría cuántica de Max Planck para explicar los fenómenos de la microfísica y la teoría de la relatividad de Einstein para explicar los fenómenos macro-cósmicos de la física.

A fines del siglo XIX y principios del XX los físicos entendían que la energía –la luz, magnetismo o electricidad–, asumía la forma de ondas desplazándose continuamente. Y, en la actualidad aún nos referimos a las "ondas de radio", a las "ondas de luz". De hecho, el reconocimiento de que todas las formas de energía compartían la naturaleza de onda, fue uno de los grandes logros de la física del siglo XIX.

A principio del siglo XX se hicieron cálculos de la densidad de energía de la radiación de un cuerpo negro que entraban en conflicto con la física clásica. Pero había un pequeño problema, cuando se proyectaba luz en una placa de metal, se obtenía una corriente eléctrica.

Al principio del siglo XX, se descubrían fenómenos que eran incompatibles. La primera rajadura de la física clásica la entroniza Max Planck con relación a la radiación del cuerpo negro.

Desde 1894 Planck estaba enfrascado en resolver lo que el físico alemán Gustav Kirchhoff había dejado inconcluso referente a las radiaciones: la energía emitida por un cuerpo negro y la radiación de equilibrio. Kirchhoff contribuyó al conocimiento fundamental de los circuitos eléctricos

Planck comenzó a investigar la radiación negra sin violar la Segunda Ley de la Termodinámica, ya que no aceptaba el atomismo y las concepciones estadísticas, debido a que la interpretación del calor producto de la agitación de los átomos, reducía su ley de la entropía a una probabilística.

Contrariamente a la mecánica clásica, Planck descubre una falla en los preceptos de la física, en la cual los supuestos de las ciencias naturales eran provisorios y sujetos a revisiones. Sobre todo para analizar con precisión la energía radiante emitida por un objeto negro calentado, pues la luz que provenía del objeto estaba "quantizada".

En diciembre de 1900 Planck hizo pública su *La teoría de la ley de distribución de energía del espectro normal*, obra que avanzaba ya la física cuántica. En sus experimentos sobre la radiación del cuerpo negro, Planck buscaba dar solución a la discrepancia entre teoría y experimento, violando la ley de equi-partición de la energía, al pensar que en la energía de una onda estacionaria era función de la frecuencia.

A solo tres años del descubrimiento por Thomson del electrón, Planck introduce por primera vez el concepto de *cuanto de acción*, para establecer la dimensión de la energía en el proceso entrópico, dando solución al problema del cuerpo negro. Planck introduce una constante nueva en las ecuaciones, al demostrar que la energía de la luz se concentra en bandas discretas de frecuencias, en vez de a lo largo de una curva suave.

Su idea innovadora considera que la luz, los rayos–X y otros tipos de ondas no podían ser emitidos en cantidades arbitrarias, sino solo en cantidades específicas o ciertos paquetes que llamó "cuantos" proporcionales a la frecuencia de las radiaciones; idea que devendría crucial para el estudio del átomo.

Igualmente, Planck se adentró en el esotérico tema de la física relativo a los cuerpos oscuros o las cavidades de radiación. De tal forma, desarrolló la fórmula para determinar la densidad energética de los cuerpos oscuros[12]. (Esta se representa con ψ *(λ) dλ = 8πchλ⁻⁵* [exp *(ch/λkT)* — 1] *dλ* donde *c* es la velocidad de la luz, *h* es la constante de Planck, *k* es la constante de Boltzmann, *T* es la temperatura y λ la onda de radiación).

Al igual que Boltzmann subdividió el continuo de energía en finitos, proponiendo que los mismos tendrían un valor constante y proporcional a la frecuencia. La nueva física crece con la teoría cuántica de Planck, que se complementa con la Teoría Especial de la Relatividad" concebida por Einstein.

En su obra *Lecciones sobre la teoría de la radiación térmica* Planck explica lo siguiente[13]: "Un rasgo de este resultado que choca de inmediato es la entrada de una constante universal *h* cuyas dimensiones son un producto de energía por tiempo. Supone una diferencia esencial respecto a la expresión de la entropía de un gas.

Así pues, la termodinámica de la radiación no llegará a una conclusión enteramente satisfactoria hasta entender el pleno y universal significado de la constante "*h*". Es común llamarle el "cuanto de acción" o el "elemento de acción", por tener las mismas dimensiones que la magnitud a la que el Principio de Mínima Acción debe su nombre (Las anti–partículas positrón y electrón).

El quantum de luz

En 1914 Planck define su hipótesis, a partir del *quantum* de luz, precisando que las emisiones de energía radiante (la luz) no tienen lugar por medio de una onda continua, sino de manera explosiva y en ráfagas, en forma de granos luminosos o corpúsculo que él llamó cuantas, que, al igual que sucede con la corriente eléctrica, está integrada por nódulos eléctricos llamados electrones.

El descubrimiento de que la energía se materializaba en cuantas significó el comienzo de la física cuántica. De inmediato, los físicos comenzaron a entender que no sólo la luz, pero toda la energía estaba compuesta de partículas. De hecho, toda la materia en el Universo tomaba la forma de partículas. El núcleo del átomo se componía de partículas, alrededor del cual giraban los electrones livianos.

Planck descubre que la energía de un quantum de luz se incrementa con la frecuencia, puesto que es proporcional a la misma. El fenómeno de que la luz era partícula, o unidades, cuantas, se verificó en una ecuación matemática, y la teoría que describía cómo se comportaban esas partículas, fue la teoría cuántica.

El tamaño de los quantum en que la energía se emite y absorbe resulta tan microscópica que, desde nuestra colosal dimensión, nos parece como un flujo continuo; y en esto precisamente se basa la constante de Planck. La onda de luz (λ) luego sería figurada por de Louis De Broglie y partía de $\lambda = h/mv$, donde h era la constante de Planck, m la masa de la partícula, y v su velocidad.

Planck hizo crisis las teorías clásicas ondulatoria, de la radiación y de la termodinámica. Pocos años después, Einstein mostró que se podían explicar los efectos fotoeléctricos asumiendo que la luz se componía de partículas, que él llamó fotones. Tales fotones de luz chocaban con la placa de metal y golpeaban los electrones produciendo electricidad.

Acorde con la "constante de Planck ($E = hf$) E energía $= h$ acción universal y f su frecuencia. Las leyes clásicas marcan el límite hacia el cual tienden las leyes de los cuantos cuando se trata de estados correspondientes a números cuánticos muy elevados ($h=6,55.10-27\ erg.seg$).

Así como el átomo emisor, sin reparar en ninguna de las leyes de la física clásica, ha decidido que cualquier cosa que salga fuera de él será exactamente h, el átomo receptor, por su parte, ha decidido que cualquier cosa que entre en él será exactamente h.

De Broglie nos mostraría[15] cómo deben calcularse las longitudes de las ondas (si es que existen) asociadas con un electrón, es decir, considerando a este no ya como un corpúsculo puro sino como una "ondícula".

La fórmula de Planck[16] establecía una igualdad entre la energía discontinua y la continua, en función del carácter ondulatorio de la frecuencia. Los físicos seguían aferrados a la teoría ondulatoria de la luz, rechazando la extraña fórmula de Planck que negaba los postulados de la física clásica. El caso excepcional fue Einstein el cual había aceptado la existencia de los fotones de Planck[17].

La auténtica indivisibilidad de acción del cuanto de Planck implica que los saltos entre diferentes estados en un sistema cuántico tienen que ser discretos. Si efectuamos una medición en un sistema observado que se propaga en aislamiento entre una región de preparación y una región de medición, una de las posibilidades en la función de onda que representa el sistema observado se realiza y las otras posibilidades de la función de onda se desvanecen.

Energía discontinua

Einstein manifestará que la luz es similar a un haz de proyectiles, partículas o fotones, los cuales disponen de una cierta cantidad de energía que se absorbe, emitiéndose en granos, de forma cuantificada, los llamados *quantum* de luz.

Así, la luz de alta frecuencia responderá a fotones de alta energía; y el incremento o decrecimiento en la intensidad de la luz, incrementa o reduce el número de electrones[18].

Esta concepción de los cuantos finitos de energía discontinua o pequeños pulsos de energía, que desdice la teoría ondulatoria clásica, logró explicar los organismos orgánicos y la vida a partir de los versátiles y espontáneos enlaces químicos de estructuras moleculares estables, donde los átomos, de acuerdo a su mayor o menor cantidad de electrones ceden o absorben de otro átomo parte de los electrones a través de colisiones.

Sugiere Eddington que producto de la asociación de lo sobrenatural con la negación de la estricta causalidad, solo puedo contestar que esto es lo que nos conduce al desarrollo científico moderno de la teoría de los cuantos[19].

Al identificar el cuanto de acción Planck concluye que era una constante universal, solo que no percibe tal descubrimiento como una discontinuidad en la física; asimismo sus colegas no prestaron gran atención a su aportación, que alteraba el andamiaje de la física; habría que esperar a los creadores de la mecánica cuántica (Heisenberg, Schrödinger, Böhr, Born) y a una mayor elaboración de la relatividad por Einstein para que la teoría de los fotones de Planck se instaurase como un elemento central de la física (Limitando la energía de cada modo de vibración a múltiplos enteros del elemento de energía (**hv**).

El físico austriaco Paul Ehrenfest y Einstein se percataron de la "constante de Planck" rompía con la física clásica. Einstein consideró que "discontinuidad" no solo se aplicaba a la teoría del cuerpo negro, sino a toda la física.

Einstein se expresaba de la manera siguiente sobre el descubrimiento de Planck[20]: "Entonces me daba a mí la impresión como si la teoría de Planck de la radiación fuese contradictoria en determinada relación con mi trabajo. Nuevas reflexiones me mostraron, empero, que las bases teóricas sobre las que descansa la teoría de la radiación del Sr. Planck, se diferencian de aquellas en que se basa la teoría de Maxwell y de la teoría de los electrones, y de hecho en que la teoría de Planck hace uso implícito de la hipótesis de los cuantos de luz que se acaba de mencionar".

La dualidad onda–partícula

Einstein conocía los trabajos experimentales del eslovaco Philip E. Lenard sobre la absorción de alta frecuencia en ciertos metales, por la cual algunos de los electrones de la superficie del metal bombardeado eran arrancados[21]. Lenard recibió el premio Nobel de física en 1905 por su investigación sobre los rayos catódicos.

Einstein interpretó estos resultados considerando que la luz debía de estar compuesta por partículas, fotones, que portarían una cantidad discreta de energía equivalente al valor del cuanto de acción de Planck.

En su defensa a la discontinuidad de la teoría de Planck, Einstein postulaba que la naturaleza de la luz no era solo ondulatoria sino también corpuscular, por la existencia de los fotones, e introducía una teoría absolutamente extraña: la dualidad onda–corpúsculo de la luz.

Para explicar este problema que ponía en cuestión la teoría de la radiación clásica, era absolutamente necesario abandonar la idea de una energía continua e introducir la discontinuidad en la física, por cuanto la energía era emitida y absorbida de manera discontinua. Las consecuencias de este punto de vista eran tan devastadoras que simplemente los científicos la rechazaron de plano.

Los físicos no podían visualizar el mundo que encerraban tales ecuaciones matemáticas, era demasiado extraño y contradictorio. Los estudios subsiguientes demostraron, además, que tales partículas eran entidades muy extrañas.

No se está seguro dónde están, no se pueden medir exactamente, no se puede predecir qué van a hacer. Algunas veces se comportan como partículas, otras como ondas. Algunas veces dos partículas interactúan una con otra pese a estar separadas millones de millas, sin conexión alguna.

Planck nunca aceptó realmente la idea de que la luz no fuera una onda clásica. Hay una gran ironía en Planck, al luchar denodadamente contra su propia teoría de la energía "discontinua" y de los cuantos de luz, y solo cuando los experimentos la confirmaron fue que aceptó, parcialmente, la misma, alegando que solo era aplicable al mundo atómico.

Mientras Planck trataba de acomodar a la física clásica su increíble hallazgo (buscando respetar las ecuaciones de James C. Maxwell y la teoría del éter) Einstein insistía que tanto sus descubrimientos como los de Planck imponían una profunda revisión de la teoría clásica de la radiación, y con ello de toda la física.

Sería la autoridad del entonces gran patriarca de la física y premio Nobel, el holandés Hendrik Antoon Lorenz, quien le daría el vuelco total a este abstruso escenario al abandonar la explicación clásica de la radiación negra. Las investigaciones y conceptos matemáticos de Lorenz permitieron a que Einstein arribara a su teoría de la relatividad.

Einstein pensaba que existía un error en la teoría. Pese a que crecía su incertidumbre, la teoría cuántica se confirmaría una y otra vez, convirtiéndose en la más comprobada de la historia de las ciencias. Incluso los científicos que obtenían el premio Nobel por su contribución a la teoría cuántica admitían que no la entendían.

Einstein volvió a la carga nuevamente y en 1909, ante la Asamblea de Científicos Alemanes celebrada en Salzburgo, expresó que la "discontinuidad" excedía el marco de la interacción entre materia y radiación[22]:"La mayoría de aquellos que introdujeron la constante *h* de Planck en otros campos no se percataron, al principio, del alcance de la ruptura involucrada. Hasta después de 1910, casi nadie que no hubiese bregado denodadamente con el problema del cuerpo negro estaba convencido de la necesidad de una nueva física discontinua".

Una teoría del Universo que se utiliza ampliamente, que gesta tecnologías de punta, que todos coinciden que es correcta, y que sin embargo nadie puede explicar cómo es y se comporta en ese mundo cuántico de las partículas. La explosión atómica, la imagen del televisor, el teléfono móvil, los rayos láser, los micro–procesadores de las computadoras, etcétera, todos descansan en la mecánica cuántica. Por eso, no hay duda alguna de que la teoría cuántica es la descripción matemática correcta del Universo.

La equivalencia masa–energía

La revolución copernicana demostró que no somos el centro del universo, sino que habitamos un pequeño planeta que gira alrededor de una estrella periférica de una de las incontables galaxias perdidas en el espacio. Simultáneamente, otra revolución colosal se germinaba en 1904, en la teoría especial de la relatividad de Einstein, la cual aseveraba que todas las leyes físicas eran iguales para un observador estático, y que la velocidad de la luz era idéntica para todos los observadores, con independencia de la fuente de la luz o el desplazamiento del observador.

La fisura definitiva en el muro newtoniano sobreviene con la teoría la relatividad de Einstein, quien en 1905 mostró la equivalencia de la masa y la energía, con lo que las leyes independientes para cada una de ellas, se articularon en una más general y exacta, la de conservación total de masa y energía, donde el espacio y el tiempo no resultan conceptos precisos o nítidos, ni entidades separadas, sino una individualidad unida y única. Así, la noción de espacio y tiempo absolutos se desmoronaba, demostrándose lo incontrovertible de la masa y la energía en la famosa ecuación $E=mc^{(2)}$ de Einstein.

Einstein estableció que las leyes de la electrodinámica y de la óptica son válidas en todos los sistemas de referencia para los que son ciertas las ecuaciones de la mecánica. Este postulado se conocería como el Principio de Relatividad, complementado más adelante con la constante de la velocidad de la luz en el vacío independientemente del estado de movimiento del cuerpo emisor. Así, Einstein lograba mantener la validez de la electrodinámica de James C. Maxwell excluyendo la existencia del éter, algo que había estancado las investigaciones de la física.

La teoría de Einstein brindó una respuesta exacta sobre las tres magnitudes físicas de la materia: la masa, el momento y la presión. La materia se transforma en energía y la energía en materia; pero en este proceso, y contrario al aserto popular de la física clásica, la materia sí se destruye, en forma imperceptible y a largo plazo, mediante la pérdida energética de la fricción y la conversión. Las doctrinas filosóficas occidentales han propagado que la materia es diferente a la energía; pero en un lugar tan cercano como el Sol vemos cómo este convierte materia en energía.

La masa se transforma en energía cuando la antimateria destruye la materia, y la energía se convierte en masa mediante la elevadísima temperatura de radiación[23]. La mutación de la materia en energía[24] fue descrita por Einstein en palabras que evocan al *Viejo Testamento*: la energía tiene masa y la masa representa energía.

Ello significa que la materia más minúscula dispone de una tremenda concentración de energía, como se demuestra en las explosiones nucleares. Pero no es que la materia se transforme en energía y ésta se convierta en materia. En realidad, la energía *es* materia y ésta *es* energía; ambas se hallan presentes y conservadas de manera simultánea. La física nuclear y los avances de la bioquímica han demostrado la unidad de la materia y han posibilitado, así, el avance teórico.

Einstein, hasta entonces un desconocido empleado de la oficina de patentes de Suiza, señaló que la idea del éter era totalmente innecesaria, con tal que se estuviera dispuesto a abandonar la idea de un tiempo absoluto. No había necesidad de sostener la idea de un éter, cuya presencia era indetectable, como mostró el experimento de Michelson–Morley[25], llevado a cabo en 1887 por Albert Abraham Michelson y Edward Morley.

Michelson y Morley compararon la velocidad de la luz en la dirección del movimiento de la Tierra, con la luz en dirección perpendicular a dicho movimiento. Para su sorpresa, encontraron que ambas velocidades eran exactamente iguales.

El postulado de la teoría de la relatividad era que las leyes de la ciencia deberían ser las mismas para todos los observadores en movimiento libre, independientemente de cuál fuera su velocidad.

El fenómeno Einstein

Einstein fue uno de esos jóvenes científicos que recibió el influjo de Mach, al punto que se le considera "un empirista influenciado Mach y Hume[26]. Aunque, en su madurez, Einstein fue un crítico de los supuestos filosóficos de Mach. Pero como el propio Einstein reconoce, la teoría especial de la relatividad debe su creación a las ecuaciones de James C. Maxwell sobre el campo electro–magnético. Y a la inversa, estas últimas no son captadas formalmente de modo satisfactorio sino a través de la teoría especial de la relatividad[27].

El desarrollo de la electrodinámica por parte de Lorenz alcanzó los límites permisibles dentro de los presupuestos de la física clásica, avanzar más allá era imposible mientras no se eliminase el éter y, con él, la existencia de marcos de referencia privilegiados[28].

Así se refiere Einstein a los marcos de referencia de Lorentz[29]: "Si al éter no le corresponde ningún estado de movimiento no hay ningún motivo para introducirlo junto al espacio como si fuera un ente de naturaleza especial. Sin embargo, los físicos no asumían esta forma o manera de pensar. Entonces llegó la teoría de la relatividad especial con el descubrimiento de la igualdad física de todos los sistemas inerciales".

Lorenz, en una ecuación que llevaría su nombre, describió la fuerza de la carga de una partícula moviéndose en una electricidad específica[30] cuyo resultado es un vector de ecuación; donde la carga es en *coulomb*, el campo eléctrico dispone de unidades de voltámetros, y el campo magnético se mide en unidades Tesla[31].

Einstein influido por Lorenz se enfrascó en la investigación de la teoría de los gases del físico Ludwig Boltzmann, al considerar que la unificación de la física pasaba por la termo–dinámica estadística, al someter los átomos a los mismos conceptos que los objetos celestes.

Para Einstein, Boltzmann se había quedado en los umbrales, y por eso buscaba precisar la influencia que en un cuerpo macroscópico ejerce la dinámica del mundo atómico, aplicando sus métodos estadísticos al problema de la radiación negra. La constante que tanto Boltzmann había desarrollado conjuntamente con Joseph Stefan la constante para la energía radiada por la superficie de un cuerpo oscuro[46].

Es su artículo de 1905: *Un punto de vista heurístico sobre la producción y transformación de la luz*, Einstein logró ensamblar la termodinámica estadística con la electrodinámica de Maxwell, dando como resultado algo absurdo e incompatible con la ley espectral, pues arrojaba que la radiación emitía una energía infinita, el efecto foto–eléctrico[32].

La anomalía foto–eléctrica

El fenómeno foto–eléctrico, por el cual una plancha de zinc iluminada con luz ultravioleta emite corriente en su superficie, no depende de la intensidad de luz recibida sino de su longitud de onda, algo ilógico a partir de la teoría ondulatoria. Por eso Einstein sugirió que la luz compuesta de corpúsculos discontinuos no podía explicarse con el modelo clásico de onda.

Einstein asumió que en el efecto foto–eléctrico la luz se comportaba como una lluvia de partículas, cada una con la energía **E** establecida por Planck[33].

Cuando Einstein consideró el teorema de Planck, lo compatibilizó con su teoría de los cuantos luminosos sugiriendo que la energía variaba en cada salto y que el mismo se correspondía con la emisión o absorción de un cuanto luminoso. Pero no se podía admitir la propiedad corpuscular de la luz sin contradecir la anterior visión clásica de la propiedad ondulatoria.

Einstein explica las razones de cómo llegó a concebir la Teoría Especial de la Relatividad[34], en su famoso artículo de 1905: "Poco a poco fui desesperando de poder descubrir las leyes verdaderas mediante esfuerzos constructivos basados en hechos conocidos. Cuanto más porfiaba y más denodado era mi empeño, tanto más me convencía de que solamente el descubrimiento de un principio formal y general podía llevarnos a resultados seguros".

Y más adelante expresa[35]: "Ejemplos de este tipo, junto con los infructuosos intentos de detectar un movimiento de la Tierra con relación al "medio lumínico", llevan a la conjetura de que ni los fenómenos de la mecánica, ni tampoco los de la electrodinámica tienen propiedades que correspondan al concepto de reposo absoluto.

Más bien, las mismas leyes de la electrodinámica y la óptica serán válidas para todos los sistemas de coordenadas en los que rigen las ecuaciones de la mecánica, como ya se ha demostrado para cantidades de primer orden.

Elevaremos esta conjetura al estatus de un postulado e introduciremos también otro postulado, que es solo aparentemente incompatible con él, a saber, que la luz se propaga siempre en el espacio vacío con una velocidad definida **V [c]** que es independiente del estado de movimiento del cuerpo emisor. Estos dos postulados bastan para conseguir una electrodinámica de los cuerpos en movimiento simple y consistente basada en la teoría de Maxwell para cuerpos en reposo.

La introducción de un "éter lumínico" se mostrará superflua, puesto que la idea que se va a desarrollar aquí no requerirá un "espacio en reposo absoluto" dotado de propiedades especiales, ni asigna un vector velocidad a un punto del espacio vacío donde están teniendo lugar procesos electromagnéticos[36].

Para Einstein son equivalentes, todos los sistemas de referencia que se encuentran en movimiento con una velocidad relativa constante respecto de un sistema inercial determinado, y ninguno ostenta una posición de privilegio.

De esta forma, las ecuaciones de transformación de Lorenz se convierten en ecuaciones de transformación relativista, que permiten que la información procedente de un sistema inercial de referencia sea traducida en información válida para otro sistema[37]: "La regla rígida en movimiento [en **k'**] es más corta que la misma regla cuando está en estado de reposo, y es tanto más corta cuando más rápidamente se mueva. Si hubiésemos tomado como base la transformación de Galileo, no habríamos obtenido un acortamiento de longitudes como consecuencia del movimiento".

Según Einstein el valor heurístico de la teoría de la relatividad se puede resumir una vez en posesión de la transformación de Lorenz y tomando en consideración el principio de relatividad.

Así se considera que toda ley general de la naturaleza tiene que estar constituida de tal modo que se transforme en otra ley de idéntica estructura al introducir, en lugar de las variables espacio–temporales x, y, z, t del sistema de coordenadas original k, nuevas variables espacio–temporales x', y', z', t' de otro sistema de coordenadas k', donde la relación matemática entre las cantidades con prima y sin prima viene dada por la transformación de Lorenz formulado brevemente[38]: "las leyes generales de la naturaleza son co–variantes respecto a la transformación de Lorenz."

La inconsistencia mecanicista

Para Einstein conceptos de "espacio" y "tiempo" absolutos, están ligados al de "simultaneidad" pues la localización temporal, mientras que el "tiempo" en física es relativo, es decir, referido al "sistema de coordenadas", desapareció así el tiempo absoluto característico de la física moderna: "Antes de la teoría de la relatividad, la Física suponía siempre implícitamente que el significado de los datos temporales era absoluto, es decir, independiente del estado de movimiento del cuerpo de referencia.

Pero acabamos de ver que este supuesto es incompatible con la definición natural de simultaneidad; si prescindimos de él desaparece el conflicto, entre la ley de propagación de la luz y el principio de la relatividad[39].

Gerald Holton consideraba[40] que resultaba necesario hacer de nuevo una elección similar y desesperada: para extender el principio de relatividad desde la mecánica (donde había funcionado) a la totalidad de la física, y explicar al mismo tiempo los resultados negativos de todos los experimentos ópticos y eléctricos sobre la corriente del éter, uno solamente necesitaba abandonar la noción de marco absoluto de referencia y, con ella el éter.

Pero sin éstas, el paisaje familiar cambiaba súbita y radicalmente en todos los detalles. La física se quedaba sin su vieja esperanza, satisfecha ya en parte, y en algunas ocasiones satisfactoriamente, consistente en explicar todos los fenómenos por medio de una teoría mecanicista y consistente[41].

Pero la teoría especial de la relatividad no fue aceptada de inmediato por el grueso de los físicos, aferrados todavía a la visión clásica de la física, salvo los científicos Max Planck, Max von Laue y Jakob Laub. Planck devino en porta–estandarte de la relatividad, y Jakob Laub decidió publicar en co–autoría con Einstein tres ensayos sobre el tema.

La teoría del éter se mantenía sólida en los medios físicos, sobre todo por el apoyo público que el premio Nobel, J. J. Thomson le concedía. Muchos de los físicos esperaban que Einstein reconciliara la Teoría Especial de la Relatividad con la existencia del éter o de un medio, modificando su teoría, o atribuyéndole las propiedades necesarias al éter.

Ilustra un pasaje del físico teórico norteamericano William Francis Magie de su discurso[42] a la "American Association for the Advancement of Science" en diciembre de 1911 planteando que el desarrollo del principio de la relatividad nos impulsa hoy a examinar de nuevo los fundamentos de nuestro pensamiento en punto a estos dos conceptos primarios espacio y tiempo.

Para Magie, el principio de la relatividad, en esta su forma metafísica, pretende ser capaz de abandonar la hipótesis de un éter, de lo cual se sigue que el rumbo filosófico consiste en abandonar por completo el concepto de éter, pero me aventuro a decir que, en mi opinión, el abandono de la hipótesis de un éter en el momento presente constituye un importante y serio paso atrás en el desarrollo de la física especulativa[43].

Nuevos paradigmas de la naturaleza

Henri Poincaré, por aquellos años ya establecido como una de las máximas autoridades de la física, estaba convencido que la Teoría Especial de la Relatividad no era algo novedoso, sino una modificación que Einstein había desarrollado de sus propias teorías y de la electro–dinámica de Lorenz, ya que en ambas estaba contenido lo esencial de la relatividad.

Es cierto que Poincaré abordó la relatividad, aunque no en la manera general que lo hizo Einstein. Por tal razón, Poincaré no se vio en la necesidad de abundar en los planteamientos de Einstein al punto que en su medular trabajo *Ciencia y Método* escrito en 1909 no hace referencia a la relatividad einsteniana.

Se necesitaría dar un vuelco a las leyes de la mecánica newtoniana y cómo a partir de ella se había imaginado a la naturaleza. Por eso, no sería hasta que Hermann Minkowsky publicó en 1909 su ensayo *Space and Time* que la teoría de la relatividad fue tomada en serio por los círculos científicos.

Si bien Lorenz no renunciaba a la existencia del éter, en su conocido texto *The Theory of Electrons,* publicado en 1909, a diferencia de Poincaré le concedió a la Teoría Especial de la Relatividad de Einstein un progreso sustancial respecto a la elaboración que había hecho con Maxwell en la electro–dinámica.

Con posterioridad Lorenz aceptó las implicaciones de la relatividad einsteniana[44]: "Si tuviese que escribir ahora el último capítulo, sin duda que daría un lugar más prominente a la teoría de la relatividad de Einstein, en la que la teoría de los fenómenos electromagnéticos en sistemas en movimiento gana una simplicidad que yo no fui capaz de conseguir. La causa principal de mi fracaso estuvo en mi fijación en la idea de que solo la variable "t" puede ser considerada como el tiempo verdadero y que mi tiempo local t' no debía considerarse más que como una cantidad matemática auxiliar".

Pero Lorenz, a partir de la física clásica no pudo ver, como sí le sucedió a Einstein, que su famoso tiempo local t' era real y un formalismo matemático.

Al igual que ocurrió en la física celeste como en la terrestre, con Copérnico y Newton, en las cuales los cambios tuvieron lugar a partir de las nuevas concepciones de los propios científicos renacentistas, esto es precisamente lo que llevó a cabo Einstein en 1905, al analizar las limitantes de la teoría newtoniana, adoptando los nuevos presupuestos estructurales de la física, y transformando el instrumental necesario a los científicos para relacionarse con la naturaleza.

Una de las ramificaciones de la Relatividad Especial fue la variedad de opiniones y controversias que suscitó entre los filósofos del siglo XX quienes seleccionaron, aceptaron, rechazaron o interpretaron los puntos de vistas que se ajustaban a sus doctrinas. Uno de los exponentes clásicos de la filosofía de las ciencias en esa época,

Mach, aceptó la Teoría Especial de la Relatividad de Einstein la que veía como una ratificación a su visión.

Para los neo–positivistas, también la relatividad einsteniana se interpretó como una revalidación de sus presupuestos. Para el filósofo Moritz Schlick, uno de los alentadores del Círculo de Viena, la relatividad era la transferencia de la lógica al terreno de la física, que minaba tanto al neo–kantianismo como al empirismo filosófico[45].

Para Russell, que compartía en general lo dicho por Schlick y el físico teórico Andreas Kamlah Hans Reichenbach respecto a la relatividad, esta era "el resultado de la combinación de tres elementos, de los que se hizo uso para la reconstrucción de los principios de la física: la experimentación escrupulosa, el análisis lógico y ciertas consideraciones epistemológicas. No hay que olvidar que los resultados experimentales fueron el motivo original de toda la teoría, y siguen siendo la base para emprender la tremenda reconstrucción lógica que suponen las teorías de Einstein[46].

Los nuevos paradigmas einsteinianos de espacio y tiempo refutaban la intuición pura de Kant, y como tal era rechazada por los neo–kantianos más ortodoxos; otros, como Ernst Cassirer, aceptarían la nueva regla general que instauraba la relatividad, al irse por encima del rígido espacio euclidiano y del tiempo uniforme kantiano. Para Henri Bergson la relatividad solo implicaba la observación del tiempo desde puntos diferentes, y la dilatación del mismo era un resultado de la perspectiva[47].

La Teoría de la Relatividad

Einstein en su conferencia en honor de Herbert Spencer señala lo siguiente[48]: "La teoría general de la relatividad mostró que es posible, usando principios básicos muy diferentes de los de Newton, hacer justicia a toda la gama de los datos de la experiencia."

Einstein rechazó la noción irreversible del tiempo, presentando al universo como algo infinito e inamovible, con el paradigma de la velocidad de la luz como la constante y limitante de la naturaleza y clamando que las leyes generales que estructuran las físicas son válidas para otros fenómenos naturales; consideración presuntuosa que luego la física cuántica demostrará como errónea.

La inestabilidad y la diversidad se observan tanto en las partículas elementales como en la astrofísica, donde la irreversibilidad y el azar ocupan un papel extenso. La irreversibilidad tiene un soterrado y un desempeño clave en los procesos de la naturaleza; así, la ley del incremento de la entropía plantea un orden que irrumpe hacia el caos.

Sin embargo, la Teoría Especial de la Relatividad aún era incompleta pues no incluía problemas como los del campo gravitatorio y otros de magnitud. A pesar de que el aporte a la relatividad einsteniana de Walter Kaufmann, acerca de que la velocidad depende de la masa, este refutó la teoría de la relatividad de Einstein en el mismo año en que fue publicada. Realizando uno de los esfuerzos científicos más relevantes de la historia, en los siguientes años trató de despejar las incongruencias para lograr la generalización de la relatividad especial.

En palabras de Einstein[49]: "En el año 1905 había llegado yo, gracias a la teoría de la relatividad restringida, a la equivalencia de todos los llamados sistemas inerciales para la formulación de las leyes de la naturaleza. En esos momentos surgió de un modo natural el problema de si no existiría una equivalencia adicional para los sistemas de coordenadas. Para expresarlo en otras palabras: si solo se puede adjudicar un significado relativo al concepto de velocidad, ¿debemos, con todo, seguir considerando la aceleración como un concepto absoluto?".

En 1916 Einstein conmovió definitivamente la intelectualidad científica del planeta con su tesis *Los fundamentos de la teoría de la relatividad general*, por la cual la visión newtoniana era superada definitivamente al presentar un nuevo escenario de universo. La geometría utilizada extraía fórmulas de la coordenadas "gaussinas", de la geometría "riemanniana" y de las matemáticas de los geómetras italianos Gregorio Ricci–Curbastro y Tullio Levi–Civita.

Einstein propuso lo que hoy en día se conoce como la Teoría General de la Relatividad general, e hizo la sugerencia de que la gravedad no es una fuerza como las otras, sino que es una consecuencia de que el espacio–tiempo no sea plano, como previamente se había supuesto, sino curvado, o deformado por la distribución de masa y energía en él presente[50].

El crecimiento de la masa, con un movimiento rápido, se conocía experimentalmente antes de que fuera explicado por la teoría especial de la relatividad. Largo tiempo hace que es ya un lugar común de la física que sus leyes causales deben tener este carácter diferencial: deben indicarnos ante todo la tendencia en cada momento.

Este aspecto de las leyes causales está ausente de la teoría de los quanta, y de los trabajos de los filósofos. Si llamamos "m" a la masa invariante (con respecto a coordenadas y no del tiempo) y "M" a la masa relativa, tomando la velocidad de la luz como unidad y llamando v a la velocidad del cuerpo relativamente al observador, tendremos: $M = m / (1 - v2)1/2$. De aquí se deduce que "M" crece a medida que "v" aumenta; si "v" es la velocidad de la luz, "M" se hace infinita, siendo m finita. Es por eso que la "masa invariante" de la luz es cero y su "masa relativa" finita.

Dondequiera que la energía se encuentre asociada con la materia, existe una masa invariante finita m; pero allí donde la energía se encuentre en un "espacio vacío" m es cero. Esto puede considerarse como una definición de la diferencia entre materia y espacio vacío[66].

La acción se define, generalmente, como la integral temporal de la energía, puesto que la energía puede ser identificada con la masa, la "acción" puede definirse también como la masa multiplicada por el tiempo. La masa gravitatoria es una longitud; por ejemplo: la masa del Sol es 1,47 kilómetros. Como la masa gravitatoria y la inerte son iguales, podemos considerar la acción como longitud multiplicada por el tiempo.

Si dejamos caer dos objetos verticalmente, su trayectoria "paralela" terminará en la convergencia en el centro de la Tierra. Cuando estamos parados, las moléculas del suelo nos sostienen golpeando las suelas de nuestros zapatos con una fuerza equivalente a más o menos 70 kilos. De hecho no habría que sorprenderse si nuestros sentidos se resintieran de semejante comprensión y nos dieran del mundo una idea equivocada. Debemos considerar nuestros cuerpos como instrumentos científicos para examinar el mundo[51].

El espacio curvado

La teoría de la relatividad de Einstein nos introduce una variedad de fenómenos nuevos, como el Universo en expansión, ratificado por el desplazamiento de las estrellas al rojo gravitacional, cuya medición es conocida como el "efecto Doppler". Este efecto testimonia cómo los objetos estelares se alejan unos de otros en un Universo aparentemente en expansión.

Otro fenómeno de la relatividad es el espacio curvado, sin rectas paralelas, en que la trayectoria de la luz no es una línea recta sino curva, y que desmorona el espacio euclidiano, rector de nuestro instrumental analítico desde el Egipto faraónico hasta Descartes.

En la práctica, los términos "espacio curvo" y "espacio no–euclidiano" se emplean como sinónimos, aunque sugieren puntos de vista diferentes. Olvidar o ignorar una dimensión, implica adoptar una geometría diferente. Hay, por ejemplo, geometría euclidiana de tres dimensiones, y geometría no–euclidiana de dos dimensiones.

Einstein señaló que la luz que viaja hasta nosotros desde las estrellas debe curvarse cuando pasa cerca de un cuerpo masivo, como el Sol. La luz es desviada por la curvatura del espacio–tiempo por la presencia de un cuerpo masivo.

Obsérvese un campo de estrellas en ausencia del Sol y luego compárese el mismo campo cuando el Sol tapa parte de él, sugirió Einstein El 29 de mayo de 1919, tal eclipse debía verse en el golfo de Guinea, en el hemisferio sur, y el astrónomo británico Arthur Eddington organizó una expedición para hacer las observaciones requeridas.

A los tres días, Eddington reveló las placas fotográficas del campo estelar en el momento del eclipse, las comparó con el campo en ausencia del sol y confirmó la predicción de Einstein. Los resultados fueron anunciados con bombo y platillo el 6 de noviembre de 1919, en la reunión conjunta de la Royal Society y la Royal Astronomical Society.

La prensa recibió el descubrimiento con titulares como[52]: "Las ideas newtonianas se derrumban", o "El Espacio Deformado"; tal hazaña "destruiría la certidumbre de los tiempos", declaraba el *Times* de Londres. El *New York Times* dijo que el suceso «inauguraba una época». Einstein respondió con aplomo. Si el experimento no hubiese corroborado sus ideas, habría sentido "pena por el buen Dios; la teoría es correcta".

La evidencia experimental sobre la relatividad no solo es amplia sino que es definitiva. Su verificación se halla en ese fenómeno que tiene asombrados a los astrónomos: los agujeros negros rotatorios, repliegues del espacio–tiempo que curvan la luz hacia sí mismos, y que desafían todas las leyes conocidas de la física y de las matemáticas. Pero, Einstein no realizó el sueño de sintetizar la física cuántica con la relatividad, y así explicar satisfactoriamente la explosión–implosión del Universo y deducir las consecuencias.

La relatividad einsteniana halló su ratificación al explicar por fin el voluble perihelio del planeta Mercurio. Otros de sus aportes son la contracción de las longitudes, la dilatación del tiempo a medida que viajemos más rápido, la equivalencia de masa y energía y el portento de las velocidades. A partir de estas contribuciones, hemos conocido los campos gravitatorios de la física cuántica[53], la energía atómica y nuclear, y las estrellas de neutrones. Einstein aventuro la existencia de la anti–materia a partir de abstracciones, que fue confirmado posteriormente en los rayos cósmicos.

El repertorio metodológico de la relatividad condujo a una ley de la gravitación diferente a la de Newton y a la geometría euclidiana, pero también quedó enmarcada como un mecanismo determinista. En ella, el espacio–tiempo del universo resulta una variedad geométrica de 4 dimensiones curvadas, que forman un universo cerrado que se expande como una burbuja; lo que esta aun en tela de discusión es si es finita o infinita esta expansión, si la "burbuja universal" se romperá o si habrá un colapso.

La mecánica cuántica, a su vez, no pudo sustraerse totalmente de la camisa de fuerza clásica al reducir la materia a un simple sistema planetario atómico. Es probable que concurran instancias del Universo donde la relatividad no sea aplicable y resulten imperiosas otras leyes físicas, como es el caso de los agujeros negros y los agujeros blancos, los quásares o los púlsares.

El Espacio–tiempo

Cuando lidiamos con las cuestiones más fundamentales respeto al espacio y el tiempo y en su lugar la naturaleza, surgen cuestiones acerca del tipo de ser que puede existir y ser invocado en nuestras explicaciones. Esto ya era obvio en el siglo XVII cuando Newton y Leibniz lidiaron con las cuestiones metafísicas que parecían inseparables de las sus perspectivas sobre la naturaleza del espacio y del tiempo.

A todos los niveles, desde las partículas elementales hasta la cosmología, la ciencia redescubre el tiempo. Era una física donde el pasado y el futuro representaban el mismo papel, es decir lo que había ocurrido en el pasado, estaba contenido, predeterminado, en las condiciones iniciales. Ése, obviamente, no es nuestro universo. En él, el pasado y el futuro representan distintos papeles.

La física clásica es reversible y determinista; donde la dirección del tiempo no desempeña papel alguno, y por tanto no existe el azar ni la irreversibilidad en un universo autómata. Los procesos reversibles ignoran una dirección privilegiada del tiempo. Por el contrario, los procesos irreversibles implican una flecha temporal.

En Poincaré se adelanta esta visión luego desarrollada por Einsein[54]: "De este modo el espacio representativo, en su triple forma, visual, táctil y motriz, es esencialmente distinto del espacio geométrico. No es homogéneo ni isótropo; no se puede decir tampoco que tenga tres dimensiones. Nuestras representaciones sólo son la reproducción de nuestras sensaciones; no pueden, pues, colocarse sino en el mismo marco que ellas, es decir en el espacio representativo. No nos representamos, pues, los cuerpos exteriores en el espacio geométrico, pero razonamos sobre ellos como si estuvieran situados en el espacio geométrico. Con respecto al mundo no euclidiano, se] concibe entonces que seres cuya educación se hiciera en un medio donde esas leyes fueran así trastornadas, podrían tener una geometría muy diferente a la nuestra."

La teoría de la relatividad general de Einstein, por sí sola, predijo que el espacio–tiempo comenzó en la singularidad del *big bang* y que iría hacia un final, bien en la singularidad del llamado *big crunch* (la gran implosión), si el Universo entero se colapsara de nuevo, o bien en una singularidad dentro de un agujero negro, si una región local, como una estrella, fuese a colapsarse[55].

El reconocimiento por parte de Einstein de que el cuerpo se manifiesta como inercia o como gravedad, le condujo a establecer el principio de equivalencia; según el cual, un sistema de referencia acelerado es equivalente a un sistema de referencia en reposo. Para Einstein el tiempo direccional era una ilusión; donde la irreversibilidad es una ilusión, una impresión subjetiva, producto de condiciones iniciales excepcionales[56].

Mediante la geometría no euclídea de Riemann, se pudo representar el campo gravitatorio dentro del espacio–tiempo relativista. Con la Teoría Especial de la Relatividad, la física reformuló el espacio y el tiempo absolutos newtonianos; en lo adelante cada cuerpo de referencia tendría su tiempo especial; en el observador específico, el tiempo solo tiene sentido local y es diferente a otro observador en otro espacio.

Ya Mach, en su crítica epistemológica había aventurado esta consideración. Asimismo, la distancia espacial entre dos puntos se encuentra en función del sistema de referencia. Según Ilia Prigogine el tiempo precede a la existencia, en el sentido incluso del vacío que es el punto de partida de la existencia, aunque naturalmente la existencia es, en cierta medida, excitaciones del vacío. Igualmente, para Alan Bloom la ciencia es un fenómeno materialista, reduccionista, determinista, que excluye el tiempo[57].

Ahora que nuestras perspectivas del espacio y del tiempo nos son impuestas por las teorías de la relatividad, reaparecen estos temas olvidados sobre el carácter substancial del espacio y del tiempo.

El agudo Poincaré lo expresa así[58]: "No hay espacio absoluto y no concebimos sino movimientos [que son siempre] relativos. No hay tiempo absoluto. No solamente no tenemos la intuición directa de la igualdad de dos duraciones, sino que no tenemos siquiera la de la simultaneidad de dos sucesos que se producen en lugares diferentes. Por último, la geometría euclidiana no es ella misma más que una especie de convención de lenguaje."

Los fundamentos de la teoría general de la relatividad de Einstein, se sugiere que la combinación masa–energía distorsiona al espacio–tiempo de una manera predecible, y las rutas de las partículas, ya alteradas, se desvían como si una fuerza se ejerciera sobre ellas.

El concepto espacio–tiempo de las teorías de la relatividad nace de la nueva perspectiva comprobada en los experimentos sobre el comportamiento de la luz, el movimiento de las partículas y los resultados de mediciones relacionadas con reglas y regulaciones.

Pero Einstein necesitaba de un tipo específico de matemáticas, una geometría diferencial como la única manera de expresar la relación entre masa–energía y curvatura. Entre las consecuencias de la Relatividad General figuran que el tiempo se enlentece por efecto de una fuerte gravedad, que la luz se altera por la gravedad, y que la gravedad en un campo gravitacional muy fuerte no obedece a la ley de Newton de la inversión del cuadrado.

El Universo no estático

En la teoría clásica de la gravedad, basada en un espacio–tiempo real, hay solamente dos maneras en las que puede comportarse el universo: o ha existido durante un tiempo infinito, o tuvo un principio en una singularidad dentro de algún tiempo finito en el pasado. En la teoría cuántica de la gravedad, por otra parte, surge una tercera posibilidad.

Debido a que se emplean espacio–tiempos euclídeos, en los que la dirección del tiempo está en pie de igualdad con las direcciones espaciales, es posible que el espacio–tiempo sea finito en extensión y que, sin embargo, no tenga ninguna singularidad que forme una frontera o un borde[59].

Paul Davies, en un libro titulado *About Time* nos dice que el mayor descubrimiento científico realizado en muchos siglos es que el tiempo es un comienzo y probablemente también sea un fin". La pregunta es si el futuro ya está dado o hay un futuro abierto. Es cierto que de alguna forma sentimos que nuestro futuro no está determinado, puesto que es una construcción[60].

La teoría de la relatividad destruyó el espacio y tiempo absolutos que habían caracterizado a la física moderna desde los tiempos de Newton, afincado con el evolucionismo de Darwin, de un universo estático e infinito por un universo finito y en expansión, causado por el *big–bang*. La mecánica cuántica eliminó el principio de causalidad determinista de la naturaleza, todo el andamiaje de la razón moderna del Occidente.

Einstein predijo que si se mide la distancia entre dos estrellas por la noche y de día las dos mediciones serán distintas. Siguiendo un razonamiento similar Einstein llegó a la conclusión de que no era defendible ni aplicable el concepto de "espacio absoluto" en física.

En la física de Newton era imprescindible la noción del espacio absoluto, en el sentido de Descartes. La aceleración de Newton solo se puede concebir, es decir definir, mediante el espacio absoluto[61]. El concepto de distancia espacial entre dos puntos de un cuerpo rígido se encuentra definido en función del sistema de referencia, por lo que el concepto de "espacio" en física solo puede ser empleado en este sentido[62].

Sin embargo, la teoría de la relatividad especial de 1905 era inconsistente con la teoría de gravitación de Newton, que decía que los objetos se atraían mutuamente con una fuerza dependiente de la distancia entre ellos. Esto significaba que si uno movía uno de los objetos, la fuerza sobre otro cambiaría instantáneamente. Si se ignoran los efectos gravitatorios, tal y como Einstein y Poincaré hicieron en 1905, uno tiene lo que se llama la teoría de la relatividad especial.

El tiempo no es algo preparado, que se presenta en formas terminadas ante la razón hipotética humana; el tiempo es algo que se construye en cada momento y el humano puede participar en el proceso de esta construcción.

Para cada suceso en el espacio–tiempo se puede construir un cono de luz (el conjunto de todos los posibles caminos luminosos en el espacio–tiempo emitidos en ese suceso) y dado que la velocidad de la luz es la misma para cada suceso y en cada dirección, todos los conos de luz serán idénticos y estarán orientados en la misma dirección.

Lo absoluto como relativo

Acorde con la Teoría Especial de la Relatividad einsteiniana es imposible acelerar una partícula hasta la velocidad de la luz[63] puesto que su energía devendría infinita, pues la velocidad de la luz en el vacío es de **2.997 924 58 × 10^8 m s^{-1}**.

Según Hawking, esto significa que el camino de cualquier objeto a través del espacio y del tiempo debe estar representado por una línea que cae dentro del cono de luz de cualquier suceso en ella[64].

La contracción del Universo sobre el agujero negro nos demuestra que el espacio–tiempo es una dimensión creada por la expansión de la fuerza gravitatoria de las masas. El espacio es creado por la ocupación de la masa universal y su fuerza gravitacional; por ello no existe sino allí donde la masa–gravitación se hace espacio.

Si toda la masa desapareciera del Universo, desaparecería todo el espacio, y si pudiéramos ubicarnos en ese momento en cualquier punto del universo, estaríamos en todas partes, pues nosotros seriamos la única materia que crearía espacio, o llenaría el existente, que sería el nuestro.

El espacio–tiempo, por tanto, no es finito o infinito, simplemente no existe fuera de la masa y su gravitación. La teoría de la relatividad de Einstein no afirma que todo es relativo, lo que plantea es que existen cosas absolutas en el mundo, pero es difícil encontrarlas. La dirección relativa solo es "relativa" con respecto a una posición particular del observador, mientras que la distancia relativa es relativa con respecto a una velocidad particular del observador[65].

Pero el tiempo dilatado predicho por Einstein considera que los intervalos de tiempo no son absolutos, sino relativos al observador. En general, el reloj del viajero irá más despacio (dado el factor $\sqrt{(1 - v^2/c^2)}$, al medirse en un cuadro referencial de movimiento a la velocidad v relativa a otro cuadro de referencia.

Cuando las ondas luminosas pasan cerca de un cuerpo de gran masa, como por ejemplo el sol, se desvían un pequeño ángulo; esto demuestra una vez más que la representación newtoniana bajo la forma de atracción no es adecuada.

Es imposible desviar las ondas atrayéndolas, y en consecuencia hay que buscar y encontrar otra representación del agente que las obliga a desviarse. Así, ejemplificando con el sistema planetario, el sistema newtoniano dice que el planeta tiende a moverse en línea recta pero que la gravitación del sol lo desvía. Einstein dice que el planeta tiende a seguir el camino más corto y que lo consigue. La ley de gravitación de

Einstein rige una cantidad geométrica, la curvatura; en cambio, la ley de Newton rige una cantidad mecánica, la fuerza[66].

Esta nueva ley general de la gravitación eliminaba la acción instantánea a distancia de la teoría gravitacional de Newton, lográndose por fin explicar el perihelio del planeta Mercurio. Y esto se realiza por que los teoremas de la geometría euclídea no pueden cumplirse exactamente sobre el disco rotatorio ni, en general, en un campo gravitacional; y el concepto de línea recta pierde con ello su significado.

La línea geodésica de la luz

En el continuo espacio–temporal curvo de la Relatividad General la trayectoria más corta recorrida por un rayo de luz es una línea geodésica, por lo que la afirmación euclidiana de que las líneas paralelas nunca se encuentran dejan de tener sentido.

El nuevo modelo de la realidad que se desprende de la relatividad y de la mecánica cuántica, es de una precisión maravillosa, pero a la vez resulta inaccesible a la imaginación y contraria a la intuición.

El espacio y el tiempo son nuestros referentes más básicos e inmediatos, el substrato de nuestras percepciones, de nuestra existencia misma, como lo comprendió Berkeley cuando dijo que ser es percibir. Y la relatividad demuestra que los dos absolutos newtonianos, los dos pilares de la realidad, no son absolutos sino que ni siquiera son dos: forman una sola entidad indivisible y maleable, un inconcebible espacio–tiempo que se estira y se dobla de manera tetra–dimensional.

Sin embargo, el descubrimiento de que la velocidad de la luz resultaba ser la misma para todo observador, sin importar cómo se estuviese moviendo éste, condujo a la teoría de la relatividad, y en ésta tenía que abandonarse la idea de que había un tiempo absoluto único. En lugar de ello, cada observador tendría su propia medida del tiempo, que sería la registrada por un reloj que él llevase consigo[67].

De acuerdo con esta teoría, dos entidades que hasta el momento habíamos concebido de forma separada: el espacio y el tiempo, no resultan juicios precisos o nítidos, sino una singularidad indivisible y única.

Supongamos tres cuerpos moviéndose uniformemente en la misma dirección. La velocidad del segundo relativamente al primero es v, la del tercero al segundo w. ¿Cuál es la velocidad del tercero respecto al primero? Esto indica la forma en que la velocidad de la luz desempeña el papel de infinito, límite, en relación con los movimientos materiales[68].

En 1907 Einstein publicaba su ensayo *El Principio de la Relatividad y sus Consecuencias,* en el cual abordada de manera definitiva el problema fundamental de la física que había desatado, creando un verdadero sistema en el cual lograba aplicar exitosamente las ecuaciones de la relatividad a la gravitación[69].

La cuarta dimensión

A partir de entonces, la doctrina newtoniana del espacio y el tiempo absolutos, fue rechazada como teoría física. Por vez primera aventuró uno de los paradigmas hoy claves en las ciencias y la civilización, la afectación del campo gravitatorio sobre la velocidad de la luz.

A ello siguió un grupo de estudios y publicaciones conjuntamente con el matemático Marcel Grossmann[70], que abordaban la curvatura en la trayectoria de la luz y la generalización de la teoría de la relatividad, que lo llevó a desechar la fórmula del espacio–tiempo minkowskiano, buscando una geometría que pudiese representar un espacio–tiempo curvado.

El hundimiento de la teoría newtoniana hizo que los científicos comprendieran que sus criterios de honestidad habían sido utópicos. Antes de Einstein se pensaba que Newton había descifrado y probado las leyes últimas de Dios. Pero el conocimiento teológico no puede ser falible sino indudable; aunque, la Ilustración entendió que éramos falibles pues no existe una teología científica, lo debatible es si por ello no existe un conocimiento teológico.

El intelecto fue puesto en duda por los escépticos hace más de dos mil años, pero la física newtoniana los sumió en la confusión. Los hallazgos de Einstein de nuevo invirtieron la situación al destruir la física newtoniana y en la actualidad muy pocos consideran aún que el conocimiento científico es, o puede ser, conocimiento probado.

Einstein incluye una cuarta dimensión (el tiempo) a la Teoría de la Relatividad Especial, tomado del espacio cuatri–dimensional de Hermann Minkowsky[71].

Asimismo desistió de la ley de inercia de la física newtoniana por considerar que tal sistema no era una ley de aplicación universal, al igual que las de Galileo[72]: "Mientras se mantuvo la creencia de que todos los fenómenos naturales se podían representar con ayuda de la Mecánica clásica, no se podía dudar de la validez de este principio de relatividad. Sin embargo, los recientes adelantos de la Electrodinámica y de la Óptica hicieron ver cada vez más claramente que la Mecánica clásica, como base de toda descripción física de la naturaleza, no era suficiente".

Einstein probaba que las diversas gradaciones de curvaturas en el continuo de espacio–temporal respondían a la densidad contenida en el mismo. Las regiones con mayor densidad provocaban una mayor curvatura, pero a la vez esta densidad se halla condicionada por la curvatura espacial.

Los cuerpos como la Tierra no están forzados a moverse en órbitas curvas por una fuerza llamada gravedad; en vez de esto, ellos siguen la trayectoria más parecida a una línea recta en un espacio curvo, es decir, lo que se conoce como una geodésica.

Acorde con Hawking[73], una geodésica es el camino más corto o más largo entre dos puntos cercanos. Esto es como ver a un avión volando sobre un terreno montañoso. Aunque sigue una línea recta en el espacio tridimensional, su sombra seguirá un camino curvo en el suelo bidimensional. Los rayos de luz también deben seguir geodésicas en el espacio–tiempo. Así, la relatividad general predice que la luz debería ser desviada por los campos gravitatorios.

Con respecto a la noción del tiempo, la ciencia influye el modo de concebir el mundo y la cultura, por eso resultaría interesante un acercamiento entre las nociones de tiempo en Occidente y las de otras tradiciones culturales en las cuales no existió esta dicotomía, como en Japón, en China o en la India, en los cuales nunca se aceptó que pasado y futuro fueran equivalentes o irrelevantes.

De lo tangible a lo intangible

El hecho de que la luz viaja a una velocidad finita, aunque muy elevada, fue descubierto en 1676 por el astrónomo danés Ole Christensen Roemer, el cual observó que los tiempos en los que las lunas de Júpiter parecían pasar por detrás de este no estaban regularmente espaciados, como sería de esperar si las lunas giraran alrededor de Júpiter con un ritmo constante. Dado que la Tierra y Júpiter giran alrededor del Sol, la distancia entre ambos varía[74].

Roemer notó que los eclipses de las lunas de Júpiter parecen ocurrir tanto más tarde cuanto más distantes de Júpiter estamos. Argumentó que se debía a que la luz proveniente de las lunas tardaba más en llegar a nosotros cuanto más lejos estábamos de ellas. Sus medidas sobre las variaciones de las distancias de la Tierra a Júpiter no eran, sin embargo, demasiado buenas, y así estimó un valor para la velocidad de la luz de 225.000 kilómetros por segundo, comparado con el valor moderno de 300.000 kilómetros por segundo.

No obstante, no sólo el logro de Roemer de probar que la luz viaja a una velocidad finita, sino también de medir esa velocidad, fue notable, sobre todo teniendo en cuenta que esto ocurría once años antes de que Newton publicara su *Principia Mathematica*[75].

James C. Maxwell consiguió unificar con éxito las teorías parciales que hasta entonces eran las más conocidas. Las ecuaciones de Maxwell predecían que la velocidad de la luz debería ser la misma cualquiera que fuese la velocidad de la fuente.

Es irónico que la luz, el descubrimiento más sólido de las ciencias clásicas, desplace a los físicos del seguro terreno de lo tangible al puntualizar las matemáticas, por primera vez, lo intangible, que sólo la luz u otras ondas que no poseen masa intrínseca, pueden moverse a la velocidad de la luz[76].

La velocidad de la luz es constante, ni aumenta ni disminuye: si viajamos hacia ella o si nos separamos, no aumenta o disminuye su velocidad ni se aleja de nosotros. Es un descubrimiento tan desconcertante para nuestra forma de razonar que, a partir de ella, las ciencias, la lógica y la física clásica no solo resultan insensatas sino que contradicen violentamente nuestro llamado sentido común. La velocidad de la luz, como límite, expresa su imposibilidad de propagación en el vacío, solamente.

4

NATURALEZA: IRRACIONALIDAD CUÁNTICA

El peligro dogmático

Nuestra forma de razonar ha sido amoldada desde la Grecia antigua, donde solo la realidad individual es considerada como lo más reputado, y las ideas, un resultado de la experiencia; para los griegos, aquello que no puede confirmarse por nuestros experimentos no es realidad.

El dogmatismo escolástico medieval no fue demolido por el Renacimiento; lejos de ello, este se fortaleció a partir de las nociones de Newton, en especial las que sostienen la similitud de las leyes fundamentales de la naturaleza en todo el Universo; las que proponen que todo acontecimiento o fenómeno se determina por causas iniciales, llegándose, incluso, a buscar la identidad precisa de estas condiciones[1].

Esta dicotomía dio lugar, incluso, a dos escuelas filosóficas reduccionistas en Occidente, calificadas como materialista e idealista, cuya reconciliación ha sido el debate central en todas las ideologías y religiones. Los conceptos e hipótesis derivadas de la física newtoniana nos señalan que los hechos comprensibles son aquellos que pueden ser apreciados físicamente, y que los fenómenos pueden predecirse.

Acorde con la visión tradicional, nuestras sensaciones captan e idealizan la experiencia; luego, esta se verifica en nuestra mente comparándola con arquetipos ya previamente establecidos; y finalmente se le atribuye a los objetos específicos, aunque en su esencia no se correspondan.

La idea de que no podemos definir y entender algo hasta que lo bosquejamos en nuestra mente es un subproducto de la forma newtoniana de ver la naturaleza, de la verificación experimental de las hipótesis, y de nuestras predicciones a partir de una cantidad de información inicial.

Así, mediante este reduccionismo nace, se desarrolla y consolida el pensamiento mecanicista de la era industrial en el cual, a todos los fenómenos se les busca una interpretación mecánica, sujeta a principios firme y largamente establecidos.

Einstein, aún apoyado en Newton, cae en esta trampa, y fuerza a toda costa una prueba matemática para cada teorema. Sin embargo, este método de la comprobación física no logra su propósito final de verificar la realidad, dado que han sido las propias matemáticas —el instrumento científico de la verificación—, las que han aseverado la imposibilidad de explicar cualquier tipo de experiencia.

Atrapados en la lógica clásica nuestra sociedad aún abraza este formulario, donde todo se presenta como si estuviese animado por fuerzas naturales; donde nos imaginamos al mundo físico de aspecto sólido, real e independiente a nosotros.

Al igual que Vico en siglos anteriores, pensamos que ésa es la realidad —el mundo de la sociedad civil y cultural—, la que nuestros sentidos humanos pueden constatar directamente, por el simple hecho de estar hecha por nosotros.

La velocidad de la luz

La teoría de la relatividad chocaría con la mecánica cuántica, la física de las partículas elementales, por la cual se descubrió que las partículas inestables prolongan su vida. El autor y espiritualista Gary Zukav[2]: "Nosotros mismos damos realidad, hacemos que se realice el universo. Puesto que nosotros formamos parte del Universo esto nos convierte, a nosotros y al universo, en auto–realizantes".

Toda racionalidad se desploma ante el hecho que al incrementarse la velocidad de un objeto, crece su masa, se contrae su extensión, se aplasta, y el tiempo se enlentece. De acuerdo con Einstein, la luz no solo es energía, sino que la energía es, a su vez, masa.

Una partícula que no contiene masa existe cuando se halla en estado inerte, y sólo con el movimiento adquiere su energía. Al ser emitida la luz por objetos excitados, se infiere una resultante energética.

Cuando las partículas viajan a una velocidad relativa a la luz, su alta energía cinética las hace comportarse como si tuvieran más masa que a velocidades inferiores. El fotón cuando es creado en laboratorio, en ese instante se desplaza a la velocidad de la luz y no se puede desacelerar al no disponer de masa para hacerlo.

Acorde con la mecánica cuántica, la recombinación de las partículas se sucede al retrotraerse la molécula de su actual condición de materia al anterior de energía, en forma de cuantos, y quedar suspendida por un instante en ese estado, tiempo suficiente para recombinarse con otra molécula y formar una nueva entidad.

De la teoría de los cuantos, Einstein elabora el concepto del fotón como concentrado de radiaciones específicas, resultante del choque de las partículas protones y electrones, que a su vez pasan a ser parte de otros protones y otros electrones.

Esta concepción de los cuantos finitos de energía discontinuos, o pequeños pulsos de energía, y toda la mecánica cuántica, posibilitan entender no solo nuestro Sistema Solar y la estructura atómica del Universo, sino que también logra explicar los organismos y la vida al igual que las agrupaciones complejas de átomos y moléculas.

La recombinación de las partículas se sucede al transformarse la molécula en cuantos de energía, suspendida por un instante en tal estado. De tal forma pueden existir todas las combinaciones estructurales posibles y conformarse la vida altamente ordenada, la cual, en contra de la segunda ley de la Termodinámica, evita la tendencia al equilibrio entrópico y se halla en estado diferenciado.

Tal comprensión puede hacerse a partir de los versátiles y espontáneos enlaces químicos de las estructuras moleculares estables donde los átomos, de acuerdo a su mayor o menor cantidad de electrones, ceden o absorben de otro átomo parte de sus electrones, pero no en forma evolutiva sino a través de colisiones.

De esa manera, pueden existir todas las combinaciones estructurales posibles y conformarse la vida altamente ordenada. Es por eso que la vida, en contradicción con la Segunda Ley de la Termodinámica, evita la tendencia del desequilibrio entrópico, de la pérdida irreversible de energía o materia, y se halla en estado diferenciado. Aunque, acorde con Russell, el proceso irreversible que la segunda ley de la termodinámica establece es puramente estadístico[3].

El hidrógeno, como el elemento más simple, parece tener dos componentes: un protón (+) y un electrón (–); pero hasta ahora nadie ha podido ver un átomo de hidrógeno.

¿Cómo es posible que un ingrediente tan simple como el hidrógeno, con solo dos componentes, pueda poseer un espectro tan complejo, con más de cien líneas de colores con patrones específicos?

La física newtoniana jamás ha podido esclarecer tal anomalía.

El precursor de la ley de conservación de energía, que establece la conversión de la materia de una forma a otra sin ser creada o destruida, es el físico alemán Julius von Mayer, de mediados del siglo XIX. Al atraer cualquier masa la fuerza de gravedad (para horror de todos), el rayo de luz en su viaje describe una trayectoria parabólica, a lo largo de curvas geodésicas espaciales, debido a la acción de ese campo gravitacional.

Los conos de luz

Las tesis de Einstein implican la imposibilidad de determinar el movimiento absoluto, la existencia de puntos referenciales y la disminución de la velocidad de la luz a cero, como establece la construcción newtoniana. Tras estas conclusiones, Einstein arriba al segundo postulado de la constante de la velocidad de la luz para todo el Universo, para cualquier tiempo y para todos los objetos.

A partir de la relatividad y la velocidad de la luz, sigue la nueva estructura lógica de la teoría de la relatividad. La tercera asunción es que la constante absoluta de la velocidad de la luz nos permite comprender por qué el movimiento es relativo.

Einstein, a su vez, avanza la hipótesis de que la luz se curva alrededor de las esquinas. Esto es la llamada difracción, que luego será constatada al proyectarse el rayo de luz en la pared en un punto ligeramente inferior, donde no solo se curva sino que se halla en movimiento.

A través de la relatividad nos hemos explicado la razón por la cual las ondas son desviadas por el campo gravitatorio del Sol o de cualquier astro voluminoso. En 1919, el astrónomo sir Frank Watson Dyson y el astrofísico Arthur Stanley Eddington[4] durante un eclipse solar comprobaron que la luz proveniente de las estrellas se curvaba cuando pasaba por las cercanías del Sol.

Tampoco está claro si los enigmáticos espacios curvos que provocan la increíble fuerza gravitatoria de los agujeros negros son infinitos o tienen sus límites. Lo que vino a remachar los postulados de Einstein fue el descubrimiento del radio–astrónomo americano–alemán y premio Nobel de física Arno Allan Penzias de la radiación de microondas de fondo, y la teoría del *big–bang*[5].

Uno de los elementos favoritos en la relatividad son los conos de luz, los cuales segmentan el espacio–tiempo en tres partes: lo contactado, lo contactable y lo incontactable[6].

La tesis de Einstein nos conduce a la dualidad de la onda–partícula, de la cual emerge la mecánica cuántica y con ella, una disposición de observar y abordar la materialidad y a nosotros mismos de manera diametralmente opuesta a la acostumbrada.

Sin embargo, la Teoría Especial de la Relatividad de Einstein se construye para una situación idílica y presenta un punto flojo que luego es demolido por la física cuántica: la misma solo puede aplicarse a cuadrantes referenciales que se mueven de forma uniforme, y relativos unos a otros. Pero los desplazamientos de los cuerpos, desafortunadamente para Einstein, no son constantes ni idealmente sin contratiempos.

Por muy lejanos que se hallen uno de otro, y por tanto por muy tenue que sea su gravitación, el conjunto de galaxias y cuerpos celestes crea entre uno y otro punto de materia estelar fuerza gravitacional y por tanto espacio–tiempo.

El error de la física actual es pretender aplicar a todo el espacio estelar los conceptos locales y relativos de tiempo y velocidad, conformados por Einstein, que no resisten el análisis de la Segunda Ley de Termodinámica puesto que la relatividad especial y general resultan teorías de "comunicación" entre observadores.

El espacio no es curvo, tiene la forma que le imprimen la masa estelar y su fuerza gravitacional. Debido a que todos los objetos estelares giran ello va conformando una burbuja a su alrededor que establece su espacio–tiempo local; así, la ilusión de pequeños universos curvos y del gran universo curvo es un resultado de lógica desprendida de la relatividad einsteniana.

Podría interpretarse a la materia como algo activo, como un estado continuo del devenir, como lo pensó Alfred North Whitehead, al aceptar que se ordena a partir del caos. Pero una materia es una estructura lógica, compuesta de acontecimientos; las leyes causales de los acontecimientos en cuestión y las propiedades lógicas abstractas de sus relaciones espacio–temporales son más o menos conocidas, pero su carácter intrínseco es desconocido por completo.

Del experimento que demuestra la radiación residual del cuerpo negro, en 1965, se descubre que el tiempo interviene en la descripción de la materia. Las partículas elementales han resultado ser casi todas inestables y distan mucho de constituir el soporte permanente de las apariencias cambiantes, como auguraban las doctrinas atomistas.

La sutil ambigüedad de la relatividad

La incorporación de la teoría de la relatividad a nuestro arsenal conceptual puede decirse que ha sido el último gran aporte del viejo pensamiento clásico en las ciencias. Con Einstein, el Universo infinito se transfiguró en un Universo finito pero sin límites en un continuo espacio–tiempo no euclídeo.

El universo de Newton y Einstein es de tipo localista en el cual los hechos que ocurren en uno de sus rincones solo atañen al mismo y no hay conexión posible con otros puntos del Universo dado que la velocidad de la luz se impone como una barrera infranqueable para la comunicación.

Tal cosa significaba un choque con la mecánica cuántica, pues los clásicos argumentaban que la medición de una partícula no podía afectar instantáneamente la segunda partícula en otra región, pues para ello la señal tendría que viajar más rápida que la luz, algo supuestamente imposible.

Armado del positivismo de su época, cree haber purgado a las ciencias de todo vestigio metafísico; sin embargo, se mantiene implícita de forma muy sutil su ambigüedad metafísica legado del checo Ernst Mach. La relatividad no incorpora el principio de incertidumbre de la mecánica cuántica al ser tal principio una característica fundamental del Universo que vivimos; la única solución sería una teoría unificada que lo incorporara.

Además, se negaba a creer en la realidad de la mecánica cuántica, a pesar del importante papel que él había jugado en su desarrollo. Einstein[7] trata de reconciliar el entuerto entre las teorías representando los hechos empíricos y las propugnadoras del intelecto humano como un libre inventor de toda esta producción científica.

Conocedor de su lado flaco, se pasa el resto de su vida tratando de construir una física que fuese válida para todos los marcos de referencia, como los que se hallan en movimientos y los no uniformes (aceleración y desaceleración). Pero el momento aún no estaba maduro: había teorías parciales para la gravedad y para la fuerza electromagnética, pero se conocía muy poco sobre las fuerzas nucleares.

Y se quejaba[8]: "A pesar de todo el esfuerzo que le he dedicado, no he logrado llegar a una formulación clara del principio de complementariedad de Böhr". Sin embargo, parece ser que el principio de incertidumbre es una característica fundamental del universo en que vivimos. Una teoría unificada que tenga éxito tiene, por lo tanto, que incorporar necesariamente este principio[9].

No poseemos todavía una teoría completa y consistente que combine la mecánica cuántica y la gravedad. Algunas de las características que una teoría unificada de ese tipo debería incorporar la idea de Feynman de formular la teoría cuántica en términos de una suma sobre historias.

Dentro de este enfoque, una partícula no tiene simplemente una historia única, como la tendría en una teoría clásica. En lugar de eso se supone sigue todos los caminos posibles en el espacio–tiempo, y en cada una de esas historias está asociada una pareja de números, uno que representa el tamaño de una onda y el otro que representa su posición en el ciclo, su fase[10].

Si descubrimos una teoría completa, con el tiempo habrá de ser comprensible para todos en sus líneas maestras, y no para unos pocos científicos. Entonces todos (filósofos, científicos y gente corriente) seremos capaces de tomar parte en la discusión de por qué existe el Universo y por qué existimos. De encontrarse una respuesta a esto, sería el triunfo definitivo de la razón humana, pues entonces conoceríamos el pensamiento de Dios[11].

Einstein no logra aclarar tópicos tan importantes como el inicio del Universo (la explosión, el *big–bang)*, y su colapso final[12]. Es por ello que el sueño de sintetizar la física cuántica con la relatividad no pudo avanzar un conjunto de nociones filosóficas para nuestra civilización.

Luego de un siglo transcurrido desde la formulación de la relatividad que puso en nuestras manos un extraordinario poder, ella nos enfrenta a una insospechada impotencia intelectual. Einstein, que solía decir "si no puedo dibujarlo, no lo entiendo", nos legó, paradójicamente, un mapa del mundo imposible de dibujar.

Rutherford, Böhr y el átomo

Entre el descubrimiento del quantum por Planck y el análisis del espectro del hidrógeno de Böhr en 1913, comparece en la escena Einstein quien desarrolla tres consideraciones fundamentales para la física y para todo el pensamiento contemporáneo: la naturaleza cuántica de la luz, el movimiento molecular y la teoría especial de la relatividad.

Pero tan pronto como Einstein se estableció en el trono de la física irrumpieron Böhr con la teoría atómica moderna y Planck con la física de las partículas elementales, con su mecánica cuántica que hizo trizas las teorías clásicas ondulatorias, de la radiación y de la termodinámica, colisionando con la relatividad einsteniana, al punto que Einstein y Planck jamás se hablaron.

La aparición de la Teoría de la Relatividad y de la Mecánica Cuántica, implicó la destrucción las bases epistemológicas del mundo clásico moderno occidental, sobre todo la pretensión determinista de la física clásica de explicar todos los fenómenos físicos del Universo en un instante dado a partir del principio de una estricta causalidad.

Por otra parte, el principio de correspondencia, originalmente formulado por Böhr, se utilizó inicialmente para describir las relaciones entre la teoría cuántica y las físicas clásicas. Cuando se enunció la teoría cuántica, a principios del siglo XX, Böhr y otros teóricos recurrieron al principio de correspondencia como prontuario en sus investigaciones.

El neozelandés y premio Nobel, Ernest Rutherford había logrado escalar la fama científica con sus experimentos de la liberación de los iones bajo el bombardeo de los rayos–x, y con su descubrimiento de los rayos alfa, beta y gamma. Rutherford llegó a comprobar la radiación *alpha* (☒), que era absorbida por la materia, y la radiación *beta* (☒) que penetraba la materia[13].

Por su parte, Marie Curie, Henri Becquerel y otros científicos descubrían parte la *radiación beta*, definiéndola como una corriente de electrones que se movía próxima a la velocidad de la luz. Luego Rutherford las identificó como el núcleo del átomo, despejando la incógnita de la desintegración radiactiva del átomo.

En 1911 Rutherford[14], apoltronado en las físicas clásicas, e insensible a los nuevos paradigmas, declara que la emisión de la energía se origina por la circulación de los electrones en torno al núcleo atómico. Así diseña su modelo atómico a semejanza de un sistema planetario, en el cual los electrones (carga negativa) describían órbitas elípticas alrededor del núcleo (carga positiva).

Al principio del siglo XX se creyó que los átomos eran bastante parecidos a los planetas girando alrededor del Sol, con los electrones (partículas de electricidad negativa) dando vueltas alrededor de un núcleo central con electricidad positiva.

Había un gran problema para explicar esta arquitectura atómica a través de la física clásica, ya que por ser familia de los leptones el electrón debería emitir radiación constante, cosa que no sucedía; pero de ser así debería perder energía hasta caer en el núcleo[15].

El genio matemático de Wolfgang Pauli y los teoremas de Niels Böhr comprobaron lo festinado de la trasposición que hizo Rutherford del sistema solar al mundo atómico. Además del hallazgo del *quantum* por Planck, sobreviene el análisis del espectro del hidrógeno de Böhr, en 1913, que nos llevaría al real del mundo subatómico. La solución la daría el propio Böhr cuando aplicó al esquema atómico el principio cuántico de Planck[16].

Las probabilidades de encontrar un electrón en diferentes regiones del átomo sólo puede obtenerse utilizando la ecuación de ondas de Schrödinger[17] que posibilita la función ondulatoria ψ, y la probabilidad de localización por unidad de volumen, proporcionales a $|\psi|2$. Böhr consideró además que dentro del átomo ocurría algo similar.

Ya la emisión discontinua, fotónica, era aceptada por los físicos y Böhr aplicó tales efectos a la conducta de los electrones en el interior del átomo. Böhr descubre que los electrones se desplazaban alrededor del núcleo atómico, en órbitas fijas, pero propuso que los electrones solo pueden ocupar órbitas en las cuales el momento angular posea valores fijos ciertos, **h/2π, 2h/2π, 3h/2π,...nh/2π**, donde **h** es la constante de Planck.

En 1913 Böhr aplicó la "discontinuidad" de Planck a los electrones en la estructura atómica resolviendo de golpe las dificultades del modelo atómico de Rutherford, al explicar por qué el átomo no emitía radiación continua y los electrones no se precipitaban sobre el núcleo. (Por ejemplo, la masa de un átomo de isótopo de carbón–12 es igual a **1.660 33 × 10^{-27} kg**.)

Como señaló el propio Böhr[18], en su teoría de 1913, "el postulado cuántico afirma que cualquier cambio en la energía intrínseca del átomo consiste en una transición completa entre dos estados estacionarios".

Utilizando una analogía del Universo, Böhr discrepará de Rutherford al declarar que la emisión de la energía no se engendra por electrones que circulan alrededor del núcleo, sino que se emite de forma intermitente, discontinua en paquetes de luz, al transitar de un estado de energía a otro, saltando de una órbita a la otra, y no como una trayectoria constante. El hecho de que la velocidad de la luz es tan fantástica, no deja que nuestros ojos puedan percatarse de que está segmentada.

Al introducir el concepto del cuanto (y de la constante de Planck h) en las descripciones del átomo, el esquema de Böhr, su gran aporte al conocimiento, ofreció una visualización muy sencilla del proceso mediante el cual el átomo emite los fotones. Así, dilucidaba la causa por la cual el átomo no irradiaba de manera continua y los electrones no se precipitaban sobre el núcleo, sino que perduraban en órbitas estacionarias.

Entonces sugirió que quizás los electrones no eran capaces de girar a cualquier distancia del núcleo central, sino sólo a distancias específicas. Pero el modelo atómico de Böhr era extremadamente controversial por los elementos dispares que utilizaba, pues al considerar que las transiciones entre los estados energéticos del átomo se producían mediante saltos cuánticos, obligaba a desechar toda la física clásica, mientras que definía la carga y masa del electrón y del núcleo a partir de la física clásica.

Aunque la idea de los electrones en órbitas fijas fue reemplazada por la distribución probabilística alrededor de los núcleos, este modelo arcaico proveniente de la mecánica clásica y adoptada por Rutherford, increíblemente aún se mantiene incluso dentro de ciertos círculos científicos.

El orden altera el producto

Esta aproximación llevó a Heisenberg y Paul Dirac a reformular la mecánica con una nueva teoría llamada mecánica cuántica, basada en el principio de incertidumbre. En esta teoría las partículas ya no poseen posiciones y velocidades definidas por separado, pues éstas no podrían ser observadas. En vez de ello, las partículas tienen un estado cuántico, que es una combinación de posición y velocidad.

Explica Heisenberg[19]: "Lo que observamos no es la naturaleza en sí, sino la naturaleza expuesta a nuestro método de interrogación". Y en palabras de Bohr[20]: "La gran tensión de nuestra experiencia en los últimos años ha traído a la luz la insuficiencia de nuestras simples concepciones mecánicas y, como consecuencia, ha hecho tambalearse el cimiento en el que la acostumbrada interpretación de la observación estaba basada".

Heisenberg trató de modelar lo que estaba ocurriendo, y asumió que, contrario a las reglas de la aritmética, el orden de las operaciones sí tenía importancia, si se consideran las cantidades matemáticas como acciones y no como números. En álgebra convencional, $a \times b = b \times a$, pero en la mecánica cuántica misteriosamente esto no resultaba mecánicamente así: $a \times b$ no era igual a $b \times a$, pues al alterarse el orden de lo multiplicado el resultado sí es distinto.

No implicaba solo otro conjunto de ecuaciones más, sino una manera completamente nueva de ver el mundo, diferente a la newtoniana en la cual la conciencia era un mero observador del objeto; ahora, la conciencia y las acciones humanas sí eran copartícipes de esa dinámica. Se trataba de la integración de los aspectos mentales y físicos de la naturaleza.

Heisenberg se ve obligado a admitirlo[21]: "Se desprende de esto que ya no podemos decir: la mecánica de Newton es falsa; más bien, usamos ahora la siguiente formulación: la mecánica clásica es 'correcta' exactamente allí donde puedan aplicarse sus conceptos. Puesto que aquí "correcta" significa "aplicable", esta afirmación equivale a decir "la mecánica clásica es aplicable allí donde sus conceptos pueden ser aplicados".

Y continua[22]. "La mecánica cuántica, habiendo descubierto leyes precisas y maravillosas que gobiernan las probabilidades, es con números como estos con los que la ciencia supera su hándicap de indeterminación básica. De esta manera la ciencia predice decididamente. Aunque ahora se confiesen humildemente incapaces de predecir el comportamiento exacto de electrones o fotones individuales u otras entidades fundamentales, sin embargo te pueden decir con bastante confianza cómo deben comportarse precisamente en grandes cantidades".

"Werner Heisenberg", escribió Isaac Asimov, "planteó una cuestión profunda que proyectó las partículas, y la propia física, prácticamente al reino de lo incognoscible". A lo que añade Hawking[23]: "Pero quizás este sea nuestro error: tal vez no existen posiciones y velocidades de partículas, sino sólo ondas. Se trata simplemente de que intentamos ajustar las ondas a nuestras ideas preconcebidas de posiciones y velocidades".

La mecánica cuántica se basa en el supuesto opuesto a la mecánica newtoniana. En palabras de Heisenberg[24]: "El término "suceso" queda restringido a las observaciones."

La física de Newton predice sucesos y la mecánica cuántica predice la probabilidad de los sucesos.

El principio de incertidumbre de Heisenberg demuestra que no podemos observar un fenómeno sin modificarlo, por lo cual, las propiedades físicas del mundo "externo" están entrelazadas con nuestras percepciones, no sólo de manera sicológica, sino también ontológica.

El austriaco y premio Nobel Wolfgang Pauli, conjuntamente con Böhr y el alemán Heisenberg, conforman el grupo de científicos que desarrolla y crea la teoría cuántica. Pauli analizó el caso del hidrógeno bajo esa diferente perspectiva obteniendo resultados que se mostraban en plena concordancia con los efectos experimentales, confirmando de inmediato la nueva teoría.

Pauli estableció que a cada una de las capas del modelo atómico de Böhr correspondía un conjunto de números cuánticos y formuló lo que hoy se conoce como "principio de exclusión de Pauli". Dentro de los límites fijados por el principio de incertidumbre dos electrones nunca pueden tener el mismo conjunto de números cuánticos, ni existir en el mismo estado, ni estar en la misma posición y velocidad,

Todo paso hacia un nuevo nivel de realidad es un paso hacia un nuevo orden. "Resulta un tanto incómodo", observó Erwin Schrödinger, al referirse al fenómeno[25], "que la teoría cuántica permita que un sistema sea dirigido o conducido a uno u otro tipo de estado, a voluntad del que realiza el experimento, aun sin tener acceso a él".

Fue con Planck, Heisenberg, Einstein, Böhr y Pauli que los científicos de ese tiempo, sumidos en un mar de confusiones acerca de cómo entender estos fenómenos básicos se vieron obligados a buscar un conjunto de preceptos nuevos con lo que se podía comprender e interpretar la realidad.

El conflicto entre la teoría de la partícula y la ondulatoria divide dramáticamente a los físicos en la primera mitad del siglo XX, entre particulistas y ondulacionistas. Böhr tendría que solucionar el problema planteado ya por Einstein de la dualidad existente en cómo conciliar la discontinuidad de la luz y del átomo, planteado por Planck y el propio Böhr, con la teoría ondulatoria continua de la física clásica.

En palabras del físico Luis de Broglie, hacia 1923 era casi evidente que la teoría de Böhr y la inicial teoría de los cuantos constituían solamente un estado intermedio entre las concepciones clásicas y concepciones muy nuevas.

La naturaleza esencialmente discontinua de la cuantificación presentaba un extraño contraste con la naturaleza continua de los movimientos considerados por la dinámica antigua, newtoniana o einsteniana. Así pues, la mecánica cuántica introduce un elemento inevitable de incapacidad de predicción. Einstein se opuso fuertemente a ello, a pesar del importante papel que él mismo había jugado en el desarrollo de estas ideas.

La causalidad o el azar

Los experimentos de James Frank y Gustav Hertz de 1914 demostraron que la cuantización de la energía atómica era una propiedad general de la materia, incompatible con la teoría corpuscular clásica.

El estadounidense y premio Nobel de física Robert Andrews Millikan en 1916 y Compton en 1922, confirmaron la teoría cuántica de Böhr, y el modelo atómico fue admitido[26]. Entre 1908–1917 Millikan mide la carga del electrón aislado y verifica experimentalmente la teoría fotónica–electrónica de Einstein a posteriori.

Para describir los fenómenos cuánticos los físicos exponían sus paradigmas de forma tal que pudiesen servirse de las ecuaciones de las físicas clásicas. El principio de correspondencia, sin embargo, solo resultaba válido para ciertas partes de la teoría cuántica, y también de la relatividad.

Arthur Compton en 1922 realizó experimentos que confirmaron la teoría de Einstein, aunque considerando que el dualismo onda–partícula no era privativo de los fotones, sino también de los electrones.

El fenómeno observado por Compton tiene lugar cuando el fotón colisiona con un electrón; entonces, parte de la energía del fotón se transfiere al electrón, y por consiguiente el fotón pierde energía h ($v1 - v2$), donde h es la constante de Planck y $v1$ y $v2$ son las frecuencias de antes y después de la colisión. De tal manera sucede $v1 > v2$, o sea, la onda de la radiación se incrementa después de la colisión.

En esta época el descubrimiento del efecto Compton y el estudio del efecto fotoeléctrico de los rayos–X acababan de aportar notables confirmaciones a la concepción einsteniana de los cuantos de luz. La estructura discontinua de las radiaciones y la existencia de los fotones no podía ser ya discutida[27].

Desde entonces se planteaba con intensidad extraordinaria el temible dilema de las ondas y de los corpúsculos en lo que se refiere a la luz. Se podía preguntar muy legítimamente si esta extraña dualidad de las ondas y de los corpúsculos, en el plano de los fenómenos no traducía la naturaleza profunda y oculta del quantum de acción y si no debía esperar que se hallase una dualidad del mismo orden en todas las partes donde la constante de Planck manifestase su presencia[28].

Incontables filósofos habían negado la idea de la "realidad última", o, por lo menos, la validez de la relación de causa, pues en el tiempo real no prevalece la repetición exacta; y donde no existe reincidencia no hay causa, pues de concurrir ella, entonces significa que los antecedentes se repiten y provocan las mismas consecuencias.

El gran descubrimiento de David Hume[29] fue que la relación entre la causa y el efecto no es observable directamente y solo indica la sucesión regular (descubrimiento epistemológico fundamental).

De tal manera, el filósofo norteamericano Josiah Royce[30] sostenía que la categoría del orden seriado, de la sucesión de hechos, del cual la causa era parte, se hallaba subordinada al propósito.

Y, por otra parte, el filósofo Bergson negaba el papel de la causa en el efecto, al sustentar que el proceso final de la vida no estaba ligada por las secuencias causales exactas, sino que era un proceso de crecimiento en el cual lo no predecible, y de tal forma lo no causal, ocurría constantemente.

El drama psicológico que supuso para el ser humano aceptar la presunción de Copérnico –de que no éramos el centro del Universo– se igualó con el que provocó la mecánica cuántica, cuya esencia presentaba a la naturaleza fundamentalmente irracional y manipulada por las probabilidades.

Según el pensamiento clásico –superado por las ciencias del siglo XX, pero vigente en las disciplinas humanistas–, las leyes de la naturaleza existen en un dominio que transciende la realidad material, perduran con independencia del humano y sus acciones, el cual se encuentra a expensas y regido por tales pautas.

Este era el canon invariable en las ciencias, hasta que comenzaron los experimentos en el mundo subatómico.

Bergson fue uno de los primeros en aclarar que nuestra lógica estaba basada en una reflexión del mundo material y menospreciaba lo acontecido en los niveles cuánticos, esto es, la materia nos parece algo completamente concreta. Pero la mecánica cuántica establecería que la vida de las partículas no se constata hasta el momento en que se aplica el experimento diseñado para encontrarlas.

Las consecuencias epistemológicas eran de tal magnitud al punto de replantear el propio concepto de realidad sobre el que se había sustentado la física. A pesar de estos éxitos iniciales, la "incertidumbre" introducida por Heisenberg suscitó las reticencias, sobre todo porque la definición de las magnitudes, necesaria para cálculos, era inexacta por principio; amén de que el concepto de probabilidad para interpretar las ecuaciones cuánticas acrecentó todavía más el malestar.

El azar es un concepto es difícil de justificar y más aún de definir, mientras la probabilidad es lo contrario de la certeza. Sin embargo, el azar se rige por ciertas leyes y, en esencia, no es más que la medida de nuestra ignorancia. Si conociésemos las leyes de la Naturaleza y la situación del Universo en el instante inicial, podríamos predecir con exactitud su situación ulterior, pero nuestra debilidad nos impide abarcar el Universo entero y nos obliga a fragmentarlo para poder entenderlo.

Según Poincaré si un gran acontecimiento del siglo XVII reconoce por causa un pequeño hecho del siglo XVI, al que ningún historiador se refiere, que todo el mundo ha negado, entonces se dice que este acontecimiento se debe al azar, esta palabra adquiere entonces el mismo sentido que en las Ciencias Físicas; significa que de pequeñas causas se han producido grandes efectos[31].

En el lenguaje de la teoría causal de la percepción decimos que vista y tacto tienen una causa común, externa por lo general al cuerpo. No se puede afirmar el conocimiento de tal correlación, porque no es conocida la causa común externa. Aunque Whitehead aceptó la existencia de un espacio–tiempo para lo táctil, y otro para el visual, y que sería necesario admitir una armonía preestablecida en la actitud de correlaciones perceptuales físicas.

La mecánica cuántica descansa en una asunción epistemológica contraria a Newton, Descartes e incluso Einstein. Mientras la física newtoniana predice el fenómeno, la mecánica cuántica detalla solo su probabilidad pues la relación causa–efecto no es una ley de la naturaleza. En sus ensayos, la lógica cuántica no parte de la manera en que concebimos la realidad, sino de la forma en que la experimentamos.

La mecánica cuántica añade que las inexorables cadenas de causas y efectos que hacen del mundo un lugar ordenado y previsible, no son más que la apariencia microfísica superficial de un inconcebible microcosmos donde reina el azar.

Hay una relación causal dondequiera que dos acontecimientos, o dos grupos de acontecimientos, de los cuales uno por lo menos es co–puntual. Esta relación por medio de una ley permite deducir, partiendo de uno, algo sobre el otro. Diremos entonces que todas las relaciones causales consisten en una serie de ritmos o de acontecimientos fijos, separados por "transacciones".

Pero la relatividad no cuestionaba el principio de causalidad, demolición que llevaría a cabo la mecánica cuántica. La noción de causalidad ha quedado grandemente modificada, al sustituirse el espacio y el tiempo por el espacio–tiempo.

Para adaptar nuestra terminología a las necesidades modernas, podemos decir que los acontecimientos separados por intervalos de tiempo, son seudo–tiempos donde no existe el intervalo entre un hecho anterior y el otro posterior. Podemos distinguir los intervalos de seudo–tiempo de los seudo–espacio, diciendo que los primeros se producen allí donde existe alguna relación causal directa, en tanto que los últimos se producen cuando los dos acontecimientos están relacionados con un predecesor común o con un común descendiente.

De acuerdo con la física einsteniana, nada puede viajar más rápido que la velocidad de la luz; pero incluso esta extraordinaria super–velocidad consume tiempo para que la información se traslade de un lugar a otro. Por tanto, no es posible que los fenómenos del área A, localizados en un extremo del cosmos, puedan saber instantáneamente los del área B, en el otro extremo.

Las partículas: nubes borrosas

De acuerdo con Böhr, las ciencias no disponen de verdades reveladas sino que, como otras disciplinas, se basan en métodos subjetivos y son útiles en la medida que ayuden a coordinar campos más amplios de experiencias de la objetividad material.

Aunque la visión de Einstein, Rutherford y Planck estaba empañada por el determinismo mecanicista, la gran ironía fue que Rutherford y Böhr, junto a Dalton, fundan la estructura atómica mientras que Planck y Einstein, junto a Böhr, elaboran la dinámica interna del átomo.

A partir de la teoría cuántica de Planck y la estructura atómica de Böhr el electrón se convierte en una nube borrosa, y en una probabilidad teórica que, de forma asombrosa, se comporta simultáneamente como partícula y como onda en un mundo atómico cuyo vacío es más vasto que el del universo galáctico.

Cuando el electrón es disparado hacia la pantalla de un televisor, visualizamos su naturaleza de partícula; pero ésta no es la única forma que el electrón asume, ya que puede también disolverse en una nube de energía y conducirse como una onda que se disemina por todo el espacio. El conflicto entre las teorías que postulan que la luz es una partícula o es una ondulación divide dramáticamente a los físicos en la primera mitad del siglo XX.

Newton, Einstein, Planck y Böhr dieron base al convencimiento de la existencia de cuatro fuerzas fundamentales en el Universo: la fuerza de la gravitación, la fuerza electro–magnética, que es fundamental para mantener la materia unida; la fuerza nuclear, que es la más poderosa y mantiene unido los neutrones y protones en el núcleo atómico y la llamada "fuerza débil".

La fuerza nuclear, a veces conocida como "fuerza de Coulomb", sucede entre dos partículas cargadas, y los puntos de cargas resultan $Q1$ y $Q2$ la distancia d aparte, es proporcional al producto de las cargas e inversamente proporcional al cuadrado de la distancia entre ambas[32].

La fuerza de gravedad, por las cuales dos partículas se atraen, cuyas características físicas fueron descubiertas por Newton. Es la fuerza que mantiene el equilibrio entre los planetas y sus lunas, con el Sol, entre las estrellas, de la galaxia Vía Láctea y de todo el Universo.

Mientras más concentrada es la masa de un planeta, más cerca se halla un objeto en su superficie del centro de atracción, por lo que la fuerza gravitatoria es más intensa, ya que la fuerza gravitatoria es igual al inverso del cuadrado de la distancia del centro de atracción.

Así, mientras más pequeño es el objeto mayor su fuerza de atracción comparativamente con objetos de enorme tamaño. En la Luna un objeto pesa seis veces menos que en la Tierra. La fuerza gravitatoria actúa sobre la luz y la radiación al igual que sobre la materia, afectando el espacio y el tiempo, curvando el espacio. Se ha especulado sobre la existencia de una fuerza anti–gravitatoria capaz de anular la atracción de la gravedad.

Los problemas que presentan las partículas subatómicas resultaban de tal complejidad que el esquema de estructura planetaria demostraría su incongruencia con la física cuántica. El movimiento orbital específico del electrón, alrededor del núcleo atómico, y por tanto la consecuente y estable estructura atómico–molecular, obedecían a leyes cuánticas y no a las de Newton o Einstein.

Bohr, introdujo el principio de "complementariedad" en la física atómica, renunciando a interpretar la teoría atómica como una descripción de algo. Ahí Böhr cae en el instrumentalismo al eludir las contradicciones que se planteaban en la física cuántica.

Para muchos se trataba de una posición defensiva para salvar la teoría existente, pues incluso contradice al principio de correspondencia del propio Böhr, anterior al de complementariedad. Los trabajos e investigaciones alrededor de la teoría atómica brindaron otros resultados de gran alcance que no se debían al principio de complementariedad de Böhr.

La mecánica ondulatoria

En 1924–1926 se desarrolló la mecánica ondulatoria por el científico francés Louis De Broglie[33] y por Erwin Schrödinger. Le corresponderá a De Broglie desarrollar la teoría íntegra de la mecánica cuántica al combinar los dos fenómenos más revolucionarios de la física: la paradoja de la dualidad onda–partícula gestada por Young y la teoría fotónica de Einstein. Con ello desaparecen el mundo newtoniano, la proyección simplista de la naturaleza y el sentido común occidental.

El dualismo ondulatorio que mantenía a las ciencias en un callejón sin salida fue desenredado por De Broglie en su mecánica ondulatoria, al demostrar que la partícula y la onda no son contradictorias, sino todo lo contrario, complementarias, desvaneciendo así la gran barrera que durante largo tiempo tenía separada a la física de las radiaciones (las ondas) de la materia (corpúsculo); y posibilitando adentrarnos en el mundo atómico y brindando al siglo XX la energía nuclear, la tecnología electrónica, el láser, la superconductividad y la computación, entre otras aplicaciones.

De Broglie estableció la dualidad onda–partícula, convencido de que los fracasos por determinar si la luz era una o la otra residía en que ambas estaban unidas. El paradigma matemático elaborado por De Broglie para describir el comportamiento de la luz fusionaba los teoremas ondulatorios clásicos con los corpusculares del momento. Así se produce el corte con la física clásica, al considerar que todas las partículas son una mezcla de onda y partícula.

El trabajo de Louis de Broglie, sobre la naturaleza dual corpúsculo–onda del electrón fue confirmado luego por los estudios y experimentos de Clinton Davisson, Lester H. Germer, Walter M. Elsasser y George Thomson y John S. Reid sobre la dispersión de los electrones en los cristales.

Pero De Broglie utilizaba la clásica óptica geométrica, y tuvo que esperar a una nueva mecánica de carácter ondulatorio, introducida por el físico vienes Erwin Schrödinger. Seguidamente en 1926, Schrödinger desarrolló los fundamentos de la mecánica ondulatoria, paralelo a los esfuerzos de Heisenberg–Born y Jordan. Schrödinger quería eliminar los saltos cuánticos y la discontinuidad de los procesos atómicos, propuestos por Böhr y Planck, a partir del electromagnetismo decimonónico.

Para Schrödinger los electrones no eran objetos esféricos sino patrones ondulatorios; sólo que en este modelo las distancias entre el núcleo atómico y sus electrones resultan comparativamente superiores a la que existe entre el Sol y sus planetas.

Según Schrödinger, solo cuando un corpúsculo se desplaza con velocidad suficiente en una región no demasiado poblada por otros de la misma clase, entonces casi inequívocamente puede identificarse, mientras que en otro caso cualquiera se torna difuso.

Todas las partículas, no importa cual es clase, exhiben también un aspecto ondulatorio tanto más pronunciado cuanto más lentamente se mueven y cuanto más densa es su población, y este aspecto ondulatorio lleva consigo la correspondiente pérdida de individualidad[34].

De Broglie había tomado sólo el carácter de partícula del electrón, mientras Schrödinger el de onda, pero ambos por separado lograban el mismo resultado, y ello lejos de explicar el fenómeno entronizaba mayor confusión, pues los paradigmas propuestas quedaban a mitad de camino entre la física clásica y la necesidad de una nueva física.

Aunque en realidad, la propuesta de Schrödinger si bien resolvía el dilema del "salto cuántico" y la "discontinuidad" de los proceso atómicos, elementos que amenazaban todo el edificio de la física moderna, complicaba el nuevo paradigma, puesto que concebía la función de onda de su ecuación desde la teoría clásica de la radiación electromagnética.

La mecánica ondulatoria de Schrödinger no fue aceptada como una teoría de la física puesto que solo consideraba el comportamiento ondulatorio del electrón y obviaba el su carácter de partícula.

De inmediato vino la refutación de Böhr, Heisenberg y Max Born a partir del criterio de que se podía encontrar al electrón en una posición del espacio, pero era imposible determinar exactamente su posición, estableciendo así el carácter probabilístico de la mecánica cuántica.

Einstein volvió a la carga y le observó a Heisenberg, que si su nueva teoría cuántica había renunciado al concepto de órbita electrónica, ¿cómo explicaba las trazas que los electrones dejaban en la cámara de niebla? ¿No representaban acaso la trayectoria de éstos? y de ser así, ¿no significaba que existían órbitas electrónicas?

Tales señalamientos de Einstein iban al centro del teorema cuántico; de no hallarse una solución todo su andamiaje se derrumbaría. Pero Heisenberg no se quedó callado, en su respuesta estableció el famoso "principio de incertidumbre", el cual dislocó definitivamente las físicas clásicas inaugurando un nuevo e infinito campo para la investigación científica.

La indeterminación cuántica

El principio de incertidumbre eliminó el concepto de órbita electrónica, desarrollando un teorema matemático que inició lo que propiamente puede ser denominada como segunda teoría cuántica o mecánica cuántica, con el concurso de Max Born, Pascual Jordan y Paul M. Dirac.

La mecánica cuántica esbozada por Heisenberg, Born y Jordan resolvía matemáticamente los escollos iniciales de la primera teoría cuántica, con la consideración corpuscular del electrón, obviando su comportamiento ondulatorio.

El tema de estudio de la mecánica cuántica abarca el Universo invisible que conforma las bases de todo lo que nos rodea. La teoría cuántica posibilitó entender no solo nuestro Sistema Solar y la estructura atómica del Universo, sino también los organismos vivos o agrupación de átomos y moléculas complejas a partir de la reproducción exacta de sus entidades básicas.

Desde su fundación la mecánica cuántica ha probado su espectacular validez, moviéndose de éxito en éxito. Sin embargo, tan sutiles son las preguntas que se hacen, tan oscuros sus fundamentos que su interpretación está plagada de graves incertidumbres y aún guarda profundos secretos.

La conceptualización de Heisenberg, en 1925, solucionaba los problemas de la teoría cuántica del átomo de Böhr, al introducir un nuevo formalismo, la matemática de matrices, desarrollada inmediatamente por Max Born y Pascual Jordan, gestándose la mecánica matricial. Heisenberg postuló que no era posible conocer simultáneamente la posición y el impulso de una partícula elemental, lo cual constituía una verdadera herejía respecto de los presupuestos epistemológicos de la Física moderna.

Acorde con Max Born la inducción permite generalizar una serie de observaciones para obtener una regla general: que la noche sigue al día y el día sigue a la noche; pero mientras en la vida cotidiana no hay criterio definido para determinar la validez de una inducción, la ciencia ha elaborado un código, o una regla práctica, para su aplicación.

Max Born realizó la fusión de su mecánica matricial y la mecánica ondulatoria de Schrödinger, sosteniendo la imposibilidad de determinar con exactitud la posición de la partícula, interpretándose como probabilidad la ecuación de ondas de Schrödinger.

Si la interpretación estadística desarrollada por Born constituía una ruptura, las relaciones de incertidumbre profundizaron dicha fractura[35]. El principio de incertidumbre dio lugar al surgimiento de nuevos e importantes problemas filosóficos, que no se planteaban en la mecánica clásica. Para apreciar el papel que desempeñó el principio de incertidumbre al ayudar a renunciar a la causalidad, en la mecánica clásica los valores iniciales y los ritmos iniciales de cambio de todas las variables mecánicas, que definen el estado de un sistema dado, determinan los movimientos futuros del sistema en cuestión.

Sin embargo, de acuerdo con el principio de incertidumbre, existe una limitación fundamental, derivada de las mismas leyes de la naturaleza en el nivel mecánico cuántico, que nos hace imposible obtener los datos necesarios para especificar en forma completa los valores iniciales de los diversos parámetros que determinan el comportamiento de dicho sistema mecánico.

Para Born ninguna observación o experimento, por más que se los extienda, puede dar más que un número finito de repeticiones; el enunciado de una ley —B depende de A— y siempre trasciende la experiencia. Sin embargo, se formula este tipo de enunciado en todas partes y en todo momento, y a veces a partir de materiales muy escasos.

Por su parte, Heisenberg sugirió que los protones en el interior del núcleo se mantenían unidos por lo que él llamó fuerza de intercambio. Esto implicaba que protones y neutrones estaban cambiando constantemente de identidad. Cualquier partícula está en un estado constante de flujo, permutando de protón a neutrón y viceversa. Solo de esta manera se mantiene unido el núcleo. Antes que un protón pueda ser repelido por otro protón se convierte en un electrón, y a la inversa.

Este proceso donde las partículas se transforman en su contrario tiene lugar de manera ininterrumpida, de tal manera que es imposible en un momento determinado decir si una partícula es un protón o un neutrón. De hecho es ambos: "es" un protón y "no es" un protón, y a la vez "es" un neutrón y "no es" un neutrón.

El intercambio de identidades entre electrones no significa un simple relevo de posición, sino un proceso mucho más complejo en el cual el electrón "a" se mezcla con el electrón "b". Más tarde pueden haber conmutado completamente de identidad, con todos los "a" allí y todos los "b" aquí. Entonces empezará el flujo a la inversa en una permanente oscilación, significando un trueque rítmico de las identidades de los electrones, en un proceso que continua indefinidamente.

La vieja y rígida ley de la identidad se desvanece en este tipo de identidad, en la diferencia pulsante, que subyace en toda la existencia, y que recibe expresión científica en el principio de exclusión de Pauli.

La partícula elusiva

En la física se impondrán innumerables absurdos, como la paradoja Einstein–Podolsky–Rosen, el principio de incertidumbre de Heisenberg, el concepto onda–partícula de Schrödinger, la separabilidad de *espines*, etcétera, la conexión supra–luminar de Bell. Por tales razones, la física se encuentra en mitad de camino entre una matemática y una filosofía. Con respecto a la "realidad virtual", la imagen del monitor es bi–dimensional mientras que nosotros vivimos en lo inmanente, en mundos diferentes.

La ecuación de Schrödinger describe cómo evoluciona en el tiempo, el estado cuántico de un sistema físico. En la mecánica cuántica, cuando uno observa la evolución de un sistema, pasado un momento o tiempo ya tal evolución no se corresponde a la observación inicial. De acuerdo a la ecuación de Schrödinger, tenemos ahora un sistema con innumerables posibilidades; es decir, de una certera definición inicial, a partir de la observación, se transfiguró en una indeterminación.

La otra derivación es que la mente no puede ser reducida al órgano cerebral, ni este a la mente; ambos resultan territorios diferentes. Si describimos el cerebro partiendo de la mecánica cuántica, es decir, por estar constituido por átomos, se concluye que la mente no puede ser el cuerpo.

La llamada "mecánica cuántica de Copenhague" explica este misterio entre mente y materia, aunque ello responde a nuestra experiencia humana y, por tanto, al no ser una ontología puede no ser la descripción total de la naturaleza y de nosotros mismos.

La pregunta ahora es qué y cuál es la mente. Si ella es el cúmulo de nuestras experiencias conscientes, entonces influye sobre el órgano cerebral, y ambos conectados mediante los procesos cuánticos, como consideró John Von Neumann.

Según Böhr al pasar la frontera del mundo microscópico de funciones y ondas cuánticas al mundo macro de la realidad humana de objetos, nos enfrentamos ante un horizonte variable; es decir, una dimensión mental y una dimensión física en todo, en la cual la dimensión mental colapsa la función onda–energía y la transforma en materia–objeto.

Es menester que logremos entender lo disparatado del acto de observación experimental en la mecánica cuántica cuya teoría de las leyes naturales no se circunscriben a definirnos cómo opera el mundo físico, sino cómo surgieron tales leyes naturales.

Así, el humano, como una especialidad del Universo, cumple la función de colapsar la función onda para que se exteriorice la realidad, la partícula.

Pero más que una función antropo–céntrica, como consideraron los fundadores teóricos de la mecánica cuántica, nos enfrentamos a la probabilidad de que es una función bio–céntrica, al estar la dimensión psíquica no solo asociada a los humanos, sino a toda la vida.

A partir de toda la maquinaria matemática de vectores y espacio de David Gilbert que se utiliza en la mecánica cuántica, la realidad visible parte de una construcción de átomos cuánticos que son solo puntos en el espacio–tiempo, o como plantea Schrödinger, funciones de ondas de manchas borrosas. De eso estamos constituidos.

La mecánica cuántica no reemplaza a la física clásica, supuestamente aplicada al mundo de gran escala, sino que la incluye y es válida dentro de sus límites. Es un procedimiento, una forma particular de advertir una parte específica de la realidad. Acorde con la física cuántica, las posibilidades que se presentan a cada fenómeno no siguen una línea determinista, rígida, donde a partir de las estipulaciones iniciales de un ensayo se pueden calcular exactamente ciertos desenlaces a partir de causas iniciales, pues la relación causa–efecto, contrario a lo que se piensa, no es una ley universal.

Heisenberg inició el paradigma de la "indeterminación" en 1927, mientras Böhr deducía todas sus consecuencias, por la cual una partícula puede tener momento o velocidad, pero nunca simultáneamente la una y la otra. Pareciera como que la Naturaleza procura así que el conocimiento de una mitad del mundo asegurase el desconocimiento de la otra mitad.

El principio de indeterminación era epistemológico pues nos recuerda que el mundo de la física se contempla desde adentro, medido por los aparatos que forman parte de ese mundo y que están sometidos a sus leyes.

El fundamento de la física moderna sería el determinismo físico universal, donde el humano–mente será un observador pasivo. Tal cosa ha impedido, hasta el momento, explicar la existencia o algún efecto de nuestros pensamientos conscientes, de que nuestro consciente intencional pueda ejercer algún tipo de influencia sobre cómo actuamos.

En 1892 William James desafió esta concepción del dualismo clásico cartesiano, en el cual se piensa que mente y materia están ontológicamente separados y funcionan con leyes diferentes. Es decir, las cosas materiales ubicadas en el espacio, y las mentales o "res cogitans".

En esencia, si Newton y sus leyes nos explican el mundo visual, del real perceptible, la física cuántica y sus leyes nos introducen en el campo de lo no visual, del irreal imperceptible.

Escribe el físico nuclear norteamericano Hermann Helmholtz[36]: "el problema de las ciencias físicas naturales consiste en referir todos los fenómenos de la naturaleza a fuerzas de atracción y repulsión variables, cuyas intensidades dependan totalmente de la distancia. La posibilidad de resolver este problema constituye la condición de una comprensión completa de la naturaleza". "Y su función habrá terminado tan pronto como se cumpla la reducción de todos los fenómenos naturales a esas simples fuerzas y se demuestre que ésta es la única reducción posible".

Partículas que deciden

Una de las conexiones desandadas en las partículas es el conocimiento previo de que hay una interferencia en la ruta probable que deben o no tomar tales partículas.

La barrera insuperable de la velocidad de la luz, que establece la localidad en el Universo, fue puesta en tela de juicio por la mecánica cuántica, al existir pruebas de que el fotón reconoce previamente cualquier interferencia en las probables rutas a seguir.

Es el conocido ensayo de "la doble ventana de Young", (del físico inglés Thomas Young) según el cual las partículas, por sí mismas, asumen la decisión de variar sus trayectorias.

En este experimento, una fuente de luz emite una partícula, o fotón, que puede pasar bien a través de la *Ventana–1*, o bien a través de la *Ventana–2*. En ambas ventanas se halla emplazado un detector.

Seguidamente, tiene lugar un fenómeno desconcertante; aquí obran dos ediciones distintas de la persona que conduce el ensayo, cada una de ellas ubicada en una de las ventanas, a un mismo tiempo, pero profanos del fenómeno que tiene lugar.

Al situarnos en la **Ventana–1** y clausurar la **Ventana–2**, el detector de la **Ventana–1** se enciende al pasar el fotón; pero, si repetimos el experimento y nos ubicamos en la **Ventana–2**, clausurando la **Ventana–1**, el fotón entonces atraviesa la **Ventana–2**.

Con la paradoja de la dualidad onda–partícula gestada por el físico inglés Thomas Young y la teoría fotónica de Einstein la posibilidad deviene en actualidad en el mismo instante en que la información entra en la conciencia del observador y la función ondulatoria se transforma en una naturaleza física.

Si la luz, como realidad exterior, no posee cualidades inherentes, autónomas a nosotros, entonces podemos aplicarle la siguiente conclusión: la luz no tiene una vida ajena, no puede existir sin nosotros y, por implicación, tampoco ninguna manifestación de la naturaleza con la cual interactuemos.

¿Cómo se fija la posición de un electrón? Observándolo.

¿Y cómo se determina su momento? Observándolo otra vez.

Pero en ese período de tiempo infinitesimalmente, el electrón ha cambiado, y ya no es el que era. Es a la vez una partícula (un punto, una cosa) y una onda (un proceso, movimiento). Es y no es.

La lógica formal utilizada por la mecánica clásica no nos puede dar resultados aquí debido al propio carácter del fenómeno. La explicación radica en que éstas no son atributos de la luz, sino propiedades de nuestra interacción con ella.

Nosotros resultamos ser el puente entre la particularidad de onda y la del corpúsculo, como demuestra Böhr. Por tal razón, el acto específico de qué partícula se trata y cuáles son sus características no pueden ser predichos, ya que la función ondulatoria, lejos de representar una realidad, describe solo una probabilidad.

Este principio de incertidumbre llevó Heisenberg, Erwin Schrödinger y a Paúl Dirac a reformular una nueva teoría llamada mecánica cuántica, en la cual las partículas ya no poseían posiciones y velocidades definidas por separado, pues no podían ser observadas, pues tienen un estado cuántico, que es una combinación de posición y velocidad: una dualidad entre ondas y partículas.

La mecánica cuántica nos dice que todas las partículas son en realidad ondas, y que cuanto mayor es la energía de una partícula, tanto menor es la longitud de onda de su onda correspondiente. Usando la dualidad onda–partículas, todo el universo, incluyendo la luz y la gravedad, puede ser descrito en términos de partículas, las cuales tienen una propiedad llamada espín.

La paradoja sub–atómica

El "principio de incertidumbre" de Heisenberg desmontaba lo que había sido la física desde los tiempos de Newton, en palabras de Böhr, lo que había quebrado con el principio de incertidumbre de Heisenberg era la vieja pretensión determinista, fundamentada en el concepto clásico de causalidad[37].

El principio de incertidumbre de la mecánica cuántica implica que ciertas parejas de cantidades, como la posición y la velocidad de una partícula, no pueden predecirse con completa precisión. Pero quizás ése es nuestro error: tal vez no existan posiciones y velocidades de partículas, sino solo ondas. Se trata simplemente de que se intente ajustar las ondas a las ideas preconcebidas de posiciones y velocidades.

Acorde con Heisenberg, la realidad entonces consta de dos mundos diferentes: el de la potencialidad (todo aquello que es previo a nuestra participación en el experimento) y el de la objetivación (todo aquello que se exterioriza con nuestra participación en el experimento). Por tanto, el objeto de nuestra experimentación no es una realidad externa y ajena a nosotros, sino fruto de nuestra interacción con la potencialidad misma.

Los cimientos de la física temblaban con las inesperadas teorías cuánticas y de la relatividad. El enunciado de Heisenberg bosquejaba la realidad de barreras insalvables para coordinar y determinar los hechos a escalas subatómicas.

No sólo Schrödinger con su ecuación lo definió en estos términos, también el matemático, John Von Neumann, en su descripción de la estructura matemática de mecánica cuántica, lo consideró como un proceso que no está determinado por leyes conocidas. En otras palabras, no está determinado por el mundo físico circundante, sino por nuestra observación o elección mental de lo que buscamos observar. En el mismo sentido, una ficticia ecuación matemática nos manifiesta que la luz es una onda –energía–, y otra nos dice que es una partícula– materia–, pero es imposible que la luz se nos muestre simultáneamente como ambas. Lo paradójico del mundo subatómico es que ambos aspectos –idea–subjetividad y materia–objetividad– se hallan fundidos al precio de no poder ser constatadas por la (nuestra) realidad.

El principio de incertidumbre marcó el final del sueño de Laplace de una teoría de la ciencia, un modelo del universo que sería totalmente determinista: ciertamente ¡no se pueden predecir los acontecimientos futuros con exactitud si ni siquiera se puede medir el estado presente del universo de forma precisa![38].

Según el pensamiento clásico, las leyes de la naturaleza existen en un dominio que transciende la realidad material, y por ende al humano. Y los atributos de las partículas están presentes en todo momento, con independencia de si hay o no un *voyeur*. Pero esto no se comporta de esta manera.

Los conceptos mentales derivados de la física newtoniana nos dicen que los hechos comprensibles pueden ser apreciados físicamente. Dejamos de ser observadores pasivos al participar nuestra psiquis de la dinámica de la naturaleza.

Sin embargo, a nosotros, por ejemplo, nuestro planeta nos parece estar inmóvil, a pesar de que en la realidad este viaja por el espacio a la fantástica velocidad de 64,000 millones de millas por hora, y acelerando la marcha según todo parece indicar.

La observación disparatada

Mientras nos esforzamos en analizar la interacción de las partículas en términos de masa, velocidad y *momentum*, y buscamos conocer todo mediante la observación, la mecánica cuántica nos dice que la materia subatómica no está allí hasta que la observamos.

Es decir, nuestra realidad circundante, que proviene del *big–bang*, se halla ahora en un estado borroso, indeterminado (los árboles, las montañas, la Luna, el Sol, etcétera en realidad son fenómenos borrosos), y esta realidad circundante cobra precisión, se transforma en un fenómeno observable a partir de nuestra observación.

Con las evidencias relativistas y cuánticas nos adentramos más allá de nuestra experiencia sensorial, donde el observador –el experimentador–, y sus resultados –la naturaleza–, son un todo indivisible[39].

Si bien es imposible que se nos produzca a la par como onda y como partícula, lo paradójico del mundo subatómico es que ambos aspectos idea–subjetividad y materia–objetividad se hallan fundidos al precio de no poder ser constatadas por la {nuestra} realidad.

El principio de indeterminación de la mecánica cuántica no se puede aplicar a los objetos ordinarios, solo a los átomos y partículas subatómicas, puesto que ellas se rigen por leyes diferentes Se mueven a velocidades increíbles y se pueden desplazar en diferentes direcciones al mismo tiempo.

La mecánica cuántica no predice lo que va a suceder, sino que nos dice que la materia subatómica no está allí hasta que la contemplamos, que es entonces cuando adquiere aquellas peculiaridades que se buscan con la observación; y si bien tiene que ver con las propiedades del objeto, no estructura su lógica desde tal objetividad, al conocer que la materia adquiere peculiaridades fortuitas, precisamente aquellas que se buscan al estarse realizando una observación.

Pero la mecánica cuántica define las posiciones de las diversas variables factibles, demostrando que no solo podemos influir en nuestra realidad, sino que podemos incluso crearla. Ella investiga lo potencial, las probabilidades, lo invisible que conforma los cimientos de todo lo que nos rodea; los movimientos de las cantidades, de los quantum, que es la forma en que se comporta la naturaleza.

Las características de la luz, ondulatorias por una parte y corpuscular por otra, se hallan unificadas, pero al precio de no poder ser constatadas por la realidad, y evidencian la imposibilidad de aprehender la plenitud de cada fenómeno; nos dicen que la naturaleza se presenta incompleta ante nuestros sentidos. Por ello, toda generalización teórica que hagamos sobre nuestra comprobación sensorial será siempre incompleta.

Este comportamiento de la materia, de onda y partícula excluyentes, no es una cualidad de la luz, sino de nuestra interacción con ella; por eso, los físicos ya no pudieron seguir aceptando la proposición de que la luz era o bien una partícula o una onda, porque habían comprobado que era ambas.

¿Cómo es que dos comportamientos excluyentes (onda y partícula) pueden ser cualidades de un mismo corpúsculo de luz?

La explicación radica en que ellas no son atributos de la luz, sino propiedades de nuestra interacción con ella. Estamos, pues, ante la asunción de la conciencia humana como un agente que posibilita y precipita la vida de las partículas atómicas, como el electrón, a partir de la energía, y precipita a su vez su retorno a energía.

Entonces, tanto el observador como su teoría y el instrumental son expresiones de un criterio, de un punto de vista, y los resultados una consecuencia de ese todo indivisible entre la naturaleza y el experimentador.

El átomo bajo "observación" solo permite que se exteriorice una de sus cualidades específicas. No es la naturaleza en sí misma la que descubrimos, sino algunas de sus propiedades expuestas a nuestros métodos de experimentación.

Las partículas: las creamos y nos crean

No podemos advertir simultáneamente la posición y el *momentum* de una partícula; su naturaleza es tal que estamos obligados a seleccionar qué aspecto de ella deseamos conocer mejor, la energía o la materia, puesto que solo podemos aprehender con exactitud una de ellas en cada ocasión.

Cuando la función de la materia–partícula se examina, entonces interactúa con el sistema de observación (el individuo y su instrumental tecnológico) y, abruptamente, como si fuese un juego de magia se burla de nosotros, se traslada a otro estado donde adquiere la imagen que pretende encontrar el observador.

Así, el acto vital de experimentación (nuestra participación) es lo que crea la cualidad atómica que deseamos observar, y al hacerlo alteramos la realidad.

Antes de la medición de una partícula, en un acelerador de partículas, disponemos de un arcoíris de posibilidades, de nacimientos posibles de partículas diferentes promovidas por las funciones ondulatorias.

Cuando se registra algo definido por los instrumentos es cuando se materializan las diversas potencialidades y sus características contenidas en las partículas. Cualquier propiedad que un objeto posea es contextual, pues depende de la situación en que se examina y lo que el experimentador busca encontrar, ya sean funciones ondulatorias o partículas.

Por tal razón, el hecho específico de qué partícula y cuál característica no puede ser predicho, pues la función ondulatoria lejos de representar una realidad, describe solo una probabilidad.

En otras palabras, la imposibilidad de vaticinar con precisión, cuando una partícula como el electrón puede estar en cierto lugar, en cierto momento, moviéndose a cierta velocidad. Lo más increíble de la mecánica cuántica era su precisión en la predicción de los fenómenos de la realidad física y la confirmación tal observación y experimentación.

Al verificar que la naturaleza nos priva de apreciar la realidad tal como es, y ésta se nos presenta de la forma que buscamos verla, al no ser el objeto de nuestra experimentación la realidad externa, entonces la comparecencia de la realidad física es consecuencia de nuestra interdependencia con la naturaleza, por tanto, las partículas subatómicas no resultan algo material, sino un conjunto de relaciones.

Pero esto no nos basta para llegar a la conclusión de que somos los únicos regidores en este proceso progenitor de la materia. Al igual que creamos las partículas subatómicas en el acto de la experimentación, el Universo nos crea a nosotros, en una acción cosmológica que podemos calificar de auto–confirmación.

La base del Universo –el mundo subatómico– cobra realidad sólo en el momento que decidimos hurgar en sus propiedades, es decir, si la partícula fundamental, el electrón, muestra su propiedad de energía cuando queremos ver la energía, y su propiedad de materia cuando queremos ver la materia, y nunca mostrará su propiedad de energía cuando queremos ver la materia, o la materia cuando queremos ver la energía, y también nunca ambas a la vez.

Las implicaciones filosóficas de tales hechos se acrecientan con el descubrimiento de que la dualidad onda–partícula no es una cualidad solo de la luz, sino de todo lo existente; que nos lleva a la deducción inescapable de que el Universo, en una acepción extraña, ha sido gestado por la participación de los que en él medramos.

La naturaleza, como lo convalidan las partículas, es un mundo de caos, de prolífica confusión, administrado por un cuerpo de leyes de conservación que, a diferencia de las ordinarias leyes de la física, solo especifican lo que no puede suceder.

Allí no existen leyes sistemáticas y racionales que se relacionen una con otra: allí se quiebra nuestra clásica visión de un orden por encima del caos.

La mecánica cuántica los ha dejado perplejos al demostrar de una manera totalmente opuesta a la tradicional, que la clave para comprender el Universo no es la realidad exterior que nos parece ajena, sino que es nuestro yo, nuestra individualidad, dentro de la naturaleza, y no fuera de la misma.

Las partículas son virtuales

La mecánica cuántica hace que todo se derive hacia las probabilidades que desafían tal conceptualización, y evidencia lo imposible de visualizar la plenitud de cada fenómeno. La descripción de una subestructura (el mundo subatómico) nos brinda una experiencia más completa que la conocida hasta ahora[40].

El aparato descriptivo disponible, tanto el método científico, la tecnología así como los paradigmas matemáticos, están dominados por nuestra experiencia visual; y la imposibilidad de pormenorizar en forma clásica los fenómenos relativistas y cuánticos ocurre porque en esas dos regiones nos adentramos más allá de nuestra experiencia sensorial.

Para el matemático John Von Neumann, a medida que la escala aumenta en dimensión, se amplía la función de lo microscópico. Es decir, para la escala del Universo el humano es sólo una dimensión cuántica tri–dimensional.

El principio de incertidumbre tiene profundas aplicaciones sobre el modo que tenemos de ver el mundo. Incluso más de casi un siglo después, éstas no han sido totalmente apreciadas por muchos filósofos, y aún son objeto de gran controversia.

En estas condiciones, las formas de pensamiento que se aplican para la experiencia diaria, como la lógica formal, dejan de ser válidas, pues todo lo que podemos decir es que esta y esa moción son probabilidades, con un número infinito de posibilidades.

Lejos de seguir las premisas de la lógica formal, se viola entonces la ley de la identidad afirmando la no–individualidad de las partículas. Pero tal ley no se puede aplicar a este nivel, porque no se puede fijar la identidad de las partículas individuales, estableciéndose la larga controversia entre "onda" y "partícula".

¡No podía ser las dos cosas!

Aquí "*a*" resulta ser "*no–a*", y de hecho "*a*" puede ser "*b*".

De ahí la imposibilidad de fijar la posición y velocidad de un electrón a la manera absoluta y concreta de la lógica formal. Un electrón tiene las cualidades de una onda y de una partícula, y esto se ha demostrado experimentalmente, como vimos en capítulos anteriores.

Stephen Hawking no deja de aportar en este tema candente, y dice que las partículas portadoras de fuerza que intercambian entre sí partículas–materia, en realidad son virtuales porque, al contrario de las partículas "reales" no pueden ser descubiertas directamente por un detector de partículas. Sabemos que existen porque tienen un efecto mensurable, producen las fuerzas entre las partículas materiales. Estas partículas portadoras de fuerza se pueden agrupar en cuatro categorías, considerando la intensidad de la fuerza que transmiten y el tipo de partículas con las que interactúan[41].

Si estamos renovando el Universo del cual somos parte, la idea de causalidad se ve totalmente minada. De acuerdo con la obsoleta ley de la causalidad, la progresión en el tiempo es una característica de la materia; pero con los fotones se quiebra toda la concepción que poseemos sobre la causalidad.

Con los fotones se quiebra toda la concepción que poseíamos sobre la causalidad. El fotón es virtual porque carece de masa en reposo, y por eso puede disponer de todo el tiempo necesario para trasladarse a distancias remotas. Esto es un ejemplo de cómo la física puede definir ciertos fenómenos creados por nuestra imaginación humana, y que de alguna manera son vigentes y se hallan separados de la experiencia.

Los fotones –la energía–, demostraron procesar información y actuar en consecuencia, inaugurando el debate sobre si la conciencia es solo prerrogativa de entidades complejas materiales. Ante esta consideración, no tendríamos otra alternativa que concederle facultad cognoscitiva al fotón, que en el sentido clásico es energía y no materia.

Este es otro de los conceptos relevantes de la física, que se refiere a la aceptación de la concientización como un agente que posibilita la existencia de las partículas atómicas, como el electrón no por ello podemos saltar a la conclusión de que somos los únicos regidores en este proceso creativo; al igual que creamos las partículas subatómicas, el universo nos crea a nosotros, en una acción cosmológica que podemos calificar de auto–confirmación.

Entramos así en el meollo de la teoría cuántica, que lidia con probabilidades de combinaciones que pueden ser calculadas con extrema precisión[42]. Solo que el azar, y no las leyes específicas ordenadas, lo que fija tales combinaciones, y acomoda la comparecencia de la materia en el Universo.

Así, desconocemos qué ocurre realmente en el invisible mundo atómico. Sin embargo, las probabilidades de encontrar al electrón han sido determinadas empíricamente, y hemos observado la explosión nuclear de esta creación mental atómica de la misma forma que no vemos la gravedad, pero notamos sus efectos.

La renuncia a la causalidad

Böhr, Heisenberg y los demás defensores de la Interpretación de Copenhague de la mecánica cuántica afirmaban que la teoría del cuanto estaba completa. Einstein, Podolsky y Rosen querían convencer a sus colegas de que la teoría cuántica no era completa.

Einstein, una de las mentes más portentosas del siglo XX, parado (y perdido) en la sólida roca newtoniana y al borde del abismo, no podía concebir que la imagen total de la realidad estaba fuera del alcance de la capacidad del pensamiento racional humano.

Einstein, aún abrazado a Newton, argumenta que ninguna construcción mental o teoría física concluye hasta que cada uno de sus elementos fuese corroborado en el mundo real. No podía aceptar una nueva física que rechazaba la auto–presunción de la naturaleza definida, solo, por las realidades elementales de espacio–tiempo.

Si bien reconocía la validez de la nueva mecánica cuántica no renunciaba a sustituir dicha teoría y sus heréticos fundamentos por una nueva teoría que restableciese los principios de la física clásica que se habían derribado.

De esta manera se fuerza el requerimiento de una prueba matemática para cada teorema; sin embargo, este método no logra su propósito de verificar la realidad, ya que las mismas matemáticas han demostrado la imposibilidad de explicar cualquier experiencia a partir de la lógica clásica de Frege y Russell. Y es que la naturaleza se rige por reglas diferentes a las que establecen las metodologías científicas.

Para Einstein lo más incomprensible del mundo era que este se mostraba entonces totalmente incomprensible, pues la nueva física no se asentaba en evidencias absolutistas, exteriores a nuestras sensaciones, sino en nosotros mismos.

No quiere decir que Einstein intuía que algo andaba mal en la causalidad clásica debido a los procesos espontáneos. En sucesivas cartas a Max Born le expresaba que el tema de la causalidad también le preocupa mucho.

¿Pueden entenderse la absorción y emisión cuánticas de luz en el sentido de la cabal necesidad causal, o quedaría un residuo estadístico?

Y de nuevo Einstein: "Sólo puede uno escapar a esta conclusión (que la teoría cuántica es incompleta) presumiendo que las mediciones de S1 (telepáticamente) cambian la situación real de S2 o negando situaciones de independencia real, como tales, en cosas que se hallan separadas espacialmente entre sí. A mí, ambas alternativas me parecen enteramente inaceptables." Según Einstein a él le faltaba valor para defender sus convicciones. Pero renunció muy a disgusto a la causalidad total. "La opinión de Böhr sobre la radiación me interesa mucho. Pero no me obligarán a renunciar a la causalidad estricta sin defenderla más que hasta hora. La idea de que un electrón expuesto a la radiación elija por su propia voluntad el momento y la dirección en que dará el salto me resulta insoportable"[43].

Con tesón buscaba proteger la correspondencia entre la teoría y la realidad práctica, la posibilidad de *ver* en la esencia de la naturaleza; por eso, dedicará el resto de su vida científica a luchar denodadamente contra este fantasma, para sostener la herencia milenaria de nuestra estructura de pensamiento, tratando de restituir la causalidad clásica en la física, mediante una teoría del campo unificado basado en una generalización de la geometría riemanniana en un espacio de cuatro dimensiones.

Aunque dispuso de previos atisbos de físicos como Theodor Kaluza, Eddington y Hermann Weyl, nunca logró el objetivo de una teoría unificadora. Kaluza adelantaría la teoría de las multi–dimensiones antes que Einstein, y de las super–cuerdas; asimismo concibió la unificación de la gravedad con el electro–magnetismo.

Pero Einstein no se amilanó con este fracaso y siguió en su esfuerzo por desmentir la mecánica cuántica; en 1926 le envía una carta a Born en la cual planteaba que la mecánica cuántica era algo muy serio, pero que una voz interior le decía que de todos modos no era ése el camino. La teoría dice mucho, pero en realidad no acerca gran cosa al antiguo secreto (debería decir: no acerca gran cosa al secreto del Viejo, en referencia a Dios, y no antiguo secreto). En todo caso Einstein estaba convencido de que Él no juega a los dados[44].

No hay modelo de la realidad

La mayoría del resto de los científicos, sin embargo, aceptaron sin problemas la mecánica cuántica porque estaba perfectamente de acuerdo con los experimentos. Verdaderamente, ha sido una teoría con un éxito sobresaliente, y en ella se basan casi toda la ciencia y la tecnología modernas.

A pesar de sus largas controversias, Einstein, Böhr y otros arribaron por caminos diferentes al punto común de que la mecánica cuántica era incompleta y definitivamente no maximalista. Pero fue el intelecto del danés Böhr el que abrió los caminos de las ciencias que serán decisivos para el siglo XX.

Einstein y Erwin Schrödinger figuraron como los primeros y más acervos críticos de la física cuántica, la cual descansa en presupuestos que rebaten a Newton, Descartes y al propio Einstein. Este reto conceptual a la relatividad de Einstein alimenta una animosidad que desemboca en un áspero choque personal del físico austriaco con Böhr y con Planck.

Mientras Einstein se transfiguraba en el símbolo científico para la opinión pública, es el intelecto del danés Böhr, su visión universal y su comprensión de las implicaciones para la humanidad de la mecánica cuántica, le concedieron la veneración mitológica por todos los científicos y lo que abrió los caminos decisivos hacia el mundo subatómico[45].

Era necesario construir una nueva mecánica en la que las ideas cuánticas vinieran a colocarse en la base misma de la doctrina y no a superponerse de un modo forzado como en la antigua teoría de los cuantos[46].

Durante estas primeras décadas del siglo XX, los científicos de todas las disciplinas se hallaban a la expectativa de las acres discusiones que se sucedían en la física, en un duelo teórico entre premios Nobel alrededor de la teoría de la relatividad y de la mecánica cuántica[47].

No bien anunciara Heisenberg su "principio de incertidumbre" se agudizó la polémica. El experimento de Michelson–Morley había dejado en la sombra a las famosas teorías de la relatividad de Einstein. Para 1927 los fundamentos de la nueva física, la mecánica cuántica y la relatividad, estaban en pleno apogeo.

Las grandes luminarias de la física y las matemáticas se dividieron en dos bandos. De una parte estaban los fundadores de la mecánica cuántica con Niels Böhr a la cabeza, Max Born, Werner Heisenberg, Paul Dirac, Wolfang Pauli, Pascual Jordan, etcétera.

En el otro grupo defensor de la llamada posición realista, representado por Albert Einstein figuraban Max Planck, Luis de Broglie y Schrödinger. Luego David Bohm une fuerzas con Einstein para objetar las terribles implicaciones de la teoría cuántica. Matemáticos como John von Neumann asumieron una postura intermedia al considerar que el colapso de la función ondulatoria ocurría en la conciencia humana.

Este interés no era simple curiosidad; entonces comienza el debate teórico, filosófico y científico más importante no sólo del siglo sino de toda la historia del pensamiento humano desde el tiempo de Platón y Aristóteles. La expectativa se debía a que los argumentos a favor y en contra, y las sutilezas que envolvían cada uno de estos dos paradigmas, guardaban terribles implicaciones para el resto de las ciencias y para toda la civilización.

Este debate tuvo lugar en la célebre V Conferencia de Solvay, Bruselas, en 1927, donde concurrieron los más renombrados teóricos de las físicas del momento relacionados con la teoría cuántica: Planck, Einstein, Böhr, De Broglie, Heisenberg, Schrödinger, Born, Paul Dirac, Bohm, etcétera.

Lo único trágico del evento es que el mismo pasó inadvertido para el resto de la humanidad; ni los filósofos, cientistas sociales, políticos, teóricos, ni la prensa del momento recogió este acontecimiento o hizo referencia al mismo. Irónicamente llamaba más la atención lo que exponía la "Escuela de Frankfurt".

Las posiciones en torno a las dos interpretaciones de la nueva mecánica cuántica era evidente y la división cada vez más profunda. La conferencia se centró en la famosa polémica entre Böhr y Einstein sobre el significado físico de la mecánica cuántica, discusión que continuó hasta la muerte del científico austriaco.

Los argumentos se tornaron en problemas teóricos que Einstein le planteaba a la física cuántica, pero que fueron refutados, uno tras otro, por Böhr. Einstein argumentó con teoremas complicados para demostrar las fallas de la "incertidumbre" de Heisenberg, sobre todo respecto a la transferencia de energía y momento, de manera tal que fuese posible realizar una descripción detallada y completa, en el espacio y en el tiempo, de la transferencia de energía y momento en procesos individuales[48].

La posición de Planck, el creador de la teoría fotónica, respecto a la mecánica cuántica era negativa en extremo, en conformidad con su adhesión a los postulados fundamentales de la física clásica. Planck estaba horrorizado de tener que abandonar la causalidad rigurosa en provecho de un cierto indeterminismo, y pensaba que ello iba a limitar la investigación de la física, o destruirla totalmente como disciplina, y se lamentaba porque de elegir, el determinismo debe ser preferido en todos los casos al indeterminismo, por la simple razón de que una respuesta determinada a una cuestión será siempre más preciosa que una respuesta indeterminada[49].

Tanto Planck como Einstein habían influido al impulso inicial de la teoría cuántica. Las críticas de Einstein respecto a los rumbos que tomaba la nueva teoría residían en profundas razones epistemológicas, en el rol de la física para describir la naturaleza[50].

En el debate se corroboró lo irrealizable de diseñar un modelo irrefutable de la realidad y la limitación que enfrenta el conocimiento en sí. La conferencia concluyó que no era posible rebasar los límites establecidos por la nueva mecánica cuántica en la descripción de los fenómenos atómicos, puesto que las relaciones de incertidumbre constituían un límite físico infranqueable en la descripción de los fenómenos cuánticos.

La posibilidad es actualidad

En la siguiente VI Conferencia Solvay, en 1930, Einstein prosiguió su discusión con Böhr centrado en los problemas epistemológicos de la mecánica cuántica. Ahora no buscó demostrar la inconsistencia matemática de la teoría cuántica sino su "incompletitud".

Su ataque partía de la relación masa–energía establecida por la relatividad. Böhr consideró que no era posible lo que Einstein argumentaba, de superar el límite fijado por las relaciones de incertidumbre para el conocimiento del estado del sistema, puesto que no era admisible eliminar la incertidumbre establecida por las relaciones de Heisenberg en la determinación de la energía y del tiempo[53].

Finalmente, Einstein tuvo que aceptar la victoria teórica de Böhr sobre el aspecto de la indeterminación cuántica del fotón. Ello no significó que abrazase la física cuánta, pues, aunque aceptó el formalismo matemático continuó dudando del significado epistemológico defendido por Niels Böhr, argumentando que, en términos generales, la física cuántica todavía se hallaba incompleta[54].

Stephen Hawking, en su quehacer científico se batalló por elaborar una teoría que unificase la física clásica y la física cuántica, abrazando así lo que Einstein trató de hacer infructuosamente[55]: "Los científicos actuales describen el Universo a través de dos teorías parciales fundamentales: la teoría de la relatividad general y la mecánica cuántica. La teoría de la relatividad general describe la fuerza de la gravedad y la estructura a gran escala del universo. La mecánica cuántica, por el contrario, se ocupa de los fenómenos a escalas extremadamente pequeñas. Ambas no pueden ser correctas a la vez. Uno de los mayores esfuerzos de la física actual es la búsqueda de una nueva teoría que incorpore a las dos anteriores: una teoría cuántica de la gravedad."

A partir de entonces las ciencias quedaron como un marco matemático para regularizar y ampliar nuestra experiencia y no, como se pretende ver, como una herramienta para dar respuestas a aquellas realidades que existen tras las experimentaciones.

El matemático húngaro John von Neumann publica en 1932 su sólido teorema[56] "Los fundamentos matemáticos de la mecánica cuántica", trabajo que sustenta el fenómeno cuántico, y que atestigua como el mundo no está hecho de objetos con atributos innatos, sino de la combinación de configuraciones ordinarias inobservables.

Eugene Wigner se sumaría a von Neumann añadiendo que la conciencia era la base de la realidad, y los objetos exteriores eran codificaciones de nuestras experiencias pasadas[57]. En este marco, la posibilidad deviene en actualidad a partir del instante que la información entra en la conciencia del observador y la función ondulatoria se transmuta en una naturaleza física.

Es que podemos determinar cómo se expresa la naturaleza; podemos decidir que la luz se exhiba como partícula (el fotón de Einstein) o como onda (el espectro de hidrógeno de Böhr). Si la luz, como realidad exterior, no posee cualidades innatas, autónomas a nosotros, entonces es inescapable la siguiente conclusión: la luz no tiene una vida ajena, no puede existir sin nosotros, y por implicación, cualquier cosa de la naturaleza con la cual interactuemos.

Pero la física se mantendrá completamente independiente de consideraciones psicológicas, y no supone que su materia exista solamente cuando se la percibe. Por eso, en la teoría de los quanta la unidad indivisible es una unidad de "acción", es decir energía multiplicada por tiempo, o masa multiplicada por distancia y por velocidad.

El problema se mantiene como sigue: ¿En razón de qué principios hemos de seleccionar ciertos datos del caos y llamarlos a todos apariencias de una misma cosa?

Los diferentes sentidos tienen espacios distintos y es solo por experiencia cómo aprendemos a correlacionarlos. El espacio único donde ambas clases de sensaciones encajan es una construcción intelectual; el espacio único, compuesto por los distintos espacios, puede tornarse válido como construcción lógica, pero no hay razón alguna atendible para suponer su realidad metafísica independiente.

Dios sí juega a los dados

Esta bizarra consecuencia solo es la mitad de la historia; la otra parte es que, de forma igual, nosotros no existimos sin la luz, o por extensión, con cualquier cosa con la que nos podemos referenciar. En su obra *Teoría atómica*, Böhr lo define con gran nitidez: una realidad independiente, en el ordinario sentido físico, no puede ser adscrita al fenómeno o al agente de observación.

Una partícula ocupa un punto del espacio en cada instante de tiempo. Así, su historia puede representarse mediante una línea en el espacio–tiempo (la línea del mundo). Una cuerda, por el contrario, ocupa una línea en el espacio, en cada instante de tiempo. Por tanto, su historia en el espacio–tiempo es una superficie bidimensional llamada la hoja del mundo[58].

En 1931 Einstein volvió a examinar la "debilidad" epistemológica de la mecánica cuántica, esta vez apoyado en los físicos Richard Chace Tolman y Boris Podolsky, antecedente del famoso ensayo de Albert Einstein–Boris Podolsky–Nathan Rosen publicado en 1935, en el cual aún se dudaba que la descripción de la realidad física por la mecánica cuántica no pudiera considerarse completa.

La argumentación sostenía que sobre la base del criterio de realidad física expuesto la mecánica cuántica no satisfacía el criterio de completitud expuesto en el mismo artículo, por lo que se hacía necesario aceptar la incompletitud de la mecánica cuántica[59]

Así, Einstein lanza su asalto más audaz contra la mecánica cuántica, cuya refutación tardaría décadas en llegar, hasta el increíble teorema de John S. Bell. La física cuántica no solo había dejado perplejo a Einstein, al mostrar una naturaleza incomprensible en los márgenes subatómicos y, por ende, cósmica, sino que también hacía añicos todo su teorema científico de la "localidad", y con ello todo el pensamiento moderno y contemporáneo desde Galileo hasta la fecha.

La paradoja Einstein–Podolsky–Rosen generó una polémica cuyos que llega hasta nuestros días. Niels Böhr se concentró en desmontar estas argumentaciones en su ensayo "*Can quantum–mechanical description of physical reality be considered complete?*"

Por su parte, los trabajos realizados por el físico David Bohm, en colaboración con el físico israelita especializado en la física cuántica, Yakir Aharonov, posibilitó que se pudiese experimentar el escenario planteado en la paradoja Einstein–Podolsky–Rosen.

Con la ayuda también del joven investigador Yakir Aharonov, el matemático John S. Bell descubre otro detalle esencial de la interconexión no local, cuando encuentra que bajo circunstancias específicas un electrón es capaz de sentir la presencia de un campo magnético, pero increíblemente en una región de cero probabilidades para la existencia del electrón.

En 1964, este físico y matemático teorizó un famoso teorema que llevaría su nombre, al analizar la paradoja Einstein–Podolsky–Rosen. Bell planteaba que la mecánica cuántica no era susceptible de complementarse con teorías de variables ocultas[60]. Esta propuesta experimental fue mejorada por un grupo de físicos americanos que publicaron un estudio en octubre de 1969, John F. Clauser, Michel A. Horne, Abner Shimony y Richard Holt permitiendo su verificación y la sorprendente confirmación de la no–localidad.

Sobre ellos comentaría Hawking[61]: "Casi todos los experimentos en conexión con el teorema de Bell han proporcionado un fuerte apoyo a la teoría cuántica y a la realidad del entrelazamiento y de la no–localidad".

Probablemente a Einstein le desagradaría profundamente a donde condujo la conocida paradoja Einstein–Podolsky– "Al parecer, pues, Einstein estaba doblemente equivocado cuando afirmó que Dios no juega a los dados. Los estudios sobre la emisión de partículas desde agujeros negros permiten sospechar que Dios no solamente juega a los dados, sino que, a veces, los echa donde nadie puede verlos[62]".

5

EL ÁTOMO

La bomba atómica

La Era de la Razón, la etapa moderna, la que comienza con el Renacimiento y concluye en la Primera Guerra Mundial, procura un mundo comprimido en tratados diplomáticos y pactos militares que conceden rango de poder a mercenarios y verdugos.

Es un ámbito de guerras intra–europeas y coloniales; de conflictos fronterizos en Rusia, Turquía y los Balcanes, y sociales en Francia e Italia; contiendas que conceden a mercenarios carta de poder en el entramado del Estado, como el comandante del ejército veneciano Gattamelata y verdugos como Iván IV, el Terrible (1530–1584).

El impulso de las ciencias en Francia, Inglaterra y Prusia despierta el interés del poder estatal, el cual trata de producir las últimas tentativas de absolutismo monárquico por razón de un enjuague parlamentario en Inglaterra y los Países Bajos.

La subordinación de los científicos y sus descubrimientos al aparato militar que se observó en el siglo XX, arranca desde el primer instante que el Estado moderno comparece en la historia.

El Estado–nación busca sacar partido de las aplicaciones experimentales de las ciencias para su engranaje de sustentación: el ejército, mientras vigila con inquietud esta explosión intelectual.

El país donde se inició este proceso con mayor fuerza y relieve fue Inglaterra. En esa isla se desplegó un carácter empirista–epistemológico, se cultivaron las ciencias de la naturaleza y se abordó a la religión en un espíritu de libertad y tolerancia. En la pléyade inglesa de ilustrados más notables podemos referirnos a Newton, Robert Boyle, los filósofos Anthony Shaftesbury, Francis Hutcheson y Bernard Mandeville.

A partir de la Segunda Guerra Mundial, un teorema emergente de la mecánica cuántica –fusión y fisión atómica– convertiría en anticuado todos los manuales clásicos sobre las relaciones internacionales, el derecho internacional, las teorías políticas y diplomáticas: determinó para siempre las relaciones entre las naciones.

La historia de la aproximación investigativa de un grupo de físicos destacados sería la siguiente: Lise Meitner descubrió el protactinio y desarrolló la teoría de la fisión atómica. Por su parte, Isaac Rabí recibió el premio Nobel por sus estudios en mecánica cuántica y las propiedades magnéticas de las moléculas y los átomos. El físico Leo Szilard experimentó con los sistemas de reacción en cadena, y Böhr investigó la estructura atómica.

Así perdieron vigencia como por arte de magia ante nuevas consideraciones y principios los tratados y enseñanzas sobre el tema, de un Nicolás Maquiavelo[1], del cardenal y estadista francés Armand Richelieu[2], del príncipe austriaco Klemens Metternich[3], del canciller galo Claude Maurice de Talleyrand[4], del premier británico Benjamín Disraelí[5] o del premier francés Georges Clemenceau[6].

El equilibrio político internacional estaría tutelado por la sombra del hongo atómico que forjaría en lo adelante las alianzas y los pactos, que daría luz a doctrinas políticas como la contención, la paridad, la disuasión, la proliferación, la capacidad de respuesta rápida, la aptitud de represalia atómica.

Asimismo, ha pasado a los anaqueles de curiosidades toda la teorización sobre guerra desde Alejandro, *El Magno* hasta el teórico del arte militar Carl von Clausewitz y el mariscal alemán Erich von Manstein, principal estratega militar del *Führer* Adolf Hitler.

En lo adelante, los planes militares estarían determinados por los cohetes intercontinentales, los submarinos atómicos, la artillería táctica atómica, los silos de cohetes nucleares, los cohetes con ojivas múltiples nucleares, las escuadras aéreas estratégicas, los bombarderos atómicos de largo alcance.

Puede ilustrase cómo este nuevo componente científico y tecnológico precipita el colapso del bloque soviético. Fue la incapacidad soviética de contrapesar y superar lo que entrañaba la instalación del sistema de defensa anti–balístico norteamericano –Guerra de las Galaxias–, y el emplazamiento por la OTAN[7] de los cohetes nucleares de medio alcance "Pershing", mucho más que su crisis moral, ideológica o política.

La carrera atómica

La exótica y abstracta ciencia de la física cuántica, sumergida en oscuros laboratorios en la primera parte del siglo XX asumirá el control del orden internacional a partir de la Segunda Guerra Mundial, cuando una de sus ramas, la física nuclear, es transformada en el arma descomunal que es la bomba atómica, que aún mantiene aterrorizada a la humanidad. Pese a lo evidente del hecho, la ciencia que crea la fusión nuclear y que nos guiará por los próximos siglos es aún totalmente desconocida en los medios no científicos.

En 1913, el afamado escritor Herbert George Wells fantasea sobre una guerra nuclear global en una de sus novelas de ciencia–ficción. Ya Niels Böhr, el *Gran Danés* había descubierto la estructura del átomo, y sus ideas eran compartidas por el físico vienés Otto Frisch y por el alemán Otto Hahn. Este bombardeaba el uranio con neutrones, provocando un elemento diferente, el bario, y sin saberlo descubría la fisión del núcleo atómico.

Asimismo, el físico húngaro, Eugene Wigner, refugiado en los Estados Unidos, y el premio Nobel de física, el italiano Enrico Fermi, habían jugado con la idea. En 1933, el húngaro Leo Szilard, alumno eminente de Einstein, experimenta en Londres con la reacción en cadena atómica bajo el bombardeo de neutrones.

El triunvirato húngaro –Wigner, Szilard y Edward Teller– unidos al exilado ruso George Gamow, trataban de convencer a poderosas compañías internacionales sobre las bondades del nuevo experimento de Hahn.

Antes de la II Guerra Mundial, Francia era el país más adelantado en el objetivo de construir la bomba atómica. Ya para 1939, el intento galo, dirigido por Frederick Joliot–Curie, estaba convencido que podía inducir en poco tiempo la reacción nuclear en cadena, utilizando el uranio del Congo Belga y *agua pesada* de Noruega.

De no haber sido por los blindados de Erwin Rommel, para 1950 París hubiera emergido como la primera superpotencia atómica, y con una industria basada en la energía nuclear que la hubiera transformado en el país militar más poderoso del globo, con una economía capaz de rivalizar en avance y eficiencia con Estados Unidos.

La historia europea contemporánea, y todo el balance de fuerza internacional hubieran desandado por rumbos diferentes. De haber sido así, Alemania no hubiera invadido la Europa occidental; la Unión Soviética no hubiese desbordado sus fronteras originales; Japón hubiera podido construir un imperio colonial asiático, y los Estados Unidos hubieran seguido con su relativo aislacionismo internacional.

Los alemanes hacen hallazgos cruciales para 1938, bajo la mano del Nobel de física Heisenberg[8] asistido por Otto Hahn. Ambos descubren la solución teórica de la reacción nuclear, pero a diferencia de los franceses, la élite del *Tercer Reich* no comprende su aplicación militar e industrial.

En 1941 el intento atómico alemán ya dispone de una batería atómica y una elaboración de una tonelada de uranio mensual. Los alemanes echan manos a las minas de uranio belgas en el Congo y confiscan todo el inventario francés del metal radioactivo torio, una posible alternativa al uranio.

Pero el diseño alemán siempre estuvo por detrás del francés y del anglo–norteamericano, como lo verifica la inteligencia aliada tras el desplome del *Tercer Reich*. Asimismo, la ignorancia de Adolf Hitler y su séquito les impiden beneficiarse de los trabajos de Juliot–Curie; el *Führer* se hallaba ensimismado en el sueño de los cohetes–V.

Antes de la Segunda Guerra Mundial existe un esfuerzo japonés por lograr la reacción nuclear en cadena, encabezado por los físicos Yoshio Nishina y Masashi Takeuchi. Poco antes de Pearl Harbor, el científico norteamericano Ernest Lawrence ayuda a los japoneses a fabricar su primer ciclotrón. Desde abril de 1941, el ejército imperial solicita a sus científicos las bombas atómicas, pero los recursos puestos a disposición resultan magros.

Los científicos japoneses consideraban que ninguna nación estaba en capacidad de concretar la bomba antes de una década. Los científicos ingleses en la preguerra, bajo el australiano Marcus Oliphant y los exiliados Otto Frisch y Rudolph Peierls, se hallan sobre la pista de la reacción nuclear y su aplicación bélica; si bien su programa es más adelantado que el norteamericano carece del complemento tecno–industrial y no es impulsado por la cúspide del poder hasta que estalla el conflicto.

Alrededor de cincuenta científicos e ingenieros británicos colaboran entonces con el *Proyecto Manhattan* en la reacción en cadena, el agua pesada, la difusión gaseosa y el electromagnetismo.

La fisión nuclear era totalmente desconocida fuera de los estudiosos de la física cuántica; en realidad resultaba un secreto a grandes voces. Leo Szilard propone la idea a los ingleses, pero los militares no comprenden la magnitud del diseño. Fermi era el más lúcido de los físicos experimentales, y los húngaros, alarmados ante la posibilidad de que Hitler se hiciese del arma atómica, reclutan al físico ruso Isidoro Rabí para convencer a Estados Unidos de la fisión nuclear.

El Proyecto Manhattan

En 1938, Otto Hahn bombardeaba con neutrones el uranio provocando una reacción de fisión nuclear aplicando la fórmula einsteniana $E=mc^2$, revelando una fuente inagotable de energía, y con ello la posibilidad de la bomba atómica. Los experimentos continuaron en Estados Unidos haciendo realidad la reacción en cadena, algo que en 1934 el físico Leo Szilard había pronosticado era factible a raíz del descubrimiento de la radiactividad artificial por Irene Curie y Frederick Joliot.

El 2 de marzo de 1939, en la Universidad de Columbia, Szilard y Edward Teller, supervisados por Böhr, logran la fisión nuclear con uranio, demostrando el medio de construir una bomba atómica.

De inmediato, los físicos Luís Álvarez y Ernest Oppenheimer acogen con entusiasmo el resultado. Szilard, Víctor Weisskopf y un grupo de físicos dan a conocer las conclusiones a sus colegas científicos en Londres.

El pánico cunde en la comunidad científica; el químico alemán Paul Harteck, alerta a los guerreros de Adolf Hitler sobre este último desarrollo de la física nuclear capaz de producir un explosivo hasta ahora desconocido por su descomunal potencia. Como medida preventiva, los nazis embargan la exportación del uranio de las usurpadas minas checas de Joachimsthal. Por otro lado, algunas revistas científicas alemanas se refieren al reciente ensayo de Böhr, Teller y Szilard.

A instancias de Szilard, Einstein le expone al presidente Franklin D. Roosevelt el peligro de los experimentos nucleares alemanes, que dirigía Ernest Rutherford[9] y le urge que Estados Unidos se asegure de fuentes de uranio.

La intervención de Einstein sirve de catalítico en Estados Unidos e Inglaterra para buscar la bomba atómica con rapidez, unido al destierro en Inglaterra de los físicos alemanes Robert Frisch y Rudolf Peierls.

En octubre de 1939 se crea el *Proyecto Manhattan* para la elaboración de las primeras bombas atómicas. Los ingleses necesitan de los recursos norteamericanos para el proyecto atómico; esa es la misión del australiano Mark Oliphant, genio tecnológico inventor del ciclotrón y premio Nobel de 1939.

Oppenheimer y Einstein, junto a Szilard, presionan al premier inglés Winston Churchill y al presidente norteamericano Roosevelt para lanzar el famoso *Proyecto Manhattan*, ante el temor de que Hitler o Stalin lograsen obtenerla primero. Los políticos la consideraban muy costosa y los militares no lograban dar pie con su aplicación. Oppenheimer encabezará el *Proyecto Manhattan* y será el padre de la bomba atómica.

Como consecuencia de la represión nazi, un puñado significativo de eminencias de las ciencias —entre ellos varios premios Nobel, particularmente austro–alemanes, rusos y húngaros— se refugian en Estados Unidos, trayendo consigo sus estudios, experiencias y teorías sobre el átomo.

El *Proyecto Manhattan* se inicia con un enorme número de reputados físicos internacionales y norteamericanos, entre ellos tres premios Nobel, y dos gigantes de la ciencia como Oppenheimer y Teller. En el grupo también rezan un futuro Nobel y autoridad en la teoría cuántica, Feynman, y el matemático Von Neumann, pionero de la computación.

Tanto Fermi como Paul Wigner se envuelven en el diseño de los reactores; figuras del calibre de Hans Bethe, Félix Bloch, James Franck, Szilard, del australiano Victor Weisskopf y Wigner resultarán decisivas, junto a los ingleses y norteamericanos, en lograr la construcción de la bomba atómica con celeridad.

Nunca antes o después se reúne tal cantidad de científicos para realizar un proyecto. La razón estriba en que Europa se halla devastada provocando una emigración de su élite pensante los Estados Unidos e Inglaterra quien, por su parte, traspasa sus fuerzas intelectuales a la primera. Sin esta impresionante concentración de genios de la física y las matemáticas, de múltiples países, hubiese sido imposible la bomba atómica norteamericana en 1945. La bomba la conciben, proponen y construyen los propios científicos que luego, salvo pocos casos, serán sus más feroces críticos.

Los Estados Unidos, además, contaba en su favor con más ciclotrones que el resto de las naciones combinadas. Los trabajos para desenvolver la reacción nuclear se llevan a cabo en los enormes laboratorios de Los Álamos, utilizándose el uranio canadiense. La compañía DuPont se involucra en la producción del plutonio–239; se levanta una mega–fábrica en Oak Ridge para separar el uranio a un costo de $544 millones, empleando un ejército de 85,000 obreros.

El costo total de la bomba atómica ascenderá a 2,000 millones de dólares. Inicialmente Churchill y Roosevelt convienen que la bomba atómica se utilice de mutuo consenso, acuerdo que será omitido por el presidente Harry S. Truman. Al final, Estados Unidos monopoliza la bomba y aparta a un lado a Canadá y Gran Bretaña, copartícipes del *Proyecto Manhattan*. Aunque, la crucial ayuda inglesa obligará a que éstos le extiendan en la posguerra su sombrilla nuclear protectora.

En 1940, Edwin McMillan y Philip Abelson descubren un nuevo elemento producto por la fisión: el neptunio.

En febrero de 1941, Glenn T. Seaborg identificaba el plutonio, a partir del cual se fabricó la bomba de plutonio utilizada en Nagasaki. El 16 de julio de 1945 se ensayó en el desierto de Nuevo México la primera bomba atómica.

La meta inicial de la bomba atómica anglo–norteamericana es lanzarla sobre Alemania, lo que era compatible con el famoso plan de Roosevelt y su Secretario de Estado, Corder Hull, de convertir al país teutón en una inmensa llanura pastoril sin industrias.

Pero, la balanza dentro de la élite angloamericana se inclinó al Japón debido a su eurocentrismo y su conceptualización de la *raza amarilla* como inferior. A ello se unió la tenacidad mostrada por los germanos hasta el último día de las hostilidades, y la fanática defensa japonesa en cada isla del Pacífico, especialmente en Okinawa, que auguraba una sangrienta carnicería en la toma del Impero del Sol Naciente negado a rendirse.

Pese a que Stalin se compromete en Yalta a secundar con sus ejércitos el asalto final al Japón, lo que facilitaba el fin de la guerra por medios convencionales, Estados Unidos e Inglaterra mantuvieron su determinación de hacer blanco atómico en Asia.

El Teorema de Bell

Es también el novísimo concepto de complementariedad de la naturaleza que había sido elaborado por Böhr para explicar la dualidad onda–partícula de la luz, y corroborado cuando Arthur Compton al experimentar con rayos–x (las ondas) comprueba las radiaciones electromagnéticas (las partículas).

Hecho que sirve para que De Broglie unifique la fórmula de los fotones de Einstein con la de los electrones de Compton, y se aplique a todas las partículas. Y para que Max Born establezca que las funciones ondulatorias no son observables, pero nos conceden la probabilidad de percibir su otro perfil, el de partícula.

En 1935, la teoría de la relatividad de Einstein era la piedra angular de la física moderna, al probar su validez cada vez que se ensayaba. Aparte del grupúsculo de teóricos de la física, alrededor de Böhr, nadie tenía el suficiente coraje de cuestionar su paradigma de la velocidad de la luz para defender la brumosa teoría cuántica, a la cual Einstein creía haber reducido al absurdo.

Pero Einstein estaba turbado porque en el mundo subatómico las partículas se relacionaban con independencia de la distancia. Entonces, propone un experimento tan definitivo que, de ser cierto quedaría invalidado para siempre uno de los dos supuestos en litigio (el suyo, por la física clásica o el de Böhr a favor de la mecánica cuántica).

Einstein rechazaba la incertidumbre del átomo expuesta por Heisenberg, porque le resultaba utópico que la naturaleza se presentase de forma tan incomprensible.

Partiendo del pensamiento clásico, una partícula está confinada en un ámbito del espacio: está aquí o allá, pero no en dos lugares a la vez. Si se comunica con otra partícula en distancias remotas, la conexión tomará tiempo; si las partículas se hallan en galaxias diferentes entonces el enlace tomaría milenios.

El físico David Bohm entonces se da a la tarea de establecer un terreno donde la no localidad implicara la conexión entre partículas jimaguas sin violar el vallado einsteiniano de la luz. Puesto que la potencialidad cuántica permeaba todo el espacio, las partículas subatómicas se interconectaban de forma no–local y no se desplazaban en un espacio vacío, sino como el resto de las cosas que eran partes de un inseparable tejido empotrado al espacio.

La cuestión central no resuelta en las tres décadas de debate entre Einstein y Böhr, y entre todos los físicos reconocidos es la abordada por John Stewart Bell, físico nuclear del Centro de Investigación Nuclear de Europa (CINE) cuando publica una fórmula matemática que posibilita experimentar el problema planteado por Einstein, en especial la correlación de partículas pares cuyos ejes se hallan inclinados en ángulos opuestos uno al otro.

Este paradigma que buscaría analizar cuál de los dos postulados –el de Böhr o el de Einstein–, era el correcto, quedaría bautizado como el teorema de Bell, y con el mismo (böhrniano o einsteiniano) establecerían las leyes fundamentales de la física y de la filosofía del siglo XXI.

En propias palabras de Bell[10]: "Ninguna variable local oculta puede explicar las correlaciones que se dan en la paradoja EPR, lo que deja abierta la posibilidad, aun cuando las separen años luz, de que las partículas permanezcan conectadas por un nivel sub–cuántico no local que nadie conoce".

Acorde con la asunción teórica de Einstein, el eje angular de una partícula tendría que ser exactamente opuesto al de la otra y, por tanto, ello permitiría deducir en ambas y de forma simultánea su posición (su cualidad de onda) y su *momentum* (su cualidad de materia).

Bell, impresionado por las ideas de Böhm[11], concluyó que la naturaleza, gobernada por las predicciones de la teoría cuántica, no era localista, revelando conexiones sorpresivas entre eventos ocurridos en puntos distantes.

En el experimento de Bell, dos partículas salen disparadas de un campo cuántico definido, hacia lugares opuestos y al llegar cada partícula a un instrumento de medición se registra el impacto. La distancia entre ambas partículas, y de un instrumento al otro, es suficiente como para que ninguna señal cubra esa distancia incluso a la velocidad de la luz.

Al establecer la barrera de la velocidad de la luz, Einstein había eliminado la posibilidad de que el resultado de un instrumento influyese en el otro, o que las partículas pudiesen "comunicarse" entre sí, en pleno vuelo.

La onda electromagnética tiene la misma velocidad que una onda luminosa o una onda de radio, todas ellas viajan a unos trescientos mil kilómetros por segundo. Una señal de radio precisa varios segundos en llegar de la Tierra a la Luna y regresar. La extraordinaria velocidad de la luz hace que la comunicación mediante las señales luminosas parezca instantánea.

Al romper el experimento de Bell esta barrera abría las puertas para toda clase de paradojas impensables y demolía los criterios de Einstein, al demostrar que este se había equivocado, concediendo la razón a la incertidumbre atómica de Böhr.

Sin embargo, no existe hasta la década de los setenta la tecnología sofisticada que requería un experimento de laboratorio sofisticado. En un primer ensayo de laboratorio en Pasadena, California, en 1972, donde se utilizan fotones de calcio y mercurio, en vez de electrones, el teórico físico americano John Francis Clauser y el investigador de la física Stuart Freedman corroboraron la total validez del Teorema de Bell: la comunicación super–lumínica instantánea, comprueba lo profundamente equivocadas de nuestras ideas racionales y las de Einstein acerca del mundo que vivimos y del Universo.

Un año después, Henry Stapp, un antiguo colaborador de Heisenberg, valida desde la Universidad de Berkeley, California, las deducciones de la no–localidad y la comunicación super–lumínica propuesta por Bell, confirmado anteriormente en el experimento Clauser–Freedman. A ello siguieron en esa década otros ensayos arrojando el mismo resultado[12].

La prueba definitiva se realizó en 1982, en el Instituto de Óptica de la Universidad de París, bajo la dirección del físico francés Alain Aspect; allí se utilizaron interruptores ópticos mientras los fotones estaban lo suficientemente alejados como para que no se comunicasen a la velocidad de la luz[13].

La paradoja de la aceleración super–lumínica se ha demostrado por las emisiones de radio que muestran el plasma viajando a velocidades transversales más allá de la velocidad de la luz.

Este desplazamiento super–lumínico se detecta en los núcleos de radio–galaxias y en los cuásares, y ello es posible por la presencia de movimientos altamente relativistas y por orientaciones favorables. Por ejemplo, el Cuásar 3C–273 evidencia glóbulos de gas propulsados a velocidades aparentes 6.2 veces la velocidad de la luz[14].

Es decir, cuando se hace una observación del sistema en una región, la función de onda varía instantáneamente, y no sólo en esa región sino en otras muy distantes. A nuestro nivel de realidad, la función de onda asociada al par de fotones "transmite órdenes desde más allá del espacio y el tiempo".

Si el conocimiento que se tiene del sistema cambia como consecuencia del resultado de una observación, en ese caso la función de probabilidad deberá cambiar. Refleja que las partes del sistema están correlacionadas entre sí y, por lo tanto, un incremento de la información aquí está acompañado por un incremento de la función del sistema en cualquier otra parte.

En resumen, las partículas en el experimento realizado por Clauser–Freedman parecen estar conectadas de algún modo, pese a que, de acuerdo con las leyes de la física, no pueden estarlo (si realmente están espacialmente separadas) porque la única manera en que podrían comunicarse sería mediante el envío y recepción de señales.

Como escribió David Bohm[15]: "Las partes parecen estar en conexión inmediata, en la cual su relación dinámica depende en manera irreducible del estado del sistema total (y, desde luego, del estado de los sistemas más extensos en los cuales están contenidos, extendiéndose en principio y definitivamente por el universo entero). Con esto, uno se siente llevado a una nueva noción de un todo no roto que niega la idea clásica que creía en la posibilidad de establecer un análisis del mundo en sus partes existentes separada e independientemente."

Si esta explicación es correcta, en ese caso vivimos en un Universo no–local (la localización falla) que se caracteriza por conexiones super–lumínicas (más rápidas que la luz) entre "partes separadas" aparentemente, en una extraña "conexión informativa" entre los fenómenos cuánticos, conectando de manera íntima y directa las partes separadas del Universo.

Si la teoría de la Gran Explosión *(big bang)* es verdadera, el Universo entero está correlacionado desde el principio. En otras palabras: el todo es mayor que la suma de las partes. Esto es lo que Sarfatti llama "la desigualdad termodinámica del orden emergente"; de este modo no seguirán siendo realmente "partes separadas".

La partícula piensa

El resultado fue pasmoso: las partículas se comunicaron entre sí a velocidades superiores a la luz, ratificando su conexión instantánea. ¿Cómo pueden dos "algos" comunicarse tan rápidamente? La aterradora paradoja cuántica es que no hay una conexión válida entre nuestra noción de la naturaleza y cómo es ella en realidad.

El Universo que resulta del Teorema de Bell está fuera del horizonte del conocimiento científico, estableciendo una nueva y no anticipada limitación a la habilidad de la teoría para definir todos los aspectos de la realidad física, esa integridad de la cual formamos parte.

Así se anulaba el paradigma einsteiniano de la luz como la barrera insuperable y como la constante del Universo, y evidenciando las erróneas conclusiones del famoso paradigma Einstein–Podolsky–Rosen, que proclamaba el principio de que las causas locales no podían comunicarse con otras causas locales lejanas.

¿Cómo la partícula subatómica, en este lugar del Universo, conoce cuál es la decisión que otra partícula, en otro remoto lugar a miles de millones de años luz, por ejemplo, ha hecho, simultáneamente a ella?

El meollo del dilema es lo instantáneo, puesto que no hay forma de explicarlo, al menos a partir de nuestro actual arsenal conceptual lógico y filosófico. Quizá, de hecho, estamos viviendo en una caverna a oscuras.

El Teorema de Bell es una construcción matemática y sus implicaciones afectan nuestros conceptos básicos del mundo. Sin dudas es la obra más importante en toda la historia de la física, superior a la de Einstein, Heisenberg o Böhr, y nos demuestra claramente de qué manera nuestras ideas sobre el mundo basadas en el sentido común son inadecuadas.

El resultado del teorema de Bell[16] —insólito debido a que la mente lógica tiene gran dificultad en aceptar que pueda ser verdad— establece que estamos enlazados a todo el Universo de forma instantánea.

Las posibilidades que entraña esta comunicación instantánea, propuesta por el teorema matemático de Bell, y luego atestiguada en experimentos, desafían la noción de tiempo y espacio conocido por nuestra tridimensión humana.

La no–localidad es un descubrimiento desconcertante pues subvierte el prejuicio de que el mundo está compuesto de objetos individuales cuyas propiedades no están conectadas. Por muy inaudito que nos parezca, las partículas de nuestro cuerpo son miembros de un sistema unificado con otras partículas dispersas en estrellas y galaxias lejanas.

En 1975 Henry Stapp escribió[17]: "El Teorema de Bell es el descubrimiento más profundo de la ciencia." Y sigue Stapp[18]: "Lo importante del Teorema de Bell es que llevó el dilema planteado por los fenómenos cuánticos, con toda claridad, al terreno de los fenómenos macroscópicos... muestra que nuestras ideas cotidianas sobre el mundo son profundamente deficientes, por una causa u otra, incluso a nivel de lo macroscópico".

Se ha dado un vuelco a las ciencias y al proceso del conocimiento; ya no es dable analizar cualquier fenómeno científico o social a partir de las partes y mostrar cómo éstas se relacionan entre sí a la manera cartesiana, sino que debemos comenzar con el todo, con ese conjunto inseparable de espacio, tiempo y materia.

Todas las cosas en nuestro Universo que lucen existir independientes cada una, incluidos nosotros, son en realidad fragmentos de un patrón orgánico indiviso, y en el cual ninguna porción de ese molde está en realidad separada del otro. La respuesta nos fuerza a cristalizar una verdadera teoría sobre la energía.

Lo que hace aún más dramática y desconcertante la tesis de la "no localidad" de Bell es que transforma el Universo localista de Newton–Einstein en uno totalmente integrado e interconectado, donde nuestras acciones en este planeta tienen repercusiones en otros parajes cósmicos y viceversa. En el teorema se revela la propiedad general de la naturaleza, donde toda la realidad que nos rodea está constituida de partículas relacionadas desde el *big–bang* hasta nuestros días.

Mediante la causalidad local creíamos poseer la opción de lo que hacíamos y cómo lo hacíamos; la libertad de decisión. En realidad somos incapaces de hallar una explicación de la naturaleza, sobre todo cuando tratamos de construir un modelo local de la misma, puesto que no disponemos de la habilidad para determinar nuestras propias acciones.

El Teorema de Bell nos muestra en uno de sus apartados que en los niveles fundamentales, profundos las partes separadas del Universo se hallan en realidad conectadas de una manera íntima e inmediata. Esta construcción matemática tiene alcances que afectan en sus raíces nuestra apreciación básica del Universo y de la vida como la conocemos.

Todas las realidades de nuestro Universo que parecen existir independientemente, incluidos nosotros son, en realidad, fragmentos de un patrón orgánico indivisible, dentro del cual ninguna parte de ese molde está realmente separada de la otra.

El hecho de que la información subatómica pueda ser transferida a velocidad super–lumínica y no existan, por tanto, situaciones reales independientes, resulta una explicación aplicable a algunos tipos de fenómenos físicos, como la telepatía instantánea. Pero este juicio es tan desafiante, que un Einstein estupefacto ya había escrito lo inaceptable de que telepáticamente los fenómenos que experimenta una región del Universo puedan hacer variar la situación real en la otra área, negándose a admitir las consecuencias de su experimento.

Pero la desigualdad que soluciona la paradoja Einstein–Podolsky–Rosen para las predicciones del formalismo de la mecánica cuántica ha demolido el determinismo y la localidad. El Teorema de Bell es el corolario que rompe definitivamente el pedestal de la teoría determinista.

Algunas de nuestras ideas comunes sobre el mundo están profundamente erradas. Las resultantes de esta construcción matemática hacen trizas nuestra cualidad básica conceptual, llevando a que muchos admitan que tal teorema es acaso el producto más profundo y trascendental en la historia de la física y de la abstracción humana.

El teorema de Bell, cuyos resultados aún tienen perplejo al mundo científico y a los "científicos sociales", se puede considerar como el descubrimiento más desconcertante y de más vastas implicaciones en la historia del pensamiento contemporáneo.

Ello nos lleva a crear y admitir unas ciencias extrañas y exóticas, y la nueva creencia de un Universo totalizado e inseparable; a la vez nos lleva a estudiar y analizar los fenómenos naturales y sociales como un todo inseparable que rechaza la idea clásica de un homo separado de la naturaleza y de ciencias y humanidades seccionadas en especialidades independientes una de otra.

La desigualdad de Bell transfigura nuestros conceptos de realidad y de determinismo físico, establece las fronteras entre los formalismos matemáticos y sus limitaciones predictivas, y la importante relación entre matemáticas, física, filosofía y epistemología y metafísica de las matemáticas.

Además, las reacciones del mundo macroscópico no pueden ser producto de causas independientes y espacialmente lejanas; es el aspecto no–local de la naturaleza, ilustrado por la conexión cuántica super–lumínica de Bell que nos lleva a un super–determinismo, pero esta vez de carácter universal, donde la libre decisión y lo que sucede es lo que precisamente tiene que acontecer.

La información instantánea

La conexión super–lumínica de Bell es, sin discusión, la percepción de un nuevo orden filosófico, intelectual y humano, pues subvierte el prejuicio de que el mundo está compuesto de objetos individuales cuyas propiedades no están relacionadas, mostrando que, en los niveles fundamentales de la naturaleza, las zonas del Universo, por muy remotas que estén, se hallan realmente enlazadas de una forma íntima e instantánea en el tiempo y sin importar las distancias cósmicas[19].

Existe la noción, equivocada que lo que sucede en un área no depende de variables sujetas al control de un experimentador en otra área de espacio separada. Con este principio se asume que disponemos de opciones para desarrollar nuestros experimentos; asumimos que somos libres de escoger y decidir, y que poseemos y podemos ejercer la libre determinación de cómo llevamos a cabo un experimento.

El efecto Einstein–Podolsky–Rosen muestra que la información puede ser comunicada a velocidades super–lumínicas (más rápidas que la de la luz), contrariamente a lo que se acepta en la física; pero Einstein negaba la conclusión de su teorema[20]: "una suposición que creo debemos mantener con firmeza: la situación real de hecho existente en el sistema S2 (la partícula en la zona B) es independiente de lo que hagamos con el sistema S1 (la partícula en la zona A), que está espacialmente separado del anterior."

Pero como hemos explicado, los hechos aislados son completamente sin causas, están determinados por las posibilidades. Podemos calcular, por ejemplo, un porcentaje aproximado sobre lo que debe producir el decaimiento espontáneo del kaón, del muón o del neutrino; estos decaimientos contienen todos los resultados posibles, y solo uno de ellos se convierte en actualidad; pero no podemos predecir cuál generará qué resultado.

Aún cuando no fuese factible calcular las probabilidades de cada potencialidad, es un producto del azar cuál es la eventualidad que tendrá lugar.

Es necesario admitir que los acontecimientos aconteciendo ahora aquí se hallan conectados de forma íntima e inmediata con los mismos sucesos en cualquier otra parte del Universo; y esa, a su vez, se halla también enlazada a lo que ocurre en otros sitios del Universo, y así sucesivamente. Ello resulta una explicación posible de algunos tipos de fenómenos físicos, como la telepatía instantánea.

Como parte de la continuidad del Teorema de Bell tiene lugar los experimentos de Jack Sarfatti demostrando que la energía no era la que podía sobrepasar la velocidad de la luz, sino la información. En 1975 Sarfatti dijo que las leyes de la física eran inadecuadas para describir aquel fenómeno, pero no estaban conectadas por señales; estaban conectadas íntima e inmediatamente de una forma que trascendía al espacio y al tiempo. Sarfatti llamó a su teoría de la transferencia super–lumínica de negentropía[21] (información) sin señales.

De acuerdo con Sarfatti, cada uno de los saltos del quanto es una transferencia espacial super–lumínica de información. No hay transporte de energía en esa transferencia; nada se desplaza de la zona *A* hacia la zona *B*, y sin embargo, hay un cambio instantáneo en la cualidad, en la estructura coherente, de la energía en ambas zonas, *A* y *B*.

Entonces, en 1982, el físico Herbert Frohlich comprobó que en realidad era la información cuántica y no la energía la que se transfería instantáneamente a velocidad superior a la luz de una parte del universo a otra[22].

O sea, la información implícita en la materia o energía subatómica no puede trasladarse por encima de la velocidad de la luz, pero la información puede salir de su envoltura material–energética y transponer tal límite. Este hecho infiere la no existencia de situaciones reales independientes, y nos brinda una explicación posible de algunos tipos de fenómenos físicos, como la telepatía instantánea. La teoría de la transferencia super–lumínica de información podría ser, también una analogía física del sincronismo de Jung.

Stapp llegó a la conclusión de que podrían serlo[23]: "Los fenómenos del quanto ofrecen pruebas *prima facie* de que la información circula de maneras que no están conformes con las ideas clásicas. Por esa razón la idea de que esa información sea transferida super–lumínicamente, no es, a priori, irrazonable. Todo lo que conocemos sobre la naturaleza está acorde con la idea de que los procesos fundamentales de la naturaleza están situados fuera del espacio–tiempo, aunque generan sucesos que pueden estar situados, localizados, en el espacio–tiempo. El teorema de este escrito apoya esa forma de ver la naturaleza, al demostrar que la transferencia super–lumínica de información es necesaria, salvo si se consideran ciertas alternativas que parecen menos razonables. Desde luego, la opinión de Böhr parece conducir al rechazo de las otras posibilidades y, de aquí podemos deducir que la transferencia super–lumínica de información es necesaria."

A partir de estas consideraciones anteriores, el objeto de la física ya no es radicalmente distinto al de las ciencias llamadas humanas, puesto que una sociedad es un sistema no lineal en el que lo que hace cada individuo repercute y se amplifica.

No creo que la física actual se convierta en una física subjetivista. Nuestro diálogo con la naturaleza solo logrará éxito si se prosigue desde dentro de la naturaleza.

El Universo que resulta del teorema de Bell está fuera del horizonte del conocimiento científico moderno, estableciendo una nueva y no anticipada limitación a la habilidad de la teoría para definir todos los aspectos de la realidad física, esa integridad de la cual formamos parte.

En las palabras de Stapp[24]: "La transformación de potencialidades en realidades no puede deducirse sobre la base de la información conseguida localmente. Si se aceptan las ideas en uso sobre el modo como se propaga la información por el espacio y el tiempo, el Teorema de Bell demuestra que las respuestas macroscópicas no pueden ser independientes de causas distantes. El problema no se resuelve, y ni siquiera se alivia, diciendo que la respuesta está determinada por el "puro azar". El Teorema de Bell prueba, precisamente, que la determinación de la respuesta a nivel macroscópico tiene que estar "libre–del–azar", al menos hasta el punto de permitir algún tipo de dependencia de esta respuesta con la causa muy lejana."

Descubrimientos como la indeterminación cuántica y la inestabilidad de las partículas elementales, la relatividad y la bóveda celeste en expansión, la conexión instantánea de todo en el Universo y su no localidad, reflejan lo ininteligible que nos resulta la naturaleza y la inexistencia de leyes universales que rijan un crecimiento ascendente del intelecto humano.

Descartes acreditaba que los principios más fundamentales de la física (no menos que los de a metafísica) pueden ser conocidos a priori, a través del uso de las intuiciones de la razón y de deducciones hechas a partir de ellas.

El análisis en sentido contrario considera que usando la dirección de causalidad se puede analizar la dirección del tiempo. Pero la información empírica de la desigualdad de Bell nos plantea la falsedad del determinismo, pues las causas se limitan a tornar probables sus efectos, en vez de los determinar.

La probabilidad objetiva relacionada con la mecánica cuántica nos lleva al punto en el cual cuando los sistemas físicos son medidos adquieren súbitamente parámetros observables, valores definidos que antes no tenían.

David Bohm en su libro *Causalidad y casualidad en la física moderna*[25]: "De esta manera la renuncia a la causalidad en la interpretación usual de la teoría cuántica no se debe considerar simplemente como el resultado de nuestra incapacidad para medir los valores precisos de las variables que entrarían en la expresión de las leyes causales a nivel subatómico, sino, más bien debería ser considerada como un reflejo de que no existen tales leyes".

Las variables del espín, desarrollado por David Bohm, sirvieron para que Bell estableciese su famosa teoría de las desigualdades[26]. Bohm comenta[27]: "Por lo tanto no existe un caso real de un conjunto de relaciones causales una–a–una perfecto que en principio pudiera hacer posibles predicciones de carácter ilimitado, sin necesidad de tener en cuenta juegos de factores causales cualitativamente nuevos existentes fuera del sistema de interés o a otros niveles".

En palabras de Bohm, el orden y la unidad están distribuidos por todo el Universo, en una muestra que escapa a nuestros sentidos[28]; de acuerdo con el físico estadounidense, no vivimos en un "universo" sino en un "holo–verso" (un Universo hológrafo). La explicación es que nuestra mente codifica de manera holográfica y no monográfica, y a la vez, es parte de un holograma más vasto: el Universo.

Bohm[29]: "En estos estudios quedó claro que incluso el sistema de un solo cuerpo tiene una característica no mecánica, en el sentido en que este y su entorno se tienen que entender como un todo indivisible, en el que los análisis normales clásicos de sistema más entorno, considerados como separados y externos, ya no se pueden aplicar". La relación de las partes "depende crucialmente del estado del todo, de tal manera que no se puede expresar solamente en términos de propiedades de las partes. De hecho las partes se organizan de manera que fluyen del todo".

Más allá de la cuarta dimensión

Como la figuramos a partir del pensamiento clásico una partícula, es algo confinado en un ámbito del espacio, que está aquí o allá, pero no en dos lugares a la vez. Si una partícula aquí se comunica con otra partícula en distancias remotas, la conexión tomará tiempo aún si fuesen milésimas de segundos; si las dos partículas se hallan en galaxias diferentes entonces el enlace tomaría milenios.

El intercambio super–lumínico de información entre hechos separados espacialmente resulta una consideración puntual de nuestra realidad física. Los procesos fundamentales de la naturaleza se hallan más allá del espacio–tiempo, aunque forjan algunos fenómenos localizados en ella, como los de nuestra percepción humana; pero, como el espacio–tiempo no existe en las partículas, desde cualquier distancia del Universo la comunicación es simultánea.

De acuerdo con la lógica clásica, para una partícula desde aquí, saber lo que está sucediendo allá, tendría que estar entonces físicamente allá, pero entonces no estaría aquí. Y si está en ambos terrenos al mismo tiempo entonces ya no es una partícula. Una partícula, como la figuramos mentalmente a partir del pensamiento clásico, es algo confinado en una región del espacio, que está aquí o allá, pero no puede estar en ambos lugares al mismo tiempo.

Pero no importa cuán distantes se hallen en el Universo, la partícula–*A*, en un punto del espacio, conoce instantáneamente la inclinación o momento angular de la partícula–*B*, ubicada en el otro extremo, asumiendo la rotación y dirección contraria.

Cuando una observación de un sistema subatómico se realiza en una región, el cambio instantáneo de la función ondulatoria sucede no solo en la región donde se está observando, sino también en regiones lejanas.

Si una partícula aquí se comunica con otra partícula en distancias remotas siempre imaginamos que la conexión tomaría tiempo aún si fuesen milésimas de segundos; y si las dos partículas se hallan en galaxias diferentes entonces pensamos que la conexión tomaría siglos. Lo inexplicable es que tal cosa no sucede así. Lo que acaece en regiones remotas, de alguna forma, depende de lo que un observador en nuestro medio observa, y lo que se verá en esas localidades está dependiendo de lo que yo hago aquí.

Así esta aparente partícula se halla relacionada con otra aparente partícula, en una forma dinámica, que coincide con nuestra definición de orgánico; o bien podría ser que para el mundo de las partículas no existe el tiempo y el espacio, y todo nuestro Universo se halla encogido en esa partícula; no existirían dos partículas, sino una sola que puede ubicarse instantáneamente en cualquier punto del cosmos.

Así es como los procesos fundamentales de la naturaleza se hallan más allá del espacio–tiempo, aunque generan algunos fenómenos localizados en ella, como los de nuestra percepción humana. Pero como el espacio–tiempo no existe en las partículas, y todo nuestro Universo se halla encogido en esa partícula que puede ubicarse instantáneamente en cualquier punto del cosmos, la comunicación entre hechos separados es simultánea desde cualquier distancia del Universo, y así resulta parte integral de nuestra realidad física.

Toda la naturaleza está acorde con la idea del proceso fundamental que reside fuera del espacio–tiempo que conocemos.

Los procesos primordiales de la naturaleza se hallan, entonces, más allá del espacio y del tiempo, dado que ambos no coexisten en las partículas, ni tampoco el Universo tal como nuestras dimensiones lo conforman.

Para las partículas no existe el Universo tal como nuestras dimensiones lo conforman, sino que este varía acorde con las dimensiones desde donde se halle el observador. Según las estadísticas de predicción de la teoría cuántica –y nada prueba que no sean correctas– lo efectivo es que los acontecimientos no son autónomos y que la realidad del Universo resulta algo total y profundamente diferente a las ideas que disponemos sobre nosotros y lo que nos rodea.

La hipótesis de las historias alternativas se parece al modo de Richard Feynman de expresar la teoría cuántica como una suma de historias. Este nos dice que el Universo no es una única historia, sino que contiene todas las historias posibles, cada una de ellas con su propia probabilidad. Sin embargo, parece existir una diferencia importante entre la propuesta de Feynman y la de las historias alternativas. En la suma de Feynman, cada historia es un espacio–tiempo completo con todo incluido en él[30].

Si los átomos y lo inanimado son conscientes, ello implica que todo el Universo lo es. La realidad de nuestro ámbito humano es psico–física, al disponer nosotros de una esfera mental y otra física; y por tanto se impone la noción de una consideración difusa de lo que es vida y lo que no es vida, y dónde se halla exactamente esa frontera.

Conectados a velocidad super–lumínica

Para algunos teóricos la realidad puede tener una porción física que no dependa de nuestra intervención mental. Y también alegan que podrían existir procesos físicos desconocidos, en los cuales el colapso de la función onda (energía que se transforma en materia) se produzca sin nuestra intervención consciente.

Pero ni siquiera sabemos cuáles son los mecanismos psicofísicos en la teoría cuántica y si existen leyes fuera de la ecuación de Schrödinger; y si tales leyes puedan tener un lado mental.

Esto nos lleva a otra realidad; si existen, como vemos, eventos puramente físicos, entonces existen eventos puramente mentales sin corporeidad física. Si los eventos mentales permanecen unidos a partir de sus propias cualidades mentales, entonces hay aspectos de la personalidad que sobreviven a la desaparición corporal y como entidad mental perdurable podrían transferirse hacia otro bio–sistema.

Ya esto lo había explorado William James cuando consideró que nuestro pensamiento e ideas eran dominios externos al físico. Los fenómenos no permitidos por la mecánica clásica, como la reencarnación mental, los fenómenos paranormales explorados por Edward y Emily Kelly.

Como el mundo no es como lo hemos imaginado hasta ahora, entonces tendremos que reflexionar nuevamente sobre su verdadera naturaleza.

Feynman plantea que[31]: "Filosóficamente estamos completamente equivocados con la ley aproximada. Nuestra imagen completa del mundo debe alterarse incluso si la masa cambia solamente un poco. Esto es un asunto muy peculiar de la filosofía o de las ideas que hay detrás de las leyes. Incluso un efecto muy pequeño requiere a veces profundos cambios en nuestras ideas". "A lo mejor tenemos que enfrentarnos al hecho de que el tiempo es una de las cosas que no podemos definir (en el sentido del diccionario), y sólo decir que es lo que ya sabemos que es: ¡es cuánto esperamos! De todos modos, lo que realmente importa no es como definir el tiempo, sino cómo medirlo".

Si la realidad es múltiple, entonces lo que para nosotros es la realidad física es solo un conjunto local de condiciones. Los hechos físicos que acontecen en todos los tiempos y todas las proporciones, pertenecen a un Universo indivisible y consciente y que, por definición, no contiene piezas separadas; al ser de esta forma, nosotros, los humanos conscientes nos movemos en todos los tiempos y en todas las proporciones. ¿Por qué no lo experimentan nuestros sentidos?

No existe tal cosa como una circunstancial realidad autónoma de cosas que interactúan en el pasado y que están espacialmente apartadas de la otra. Lo que acontece en regiones remotas, de alguna forma íntima e inmediata, se halla conectado con lo que sucede aquí, y depende de lo que un observador en nuestro medio observa.

Esto nos lleva a otra conclusión aún más extraordinaria: la suma de las partes no puede describir la naturaleza, "el todo", pues es este el que, en última instancia, posibilita y define la identidad de sus diferentes partes[32]. Vivimos en un Universo no–localista, donde las aparentes partes separadas se hallan ligadas de forma super–lumínica.

El teorema de Bell ha convulsionado a las ciencias y al proceso del conocimiento: ya no es posible analizar cualquier fenómeno científico o social a partir de las partes y mostrar cómo éstas se relacionan entre sí a la manera cartesiana, sino que debemos comenzar con el "todo", con ese conjunto inseparable de espacio, tiempo y materia.

A su vez, lo que se verá en esas regiones está dependiendo de lo que yo hago aquí; y se halla también articulado a lo que ocurre en otros sitios del Universo, y así sucesivamente.

Un incremento de información en estas regiones astrales, en este recodo de nuestra galaxia Vía Láctea, en nuestro Sistema Solar, está acompañado por un aumento de la información en sistemas ubicados en otras latitudes, los cuales a su vez están íntimamente conectados, de forma inmediata, con lo que sucede en toda nuestra Galaxia, en todo el Universo.

La decisión que asumimos y en las cuales estamos conscientes no es la única que se adoptó, ya que el Universo se está escindiendo constantemente en ramas separadas e inaccesibles, de forma paralela, que contienen ediciones diferentes y conscientes de nuestras actuaciones.

Hoy, un siglo después, aún muchos científicos y psiquiatras argumentan que la mente y la conciencia son reducibles a componentes físicos–químicos.

Pienso que antes de la aparición de la vida el Universo marchaba de forma particular, diferente a la actual, y en ese proceso, algo sucedió dando origen a una auto–conciencia del propio Universo, trayendo aparejada la aparición de vida consciente, provocando todo ello, entonces que nuestro Universo evolucionara de manera distinta con otras leyes, en el modo actual, donde la vida y en nuestro caso, el humano concreta en objetos visibles la realidad circundante de ondas cuánticas, mediante la función mental de conciencia.

De esta manera cabría afirmar que no existe el tiempo y el espacio en el mundo de las partículas, y todo nuestro Universo se halla encogido en esa partícula. Siguiendo tal idea no existen dos partículas, sino una sola que puede hallarse simultáneamente en cualquier parte de nuestro Universo.

Las posibilidades que entraña esta conexión instantánea, desafía la física, la noción de tiempo y espacio conocido por nuestra dimensión humana, y quiebra todo nuestro arsenal de teorías racionales provenientes de Einstein, su paradigma de que nada en el Universo puede desplazarse más allá de la velocidad de la luz.

Por ello lo efectivo resultan acontecimientos no–autónomos ante una realidad del Universo como algo total y profundamente diferente a las ideas entrañadas sobre nosotros y el mundo que nos rodea.

Si el mundo no es como lo hemos imaginado hasta ahora, entonces tendremos que reflexionar sobre su verdadera naturaleza; en definitiva, estamos ante algo que ya Jung había delineado como la sincronicidad.

Este plano nuestro de la materialidad o mundo tangible, nuestro Universo, existe sólo porque nos hallamos en él como observadores para definirlo; de no ser así, no habría un momento presente, pues nosotros creamos la realidad como una especie de profecía de auto–realización, que es el fundamento de nuestra manifestación física.

El humano está indisolublemente enraizado en el Universo y tal compenetración es la regla que convierte la línea divisoria entre la vida y la no–vida en una arbitraria ilusión, y marca un camino único, el de integrarse al Universo para que la potencialidad sensible de la conciencia humana abra posibilidades absolutamente insospechadas. Es la visión del universo no estático ni eterno, evolutivo en el tiempo, diferente en el pasado y en el futuro.

De forma opuesta no se pueden comprobar los teoremas a partir de la hipotética realidad exterior, y es inaplicable construir deducciones con una lengua exacta, ya sea matemática, física, de neurociencia, sicológica o sociológica. Las leyes de la naturaleza se niegan a verse reflejadas mediante fórmulas deductivas, axiomáticas o formales; es inútil describir nuestro mundo de forma perfecta, aún con los conceptos abstractos de los axiomas y las deducciones.

Los científicos, filósofos, humanistas y creadores han pugnado por milenios por entender el Universo, rastreando un orden invariante detrás de la experiencia y las sensaciones. Este intento se ha convertido en un tema persistente, un motivo continuo de las actuales reflexiones y creaciones.

La respuesta subyace en un renacimiento de la filosofía que aborde la realidad visible y la no visible, y que se fundamente en una imagen totalmente inédita del mundo, una figuración diferente a la que presentaban las viejas filosofías.

Vivimos en un punto especial del Cosmos

La dimensión del Universo[33] es igualmente 10^{40} el tamaño del protón. Es asombroso e inexplicable que dos fuerzas fundamentales de la naturaleza guarden la misma relación una con otra, como la escala lineal del átomo y la del cosmos.

No sabemos por qué ambos números son idénticos, lo único plausible de tal coincidencia es que vivimos en un punto especial del tiempo pues en otro instante cósmico las dos cifras no podrán ser semejantes.

La estructura atómica es una estructura compleja y variada en constante estado de cambio, que está integrado por una extensa variedad y diversidad de objetos y fuerzas al igual que el Universo. Newton, Einstein, Planck y Böhr establecen la base al convencimiento de la existencia de cuatro fuerzas fundamentales en el Universo: La primera categoría es la fuerza gravitatoria.

Existe la fuerza electro–magnética que mantiene juntos a los átomos y mantiene la materia unida. Esta fuerza interactúa con las partículas cargadas eléctricamente, como los electrones y los quarks.

La fuerza nuclear débil no se comprendió bien hasta 1967, en que Abdul Salam, del Imperial College de Londres, y Steven Weinberg, de Harvard, propusieron una teoría que unificaba esta interacción con la fuerza electromagnética, de la misma manera que Maxwell había unificado la electricidad y el magnetismo unos cien años antes.

La tercera es la llamada fuerza nuclear débil, que es la responsable de la radioactividad. Esta no se comprendió bien hasta 1967, y se conocen como *W+, W– y Z0.*

La cuarta fuerza es la de interacción nuclear que es la más poderosa y mantiene unido en el núcleo atómico a los quarks unidos en el protón y el neutrón, y a los protones y neutrones juntos en los núcleos de los átomos. Se cree que esta fuerza es trasmitida por otra partícula de espín llamada gluón, que solo interactúa consigo misma y con los quarks.

La verdadera naturaleza de esta fuerza nuclear aún está lejos de haberse comprendido en su totalidad. En condiciones de extrema altas temperaturas, como en los núcleos de las estrellas, los núcleos de diferentes átomos se juntan creándose la fusión nuclear y formándose núcleos más pesados.

El poder explosivo y expansivo de las bombas de fisión era debido a que al vencerse la atracción que mantiene unido al núcleo, los protones salían expulsados a tremenda velocidad destruyendo la masa atómica.

Cuando esta energía cinética térmica aleatoria no es tan elevada que signifique un escollo importante, la fuerza electro–magnética propicia la conformación de estructuras atómicas muy complejas y variadas.

Los físicos han tratado de combinar las fuerzas débil, fuerte y electro–magnética, en las llamadas teorías de gran unificación, el no haberse logrado hasta el momento ha llevado a considerar que es imposible elaborar una teoría del Universo, pues los acontecimientos no pueden predecirse más allá de cierto punto, ya que ocurren de una manera aleatoria y arbitraria.

El éxito de la unificación de las fuerzas electro–magnéticas y nucleares débiles produjo un cierto número de intentos de combinar estas dos fuerzas con la interacción nuclear fuerte, en lo que se ha llamado teorías de gran unificación. En el fondo, la mayoría de los físicos esperan encontrar una teoría unificada que explicará las cuatro fuerzas, como aspectos diferentes de una única fuerza.

La teoría que surge a partir de la combinación de los campos de la materia del electrón (ecuación onda), con los campos electromagnéticos se llamó "electrodinámica cuántica" y fue gestada por los trabajos de Paul Dirac y completada en 1948, por Richard P. Feynman[34].

Los campos magnéticos se mueven a la velocidad de la luz en el espacio exterior en forma de ondas. Esta fuerza se genera por la carga oscilante de los cuerpos y jamás puede destruirse; estas partículas tan pequeñas tienen estructuras y existen determinadas características de ellas, como la carga, que pueden ser cuantificadas. Dado que la masa y la energía están relacionadas por la ecuación de Einstein podemos hablar de equivalentes energético de la masa del electrón[35].

El filósofo francés Bergson fue entre los primeros en aclarar que nuestra lógica era la de los cuerpos sólidos, y un derivado de la experiencia de macro–niveles. La materia nos parece algo completamente concreta; sin embargo, el espacio entre las partículas que componen una mesa o nuestro cuerpo, por ejemplo, es mayor que la distancia entre el Sol y la estrella más cercana.

Las propiedades fotónicas y electromagnéticas de los cuerpos que contemplamos impactan nuestra retina de tal forma que ellos nos parecen sólidos; por ello, el aparente aislamiento del observador sobre el objeto es una ilusión creada por la acción de los cuantas.

La solidez y compactación de la materia en la naturaleza es solo una ilusión. Las propiedades fotónicas y electromagnéticas de los cuerpos que contemplamos impactan nuestra retina de tal forma que éstos nos parecen sólidos, cuando en realidad es un semillero de corpúsculos que se mantienen firmemente conectados por la fuerza electromagnética.

De tal forma, el espacio entre las partículas que componen una masa, ya sea nuestro cuerpo, una silla, o una roca, por ejemplo, es mayor que la distancia entre el Sol y la estrella más cercana. De no existir esta fuerza electromagnética, nada impediría que atravesáramos una pared o nos hundiéramos en el suelo.

El átomo es una hipótesis

La última estructura de la materia, el principio de la energía, es decir, los átomos, son solo una idea; son entidades teóricas que incluso no podemos delinear pese a que se les ha adjudicado un zoológico de partículas elementales, como los electrones, los protones y los neutrones.

Los átomos son categorías hipotéticas construidas con las matemáticas para hacer inteligibles las observaciones experimentales, sin embargo no existe nada más definitivo que el átomo y su bestial energía, como se demostró en Hiroshima y Nagasaki finalizando la Segunda Guerra Mundial.

El factor irónico es que también queremos representar las partículas como puntos de materia corpórea, aunque en la física cuántica no existe manera de representarlas; éstas no se mueven en el espacio y el tiempo, carecen de masa, no tienen energía en el sentido usual del término. Los átomos poseen características que nuestro "sentido común" no puede entender. Los átomos están compuestos de un número determinado de protones, o cargas positivas, y electrones o cargas negativas[36].

La aproximación más cercana es que, a niveles subatómicos, la partícula no es una entidad física, mensurable y palpable, sino un cúmulo de relaciones o un estado intermedio entre el ser y el no ser. Con la física cuántica, "esto" o "lo otro" ya no significan sujetos separados excluyentes, sino formas diferentes de un mismo agregado.

La física de las partículas elementales permitió escudriñar la estructura del Universo utilizando tanto la relatividad general como la física cuántica. Las partículas elementales requieren temperaturas increíblemente elevadas, altísimas energías para su producción, capaces de quebrar las fuerzas que mantienen unido al núcleo atómico; así se desarrolló la física de altas energías.

Estos procesos solo se producen en el interior de las estrellas o en supernovas y gigantes rojas, que dan lugar a estrellas de neutrones, agujeros negros, enanas blancas y enanas negras; o en las primeras etapas del *big–bang*.

Por otro lado, el corpúsculo de medición, el *quanta*, no es una cuantía de algo, sino una acción. La "potencia–acto" de Aristóteles se traduciría en la "acción", entendida en cuanto a que su velocidad es la energía. Eddington y Russell lo aclaran hablando del cuanto[37].

A esta cantidad, que en el mundo tetra–dimensional es lo análogo o la adaptación de la energía en el mundo tridimensional, la designamos con el nombre técnico de "acción". El término no parece ser el más apropiado, mas tenemos que aceptarlo. Los erg–segundos, o sea la acción, pertenecen al mundo descrito por Minkowsky, que es un mundo común a todos los observadores y que, por lo tanto, es absoluto[38].

La acción se define, generalmente, como la integral temporal de la energía, puesto que la energía puede ser identificada con la masa, la "acción" puede definirse también como la masa multiplicada por el tiempo. La masa gravitatoria es una longitud; por ejemplo: la masa del sol es 1,47 kilómetros[39].

Como la masa gravitatoria y la inerte son iguales, podemos considerar la acción como longitud multiplicada por el tiempo. En la teoría de los cuanta la unidad indivisible es una unidad de "acción", es decir energía multiplicada por tiempo, o masa multiplicada por distancia y por velocidad[40].

Cuando el *quanta* es una onda, no puede ser una partícula, una materia; y cuando es una partícula, no puede ser una onda. El actor principal del mundo subatómico, el electrón, al igual que las funciones ondulatorias, es solo un concepto matemático que los físicos han edificado para relacionar experiencias imposibles de visualizar y que, por lo tanto, pueden existir o no.

La verdad de Perogrullo es que, en realidad, los electrones nada describen, pero son capaces de gestar la energía y la tecnología de nuestra sociedad.

Así, el aguerrido núcleo newtoniano, defensor del racionalismo lógico y la experimentación como esencia del conocimiento, queda eclipsado ante el finito e inestable mundo atómico en el cual las colisiones incesantes y fortuitas de las partículas precipitan su modificación y separación.

¿Por qué la naturaleza derrocha tanta energía en partículas tan pequeñas si solo con tres se podía constituir la materia conocida?

¿Por qué tiene el electrón que estar afectado por su velocidad rotativa?

¿Por qué ha de estar relacionada con él su capacidad de emitir luz?

No existe una teoría que explique cómo está constituida la materia, las partículas elementales y sus interacciones, así como las cuatro fuerzas básicas de la naturaleza.

La energía fabrica la naturaleza

Se ha llegado a varias capas estructurales del átomo: la materia constituida por átomos; los átomos constituidos por electrones, neutrones y protones; el núcleo constituido a su vez por partículas más pequeñas.

Los esfuerzos para buscar un esquema accesible a la comprensión humana, y al mismo tiempo proveer una simplicidad matemática a los fenómenos de la naturaleza, conducen a un camino falso. En su afán de simplificar el mundo de las partículas los físicos hallan, contrariamente, una confusa multiplicidad.

En el mundo subatómico rige la simetría de las partículas elementales pero esto no es más que un principio hipotético, utilizado en la formulación de nuevas teorías, y una reminiscencia de las ideas de los griegos, sobre todo de Platón con su simetría de los elementos de la naturaleza, y de Pitágoras, a quien se debe la tabla de la multiplicación del sistema decimal y el teorema de su nombre. Pitágoras insistiría que el orden podía comprenderse en su esencia a partir de los números y sus armonías.

En la década de los 1930 se produjeron dos hechos que significaron un punto de inflexión determinante para socavar los presupuestos de la física clásica: por un lado, la solución del "problema Ozma", que condujo a la negación de la supuesta paridad en las interacciones entre partículas y, por otro, la posterior ratificación de la no existencia de esta simetría, introducida por Newton, y que con el experimento sobre el "cobalto–60" dio lugar al concepto acción–reacción, causa–efecto y lucha de contrarios.

Los cuerpos filosóficos occidentales han propalado que la materia es diferente a la energía; pero en un lugar tan cercano como el Sol vemos cómo este convierte materia en energía.

Las propiedades y variaciones químicas de la materia están determinadas por electrones con modelos dinámicos específicos orbitando inmutablemente alrededor del núcleo atómico.

De acuerdo con la física de las partículas, el mundo está hecho de la energía, la cual asume una y otra forma; donde la materia se crea, se vuelve a aniquilar, para luego crearse y destruirse en forma perpetua.

Al transformarse la molécula en cuanto de energía, suspendida por un instante en tal estado, posibilita su pre–combinación. De tal forma pueden existir todas las combinaciones estructurales posibles y dar forma a la vida altamente ordenada, la cual, en contra de la segunda ley de la termodinámica, evita la tendencia al equilibrio y se halla en estado diferenciado.

La mutación de la materia en energía[41] fue establecida mediante la conocida ecuación einsteniana: $E=mc^2$. En palabras de Einstein, que evocan al Viejo Testamento: "la energía tiene masa y la masa representa energía". Ello significa que la materia más minúscula dispone de una tremenda concentración de energía, como se demuestra en las explosiones nucleares.

La masa se transforma en energía cuando la antimateria destruye la materia; y la energía se transfigura en masa mediante la extrema elevación de la temperatura de radiación[42], lo que hace imposible la separación energía–materia. Esto se ha comprobado en los fotones.

De esta forma, un **Pí**–mesón (–) colisiona con un protón, destruyéndose ambos, pero engendrando en su lugar dos nuevos corpúsculos: un **K**–mesón neutro[43] y una partícula Lambda. Pero ambas novísimas partículas decaen inmediatamente, de forma espontánea, generando cada una dos nuevas partículas. De esas cuatro partículas, dos de ellas, para asombro general, son las mismas que iniciaron el proceso.

La respuesta de esta situación inexplicable, de multiplicación voluntaria de la materia, es ofrecida en parte por Einstein al exponer que las nuevas partículas son creadas por la energía cinética de la partícula proyectil, la energía del movimiento, además de la masa de esta partícula–proyectil y la masa de la partícula.

Pero la materia no se transmuta en energía y ésta no se metamorfosea en materia; en realidad, la energía es materia y ésta es energía; ambas, la energía en la masa y la masa en la energía, se hallan presentes, latentes y conservadas de manera simultánea.

Rudolf Clausius aventura la constante de la energía universal y su principio de conservación de masa–energía expone que el total de la misma en el Universo siempre fue y será la misma.

Una ficción matemática nos demuestra que la luz es una onda y una partícula; pero es imposible que la luz se nos muestre simultáneamente como ambas. Así y todo, persistimos en mantener ambos aspectos por separado.

Si los fotones no fuesen a la vez energía de luz, la evolución de las estructuras químicas, incluyendo la vida, no tendría lugar. Las ondas de luz adquieren propiedades de partículas, los fotones y electrones, que son partículas también, se metamorfosean en ondas, resultando en la paradoja de las paradojas cuánticas: que una sola partícula subatómica se interfiere a sí misma, como por ejemplo el electrón.

De tal incompatibilidad resulta que la materia, estable e inactiva, que nos conforma no contiene antimateria, pero ya la teoría de la relatividad de Einstein había concebido la existencia de partículas energéticas negativas como potenciales formas de vida, planteamiento que nos acerca a la idea de mundos de antimateria.

Es a partir de la energía que se crean la materia y la antimateria, las cuales más tarde, mediante su tendencia al aniquilamiento, vuelven a producir energía. De encontrarnos con nuestra antimateria humana, simplemente nos aniquilaríamos mutuamente, en una horrorosa explosión.

Las partículas son creadas a partir de la energía en la forma de pares partícula–antipartícula. Pero esto simplemente plantea la cuestión de dónde salió la energía.

La respuesta es que la energía total del Universo es exactamente cero, pues la materia del universo está hecha de energía positiva. En cierto sentido, el campo gravitatorio tiene energía positiva.

Los corpúsculos energéticos procedentes del Sol, como los fotones, además nos plantea la posibilidad de la existencia de mundos energéticos, capaces de traspasar la frontera de lo inmaterial y adaptarse a lo material.

La luz es emitida por objetos excitados, lo que infiere una resultante energética. El hidrógeno, como el elemento más simple, parece tener dos componentes: un protón positivo y un electrón negativo; pero hasta ahora nadie ha podido ver un átomo de hidrógeno.

El espectro del hidrógeno contiene más de cien líneas de colores con patrones específicos. Lo desconcertante resulta ¿cómo un elemento tan simple como el hidrógeno, con sólo dos componentes puede proyectar un espectro tan complejo? La física newtoniana jamás ha podido explicar tal fenómeno.

Anti–partícula y anti–materia

Todas las partículas existen potencialmente, con ciertas probabilidades, como combinaciones diferentes de otras partículas. La interacción en el mundo de las partículas ocurre de repente, sin causa directa, como una descarga de existencia espontánea por ninguna razón aparente, literalmente a partir de la nada, en donde nada existía, en un espacio de tiempo totalmente vacío; donde en un momento nada existía, de momento algo existe, y, así como comparecen, las partículas se desvanecen sin dejar rastro, nuevamente en un espacio vacío.

Solamente un diminuto grupo de partículas elementales resultan determinantes, como los luminiscentes fotones, el neutrino el electrón, el protón y el neutrón. Estas últimas cuatro partículas estables no decaen por sí mismas, ni se convierten espontáneamente en otras, y su expectativa de vida es infinita.

La pregunta sería: ¿Con cuáles aparatos se pueden obtener tales efectos? La única fuente de partículas con una energía tan elevada la constituían los rayos cósmicos provenientes del Sol y de otras estrellas, acelerados en alguna parte de nuestra galaxia hasta adquirir energías extremas y que alcanzaban la parte alta de la atmósfera de la Tierra.

La mayoría de esas partículas son protones de energías moderadas que al descender en la atmósfera y colisionar con un núcleo, parte de su energía cinética almacenada se convierte en masa y se crea un puñado de partículas. Algunas de ellas poseen también energía cinética, de manera que cuando interaccionan, a su vez, con otros núcleos situados en capas inferiores, crean nuevos grupos de partículas secundarias, en un proceso de cascada.

El Universo está integrado tanto de partículas como de anti–partículas; cada corpúsculo dispone de otro que es su antítesis y los dos se aniquilan entre sí: *Pí–mesón (+)*, versus *Pí–mesón (–)*; algunas partículas son a la vez sus mismas anti–partículas.

En 1932, las bases de la unicidad del pensamiento fueron sacudidas cuando el físico y premio Nobel norteamericano Carl David Anderson (1905–1991), a partir de la tercera ley de Newton, o principio de la simetría[44], encontró las trazas de las partículas cargadas positivamente en sus observaciones sobre los rayos cósmicos.

Paul Anderson descubrió el primer corpúsculo de anti–materia (las anti–partículas positrón o electrón) estableciendo que a cada partícula en la naturaleza le corresponde una anti–partícula, un punto que aún hoy resulta controversial en la física[45].

Así se establecerá en lo adelante el principio de las cargas eléctricas opuestas y de las explosiones resultantes del choque entre partículas y anti–partículas, donde por cada fuerza actuante se busca una contraria. Se especula si la anti–materia es la razón de ser de los anti–mundos.

La materia de la cual estamos compuestos se halla ordenada en partículas regulares que se combinan en átomos regulares para más tarde armar las moléculas regulares, que conforman la materia regular de la cual estamos formados. Es por esta razón que las características intrínsecas de las estrellas integrantes de una galaxia resultan de una misma naturaleza.

Le correspondió al físico cuántico inglés Paul M. Dirac, poner de manifiesto las implicaciones de este fenómeno. Dirac propuso la existencia de la anti–materia en 1929, como consecuencia de su intento por fusionar ecuaciones de la relatividad especial de Einstein y de la mecánica cuántica[46].

Dirac era un experto en lógica matemática y también de la intuición, por lo cual le fue fácil desarrollar la teoría de los "agujeros negros" que desconcertó al mundo de los físicos. En 1928 Dirac predijo que el electrón debía tener una pareja: el anti–electrón o positrón.

Ya en 1932 el físico americano Carl Anderson había detectado una partícula de anti–materia (el positrón) en su cámara de niebla que permitía la observación de la trayectoria de las partículas; era la primera prueba irrefutable de la existencia de electrones positivos, o positrones. La conclusión de Dirac era inequívoca: cuando se crea materia a partir de la energía, se crea también una cantidad igual de antimateria.

Por cada protón del Universo, debe haber un antiprotón, por cada neutrón, un antineutrón, por cada electrón, un positrón, y así sucesivamente. En la aniquilación materia–antimateria, la conversión es del ciento por ciento; en teoría, dos libras de anti–materia bastarían para suministrar la energía que Estados Unidos consume en un día.

En lo adelante se estableció el principio de las cargas eléctricas opuestas y de las explosiones resultantes del choque entre partículas y anti–partículas, fatal para ambas, provocando los famosos "rayos gama", donde por cada fuerza actuante se buscaría una fuerza contraria. Así, el átomo cada vez se presentaba más complicado.

Hoy sabemos que cada partícula tiene su anti–partícula, con la que puede aniquilarse. El choque de una partícula con su anti–partícula hace que toda su energía total y sus masas se transformen en fotones, dejando de existir las partículas originales, constituyendo una prueba concluyente del principio de equivalencia entre masa y energía. Luego, en los aceleradores de partículas se logró fotografiar las trazas del anti–neutrón000.

La cuestión en debate actual y que desafía cualquier aseveración es por qué este Universo consiste primariamente de materia ordinaria y de poca anti–materia; si existen galaxias completas de anti–materia entonces sus efectos tenían que detectarse, pero tal cosa no ha sucedido.

La presencia de la anti–partícula necesariamente nos lleva a la aceptación de la existencia de los anti–planetas, las anti–estrellas y las anti–galaxias, y es probable que en otra región del Universo las anti–partículas se combinen en anti–átomos, los cuales den lugar a las anti–moléculas que, a su vez, crean la anti–materia en una mutua fecundación.

De encontrarnos con nuestra anti–materia humana simplemente nos aniquilaríamos mutuamente. De manera invariable conducen a un sendero erróneo los esfuerzos para buscar un esquema accesible a la comprensión humana, y al mismo tiempo proveer de una simplicidad matemática a los fenómenos de la naturaleza.

Muchos prefieren retornar a la idea de un mundo concreto y real cuyas partes más pequeñas existen objetivamente, en el mismo sentido que las piedras o los árboles están ahí, no importa si los observamos o no. Tal idea es insostenible científicamente, pues en este nuevo Universo nuestra propia creación no puede ser revelada por la naturaleza, y el conocimiento de las ciencias reside en las construcciones teóricas de nuestra mente.

Una concepción rígida, como la ley de la identidad de la lógica formal, está claramente fuera de lugar cuando se enfrenta a cualquiera de los fenómenos complejos y contradictorios de la naturaleza descritos por la ciencia moderna.

Así como el electrón no es accesible de manera concluyente y debe ser inferido, de la misma forma el contenido del inconsciente colectivo no se presenta directamente sino que es colegido en la forma de mitos, sueños, fantasías, imágenes, símbolos, inspiración creativa.

Las predicciones de Paul Dirac[47] acerca de la existencia del positrón y sus investigaciones sobre la teoría cuántica, se sumaron al nuevo cuerpo de ideas que desmoronaron uno de los principios más enraizados en el pensamiento científico.

¿Podrían estar relacionadas, de alguna manera, la relatividad einsteniana y la mecánica cuántica de Böhr, como trataron de predecir Pauli con su principio de exclusión y Dirac con sus ecuaciones sobre el positrón y la antimateria?

El micro–cosmos

A partir de la teoría de los cuantos de Planck, Albert Einstein elaboró el concepto del fotón como concentrados de radiación específicas, resultantes del choque de protones y electrones, que luego pasan a ser parte de otros protones y electrones.

La estructura del átomo, esbozada por Rutherford y remodelada luego por Böhr, contenía dos componentes: el protón y el electrón. En 1920 el propio Rutherford publicó la existencia del neutrón, que fue comprobado en 1932 por James Chadwick. En 1931 Paul Dirac había postulado la existencia de una nueva partícula: el positrón, que contenía la misma masa que el electrón, pero de carga eléctrica positiva.

Es intrigante que la naturaleza se repita a sí misma. El mundo que nos rodea está fabricado de las partículas de primera generación, y las mismas pueden ilustrar la naturaleza y la estructura del átomo, así como sus interacciones.

Todo no concluyó ahí, y la carrera por penetrar más y más en las profundidades de la naturaleza nos llevó al descubrimiento de que por cada generación de partículas concurre una segunda descendencia, y así dimos con una cantidad considerable de partículas de segunda generación.

Si la existencia de la segunda casta de partículas parecía una extravagancia, ésta y la tercera generación, fueron las que desempeñaron un papel decisivo en las primeras fases del big–bang, cuando se estaba creando la materia.

Se ha calculado que la vida media del protón debe ser mayor de una cifra astronómica (**10,000,000,000,000,000,000,000,000,000,000**). Lo que significa más tiempo que la vida del Universo. Los electrones son partículas virtuales sin masa de espín llamadas fotones[48].

El protón es 2,000 veces mayor que el electrón y este último gira alrededor del núcleo–protón por medio de las fuerzas electromagnéticas[49]. Además en el átomo existen los neutrones, que conjuntamente con los protones forman la masa.

El movimiento orbital específico del electrón alrededor del núcleo atómico, y por tanto la consecuente estable estructura atómico–molecular, obedece a las leyes quánticas y no a las de Newton.

La fuerza nuclear mantiene unido al núcleo es mucho más poderosa que la fuerza eléctrica de repulsión (positiva) entre los protones en el núcleo e impide que el mismo reviente[50].

Este equilibrio atómico es mantenido por una partícula conocida como neutrón con una masa mayor que el protón.

El electrón es una nube borrosa, es más una probabilidad y es a la vez una partícula y una onda, en un mundo atómico cuyo vacío es mucho más enorme que el del universo galáctico. Debe ocurrir algo allí en donde el electrón se encuentra, si el proceso ha de ser inteligible. Esto nos retrae a las ecuaciones del físico decimonónico James C. Maxwell como rectoras de lo que ocurre en el medio.

Y tiene que haber un carácter rítmico en los acontecimientos que se producen donde está el electrón, si queremos evitar las complicaciones que supone el admitir la acción a distancia.

La diferencia entre el estado virtual, o la nada, del fotón, y un estado real, como una roca o un caballo, proviene de una forma muy específica de percepción; un proceso real puede aparecer como virtual o nada si el tiempo en que transcurre es extremadamente largo.

Dada su velocidad, no podemos constatar simultáneamente la fuente de emisión, proyección y absorción en una partícula de luz, el fotón. Si escogemos analizar la proyección de la partícula de luz, tendremos que imaginarnos su fuente de emisión y su destino, o viceversa. Así, a partir del presente, vinculamos en tiempo, un pasado ilusorio con un futuro ilusorio.

El fotón, aún si estuviese cargado, no puede ser visible debido a la cortedad de su existencia, por ello es inferido matemáticamente. En la mecánica cuántica el fotón no existe hasta que el detector le dispara; hasta ese momento sólo existe una potencialidad en desarrollo, una extraña realidad física justamente en el medio de la realidad y la posibilidad.

El zoológico atómico

Sugirieron que además del fotón había otras tres partículas de *espín 1*, conocidas colectivamente como bosones vectoriales masivos, que transmiten la fuerza débil. Estas partículas se conocen como *W+*, *W−* y *Z0*, y cada una posee una masa de unos 100 *GeV*, o cien mil millones de electrón–voltios[51].

Ya para 1932 John Cockcroft y Ernest Walton lograban la desintegración de átomos de litio en dos partículas *alfa*, y para 1935, el inventor y físico estadounidense Robert Van de Graaff diseñaba el primer acelerador de partículas, a la vez que Ernest

Lawrence construía un ciclotrón en Berkeley, que posibilitó la creación de isótopos radiactivos luego aplicados en la medicina para el diagnóstico y tratamiento del cáncer.

En 1935, el físico teórico japonés y premio Nobel, Hideki Yukawa postuló la existencia de los mesones, que en 1947 se comprobó que eran de dos tipos: el pión y el muón. El pión es la partícula más ligera, y por tanto susceptible de interactuar y la más fácil de producir.

En 1938 Anderson logró las fotografías de los trazos de una nueva partícula con una masa cerca de 240 veces la del electrón, a la que llamó mesón o muón.

De esta forma, fueron identificados los piones y los muones mediante la interpretación de las trazas dejadas en placas fotográficas por los rayos cósmicos, por lo cual el micro–cosmos atómico y la estructura de la materia en el macro–cosmos del Universo aparecían ligados entre sí. Lo interesante es que el muón puede existir en dos formas: positiva y negativa, que difieren esencialmente por sus cargas opuestas.

En 1950 se identificaba el pión neutro, a lo que siguió la avalancha de los mesones y los hyperones. El análisis de la radiación cósmica posibilitó descubrir una nueva partícula neutra, llamada hiperón lambda[52], y del mesón **K**. Las partículas que interaccionan fuertemente se denominan hadrones, que a su vez están integrados por dos familias de partículas los mesones y los bariones.

Los mesones están constituidos por un quark y un anti–quark, mientras los bariones tienen tres quarks. Junto con los quarks, en el interior de los hadrones se encuentran los gluones, responsables de la unión de los nucleones, detectados en los aceleradores de partículas.

El hadrón es entonces una partícula clasificada como elemental, la cual interactúa a través de la fuerza más intensa. Todos los hadrones poseen números nucleones de **1,0** ó **–1**, y pueden subdividirse en subclases de bariones, anti–bariones y mesones. Como ejemplos de hadrones podemos señalar a los protones, los anti–protones y los piones.

Además de los hadrones, llegaron los leptones constituidos por el electrón, el neutrino y los muones.

El muón negativo ha intrigado durante largo tiempo a los físicos; salvo su carga y masa, unas doscientas veces mayor, nada lo distingue del electrón. Hasta tal punto es así que se lo llamó "electrón pesado". En los rayos cósmicos se detectó un grupo de mesones a los cuales se denominó "mesones k" o kaones[53].

Hasta hace pocas décadas, se creía que los protones y los neutrones eran partículas "elementales", pero experimentos en los que colisionaban protones con otros protones o con electrones a alta velocidad indicaron que, en realidad, estaban formados por partículas más pequeñas.

Los físicos norteamericanos Murray Gell–Mann y George Zweig plantearon en 1964 que los hadrones están formados por quarks[54]. Murray Gell–Mann ganó el premio Nobel en 1969 por su trabajo sobre dichas partículas[55].

Mediante formulaciones teóricas se ha comprobado que el quark viaja a velocidades superiores a la de la luz, destruyendo la constante de Einstein y la contingencia de una nueva simplificación.

La aparición de los quarks complicó en extremo el mundo atómico, obligando a modificar el modelo existente que llega a reemplazar la interacción fuerte por la cromo–dinámica cuántica.

La masa de las partículas elementales, los supuestos ladrillos del núcleo atómico, pueden derivar de una unidad más fundamental, el componente de materia básicamente indivisible, el exótico quark, que solamente existe oculto en el interior de las partículas. Inicialmente, con el quark se hace posible la proyección y construcción de nuevas partículas en los aceleradores; y, el número de quark ya se eleva a 24 dando lugar a toda una teoría propia de ellos.

El advenimiento del quark trae un nuevo sentido a la física de la materia; el hecho de que tales partículas solo pueden existir en combinación con otras de su mismo tipo, puede sugerir que hemos arribado a un nivel decisivo en la naturaleza.

Los newtonianos consideran al quark como la unidad indivisible y primaria, a partir de la cual se construye todo el Universo. Pero si el quark es la verdadera partícula elemental, entonces debe mostrar características muy especiales cuando interactúe con las fuerzas fundamentales de la naturaleza.

El neutrino

Existe la partícula con cero masa inerte cuya energía es energía de movimiento; cuando un fotón es creado en laboratorio, en ese instante se halla desplazándose a la velocidad de la luz, y no puede ser desacelerado puesto que no dispone de masa para poderse enlentecer.

Estas partículas de energía, sin masa propia y con vida infinita, eléctricamente neutras, llamadas neutrinos que figuran como un dispositivo material invisible, inmune a la fuerza nuclear y a la electromagnética. Cuando un neutrón se desintegra se crean dos partículas cargadas, protón y electrón, así la carga global del sistema se mantiene.

El físico Wolfgang Pauli buscaba explicar cómo la energía, el momentum y el momentum angular se conservaban durante el decaimiento de la energía nuclear débil. En 1929 Pauli propuso entonces que debía existir una partícula extra que se llevase la energía sobrante en la desintegración; así se descubrió el neutrino, con el fin de explicar el equilibrio energético de la desintegración beta del núcleo atómico.

El físico Niels Böhr estaba dispuesto a desistir de la ley de la conservación de la energía hasta que se descubrió el neutrino. Sobre la base de la teoría del quark y los leptones se considera que existen tres tipos de neutrinos: el electrón neutrino, el muón neutrino y el tau neutrino.

El electrón neutrino fue identificado en laboratorio por Cowan y Frederick Reines en 1953. A raíz de este descubrimiento se encontraron dos tipos adicionales, que fueron bautizados como neutrinos μ y τ (por las partículas que ambos coproducían), y cada uno con su correspondiente anti–partícula; lo que incrementaría su número a seis tipos de neutrinos.

Los tres tipos de partículas son producidos por las supernovas Tipo II, aunque supuestamente debe existir un océano termal de todo tipo de neutrinos, gestados en el universo primario, y correspondiendo a la radiación cósmica de micro–onda de fondo. Pauli buscaba explicar cómo la energía, el momentum y el momentum angular se conservaban durante el decaimiento de la energía nuclear débil.

Esta partícula es una incertidumbre fluctuante entre la existencia y la no existencia, muy difícil de detectar; carece de las propiedades más básicas de la materia, no tiene masa y, en la medida que la carga eléctrica no puede existir sin masa, tampoco tiene carga. El neutrino es muy reacio a interactuar con la materia.

Los registros más recientes sobre los corpúsculos energéticos procedentes del Sol como los fotones, nos sugieren además la posibilidad de la existencia de mundos energéticos capaces de traspasar la frontera de lo inmaterial y adaptarse a lo material. Asimismo, será posible el viaje interestelar a distancias y tiempos astronómicos de lograrse la metamorfosis de la materia a formas inmateriales.

Los neutrinos que se forman en el núcleo del Sol alcanzan la superficie a la velocidad de la luz, en tres segundos. Es tan pequeño y al ser neutros es casi imposible que choque con otra materia; pueden traspasar un bloque de plomo de varios años luz de espesor sin chocar con un solo átomo.

El neutrino es una partícula de la fuerza nuclear débil, sin carga como se dicho, y sin momento magnético, el cual se desplaza a la velocidad de la luz poblando todo el Universo. Al ser neutro eléctricamente, el neutrino es capaz de atravesar cualquier cúmulo de materia de cualquier densidad; así los neutrinos provenientes del Sol o de una explosión de Supernova, traspasan con facilidad nuestro planeta como si no existiera.

Así los neutrinos provenientes del espacio atraviesan con facilidad el planeta. Precisamente, la cuarta fuerza del Universo, que aun presenta reto a su explicación, es la llamada "interacción débil" que tiene lugar cuando un protón, un electrón y un neutrino se juntan para formar un neutrón, hecho poco frecuente.

En 1956 los físicos Chen Ning Yang y Robert L. Mills demostraron experimentalmente la existencia del neutrino, así como la de su pareja, el anti-neutrino. En lo adelante se produjeron neutrinos en los aceleradores de partículas, a partir de muones, de partículas tau[56].

En 1963, el físico finlandés Matt Roos hizo el primer catálogo de partículas elementales y de resonancias, clasificando 17 partículas elementales y 24 resonancias. Al paso del tiempo ha sido tan abrumadora la cantidad de partículas elementales descubiertas que se pone en duda su característica de "elemental".

En 1963, físicos japoneses plantearon que la partícula extremadamente pequeña llamada neutrino cambiaba de identidad en la medida que viajaba por el espacio a supra–velocidades. Sobre la base de la teoría del quark y los leptones se considera que existen en una jerarquía formal tres tipos de neutrinos: el electrón-neutrino, el muón-neutrino y el tau-neutrino.

Pero la naturaleza no se detuvo ahí y gestaría una tercera progenie de partículas, descubiertas en 1975 por el físico norteamericano Martín L. Perl, en el acelerador de partículas en Standford, conocido desde entonces como la familia del *Tau*.

En 1977, en los laboratorios de Long Island, el físico León Max Lederman anuncia el descubrimiento de la partícula *ípsilon*, cuyo montaje se realiza a partir de partículas de la tercera generación[57].

Asimismo, Frederick Reines anunció en 1980 que había descubierto la existencia de oscilación de neutrinos en un experimento, un indicador de que el neutrino tiene masa. Otros científicos, en experimentos diferentes, constataron que los electrón–

neutrinos tienen una masa de unos 40 electrones voltios, 1/13,000 parte de la masa de un electrón.

Actualmente existe una verdadera caza en busca de nuevas partículas elementales. Se conforma un verdadero zoológico, aunque solo un pequeño grupo de éstas resulta significativo, dado que la vasta mayoría de las hoy conocidas son inestables y de corta duración, y solo pueden reproducirse utilizando colosales cantidades de energía en los quilométricos aceleradores de partículas[58].

El panorama en el mundo de las partículas es confuso. Ante la enorme cantidad descubierta no se ha logrado componer una teoría general que normalice tal sub-mundo. La idea que puede derivar de una teoría unificadora es que la materia fuese un estadio de transición en la evolución del Universo.

La relatividad permite la existencia hipotética de partículas, llamadas "taquiones" que adquieren existencia trasladándose a velocidad mayor que la luz. En el formalismo de la teoría especial de la relatividad, los taquiones tienen una masa de reposo imaginaria. Desgraciadamente, nadie sabe lo que, en términos físicos, significa "masa de reposo imaginaria", ni qué fuerzas inter-actuantes podrían existir entré las partículas que tienen una masa de reposo real, y de las cuales todos estamos hechos.

Puede ser que los cimientos de la naturaleza descansen en el quark, pero nadie es capaz de aceptar tal versión sin cierto escepticismo, y ya muchos se lanzan por el camino sin límites de un paso más allá de los quark hacia interrogantes como: ¿qué hay dentro de ellos? ¿De qué están construidos? ¿Existirá el sub-quark? ¿A dónde terminará esta inmersión en los fundamentos de la naturaleza?

Pero el quark es solo una teorización y aún no se ha encontrado; la asunción de que debe existir un nivel final de simplicidad en la naturaleza es un error exorbitante.

David Finkelstein nos habló suavemente: "Creo que nos lleva a error el llamar partículas a los entes que participan en los sucesos más primarios de la teoría (topología del quanto), porque no se mueven en el espacio ni en el tiempo, no llevan masa, no tienen carga ni tienen energía, en el sentido corriente de la palabra."

6

LA COMPLEJIDAD

Nuestra creencia objetiva: errónea e ilusoria

Las ciencias clásicas, especializadas e incomunicadas, resultan incapaces para comprender fenómenos analizados por separado, perdiendo de vista las propiedades que emergen cuando interaccionan otros elementos, como era el caso de las guerras modernas, el mercado de valores, el comercio internacional, o las organizaciones sociales.

La visión clásica es simplificadora y reduccionista, en ella la causalidad es exterior a los objetos, es lineal. Los conocimientos actuales son hiper–especializaciones atrofiantes con gran posibilidad de cometer errores. Nuestros sistemas de ideas[1] no solo están sujetos al error sino que también protegen los errores e ilusiones que están inscritos en ellos.

Las llamadas ciencias sociales, que lidian con solo una parte de la misma, han tratado de predecir infructuosamente los fenómenos de la civilización.

Es el caso de la socio–biología, que pretende explicar las culturas humanas a partir de la observación de una parte y no desde la interacción del todo.

Y es el argumento de la teoría de la evolución que explica las mutaciones sin indagar el porqué del proceso evolutivo–selectivo. En este contexto escalonado se interpreta el origen de la cultura a partir de la simbología individual humana, válida para todas las culturas.

La física lineal y nuestra noción de cómo funciona la naturaleza ha sido interpretada de una manera determinista y ha utilizado los fenómenos lineales para avalar verdades. El conocimiento se transmite en una linealidad cultural "spenceriana" y selectiva para describir cosas directamente relacionadas de manera secuencial, de abajo hacia arriba, de menos a más.

Pero existen dos procedimientos para abordar el mundo visible e invisible que nos rodea: el método tradicional reduccionista que hemos detallado, donde las cosas se desmontan hasta sus constituyentes más elementales y el de la síntesis, donde el examen se realiza desde el "todo", a partir de la disposición de los fenómenos, reconociendo la complejidad que emana de cada uno de los sucesivos niveles.

Patrones de complejidad

La nueva revolución cognitiva va replanteando ontologías originales respecto a la dicotomía naturaleza–cultura por la que se rige el quehacer científico. Nos referimos a la complejidad que es un tema reciente susceptible de aplicarse en todas las ramas del saber. La complejidad implica un cambio de paradigma y de visión, en la manera que aún arrastramos de observar los fenómenos, en el método científico arcaico por el cual se rige nuestra sociedad actual.

Para indagar en la complejidad hay que tener en cuenta cómo los patrones dinámicos de nuestra realidad actual emergen en un instante específico en la historia de nuestro Universo que se halla conectado y relacionado en todas sus partes como ha demostrado el teorema de Bell.

El hecho de estar vinculados con todo el Universo de forma instantánea es más revolucionario que la confirmación de la hipótesis heliocéntrica de Copérnico. En esencia, el Cosmos es un activo océano energético que conforma una totalidad no fragmentada tanto en los niveles subatómicos como en los espacios interestelares, y se manifiesta en las complicaciones cuánticas.

Cito aquí el ensayo de Nigel Goldenfeld y Carl Woese, *Biology's next revolution*, publicado el 25 de enero de 2007, en la revista *Nature*, donde se insiste en una biología, dentro de un contexto interdisciplinario, en el cual la ciencia de los sistemas complejos resulta una herramienta metodológica imprescindible.

Edgar Morín describe el momento de aparición de la epistemología de la complejidad. Según Morín, coincidiría con el ascenso del evolucionismo darwiniano, es decir una progresión compleja y diversificante a partir de una proto–célula viviente. En ese momento la Segunda Ley de la Termodinámica planteaba la degradación de la energía que podía ser traducida bajo la óptica boltsmaniana como un crecimiento del desorden y de la desorganización[2].

Los sistemas complejos se caracterizan fundamentalmente porque su comportamiento es imprevisible. Sin embargo, complejidad no es sinónimo de complicación. En realidad, no existe una definición de lo que es un sistema complejo, solo algunas peculiaridades comunes.

Al estar compuesto por elementos relativamente idénticos, y poseer entre sus términos originales la interacción ocasiona un comportamiento que no puede explicarse a partir de dichos componentes aislados.

A la pregunta ¿existe límite a la complejidad? responderíamos que consistiría en saber si ella resulta limitada por la estabilidad que, a su vez, está confinada por la potencia de imbricación sistema–ambiente.

La variación y el cambio son etapas inevitables por las cuales transita todo sistema complejo para crecer y desarrollarse por medio de la auto–organización, que faculta al sistema recuperar el equilibrio.

Estos sistemas crecen progresivamente hasta que llegan al límite de su potencialidad; ahí es donde se caracteriza por la fluctuación donde el orden y el desorden se alternan constantemente, hasta que finalmente comparecen las regularidades que lo organizan de nuevo acuerdo con otras leyes, produciendo otro tipo de desarrollo. Cada nuevo estado es solo una transición, un período de "reposo entrópico", en palabras del ruso–belga Ilya Prigogine.

Las interrelaciones de un nivel originan nuevos tipos de elementos en otra categoría las cuales se comportan de una manera muy distinta. Primero, las partículas se transformaron en elementos químicos; más tarde, la química se organizó en vida auto–reproductora; después ésta se ordenó en organismos multicelulares. De las moléculas a las macromoléculas, de las macromoléculas a las células y de las células a los tejidos, de ahí a los organismos complejos los cuales se estructuraron en sociedades ensambladas por el lenguaje.

Muchos sistemas dinámicos no lineales se comportan de forma tan compleja que parecen probabilísticos, aunque, en realidad, son determinantes. A pesar de que las reglas a nivel local son muy simples, a nivel global el sistema puede tener una conducta no predecible, caótica.

Nada es uni–lineal

La complejidad se define como la diversidad, y tiene la virtud de solucionar los sistemas de orden completo y de azar o accidente completo, maximizando al terreno entre ambos.

También tenemos como ejemplo de complejidad la constante de la velocidad en la luz, es un descubrimiento desconcertante que no sólo resulta insensato para las ciencias, la lógica y la física clásica sino que contradice violentamente el llamado sentido común.

La constante de la luz desploma toda racionalidad ante el hecho de que la masa de un objeto crece al incrementarse la velocidad, su extensión se contrae aplastándose, y el tiempo se enlentece. La alta energía cinética en la velocidad relativa de la luz provoca que el objeto o la partícula se comporte como si tuviera más masa que a velocidades inferiores.

Aunque no es dable razonar matemáticamente la transformación de muchos de estos sistemas, se les puede explorar a través de experimentos numéricos. El patrón dinámico, que engloba cada uno de los sistemas complejos, establece moldes de comportamiento general que van más allá, cualitativamente, de la simple suma de sus componentes singulares.

En el Universo todo lo que parece desorden solo es una apariencia, se debe únicamente a la insuficiencia de nuestro conocimiento. Lo más interesante del Universo es que un grupo de fenómenos simples se ordenan por sí mismas en algo más complejo, desde las escalas más pequeñas de las partículas elementales a las más grandes.

Los cardúmenes, los enjambres y las manadas se comportan –como conjunto– de manera desemejante a como lo hacen sus integrantes individuales. Una neurona por sí misma no posee inteligencia alguna, pero miles de millones de ellas interactuando entre sí pueden organizar una mente, algo totalmente diferente.

De tal manera, el ecosistema integral de un bosque se manifiesta de forma inteligente, atendiendo constantemente al equilibrio de sus especies cuando se produce una desestabilización momentánea, sin estar regido por uno de sus elementos constitutivos

En la actualidad las sociedades enfrentan un proceso de transmutación hacia unidades más vastas e interconectadas tecnológicamente, cuya resultante las sobreexcederán.

Aquellas naciones y núcleos intelectuales que dominen las ciencias complejas y la conviertan en productos y formas de organización social devendrán en los superpoderes culturales, económicos y políticos de este siglo XXI.

Finalmente, se ha aceptado que las galaxias son sistemas complejos auto–organizados, y esto califica como un primer e importante paso en la nueva filosofía. Todos son escalones de un proceso ascendente donde lo inmediato es el ensamblaje de máquinas pensantes y de la civilización extraterrestre.

El nuevo conocimiento y la tecnología que brotará de toda esta aplicación tendrán profundas implicaciones; han de alterar radicalmente la manera en que nuestra sociedad se organiza, la forma en que empleará la información y la tecnología, y obligarán a una forma diferente de pensamiento y del conocimiento.

Un ejemplo de complejidad se halla en ciertas dinámicas de movimientos, extremadamente complicados, como son las rotaciones y órbitas de los astros, la traslación circunsolar planetaria y de los cometas, el desplazamiento del Sol por el disco de la Vía Láctea, todos los "tirones" gravitatorios que ejercen sobre nosotros las galaxias cercanas, así como el transporte de la Vía Láctea por todo el Universo[3].

Todos estos giros, órbitas, fuerzas gravitatorias, diferencia en velocidad y tiempo, suponen una multiplicidad de tal complejidad que escapa a las ciencias actuales.

Si la física de las partículas es el paradigma culminante sobre el cual versan actualmente las otras ciencias, en las próximas décadas las físicas tomarán la dirección de la llamada complejidad que resultará lo más candente para las ciencias y el pensamiento de este nuevo siglo[4].

Gaïa: hipótesis ecológica

Otro de los paradigmas de complejidad en boga es el de nuestro planeta como un sistema orgánico y viviente, la tesis de Gaïa[5], cuya principal exponente ha sido desde la década de los sesenta la microbióloga norteamericana Lynn Margulis[6].

Gaïa es una hipótesis ecológica que propone la interacción compleja de todas las formas de vida del planeta, el cual es considerado un simple organismo. Gaïa es la diosa griega de la tierra.

Según este planteamiento, el planeta se concibe como un mundo simétrico y complejo en el cual las plantas y los animales, los sedimentos de la superficie del planeta, el entorno geo–climático y toda la biosfera, han conformado un equilibrio delicado y complementario, un ecosistema fisiológico auto–regulado e integrado, un verdadero organismo vivo donde cada pieza cumple una función específica.

En dicho escenario, el deterioro o menoscabo de una de tales partes desploma irremisiblemente todo el ecosistema.

Es aceptado que la actual proporción de oxígeno en la Tierra se logró a partir de un proceso biológico. Sin embargo, es común soslayar que el grueso de los otros gases atmosféricos[7] son frutos también del mismo proceso biótico, un producto biológico, una resultante de las bacterias, y no solo de los mecanismos químicos y físicos.

Por otra parte, la temperatura atmosférica es sostenida por la oxidación y otros gases en sus capas inferiores, generados y mantenidos por la vida planetaria.

Pero esta interdependencia biótica ha sido exagerada merced a un utopismo superficial. La naturaleza se ha comportado siempre de forma caótica y sin leyes protectoras de la simetría para las diversas formas de vida. Nunca ha existido un equilibrio biológico o químico en nuestro planeta.

Las plantas y las comunidades de animales se hallan muy lejos de estar ordenadas armónicamente en sus hábitat; cada especie trata de sobrevivir lo mejor que puede, en una asimetría natural, y se comporta de forma oportunista, anti–cooperativa y violenta, ajustándose a su medio, y beneficiándose con la destrucción de sus vecinos o del propio entorno que la sostiene[8].

Los intentos por reconstruir un medio natural integrado a gran escala fracasan por la brutalidad que inyecta la supervivencia no solo en la esfera animal, sino también en la de los vegetales, donde a cada oportunidad de espacio, mayor o menor densidad boscosa o de luz solar tiene lugar una verdadera carrera por ahogar a los restantes.

Así sucede con las plagas de langosta, el célebre *Pinus banksiano*, el elefante o el humano. En la arquitectura de los sistemas complejos (el núcleo celular, la economía, el clima o el Estado) el grueso de su dinámica es autónomo; es más, la mayor proporción de sus atributos no podrían manifestarse de estar controladas por un mando centralizado.

Los sistemas generados por la naturaleza, de índole molecular, bióticos o cósmicos son más consistentes, duraderos, flexibles e innovadores que cualquiera edificado por los seres humanos; no evolucionan bajo condiciones que favorezcan una dirección lineal única, es decir, la supremacía del dinosaurio, o del humano por sobre el resto de las especies no se logra por medio de un programa diseñado por la naturaleza que se va cumpliendo de forma evolutiva.

Esta hegemonía –dinosaurio y humano–, cristaliza por razones y situaciones fortuitas, producto del azar y del caos natural.

La naturaleza es una extensa y variable arquitectura paralela, donde todo lo que existe se comporta en un contexto de coexistencia múltiple, de ajuste e interacción perenne, donde nada asume el predominio sobre el resto[9].

Del mismo modo, un termitero, un hormiguero o una colmena actúan de manera ingeniosa, mediante un patrón comunal para la auto–regulación, sobrevivencia y ampliación de sus colonias, pese a que sus integrantes individuales carecen de inteligencia. A su vez, en el microcosmos se gestan pautas colectivas que sistematizan cómo sus agentes individuales interactúan entre sí.

En busca de una summa

Una flamante visión pugna por desarrollarse como paradigma valedero para todas las investigaciones científicas y sociales: un nuevo consenso de conocimientos emerge, entre los que figuran los sistemas complejos, las ciencias complejas, el caos.

Tales remozados principios filosóficos y de método para las ciencias, para las humanidades y para la sociedad reemplazarán las actuales y desusadas ecuaciones de causa–efecto, lógica racional y deducción por las de caos–orden y las de simplicidad–complejidad.

Las sicologías ya exploran un terreno desconocido con las teorías del conocimiento disonante; la econometría también se amplía, así como el control electrónico de los sistemas de información.

Ya tiene lugar una asombrosa expresión de convergencia en las ciencias y sus ramas, que viene desarrollándose desde la aplicación de la energía atómica, en los programas espaciales y en los experimentos de los aceleradores de partículas; tal tendencia está obligando a una precipitada relación interdisciplinaria.

Las novedosas síntesis en las ciencias y en las disciplinas humanísticas se conjugarán de modo paralelo, relacionándose unas con otras, y brindando una potencialidad hoy impensada.

Se convendrán nuevas ramas de conocimientos mediante disciplinas complejas como: los diseños computacionales físico–matemáticos, las redes paralelas de computadoras, la dinámica no–lineal y los sistemas selectivos, el caos, las matemáticas experimentales, la fusión mental con el Universo y con la naturaleza circundante, la conexión neural.

De esta manera, las bases de los sistemas biológicos han de ser confrontadas por ciencias exóticas interdisciplinarias, en especial la que fusionará a la física de los sistemas no–lineales con las matemáticas y con la propia biología; incluso como la venidera ciencia de la biología computacional.

En las últimas décadas existe un consenso general en la ciencia de la física, de que la relatividad general de Einstein puede combinarse con la teoría cuántica de Böhr, para entonces componer una teoría unificada –la cual entraría en la clasificación de los ejemplos de complejidad que abordamos–, que se espera ayude a solventar muchos de los enigmas actuales, desde las partículas al Universo en su totalidad.

El resultado que se busca es un paradigma que ensamble las cuatro fuerzas fundamentales de la naturaleza y buscar su origen en una fuerza común, en un principio simétrico individual. Es un intento porque nuestro pensamiento lógico no se desbarate.

Muchos consideran que el descubrimiento de un paradigma que englobe la relatividad, la cosmología y la teoría cuántica será una teoría de la auto–organización compleja.

Entre tales esfuerzos vale citar al matemático y físico teórico alemán Hermann Weyl, el cual en la década 1930 trata de unificar la Teoría de la gravedad con el electro–magnetismo como primer paso. El propio Einstein dedica los últimos años de su vida a un esfuerzo similar, y también Heisenberg piensa que su fórmula universal ha resuelto el dilema de la unidad de las fuerzas naturales.

Los físicos Steven Weinberg, Abdus Salam y John C. Ward[10], logran crear una plataforma entre las interacciones débiles y electromagnéticas a fines de la década 1960 al presentarlas como manifestaciones diferentes de una fuerza única electro–débil. En 1983 esta teoría se vio confirmada.

Pero la mayor resistencia a tales simbiosis radica en la barrera teórica y matemática existente entre la mecánica cuántica y la gravedad.

También es un consenso general que el meollo para una teoría que unifique la física clásica con la cuántica es resolver primero combinar la relatividad general de Einstein con la cuántica de Böhr.

Esto sería la única forma de propiciarnos un instrumento de análisis, una teoría unificada de la complejidad en la física, para solventar muchos de los enigmas actuales, aplicable a todos los fenómenos, desde las partículas al Universo en su totalidad.

Entre otras cosas se produciría una descripción correcta de cómo se comportan la gravedad y el espacio, y se podría lidiar con el problema de cómo combinar la teoría de la gravedad cuántica con nuestro entendimiento de espacio y tiempo proveniente de la teoría de la relatividad.

La complejidad vs la razón inmutable

Si bien una serie de fenómenos pueden ser explicados en base a un puñado de leyes y asunciones derivadas de la mecánica newtoniana, como los eclipses, la trayectoria de los proyectiles, las mareas causadas por la fricción gravitacional entre la Tierra y la Luna[11], hay un horizonte de manifestaciones en el mundo natural que requieren de una aproximación diferente.

Ya en tiempos de Newton se descubren incongruencias en su primera Ley, la del movimiento; DaVinci argumentaba que un cuerpo en caída tomaba el camino más corto, y Copérnico, Galileo y Kepler habían meditado sobre ello.

La causalidad en la física es una idealización que existe solo en las ecuaciones y las simulaciones computarizadas; no debe confundirse con la variedad, complejidad y sutileza de los acontecimientos individuales de la realidad. Es por eso que fallan los intentos por reducir todos los hechos de la naturaleza a la cadena causa–efecto.

Las ciencias no pueden ser únicamente una configuración de paradigmas centrados en las predicciones, las verificaciones experimentales y la acumulación de nuevos conocimientos. Asimismo, es absolutamente imposible producir una escala básica de explicación, una solitaria teoría, sobre la cual descanse todo el andamiaje científico, como sucede con las ciencias clásicas.

El objetivo de las ciencias, en realidad, va más allá de este funcionalismo; su destino tiene que ver con nuestra necesidad de entender el Universo, de descifrar el conocimiento humano y de precisar nuestra posición en el Cosmos. Por eso sus métodos y técnicas deben de estar siempre prontas al cambio y a la respuesta en modo creativo de nuevas exigencias y situaciones.

Con esta flexibilidad es que germinan otras interrogantes e indagaciones acerca de la naturaleza y la vida, sobre la ordenación interna de la materia y el enlace imperceptible entre los procesos cósmicos, además de las coincidencias de formas a diferentes escalas, de la conciencia y su vínculo con el cuerpo, y la comprensión de la armonía del Universo.

La ciencia de la complejidad reta nuestros valores inmutables hasta hoy. No podemos imaginar un mundo ajeno a nuestra observación, como hasta ahora La realidad física que nosotros percibimos, la evidencia experimental, es incompatible con nuestras ideas ordinarias sobre la realidad, es actualmente solo nuestra construcción mental.

Nuestra visión sobre la realidad diaria y de la vida humana, de nuestro pensamiento y la metafísica, necesita de revisiones drásticas; se requiere reexaminar toda la cultura y la ciencia clásica.

Solo cuando demos un vuelco a la forma en que hemos escudriñado la naturaleza, entonces, y desde una perspectiva más interrelacionada, por encima del pensamiento tradicional intra–disciplinario y especializado, estaremos en capacidad de responder mucho mejor a nuestras interrogantes.

No se pretende un retorno a la imagen que poseía el mundo de la antigüedad griega, sino a recuperar una mayor sensibilidad y conciencia de las posibilidades y potencialidades ilimitadas del todo universal; de ganar acceso a ese interminable surtidor de energía, de renovar nuestro contacto con la creatividad y las fuentes incondicionales que son el origen no solo de nuestra conciencia sino de toda la realidad.

Este desafío es ya evidente en la polémica sobre cuáles son los valores y ética que deben regir la modificación de los genomas de humanos, animales y vegetales, en la prolongación artificial de la vida, así como en los trasplantes.

Las novedosas síntesis de las ciencias y de las disciplinas humanísticas brindarán una potencialidad hoy todavía impensable. Así, se afirmará una nueva civilización cosmopolita y una cultura global.

A cualquier conclusión que arribemos sobre nuestra condición y sus límites, será imperativo remodelar nuestra civilización sobre bases más trascendentes.

Los arquetipos y la sincronía

Es en el acto de la creación –científica, intelectual, artística, biológica– que se produce la conexión humana con el Universo. La creación es un estado más allá del tiempo y del espacio, pues disuelve y transciende las estructuras y distinciones materiales que nos rodean.

Mientras la fuente de toda la realidad es una creatividad que no está condicionada, la sociedad humana y los individuos que la componen operan mecánicamente y responden a las nuevas situaciones a partir de posiciones y criterios prefijados y no creativos[12].

Esto ha desembocado en toda una rama de investigación, como la sicología, que todavía está atiborrada de prejuicios y de la razón mecánica; pese a todo, la sicología admite la existencia de mecanismos en el inconsciente mental que propician las conductas anormales en forma de neurosis y de represiones[13].

El patrón de una vida individual puede ser el fruto de un arquetipo desarrollado cientos o miles de años atrás, manifestado luego en una serie de hechos históricos, en una nación específica.

Normalmente manipulamos una gran cantidad de símbolos e ideas que no se explican enteramente como resultado de nuestra experiencia personal. Jung concluye que tales mitos, sueños, alucinaciones y visiones religiosas brotan de la misma fuente, de un colectivo inconsciente que es comulgado por la humanidad.

Por ejemplo, la incapacidad de las disciplinas científicas tradicionales para descifrar los fenómenos síquicos y paranormales se traduce en un desdén hacia estas categorías que son arrinconadas bajo el calificativo de controvertibles. El desorden de las múltiples personalidades síquicas tiene perplejo a las ciencias, como es el caso de la telepatía, o variadas pauta de sicoquinesia, donde ciertos individuos pueden describir con nitidez lugares distantes.

También los sueños resultan actos creativos puros, de naturaleza autónoma, que contienen mensajes significativos; para el artista y para el brujo, el mundo de los símbolos y la inspiración, más allá de la conciencia, es una realidad tangible.

El sueño es un mecanismo natural que parece contradecir la noción que nos hemos impuesto compulsivamente de fragmentar el mundo, de compartimentarnos en razas, en géneros, en nacionalidades, en religiones, en castas económicas.

Asimismo, los llamados "sueños lúcidos", donde el durmiente mantiene plena conciencia de que está soñando, del control de su propio sueño se atribuye a un desplazamiento nuestro hacia otras realidades o universos paralelos; tal hecho prueba que el cerebro dispone de la habilidad para generar imágenes reales por medio de la holografía.

El paradigma mental

Es un hecho que la mente se ha renovado con mayor rapidez que la sociedad humana. En otras palabras, la conciencia se mantiene auto–limitado por la propia velocidad de su evolución, al estar el individuo atrapado en mecanismos, creencias, objetivos y valores de tal severidad que le impiden comportarse de la forma creativa que caracteriza al orden general del Universo[14].

Debemos descifrar si la especie humana está predestinada a cambiar sólo bajo el lento mecanismo evolutivo y de selección natural de la mente física; si está inexorablemente limitada por las estructuras mentales estáticas que impone su orden social; o si la conciencia fundamentalmente ilimitada es el potencial del cambio y pueda tener lugar una transformación total de la mente humana, independiente al tiempo evolutivo.

Los psiquiatras Sigmund Freud y Carl Jung presentarán un juicio inédito respecto al inconsciente[15]. Freud y su escuela del psicoanálisis descansan en la tradición del racionalismo científico. En el caso de Freud este argumenta que nuestra vida inconsciente está dominada por los instintos y las represiones, sobre los cuales se va hilvanando la civilización.

Jung, por su parte, se inclina por la metafísica y el espiritualismo, y apunta que la mente inconsciente es una dimensión creativa oculta y no una masa desorganizada de represiones e instintos sexuales.

De igual forma, considera que tales conductas anormales responden a un inconsciente colectivo, fuera de las capas de la represión individual donde se localizan la energía y los patrones de sincronismo, y se diluye la distinción entre la mente y la materia.

Las imágenes y memorias se codifican y almacenan durante miles de años en la mente, junto a remanentes de todas las etapas y niveles evolutivos, desde los reptiles. Esas estructuras mentales heredadas genéticamente —ese inconsciente colectivo compartido por la especie humana— afectan la actividad de la mente por razón de cambios físicos dentro de su química corpórea y cerebral.

Jung oponía la causalidad con la sincronicidad[16]: "En consecuencia, no puede tratarse aquí de causa y efecto, sino de una coincidencia temporal, una especie de simultaneidad. En virtud de tal cualidad de simultaneidad he elegido el término sincronicidad para designar un hipotético factor explicativo que se opone, en igual de derechos, a la causalidad".

Los arquetipos del colectivo inconsciente nos son revelados simbólicamente, a través de los sueños, las fantasías, las obras de arte y los mitos y resultan una realidad recóndita que se encuentra detrás de la natural apariencia de los objetos y de la realidad[17].

El inconsciente colectivo

¿**C**ómo explicar que los mitos, leyendas y el folclore popular que permean todos los pueblos y culturas antiguas presentan imágenes y símbolos similares, como la ilustración común de las diosas de la fertilidad, del océano primordial, la dualidad generadora del Universo, la afirmación del orden luego del caos absoluto?

¿De qué forma la esencia de un ritual específico puede resurgir dos milenios después, en la mente de un humano de este siglo?

¿Cómo esclarecer las "visiones marianas" y la obsesión colectiva con los OVNI[18]?

La teoría del sincronismo en los sucesos de la realidad diaria humana y del Universo surge por la colaboración de dos brillantes individualidades: Jung, co–fundador del sicoanálisis, y el físico–matemático Wolfgang Pauli, cuyo ensayo sobre los átomos del hidrógeno confirma la teoría de la mecánica cuántica.

De acuerdo con Jung y Pauli, el patrón de una vida individual puede ser el fruto de un arquetipo desarrollado cientos o miles de años atrás, manifestado luego en una serie de hechos históricos, en una nación específica.

Normalmente manipulamos una ingente cantidad de símbolos e ideas que no se aclaran totalmente como resultado de nuestra experiencia personal.

Estos arquetipos subyacentes sin aparente unión y de manera casuística se presentan en patrones de probabilidades en nuestra vida cotidiana y en los fenómenos de la naturaleza; pero, verdaderamente, son la expresión de principios relacionados y no precisamente casuales.

Asimismo, la esencia del inconsciente colectivo descansa en el significado de sus arquetipos, esos patrones dinámicos y simetrías que mantienen su estructura interna.

Este inconsciente colectivo u objetivo emana de un área universal de la mente, de campos de actividad simétricos, de un centro autónomo de energía, de un terreno común donde la materia y el pensamiento están ensamblados de la misma forma que la creación de la materia aparece de un estado vacío con el *big–bang*.

Surge de una zona donde los sucesos del mundo exterior, tanto pasados como futuros, fluyen uno al lado del otro, y no linealmente producto del nexo y de los que emergen fenómenos de sincronía.

Hasta fecha reciente, la ciencia consideraba al orden y la sincronía como la excepción más que la regla de un universo caótico. En su nuevo libro: *Sincronía: La Ciencia Emergente del Orden Espontáneo*, el matemático Steven Strogatz[19] la describe como una nueva ciencia. El sincronismo no es una coincidencia aislada de la mente y la materia sino la fuente secreta que da a luz al Universo en cada momento eterno.

La sincronía es como una acumulación de energía que produce resonancias externas en el mundo físico, en la naturaleza, en la sociedad y en la vida humana; que lleva a la coincidencia en el tiempo de dos o más fenómenos, aparentemente incomunicados, pero con el mismo significado[20].

Ella aparece en los lugares más inverosímiles: desde las órbitas de los satélites a los electrones, del cacareo de los gallos a la tendencia en mujeres que viven cerca o que pasan mucho tiempo juntas a menstruar al mismo tiempo.

Los sucesos sin causa aparente tienden a acumularse entre sí, por medio de un aliento oculto, un patrón armónico que hace de cordón umbilical que conecta los pensamientos, los sentimientos, nuestro quehacer social, las ciencias y el arte.

Los hechos simultáneos

Si la sincronía no es el resultado del azar y del destino ni producto de la imaginación, implicando entonces que las ciencias están enfrentadas a un misterio distinto a la relación causa–efecto.

La sincronicidad es algo más que la mera conjunción en un patrón de partes o hechos inconexos, pues ella envuelve a una gran cantidad de individualidades, y, además, transciende las leyes normales de las ciencia al expresar movimientos más profundos y que envuelven, de manera inseparable, a la materia y al conocimiento.

La comprobación de una conexión universal e instantánea mediante el famoso efecto cuántico, esbozado en el célebre teorema de la no–localidad de Bell, resulta una manera de sincronismo en el sentido que establece el eslabonamiento entre los hechos a los cuales no asisten los pretextos de causas.

La sincronicidad se caracteriza por la unión, de lo universal con lo particular, que existe en la simultaneidad de los hechos y se constituye de moldes que emergen por chance, de un trasfondo regido por la casualidad y la contingencia, y que tiene un sentido para la persona que experimenta tal sincronicidad.

A menudo, tales concurrencias suceden en circunstancias críticas en la vida de una persona y pueden ser interpretadas como la semilla de un cambio futuro. Por eso puede afirmarse que ante varios hechos de sincronismo agrupados en el Universo nos hallamos frente a la emergencia de probabilidades que no están determinadas por causas directas.

La comparecencia de sucesos accidentales mentales y físicos adquiere significado en la sincronía, que permite combinar la razón casual de los fenómenos con una explicación real, que choca con el criterio de un Universo regimentado por la causalidad.

El también físico Prigogine, a partir de su estudio en termodinámica y en sistemas no equilibrados, sostenía que no era posible sustentar una dimensión simple en la naturaleza, un resultado lineal, directo, de causa–efecto para todos los fenómenos. Para él, la naturaleza presentaba diferentes avenidas, cada cual con su propia descripción y ésta, a su vez, condicionada por el resto de los niveles circundantes.

Por ejemplo, el nivel subatómico está perturbado por el nivel humano; la mecánica de nuestro planeta se halla interferida por la de todo el Sistema Solar, y éste, a su vez, por el cúmulo de estrellas vecinas[21].

Las implicaciones de este argumento son claras: la experiencia no se puede reducir a una proporción elemental y esencial, así, lo que es del átomo es del átomo, pero es también de otra dimensión superior; y es imposible describir el Universo con una hipótesis sólo para él, excluyendo las galaxias, los sistemas solares, los planetas y lunas, la vida.

El proceso cuántico, avizorado por David Bohm, se interpreta considerando que el mismo dispone de una parte "mental". Estos patrones de pensamiento y la estructuración del proceso material tienen un cualidad de conjunción: la sincronicidad, como la esencia de toda la percepción del Universo, como algo que no es único, que está presente en la complejidad que envuelve a la materia elemental, en cada región del espacio-tiempo y dentro de la conciencia de cada individuo.

El reduccionismo absoluto no sólo es simplista sino que es imposible, y las proposiciones deben ser tomadas en una forma plural, donde ningún componente es dominante, pues lo que a primera vista parece lo fundamental, en un examen más cuidadoso se prueba que, para su definición y significado, está reglamentado y definido en términos de otros niveles.

En la historia concurren casos de conjunción creativa del pensamiento o de la actividad humana por encima de lo normal, en un continuo de espacio–tiempo. La historia del pensamiento humano y de la cultura está llena de ejemplos de sincronismo, como la comparecencia del famoso arco del pensamiento en el siglo V a. C. que, geográficamente, abarca desde China hasta Cartago.

Esta era del surgimiento del budismo, del jainismo, del taoísmo, del confucianismo, de la fisiología jónica, del judaísmo, es lo que el filósofo alemán y uno de los fundadores del existencialismo Karl Jaspers (1883–1969) bautizó como tiempo–eje[22].

Este arco del pensamiento se representa en China con el ilustrado Confucio y el filósofo Lao–Tsé (570–490 a. C.), fundador del taoísmo; es la India de los Upanischadas y del fundador del jansenismo y reformador Janatiputra Mahavira (599–527 a. C.), a veces conocido como Vardhamana, y del Gautama Buda, de ese monumento de la literatura que es el *Ramayana* y de las operaciones de catarata del famoso cirujano Susrata.

Es la Persia de Zaratrusta y la Babilonia del astrónomo Naburiannu y su calendario lunar. Es la Palestina de los profetas bíblicos y de la *Torá*. Es la civilización helena del Asia Menor de los Seis Sabios, de Anaxímenes y Anaximandro de Mileto, de Tales de Mileto y de Solón.

Es la Hélade del estadista ateniense Pericles, del filósofo Platón, del historiador Herodoto y de los dramaturgos Sófocles, Eurípides, Esquilo los más grandes dramaturgos de todos los tiempos. Es el Egipto del grandioso templo de Amón y de Imhotep. Es la Cartago de los famosos periplos marítimos, el africano del sufeta Hanno, y el del Mar del Norte del sufeta Himilco.

Nosotros y lo externo: espejismo

Para Occidente, todas las etapas de la historia, del Estado y de la sociedad se definen por raíces causales que le anteceden, como las agitaciones sociales, los cambios legislativos o nuevos balances comerciales.

Pero en la Antigüedad no se ve la historia como si fuese una red causal unilineal; se concibe que los hechos acontezcan de forma conjunta en el tiempo, donde no son el resultado final de una cadena causal sino aspectos de un vasto patrón general animado por energías inmanentes.

Así, por ejemplo, al inicio de una batalla se le otorgaba importancia a elementos diversos, como un oráculo favorable, detalles domésticos, cambios climáticos o matrimonios relevantes.

La civilización china de la dinastía Shang, que brilla hace cuatro milenios, descansa en una concepción de armonía global del mundo, donde los sucesos no relacionados están enlazados de forma sincrónica, donde el mundo se estructura a través de cúmulos de eventos simultáneos, coincidencias y correspondencias.

Esta filosofía fue plasmada en el tratado conocido como *I Ching*, que contiene los patrones y dinámicas del Universo y funciona de mediador entre la Tierra y el Cielo, y el cual sirve para el posterior desarrollo del taoísmo, del confucianismo y de las ciencias naturales chinas[23].

En estas civilizaciones antiguas el Cosmos es un real armonioso que se comporta de forma cíclica; y el papel de la humanidad es el de mantener todo este equilibrio mediante la conducta, los rituales, las cosechas y otros actos humanos. Quizás ellos estaban en un camino más cierto que luego abandonamos y ahora estamos precisados a retomar.

El marco conceptual de la mecánica cuántica, apoyado por una masiva cantidad de datos experimentales, ha forzado a los físicos contemporáneos a expresarse de una forma que parece mística, al evidenciar que la distinción entre "nosotros" y el "exterior" es sólo una ilusión.

Esta asunción epistemológica, contraria a la newtoniana y cartesiana, plantea que somos incapaces de predecir exactamente cualquier fenómeno, sino su probabilidad, ya que la relación causa–efecto no es una ley de la naturaleza.

La idea actual de un universo causal se ve minada, ya que estamos renovando un Universo del cual somos parte, que a su vez se está auto–renovando. El tiempo y el espacio no existe más allá de nuestra experiencia y el Universo existe, pero también lo hemos creado al estar conscientes de él.

El orden material es una figuración

Para explicar la elipse de la Tierra alrededor del Sol, suponemos que existe una fuerza de gravedad tal que mantiene a nuestro planeta en su órbita. Pero si consideráramos una geometría espacial, deberíamos definirla observando la manera en que los objetos se mueven en él. Cuanto mayor y más cercana es la masa a otra masa, más acentuada es la curvatura.

El descubrimiento de los corpúsculos de anti–materia, con cargas eléctricas –hecho por los físicos–, presentes en nuestro mundo y que permite la vida de concierto y en mancomunidad con la materia conocida, nos lleva a la interrogación de si, después de todo, nuestro rincón del Universo es representativo de todo el cosmos.

A medida que la velocidad de transmisión es mayor y la tecnología utilizada involucra un procesamiento superior de datos los problemas en sincronía cobran una elevada importancia.

Si se han establecido matemáticamente como principios absolutos los mundos paralelos y la anti–materia y la energía, entonces nuestro Universo es una trampa tridimensional sin escape, y, por tanto, no es el núcleo o la integridad, sino una de las tantas sendas equidistantes de la realidad, dentro de un supra–Universo de múltiples Universos, dimensiones e infinitas opciones.

Ello no solo desafía nuestra concepción de espacio y tiempo, incluida la de Einstein, y la de lo orgánico e inorgánico, sino también la de toda la estructura cósmica, de lo simple que hasta el presente hemos percibido la realidad física, de cómo nos hemos considerado a nosotros mismos, y cómo funciona el mundo que nos rodea.

El físico Stephen Hawking elaboró los teoremas del interior de los agujeros negros, lo que llama singularidad, una especie de frontera del tiempo espacial que puede ser una grieta en el Universo capaz de conducirnos a algo fuera de nuestro tiempo espacial. Pero la paradoja demuestra que si fuese factible viajar en el tiempo, toda la física actual se vendría abajo[24].

Acorde con la nueva física, lo más incomprensible de todo es que el mundo se nos muestra totalmente enigmático quebrándose toda la concepción que poseemos sobre la causalidad, la verificación experimental, las ciencias exactas y los sistemas finitos.

En sentido humano el orden es una ilusión, pues el nuestro es de un tiempo circunscrito a una porción insignificante del cosmos, observado solo por una criatura finita de sentidos limitados. Por ello, las nociones de espacio y tiempo descubiertas por nosotros pueden no tener validez en el resto del cosmos.

Al hallarse nuestra percepción y movimientos entre lo más lento del Universo, vivimos nuestra existencia en un marco limitado, de bajas velocidades, donde las ondas del sonido nos parecen ultrarrápidas; de ahí proviene nuestro error[25].

La relatividad arremete contra esta concepción estática e inamovible de espacio y tiempo, lo que nos lleva a un Universo absurdo para nuestro sentido común, muy lejos de estar ordenado, y donde los conceptos de principio y de fin no tienen sentido.

Sin embargo, aún no hemos incorporado esta realidad a nuestras estructuras mentales y creaciones, y de ahí proviene una de las tantas inconsistencias de nuestras armazones científicas, de nuestras filosofías, ideologías y culturas.

Nuestras mentes han seguido reglas diferentes a las del mundo real, incluso, a las de nuestro cuerpo, que está formado por partículas que se desplazan en incontables dimensiones y en diferentes velocidades, a cual más terrífica.

El vacío no está vacío

Los procesos de la naturaleza son más perspicaces de lo que actualmente se supone, y conforme a ello contienen un aspecto que es muy cercano a lo que denominamos como mente. Todo indica que la mente individual tiene un origen colectivo, común con toda la materia.

Ya en los siglos XVIII y XIX se avanza en la comprensión de la energía, y se descubre que el calor, la electricidad, la actividad química e incluso el trabajo de las maquinarias, están relacionados con una substancia: la energía. En adición, el físico Maxwell introduce la noción de los campos de energía, que une a fenómenos tales como la luz, el magnetismo y la electricidad en un campo electromagnético.

Erróneamente, el Universo se concebía como un vacío donde la materia se desplazaba por el mismo sin verse interrumpida. Ya en tiempos de Michael Faraday se venía indagando la existencia de una fuerza única en la naturaleza, tratando de definir por este medio los misterios de la materia. En el ocaso del siglo XIX, físicos como el premio Nobel alemán Wilhelm Ostwald[26] conjeturaban que la única substancia real en la naturaleza era la energía y no la materia.

Es con la teoría de los campos, de Einstein, que se demuestra cómo la materia y la energía son equivalentes, y se perfila que el Universo no es solo materia, como defendía la física clásica, sino que está constituido por campos de energía.

Una carga eléctrica inmóvil en la Tierra no genera campo magnético, pero sí lo hará con un observador interestelar que se mueve con respecto a nosotros[27]. ¿Cómo puede, pues, el mismo cuerpo originar y no originar un campo magnético?

El puntillazo lo propina la física cuántica que confirma cómo la materia y la energía están fusionadas en la famosa dualidad de onda–partícula. El vacío, por tanto, no está desocupado sino que se halla saturado de energía y de fluctuaciones espontáneas que pueden crear nuevos corpúsculos de la "nada", algo difícil de entender por nuestros arquetipos mentales.

El mundo corriente −aquel de los cuerpos sólidos indiscutiblemente localizados en el espacio y en una secuencia de tiempo lineal− es una manifestación de moldes que se difunden a partir de un orden más inasequible.

De hecho, el vacío no es más que fluctuaciones menores dentro de un océano hirviente de energía infinita y de flujos cuánticos, del cual luego se generan y se alimentan las partículas elementales, la materia, el espacio−tiempo; es por esa razón que el mismo es accesible a nuestra mente.

Cuando la ley del movimiento de Newton se extrapola a la mitad de la velocidad de la luz, se demuestra que es errónea. Para Einstein, salvo el fotón, nada puede lograr la velocidad de la luz, pues acorde con la equivalencia de *masa = energía*, su masa devendrá infinita, consumiendo todo el Universo. La velocidad de la luz es lo más palpable que tenemos acerca de una dimensión de tiempo y espacio ajena a nosotros, pero es difícil de representar.

Pero lo que comúnmente se llama frecuencia de una onda luminosa sólo lo es con relación a ejes fijados relativamente al cuerpo emisor. La frecuencia de una onda luminosa es una característica que ésta tiene en relación con la materia, no en relación consigo misma.

Si queremos comprender la luz en sí misma, no en su relación con la materia, debemos dejar que nuestros ejes viajen con ella. Si hemos de admitir que la luz procedente de una estrella altera su dirección al pasar cerca del Sol, tendremos que pensar que el viaje de la luz es un proceso, no un mero acontecimiento continuado.

Y parafraseando a Einstein, decir que la mayor velocidad de la naturaleza es la de la luz, equivale a afirmar que, cuando dos transiciones son el principio y el fin respectivamente de un acontecimiento luminoso, no existe transición que sea descendiente causal de una y antecedente causal de la otra, puesto que el intervalo entre dos puntos de un rayo luminoso es cero.

La trayectoria de la luz no resulta "en realidad" desviada, sino que, en cada caso, es "realmente" la más corta geométricamente posible debido a que la gravitación consiste en el hecho de que una geodésica es geométricamente diferente de lo que sería en ausencia del campo gravitatorio.

Así, todo lo que es permanente es visto como ilusorio, y solo la concientización es eterna en la forma de conciencia del Universo viviente. Por tanto, es falsa la proposición de que las partículas elementales constituyen el nivel más básico de la naturaleza y que todas las descripciones pueden reducirse al mismo.

Se desconoce exactamente cuáles son las entidades básicas del nivel sub–atómico; todos los intentos por medir o determinar las propiedades de los estados cuánticos, de las partículas, de inmediato tropiezan con las limitaciones expresadas por Heisenberg, el creador de la teoría cuántica y del famoso principio de incertidumbre, donde el observador y su instrumental se hallan irreductiblemente ligados al sistema cuántico, y el acto de medición trastorna a todo el sistema subatómico.

Topología, nueva geometría

Sería la inusual perspectiva geométrica de Poincaré la que descubre el determinismo del caos con su observación del espacio en los sistemas deterministas para considerar las pequeñas perturbaciones, provocadoras de un alto grado de incertidumbre.

Poincaré había ensayado con sistemas matemáticos clásicos de tipo no–lineal llegando a conclusiones que darían pie a la teoría del caos. Este matemático partió del dogmático esquema "laplaceano" según el cual, si conocemos con exactitud las condiciones iniciales del Universo, y sus leyes naturales se puede prever la situación del universo en cualquier instante de tiempo subsiguiente.

En otras palabras, la situación inicial del Universo solo podemos conocerla con cierta aproximación. Pero, al ser indescifrables las inestabilidades del Sistema Solar mediante la aplicación de la mecánica newtoniana y al esquema laplaceano, Poincaré inició sus exploraciones en el terreno del caos y el orden, y advirtió que el movimiento pendular del Sistema Solar contenía dinámicas caóticas.

Este aporte llevó a la comprobación de los elementos imperceptibles de caos, y posibilitó las predicciones a escalas de tiempo humano. En su eminente ensayo *Ciencia y método*, escrito en 1903, Poincaré introducía el concepto de soluciones caóticas u homo–clínicas, que él llamaba doblemente asintóticas.

Luego, llegó a la inverosímil conclusión del impedimento de conocer exactamente las leyes de la naturaleza y el Universo en su momento inicial, lo cual nos impide predecir textualmente su estado en períodos posteriores, al igual que pronosticó como una imperceptible perturbación en sus requisitos iniciales al final introduce cambios exorbitantes[28], acorde con leyes generales preexistentes.

Poincaré se dedicó a profundizar en este problema y observó que en las estimaciones hechas por los matemáticos sobre la órbita de un asteroide o de un planeta no eran exactas, sino "aproximadas"[29], los cuales desestimaban cualquier débil atracción de un segundo planeta o cuerpo celeste y por ello acudían a la "aproximación" para calcular una órbita.

Para asombro de los astrónomos de su tiempo formuló un teorema en el cual bajo ciertas condiciones críticas las pequeñas correcciones empezaban a acumularse, realimentándose, hasta afectar totalmente la órbita de un cuerpo celeste, provocando su oscilación, o como planteó entrando en "resonancia", apuntando que saliera despedido violentamente del Sistema Solar.

En su teorema llegó a la conclusión de cómo las variaciones de segundos o minutos de cada planeta, en un período de tiempo prolongado, creaban condiciones para una transmutación abrupta de su configuración orbital, capaz de desorganizar incluso a todo el Sistema Solar.

De hecho es difícil anticipar cuáles serán los movimientos de un objeto sometido a los efectos de más de una fuerza, como el caso de un meteorito sujeto al doble alcance de la gravitación de la Tierra y la Luna.

Esto se debe a los efectos no lineales de la retro–alimentación: los planetas no pueden ser tratados como si sus efectos fueran esencialmente independientes y adicionables los unos a los otros.

El increíble descubrimiento de Poincaré implicó que lo impredecible –las conductas fuera de los modelos generales– podía tener lugar en un sistema regido por leyes exactas e inquebrantables, y evidenció lo impracticable de la computación precisa de los acontecimientos en el mundo físico.

Al demostrar que las ecuaciones matemáticas y los sistemas de la física desembocaban en el caos, Poincaré realizó esfuerzos para fusionar la mecánica newtoniana con su nueva propuesta del caos, y así abordar la estabilidad del Sistema Solar y de otros sistemas planetarios en otros rincones galácticos. Einstein había intentado algo parecido aunque sin éxito, al tratar de asociar su relatividad general con la mecánica cuántica para explicar el Universo.

Poincaré, el último de los matemáticos universalistas, se adelantó demasiado a su tiempo y fracasó en hacer valer su magnífica visión a sus contemporáneos.

De paso, Poincaré articuló una nueva pauta en matemática, la topología, una suerte de geometría que lidia con las continuidades y las conexiones entre cantidades disímiles; la topología, hoy día, se ha transformado en una herramienta poderosa para la descripción del comportamiento caótico.

Variabilidades e incertidumbres

Las representaciones de la realidad que analizamos presuponen un mundo basado en la inestabilidad y la creatividad. El mundo es inestable y no podemos controlar totalmente el mundo exterior de fenómenos inestables. La realidad no es controlable como lo proclamaba por la ciencia precedente.

Un ejemplo de cómo en el macro–nivel se suceden fenómenos que no se ajustan al determinismo es el comportamiento de los cometas que tiene carácter estocástico y se determina por un atractor extraño, tan inestable que no se puede predecir su trayectoria.

Las interacciones internas de la célula son habituales a corto plazo, análogas a las interacciones débiles; de ahí que la naturaleza de las fuerzas internas de la célula no sea compatible con las leyes de la termodinámica clásica.

Un sistema vivo no puede compararse con un sistema aislado, en el que es válida la desigualdad, sino más bien con un sistema abierto. El funcionamiento de los seres vivos se lleva a cabo en condiciones de desequilibrio.

Así, los fenómenos biológicos característicos se desarrollan lejos de un estado de equilibrio termodinámico. El funcionamiento de los sistemas biológicos parece cumplir las condiciones necesarias para que aparezcan las estructuras disipativas.

Cualquier sistema en la naturaleza pierde energía en el tiempo; esta pérdida se manifiesta como una contracción en el área. Como dice el autor del fundamental libro *Wake of Chaos*, Stephen H. Kellert[30], debido a esta contracción, "el atractor representa la figura a la que cualquier serie inicial de puntos se acercará de manera tal que no puede tener volumen en el espacio del estado tridimensional. Entonces, la dimensión del atractor tiene que ser menos que tres".

Ya es una realidad la noción del tiempo, los desequilibrios y las incertidumbres. El área de las partículas elementales ha demostrado la inestabilidad fundamental de la materia, y la cosmología ha constatado que el Universo tiene historia. Y complicándolo todo, en las reacciones químicas no lineales predomina el caos.

En condiciones muy inestables, incluso en el marco de la segunda ley de la termodinámica, pueden surgir nuevas estructuras. Estas nuevas estructuras dinámicas son las "estructuras disipativas", que fueron denominadas así por Prigogine; su mantenimiento implica una disipación de energía y generan transiciones de fase hacia el no–equilibrio.

Los ejemplos más correlativos en los cuales la segunda ley introduce la función de entropía son la conducción térmica, la difusión y la reacción química. La segunda ley es una afirmación de la unidad del mundo físico, por eso solo existe una flecha del tiempo. En termodinámica, el tiempo tiene un sentido y todos los procesos que incrementan la entropía son irreversibles.

En cualquier sistema, ya sea biológico, social, económico, tecnológico, cósmico, o subatómico, las fluctuaciones diminutas pueden crecer rápidamente, mucho más de lo que podemos anticipar o controlar, generalizando el caos; esto se hace más patente en las reacciones químicas.

En química los osciladores químicos, por los cuales las concentraciones de los productos varían de manera errática. Los químicos tradicionalmente han señalado que las reacciones bajo condiciones de equilibrio termodinámico llevan directamente a un estado donde el resultado dispone de menor energía que la contenida en los materiales iniciales.

Pero Prigogine establece que las reacciones suceden en estados que no son los del equilibrio termodinámico sino caóticos; así, la química nos provee de los ejemplos más definidos del caos. A ciertas temperaturas los objetos cambian abruptamente de estado, se inflaman o congelan furiosamente. También los catalíticos pueden precipitar las reacciones químicas en forma asombrosa.

La misma dinámica de las reacciones químicas y de los fluidos, que nos muestran un proceder periódico y caótico, comparece en la actividad demográfica biológica, en las comunidades humanas, animales y vegetales donde, con pocas excepciones, las oscilaciones de las poblaciones se comportan erráticamente[31].

Por eso, el aumento de entropía en el sistema completo es perfectamente compatible con la disminución dentro del sistema vivo. En un sistema aislado, el segundo principio de la termodinámica implica el aumento de entropía hasta alcanzar el máximo.

El sistema tiende, tras un régimen transitorio más o menos breve, hacia un estado permanente unívoco que es el equilibrio termodinámico. Mientras que un sistema aislado en equilibrio está asociado a estructuras "en equilibrio" (un cristal, por ejemplo), un sistema abierto "fuera de equilibrio" irá asociado a lo que se denomina estructuras disipativas.

El hecho notable es que las estructuras (orden mediante fluctuaciones) de este tipo se generan y se mantienen merced a los intercambios de energía con el mundo externo, en condiciones de inestabilidad. Por este motivo, se denominan "estructuras disipativas" apareciendo un nuevo orden, correspondiente esencialmente a una fluctuación gigante, estabilizada por los intercambios de energía con el mundo externo; es, en definitiva, el orden por fluctuación.

Lo improbable no es imposible

Tal visión multilateral del mundo como fundamento de la ciencia, concede a la humanidad la posibilidad de elección. El humano, al conocer los mecanismos de auto–organización, puede conscientemente producir en el medio la correspondiente fluctuación, y con ello dirigir su movimiento.

En criterio de Wheeler nosotros creamos una realidad a través de nuestras mediciones, por eso no habría realidad sin la intervención humana. Para Prigogine no hay una transición de potencialidades a actualidades sino que la actualidad es más compleja, es probabilística, donde el Universo se está construyendo todo el tiempo, haciendo opciones[32].

En realidad todas las estructuras complejas en el mundo deben ser inestables al ser de carácter ondulatorio. Hay otras estructuras locales que cristalizan en estados estables u oscilantes, como la órbita terrestre alrededor del Sol. En equilibrio (El Sistema Solar) la materia es autómata, y fuera de equilibrio (el Universo) adquiere conciencia dando lugar a fluctuaciones.

Resultó que las trayectorias de muchos sistemas son inestables, y esto significa que podemos hacer predicciones certeras sólo en pequeños intervalos de tiempo. Pasado cierto período de tiempo la trayectoria se alejará de nosotros privándonos de información sobre ella.

Por ello, aunque en principio podríamos conocer las condiciones iniciales en un conjunto infinito de puntos, el futuro continuará siendo impredecible por principio.

En *The ambidextrous Universe*, Martin Gardner[33] nos dice que la segunda ley de la Termodinámica, la entropía, hace improbables ciertos procesos, pero no totalmente imposibles. Llevándolo a las matemáticas vemos como una singularidad es una discontinuidad abrupta, donde una expresión cesa de ser válida, y otra, completamente diferente, asume su lugar.

El desequilibrio conduce no sólo hacia el orden y el desorden, sino que abre también otras posibilidades en los puntos de bifurcación, como en las ecuaciones diferenciales, supuestamente deterministas, que se tornan no lineales con varias soluciones de espacio–tiempo. Es lo que tiene lugar en los llamados relojes químicos donde las moléculas que se encuentran en secciones diversas se comunican entre sí coordinando sus conductas.

La conducta de la solución de un sistema de ecuaciones como ese durante un intervalo de tiempo prolongado adquiere carácter caótico, impredecible. Un sistema totalmente determinado desde el punto de vista de las representaciones tradicionales, da lugar a un proceso indeterminado, caótico.

En una nueva percepción de la naturaleza capaz de representar el desequilibrio sabemos que en los fotones calóricos en desorden existen partículas elementales que estimulan la transición hacia una estructura ordenada.

La entropía no incrementa el desorden, pues el orden y el desorden son fenómenos simultáneos, y ello se verifica en nuestro Universo. Una pequeña perturbación en lugar de apagarse a partir de la acción de los procesos disipativos, increíblemente aumenta, ocupando amplios sectores del espacio. Cuando el medio es homogéneo, la inestabilidad de las pequeñas fluctuaciones conduce a la formación de estructuras complejas, mientras en el otro caso, conduce a su destrucción.

En la actualidad tienen importancia los estudios de sistemas químicos complejos y otros tipos de estructuras disipativas, y en las matemáticas el estudio de las bifurcaciones de los sistemas inestables. Por eso es necesario ampliar la física newtoniana, la física cuántica la relatividad, para incluir en ellas las fluctuaciones, y que no siga habiendo determinismo.

Los científicos han estado convencidos que la realidad funciona de acuerdo con leyes naturales, y por tanto buscan investigar y descubrir esas leyes, para luego realizar predicciones lo más exactas posibles.

Así, conocimientos e información adecuada influyen entonces en nuestra realidad cotidiana. Es innegable que el conocimiento de las leyes naturales es y será útil para entender el Universo; por lo menos su parte sistemática.

7

Sincronía cósmica y mundos paralelos

Lo simultáneo no es casualidad

La sincronicidad se ha presentado en múltiples ocasiones a lo largo de nuestra historia. Lo que parece una correlación de diferentes eventos es simplemente el movimiento de la estructuras en un mundo de más dimensiones.

Ese fue el caso de Portugal, España y China, las potencias marítimas del siglo XV: en el preciso instante que Lisboa y Madrid determinan su expansión ultramarina, los chinos deciden auto–suicidarse como poder naval. Este hecho marcará el curso expansivo europeo y sellará la suerte colonial del Asia y de América.

Un ejemplo ilustrativo de tal sincronía es el descubrimiento o la teorización simultánea sobre algo en las ciencias, de investigadores que se desconocen y que viven en condiciones sociales y económicas dispares: es el caso de Robert Hooke y de Newton con respecto a la teoría de la gravitación; de Newton y Leibniz; de Shakespeare y Cervantes; de Wallace y Darwin referente a la teoría evolucionista.

Es curiosa la comparecencia del sincronismo en el desarrollo de las teorías matemáticas y las ciencias naturales en el Renacimiento, en el Iluminismo, en los siglos XIX y XX.

El asombroso fenómeno renacentista se origina por razones que aún nadie puede aclarar satisfactoriamente.

A lo largo del siglo XIX París gesta una literatura, un movimiento plástico y un desarrollo de las ciencias que está fuera de todo contexto. A principios del siglo XX la urbe de Viena sobrepasa al resto de las europeas en las áreas de las ciencias y las humanidades.

A finales del siglo XIX, los pintores impresionistas comienzan a tratar la luz como una fuerza pura que produce y disuelve las formas y que se descompone en elementos de sensaciones, como en el puntillismo, donde la naturaleza se reduce a puntos o cuantos de luz coloreados. Tal experimento plástico se halla en sincronía con lo que acontecía en la física: el hallazgo de los fotones, o cuantos de luz, por Max Planck y Einstein[1].

A su vez, la concatenación de estos hechos "casuales" puede definirse como una acumulación en el tiempo y en el espacio de numerosas secuencias individuales inconexas; como el ultranacionalismo y antisemitismo del compositor Richard Wagner, y la comparecencia del nazismo alemán y del fascismo italiano; la mecánica cuántica por Böhr y Heisenberg[2]; o el tema que analizamos, la sincronía, elaborada independientemente por Jung y por Pauli.

Ya no pasa mucho tiempo para que los científicos de diversas disciplinas descubran constantemente ejemplos de cómo el orden y la sincronía están por todas partes. Tanto Steven Strogatz como el matemático Rennie Mirollo probaron conjuntamente a partir de teoremas matemáticos que cualquier sistema se auto–organizan espontáneamente, es decir, entidades capaces de responder cada una a las señales de las demás[3], sean perros, electrones o cuerpos celestes.

Lo incomprensible
del mundo incomprensible

El contar con una red de sincronía adecuada logra minimizar los impedimentos. Como demostró el experimento del físico francés Alain Aspect, el proceso en las partículas subatómicas dispone de una parte "mental" donde la información activa actúa sobre las complejas estructuras internas de tales partículas.

En una naturaleza de conjuntos, no de partes aisladas, la sincronía es entonces la esencia del Universo que envuelve a los cuerpos físicos en cada región del espacio, del tiempo y dentro de la conciencia de cada individuo.

Era más que una sospecha que la naturaleza establecía el aspecto y la configuración de las cosas, que disponía de prototipos invisibles producto de una conexión entre el movimiento y la forma universal.

¿Cómo era que de todos los aspectos imaginables, las hojas se modelaban siempre a partir de un número limitado de tipos?

Ni las causas físicas triviales como la gravedad y la tensión superficial, ni los accidentes podían explicar tal universalidad.

Se ha demostrado matemáticamente que para cada partícula existe una anti–partícula. No se descarta que estas anti–partículas existan en una galaxia remota, pero en la nuestra estas últimas son prácticamente de mínimo número. Al colisionar entre ellas desaparecen, generando fotones.

En el mundo subatómico, las funciones ondulatorias de las partículas tienen lugar a partir de un número incontable de acontecimientos que se suceden de forma simultánea en una miríada infinita de dimensiones.

Una nube electrónica, con un solo electrón, reside en un Universo tridimensional como el nuestro; cuando la nube electrónica contiene varios electrones entonces estamos ante una realidad con múltiples dimensiones.

El núcleo del átomo de carbón dispone de 6 electrones y tiene 18 dimensiones; el de uranio, con 92 electrones, presenta 276 dimensiones comparado con la vida humana, que se desplaza en un pobre Universo de cuatro dimensiones.

En el nivel de conciencia más básico de la naturaleza, en el mundo subatómico, el tiempo carece de significado; si estuviese a nuestro alcance trasladarnos a esas medidas ínfimas, entonces podríamos experimentar un estado sin tiempo, y podríamos incursionar en diferentes dimensiones.

Lo que llama la atención es que los mesones se obtienen en las desintegraciones con emisiones de neutrinos. Y precisamente el neutrino posee la capacidad de atravesar un espesor infinito de materia sin reacción apreciable, por lo cual es posible que pueda atravesar otras dimensiones.

Los campos energéticos

Con Einstein la naturaleza recupera su poder, pues sus campos energéticos se consideran más importantes que la materia y se plantea que el Universo no es materia como pensaba la física clásica sino que está hecho de campos de energía.

Einstein extiende su concepto de campo a los fenómenos gravitatorios, pero como una curva continua del espacio–tiempo en la vecindad de la materia, y la gravitación es la consecuencia de la curvatura del campo. Sus campos gravitacionales no están en el espacio y el tiempo, sino que cada campo contiene todo el mundo físico, incluso el espacio y el tiempo.

Cada campo contiene todo el mundo físico, incluido el espacio y el tiempo; así por ejemplo, la Luna no gira alrededor de la Tierra "halada" por una fuerza gravitatoria de nuestro planeta, al estilo newtoniano, sino que se desplaza por un corredor curvo, por un tubo de espacio y tiempo, un campo que es conformado por la gravitación.

El orden de la naturaleza se dilata fuera de las pautas mecánicas de la materia newtoniana, y abarca campos de energía y toda la prescripción de la teoría cuántica. El Universo se tiene, erróneamente, como un vacío porque la materia se desplaza por el mismo sin verse interrumpida.

El Universo no surgió de la nada, sino de un hipotético campo de energía potencial que gradualmente se tornó denso y material, para muchos una creación mítica. Al meditarse que la realidad se integra de todo lo vivo, puede decirse entonces que el Universo se compone de campos de realidad.

Aquello que aparenta ser estable y eterno –desde las leyes de la física, los teoremas matemáticos o las galaxias– tiene que contemplarse como campos de realidad.

El mundo está compuesto de campos de energía invisibles y partículas elementales sin propiedades materiales. En los años cuarenta del siglo XX, el físico Richard Feynman[4] inaugura la innovadora electrodinámica cuántica que nos presenta la realidad como un conjunto de "campos" sujetos a la relatividad einsteiniana y a la mecánica cuántica, estableciendo una profunda y nueva relación entre las partes y el todo.

La física cuántica no se exterioriza en forma material, sino en campos de acción de la energía. Por eso, las moléculas no son entidades esféricas, pegadas unas a otras, con ángulos rígidos, sino esencias (electrones) que emiten fuerza energética en un área. El átomo, y con él toda la materia existente, incluida la vida, puede definirse como una estructura de actividad, y no una partícula de materia inerte e indestructible.

Las predicciones de la teoría de los campos cuánticos se revalida en los experimentos efectuados por los aceleradores de partículas y sirve para esclarecer la emergencia y la evolución de los acontecimientos cósmicos: los componentes del átomo son, en última instancia, vibraciones de campos, y hay un tipo de campo para cada tipo de corpúsculo.

Partiendo de esta opinión, la materia no representa a la realidad fundamental sino que es la exteriorización de algo que se encuentra más allá del dominio material. La noción de realidad última está repleta de incógnitas; ya el nivel más primario de la naturaleza parece ser el espacio–tiempo y la energía infinita de los campos cuánticos.

La fuerza vital que gesta vida

Pero no hay razón para suponer que en la energía infinita de los campos cuánticos se hallé el terreno real de la materia, y que en el futuro no se descubran incontables niveles, mucho más sutiles. El físico Heisenberg manifestaba poco antes de su muerte, que lo fundamental en la naturaleza no son las partículas propiamente, sino la simetría que se infiere tras ellas.

Por su parte, Wolfgang Pauli[5] se halla impresionado por la correspondencia entre el mundo físico y sicológico con el advenimiento de la teoría cuántica, donde la materia se torna imprecisa y borrosa, donde la observación sobre la naturaleza contiene una dualidad entre la objetividad y la subjetividad de la misma, un elemento subjetivo, un vínculo irreductible entre el elemento observado y el individuo observador.

Desde una visión evolucionista se sostenía que la materia era esencialmente determinista y mecánica, y es cierto que cuando un organismo muere, puede ser reducido a componentes inanimados.

Pero todo indica que el fenómeno de la vida envuelve una especie de fuerza vital que toma cuerpo en la materia posibilitando su congregación en moldes complejos y animados. De esta forma, la naturaleza contiene ambas partes: el orden de la materia inanimada y el invisible de la fuerza vital.

La física del universo material puede ser asimilada en términos del ordenamiento de sus patrones, simetrías y relaciones; incluso, se sugiere que la noción de partícula elemental como ladrillo fundamental debe ser reemplazada por el de las simetrías fundamentales.

Existe una tendencia moderna en la física al cual considera que la materia[6] germina por el orden creativo y las simetrías; en otras palabras, considera otro principio gestor que no es la materia o la mente. No son las partículas congregadas en el espacio las que conforman tales patrones simétricos, sino su actividad dinámica individual.

La realidad última no se localiza en los electrones, los mesones o los protones sino en algo ubicado más allá de ellos, en simetrías abstractas que se manifiestan en el mundo material, lo que Platón define como las formas ideales. Esas simetrías fundamentales pueden aceptarse como la base de la existencia física, y las partículas elementales como su corporeidad material.

Tales simetrías también disponen de un papel formativo inmanente que es responsable de todas las formas exteriores de la naturaleza, desde un átomo, una roca, un pez, un río, un humano e incluso, la estructura interna de la mente.

Los famosos problemas de las ondas–corpúsculos son aspectos de una misma realidad visto bajo ángulos distintos: en un extremo incluimos al fenómeno onda, cuyo campo es el tiempo; en la otra punta disponemos del fenómeno corpúsculo, cuyo campo es el espacio.

En la teoría corpuscular, entidades como los protones y electrones se consideran paquetes de ondas, o vibraciones de los corpúsculos; en aras de completar esta teoría hay que referirse a las vibraciones provenientes de los campos de materia corpuscular.

El referente concluyente de esta teoría lo enunció el físico Fritjof Capra[7] al afirmar que la solidez de la materia, el hecho de que no podemos atravesar una puerta o una pared, es una consecuencia directa de la realidad cuántica, o sea, que proviene de cierta resistencia de los átomos contra la compresión y no puede ser explicada en términos de la física clásica.

El tiempo es un punto infinito

Si el tiempo es un punteado infinito, a lo Kant, la pregunta es ¿quién traza el tiempo? Un tiempo que sería forma de división y que se disuelve en pura multiplicidad.

Para Leibniz, por ejemplo, el tránsito del pasado al presente y de este al futuro es una creación continua, una vasta continuidad de fluencia, cuya solución resulta inútil plantearse.

En Bergson, el pasado es lo no actuante, puesto que jamás volverá al presente en forma de recuerdo, a menos que un ser presente haya existido en el pasado. Entonces para Bergson no existe el tiempo, sino el ser que lo hace sentir en su duración.

En nuestra inexacta realidad tridimensional podemos elegir cómo nos ubicamos en el espacio, aunque no de nuestra situación en el tiempo. Todo se debe a que pensamos en tiempo y espacio de la forma en que lo experimentamos, donde nos parece que nada podemos hacer para detener el supuesto flujo del tiempo.

Debido a su temporalidad al humano le resulta difícil aprehender como temporal la intemporalidad en que divide al tiempo. Ya el humano presente nada puede hacer sobre su pasado, debido a la definición de temporalidad como una simple relación abstracta entre sustancias intemporales. Entonces, sólo la universalidad puede estar simultáneamente y conectar desde el presente, el porvenir y el pasado.

Es cierto que el humano no existe primero sin pasado, para constituirlo después. No tiene un comienzo que se transforme en pasado sin existir previamente en ese pasado. Existe con una unidad de relación con su pasado y se constituye en su conciencia en una multiplicidad con todas las dimensiones simultáneamente.

Es nuestra realidad lo que hace posible la multiplicidad del tiempo pues la conciencia no existe congelada en el presente, sino que contiene las tres dimensiones, y ninguna de ellas es la primera.

El humano al materializarse lo hace en un mundo con un tiempo universal, de relación pretérita. El "antes" implica mi existencia en este mundo, y ello es lo que propicia la existencia del "antes" a partir del "ahora". Si no existo, no existe para mí el tiempo, por lo cual el tiempo se devela con mi existencia.

Nuestra realidad es cuatri–dimensional, donde el pasado, presente y futuro están fusionados en un bloque, y donde el espacio y el tiempo resultan entidades integradas. En el espacio–tiempo, todo lo que para nosotros constituye el pasado, presente y futuros se halla fundido en un sólo bloque.

Para una criatura que ha reemplazado los instintos por la tradición cultural y el pensamiento abstracto, los resultados son adversos, pues vivimos en forma fragmentada en el abandono deliberado del pasado y del futuro, concentrados en el presente sin importar lo absurdo e irrelevante que este sea.

Para nosotros, por cada segundo de tiempo que pasa en este ángulo del Universo, otro segundo de tiempo también acontece en todos los rincones del Universo; pero ésta es una falsa apreciación.

La unidad del tiempo no puede ser dada por el tiempo mismo, entonces es prerrogativa en la creación continua de la conciencia universal de su omnisciencia producto de su extra–temporalidad.

El presente es el pasado trascendido, el preterido–trascendido. El pasado no es parte de la "vivencia" pues se halla fuera de la misma. En la revelación del pasado, el humano del presente asume un pasado.

No existe un sólo tiempo que fluye igualmente para todos los observadores en el Universo, no existe un tiempo absoluto o universal que regula todo el Universo, sólo existen tiempos locales específicos para cada observador; antes o después y simultáneamente son sólo términos locales del tiempo, que no tienen significado en el Universo en su totalidad.

Lo que es anterior en un punto de referencia puede ser lo posterior para otro punto y simultáneo para un tercero.

La conciencia, en su nivel más fundamental, es un proceso al nivel cuántico no fragmentado, donde el tiempo no tiene significado; si pudiésemos percatarnos de nuestras funciones psíquicas más fundamentales.

No se puede afirmar ni negar el pasado, puesto que ceso de ser actuante, pese a resultar el origen de mis acciones; sólo que Yo no tengo conciencia en el pasado. El sólo se presenta por los objetos conocidos, los aspectos vistos,

La temporalidad, por tanto, es virtual por ser incomprensible, y sólo las tres fases en que se divide el tiempo tienen que estar ya dada en alguna parte para que pueda segregarse. De ahí que también la unificación de las tres fases sea virtual puesto que ya se ha proyectado fuera de nuestras impresiones.

Así, todo lo que es permanente en el tiempo y el espacio es visto como ilusorio y sólo la conciencia es eterna en su forma de conciencia del Universo viviente.

Cada vez más se argumenta que el Cosmos no tiene un paraje espacial concéntrico o un punto central del tiempo, y que no tiene inicio o final. De ser así habría que descartar al *big–bang* como mecanismo de su origen y congeniar con el modelo de la creación continua.

La eternidad no es la infinitud de la duración del presente, pues ni el pasado, ni el presente ni el futuro tienen prioridad sobre los otros, puesto que se hallan dependientes entre sí. Al actuar en un Universo con cuatro dimensiones, el presente no es anterior al futuro ni posterior al pasado, ya que se halla condicionado por ambos, a la vez que los condiciona.

Nuestra realidad actual es temporal, pero ello sólo es una medida de la intemporalidad del tiempo. Existe tal temporalidad del presente debido a que se sucede el cambio en el cual este se transforma en pasado, y a la vez, el presente es el futuro del pasado. Nuestro presente es pasado y futuro simultáneamente.

Cuando se transcurre del estado anterior al presente no existe eternidad, sino la circunstancia de mi Yo consciente y presente en volverse nuevamente en pasado, en una perpetua reanudación del pasado al presente. Así, el tiempo no se transforma de presente en pasado, sino que mi conciencia es lo que posibilita tal acontecimiento.

El pasado ya no es presencia trascendente. El presente es una reflexión psíquica que pertenece a la conciencia la cual capta un acto de inmanencia instantáneo.

Un presente lo debe ser de un pasado y tal nexo queda como un bloque. Mientras el futuro permanece fuera del presente, pero no del pasado del cual es futuro. Por su parte, el Futuro deja de ser futuro cuando es alcanzado por el presente.

La velocidad de la luz es constante: si viajamos hacia ella no aumenta la velocidad, si nos alejamos, la luz no disminuye su velocidad ni se aleja. Ello es indetectable por nosotros pues se requieren velocidades cercanas a la luz.

Al modificar el tiempo y con ello nuestra dimensión con tales velocidades, el homo detendría su tiempo individual con lo que le resultaría posible proyectarse en todas las latitudes del Universo de forma simultánea.

Aunque, hay quienes plantean que la materia no puede alcanzar y superar la velocidad de la luz pues se transformaría en energía, o dejaría de ser materia, desintegrándose o creando un agujero negro colosal capaz de tragarse a todo el Universo.

Se puede viajar en el tiempo

¿Cómo podría la flecha del tiempo surgir de un mundo al que la física atribuye una simetría temporal? Tal es la paradoja del tiempo, que traslada a la física el "dilema del determinismo".

Se han encontrado nuevos y más razonables espacios–tiempos compatibles con la relatividad general y que permiten viajar al pasado. Uno de ellos es el interior de un agujero negro en rotación. Otro es un espacio–tiempo que contiene dos cuerdas cósmicas en movimiento que se cruzan a alta velocidad[8].

Podría ocurrir que fuéramos capaces de doblar el espacio–tiempo de tal manera que hubiera un atajo entre A y B. Una forma de hacerlo sería creando un agujero de gusano entre A y B. Como sugiere su nombre, un agujero de gusano es un tubo estrecho de espacio–tiempo que conecta dos regiones distantes cuasi planas[9].

Newton creía que el tiempo era una flecha disparada en línea recta, inamovible y que la dimensión del tiempo en la Tierra era igual al de Marte o a de cualquier rincón del Universo.

Laplace, por su parte, señaló una vez que, dada la posición inicial y la velocidad de toda partícula del Universo en cualquier instante específico y dadas todas las fuerzas activas en la naturaleza, una super–inteligencia podría calcular con precisión toda la historia pasada y futura del cosmos[10].

Pero Einstein nos dijo que el tiempo era un río serpenteando alrededor de estrellas y galaxias, que podía ir más rápido o más lento si se acercaba o no a cuerpos masivos.

El viaje interestelar es polémico; la barrera de la luz es difícil de superar y se tendría que dejar atrás la Relatividad Especial, para hacer uso de la Relatividad General y de la Teoría Cuántica.

Kart Gödel –acaso el matemático más sobresaliente de la historia– logró solucionar teóricamente el viaje en el tiempo, precisamente utilizando las ecuaciones de quien lo negaba, del propio Einstein, demostrando que los remolinos del "río del tiempo" se curvaban sobre sí en un círculo, por lo cual en el Universo, el tiempo era un fluido rotante, y permitía retornar al punto inicial, pero en el pasado.

Einstein quedó perplejo porque la ecuación de Gödel contenía las soluciones que él pensaba eran imposibles de lograr, y sólo atinó a contraponerla con la discutible noción de que el Universo no rota sino que se expande.

El físico Stephen Hawking defendió la consideración einsteniana argumentando que hasta ahora no nos habían visitado desde el futuro. Pero, el propio Hawking tuvo que doblegarse ante la implacable lógica del teorema de Gödel, aceptando el viaje en el tiempo[11].

El viaje en el tiempo está plagado de distintos tipos de paradojas, como la del viajero que vuelve atrás en el tiempo para ver morir a sus padres antes de haber nacido; la del viajero sin pasado porque retorna continuamente. Otro misterio concierne a los universos paralelos; según la teoría gravitatoria de Einstein, el espacio–tiempo es un tejido que se distorsiona por la materia y energía.

Los físicos Roy Kerr y Kip Thorne[12] trabajaron las ecuaciones de Einstein postulando que el campo gravitacional no era infinito en el centro, permitiendo el viaje a través del puente Einstein–Rosen[13] a otro Universo sin perecer[14].

Lo que sí es innegable, es el hecho de que las ecuaciones de Einstein para la gravedad permiten el viaje en el tiempo. Dado que ambos extremos vinculan dos eras temporales, se ingresa en el agujero negro en una época y se sale en otra fecha distinta; de esta forma, incongruente, con cada giro de la máquina del tiempo, la historia cambiaría.

En el contexto pleno de la ley de conservación de la paridad, el sistema reflejado así es también un sistema posible. Dicho de otro modo, puede ser tan real como su original, lo cual puede parecer extraño, puesto que la imagen es toda una ilusión óptica de la realidad.

Pero la cuestión no es que la propia imagen sea real, sino que pueda hacerse real: es la posibilidad de tener otro sistema que se adecue a las especificaciones de la imagen y sea tan real como el original. En consecuencia, el principio de paridad es sólo una encarnación de la simetría especular de la naturaleza. Afirma sencillamente que el mundo del espejo es un mundo posible, aunque, como el zurdo pueda parecer extraño.

Algunos investigadores como Reichenbach[15] consideran la irrupción de la inversión del tiempo en el campo microscópico como "el golpe más serio jamás recibido por el concepto de tiempo en física".

Lo que observamos como positrón es simplemente el electrón moviéndose momentáneamente hacía atrás en él tiempo. Dado que el tiempo durante el cual observamos el acontecimiento corre para nosotros uniformemente hacia delante, el electrón temporalmente invertido aparece como positrón.

Asimismo, cuando el positrón choca con otro electrón decimos que aquél se aniquila. Pero se trata sencillamente del electrón original que recupera su avance hacia delante en el tiempo. El electrón ejecuta una minúscula danza de zigzag en el espacio–tiempo, brincando hacia el pasado el tiempo justo para que veamos su trayectoria en una cámara de burbujas como trayectoria de un positrón moviéndose hacia adelante en el tiempo.

En pos del pasado y del futuro

De acuerdo con los principios de la interconexión universal, es posible realizar un viaje instantáneo e intemporal, a través del eje dimensional de nuestro Universo espacio–tiempo, utilizando los agujeros negros; por eso la interrogante es si podrán ser los agujeros negros la ruta de viaje que el homo utilizará para desplazarse en el Universo, un pasadizo del tiempo–espacio que permita la entrada en un lugar del Universo y la salida instantánea en otro remoto paraje del mismo, la ventana hacia lo infinito, a otras épocas, o hacia otro Universo que no sea el nuestro.

Puede que en el lejano futuro nos sea factible la construcción de túneles en el espacio con densidad de energía negativa que en principio posibiliten conectarnos con otros Universos, o con partes distantes del nuestro; estos túneles nos facilitarían también el viaje a través del tiempo.

A la velocidad de la luz, una nave espacial con todos sus tripulantes, teóricamente se desintegraría en átomos que quedarían esparcidos por todo el Universo de forma proporcional, para recomponerse nuevamente en el punto designado de llegada.

Debido a nosotros el futuro es flexible; la presencia de la conciencia en el Universo cambia las reglas del juego; en vez del Universo–reloj de Newton, donde el pasado pre–ordenaba el futuro, la vida ha creado un Universo orgánico e indeterminado, con un futuro no predecible. Así, hay una infinidad de probabilidades de futuros potenciales en nuestras manos.

Según Edgar Morín[16]:"Estamos confrontados a una doble temporalidad; no es una flecha del tiempo lo que ha aparecido, son dos flechas del tiempo que van en sentido contrario (…) Estamos pues confrontados a ese doble tiempo que no solamente tiene dos flechas, sino que además puede ser a la vez irreversible y reiterativo. (…) Todo se reencuentra en todas las organizaciones vivientes: Irreversibilidad de un flujo energético y posibilidad de organización por regulación y sobre todo por recursión es decir, auto–producción de sí".

Este viaje en todas las latitudes del Universo podría lograrse con la construcción artificial de una curvatura o de agujeros negros, de acuerdo con los principios de la interconexión universal de Einstein y su colaborador ——también físico—— Nathan Rosen.

El viaje dentro de la máquina del tiempo del agujero negro no sería de forma rectilínea, porque esa nave se precipitaría hacia el centro.

A una velocidad algo inferior a la luz, la astronave se dejaría atraer, y al llegar al borde del plato ecuatorial ——punto conocido como horizonte secuencial——, donde la densidad de la materia es baja, buscaría igualar su velocidad a la de este plano exterior rotatorio, quedando la nave inmóvil en relación con el exterior del agujero negro; ello le permitiría conservar la suficiente velocidad de escape para evadir la succión del centro del agujero negro, de la singularidad, que la aplastaría.

De esta forma, la nave circunnavegaría alrededor del ecuador del agujero negro, evitando con su velocidad de escape la atracción del remolino central.

Teóricamente debe existir una "abertura" en el borde exterior del agujero negro, con otra ventana en el extremo opuesto del Universo.

En ese túnel no existen las distancias espaciales ni el tiempo; ambas salidas en cada extremo se tocan, ya que las paredes de las dos extremidades del agujero negro, como un pliegue, están curvadas sobre el mismo, tocándose, por la tremenda fuerza de atracción del agujero negro.

El agujero negro requiere una descomunal cantidad de energía positiva y, consecuentemente, únicamente nos ofrece viajes en un sentido. Para hacer prácticos los viajes inter–estelares se necesitarían dos agujeros negros: uno para el viaje original y otro para el viaje de vuelta. Muy probablemente sólo una civilización super–avanzada que domine la energía de toda una galaxia sería capaz de controlar esta energía positiva.

Una nave, al penetrar por ese pasadizo del agujero negro, debe ser catapultada como si fuese una piedra lanzada por una onda, a una velocidad que bordea la de la luz, e instantáneamente debe aparecer al otro lado del Universo.

Es decir, a medida que la astronave vaya penetrando en el agujero negro, iría saliendo al otro lado del Universo, por el atajo en qué consiste este super–espacio intemporal, como el que existía antes del estallido del *big–bang*.

Aquí, el Universo está distorsionado, las leyes de la física que conocemos resultan invalidadas, y nuestros conceptos de distancia y de tiempo son totalmente inexistentes, pues ——recordemos—— actualmente, no tenemos idea de la física en esas densidades extremas de los agujeros negros.

Acorde con la física clásica y cuántica, los agujeros de gusano serían inestables y podrían cerrarse tan pronto como se intente entrar en ellos, amén de que los efectos de radiación aniquilarían cualquier entidad biológica[17].

Si bien las ecuaciones de la física cuántica no permiten la existencia de agujeros de gusano estables en el espacio, una civilización suficientemente avanzada acaso consiguiera lograr un camino corto a través de la Galaxia, desplazándose a través de esos agujeros de gusanos[18] consiguiendo la fabulosa "energía de Planck" con sus ingenios[19].

Esta energía tan fantástica, que separa los efectos cuánticos del tejido del espacio y del tiempo, y que solamente ocupa el centro de los agujeros negros y en el instante del big–bang, podría acortar enormemente la transición entre una civilización de tipo solar y de tipo galáctica.

La naturaleza: espejismo de la luz

La visión de la naturaleza dominada por la causalidad, el análisis y la reducción, con un tiempo lineal donde los términos de elementos tienen sus explicaciones, se halla tan impresa en nuestras mentes que dificulta asimilar los campos de energía y las partículas elementales.

Así, no resulta sencillo compenetrarse con aquellos paradigmas que demandan una concepción del mundo totalmente distinta, una figuración unificada de la naturaleza que acomode a la casualidad y la causalidad.

Ahí están para ser interpretados los nuevos paradigmas como el Universo orgánico de Einstein, la mecánica cuántica de Böhr, la conexión instantánea de John S. Bell, los mundos paralelos de Hugh Everett, la simetría de Heisenberg, la complejidad de David Bohm, la sincronicidad de Jung y Wolfgang Pauli, y el caos de Ilya Prigogine.

Ya no es acertado hablar del evolucionismo positivista que fue hecho añicos con la llegada inesperada de las partículas subatómicas que no gozan de una cualidad distintiva hasta que la conciencia entra en escena.

Ya el paradigma teórico de una estructura pasiva del Universo es un instrumento arcaico de la física; ahora nos hallamos en aquellos dominios donde la interrelación entre la conciencia y el medio circundante toma lugar en una escala tan preliminar que, en verdad, creamos una realidad en el amplio sentido del término.

Por lo tanto, es acertado considerar a la materia viva como una concentración temporal de energía del Universo, y la energía que en cada momento específico contiene un humano también como parte de ese flujo cósmico.

Los organismos vivos extraen la energía de su medio ambiente; las plantas la toman del Sol, por medio de la fotosíntesis, y los animales asimilan la energía química en la digestión de los alimentos y en la respiración.

En el estado presente del conocimiento físico es necesario dejar abierta la cuestión de si la luz se transmite en una sola dirección o si lo hace según una onda esférica. Cuando la luz se absorbe deja de existir como luz, aunque puede reaparecer en la fluorescencia.

Este tema atrajo la atención de Bertrand Russell el cual expuso lo siguiente[20]: "Pero, ¿qué debemos decir acerca de la emisión y de la absorción de luz? Que todas las percepciones visuales implican este proceso de absorción de luz. Y si la percepción puede ser alguna vez una fuente de conocimiento de las cosas existentes fuera del cuerpo del perceptor, debe haber leyes causales que relacionen lo que ocurre al perceptor con lo que acontece fuera".

En una perspectiva semejante la energía existe en cualidades que pueden descubrirse como las morfologías químicas de la clorofila. En cambio, cuando la energía existe en forma de un movimiento estable del electrón en su órbita, no es posible descubrirla hasta que se produce un cambio de órbita.

Esto nos lleva de manos a otra percepción de realidad en la cual vivimos, y es la siguiente, nuestra realidad es una ilusión provocada por la luz de las partículas. No debe asombrar que nuestra identidad individual y aislada sea como un sueño, pues somos procesos integrados con el Universo y no realidades independientes e inconexas.

La realidad objetiva de la naturaleza puede tenerse como insustancial pues son los campos los que cuentan al ser la materia simplemente la manifestación temporal de la interacción de los intangibles campos de energía, lo único verdadero en el Universo[21].

Espacio y tiempo no–continuos

El espacio de la geometría y de la física se compone de un número infinito de puntos, pero nadie ha visto o tocado ningunos de esos puntos. Si hay puntos en un espacio sensible, deben ser una inferencia. En la teoría de Heisenberg el electrón no es un punto, ni tampoco tiene magnitud finita, puesto que las concepciones espaciales ordinarias no le son aplicables.

La continuidad no es la esencia de la identidad material; así, cada unidad material es una línea causal, cuyos puntos cercanos están conectados entre sí por medio de una ley diferencial intrínseca. La forma más sencilla de esta ley es la primera ley del movimiento.

La ley causal "extrínseca" se aplica a cualquier modelo donde aparezca una porción de materia ejerciendo su influjo sobre el comportamiento de otra. Por eso, el mundo físico de las percepciones puede figurarse como causalmente continuo, y lo que no mantiene esta continuidad entonces no es objeto de la física.

Antes que todo debemos observar que no hay datos infinitesimales en los sentidos: cualquier superficie que podamos ver, por ejemplo, deberá ser de cierta extensión finita.

Suponemos que esto se aplica no solo a los datos de los sentidos, sino también a toda la materia de que se compone el mundo. Todo lo que no sea una abstracción tiene un tamaño espacio–temporal finito, aunque no podamos descubrir el límite inferior, ni mayor, de los tamaños posibles.

Se puede suponer que el espacio y el tiempo son granulares, no continuos, como sugirió Poincaré en algún momento y como parece que creía Pitágoras. Esto es: que la distancia entre dos electrones puede ser siempre un múltiplo entero de alguna unidad, y lo mismo el tiempo transcurrido entre dos acontecimientos de la historia de un electrón.

¿Y por qué no del tiempo histórico humano?

No debe existir dificultad en aceptar que los tiempos psicológico y físico son idénticos a las exigencias de la teoría de la relatividad. En este respecto el tiempo difiere del espacio, algo que nos confunde al considerar erróneamente que todas nuestras percepciones físicas y simultáneas se refieren a un mismo lugar: el instante específico cuando percibimos algo en un lugar concreto.

Así, pues, la conclusión que podemos sacar parece ser la siguiente: el tiempo psicológico puede ser identificado con el tiempo físico, porque ninguno de ellos es un dato, sino que cada uno se deriva de otros datos, por deducciones.

Estamos ante la negación de lo concreto, de la materia sólida y objetiva donde la esencia última, la facultad onda–partícula es imposible de conocer en su integridad.

Y es que la naturaleza nos niega esa facultad aunque paradójicamente esta esencia que no podemos visualizar es una realidad como lo demuestran casos reveladores como la explosión atómica, aunque el átomo sea una figuración teórica, o la imagen electrónica en la televisión, aunque el electrón sea una especulación matemática.

Es necesariamente cierto lo opuesto a la idea que nos acompaña desde siglos de un espacio–tiempo independiente a nuestra existencia. Es el rechazo de los antiguos sistemas de referencia, rígidos y universales asumidos hasta el presente, como la materia concreta y finita.

Es la negación de la materia pues los cuerpos simples no tienen existencia propia, no son caracteres específicos e irreducibles y son susceptibles de transmutaciones y de aniquilación y creación. Lo irreversible es que solo existen fuerzas e intercambio de energías operando en campos.

La energía brota de la nada

En los aceleradores de alta energía ni se "descubren" o "encuentran" partículas que existen previamente en el espacio, sino que se crean en ese momento, a partir de los criterios a priori de quienes las buscan.

Aún es inexplicable cómo el Universo tiene el mismo aspecto en todas las direcciones y por qué sus componentes básicos, las partículas, surgieron precisamente en aquellos lugares donde comparecieron.

Así, las partículas "brotan" de la nada, de un campo potencial e inexplicable a toda luz energético. Como ejemplo tenemos las partículas como el anomalón y el neutrino, que no se concretan de una misma forma en cada prueba de laboratorio.

Se ha probado incontables veces que la conciencia desempeña un papel en la conformación del mundo subatómico; que por intermedio de nuestras observaciones del mismo se construyen campos de existencia objetiva.

Ahora nos hallamos en aquellos dominios donde la interrelación entre la conciencia y el medio circundante tiene lugar en una escala tan preliminar que, en verdad, creamos una realidad en el amplio sentido del término.

Los campos de energías resultan tipos específicos de memoria, de inteligencia, que se desempeñan como patrones promotores de las estructuras, de los procesos de la naturaleza y del proceder de la materia.

En ellos están guardados todos los prototipos y fenómenos que se concretan como materia en la naturaleza.

Podemos afirmar que nuestro mundo corriente visible –aquel de los cuerpos sólidos localizados en el espacio y en el tiempo– es una manifestación de los moldes que se difunden a partir de un orden energético inasequible para nuestros órganos sensoriales primitivos.

La materia y la mente, el soma y la psique, no son entidades de experiencia distintas, ni se conforman a partir de sustancias diferenciadas y se funden en una serie de escalones de relaciones entre campos de energía. Por eso la mente individual tiene un origen colectivo, común con el resto de la materia que nos rodea.

Por otra parte, el criterio de que la mente y la materia emergen de un terreno común implica que el actual zoológico de partículas no resulta el último nivel de la materia.

Respecto al carácter fragmentario del mundo que percibimos, aquellos que lo niegan se ven obligados a introducir percepciones minúsculas, como William Leibniz, o percepciones inconscientes o percepciones vagas o algo por el estilo.

Es por eso que el sistema de Leibniz contiene atisbos de una metafísica compatible con la física moderna y con la psicología, aunque necesita, desde luego, importantes modificaciones.

Según las experiencias sensibles de las cuales se derivan sus teorías pueden distinguirse tres clases de física: la física muscular condensada en la idea de fuerza; la física táctil en la conservación de la cantidad de movimiento; la física visual en la astronomía.

Los campos de información

No pueden obviarse los campos morfo–genéticos, tan utilizados en el Oriente, aún no son reconocidos en Occidente, con excepción de Carl Jung y recientemente por el físico Rupert Sheldrake.

El científico inglés Rupert Sheldrake teoriza sobre los campos morfo–genéticos, o regiones invisibles de influencia con propiedades holísticas inherentes[22]. Según Sheldrake, las ecuaciones de campos morfo–genéticos están presentes de forma eterna para todas las especies pasadas, presentes y futuras, y para todas las posibles.

De esta forma, la conciencia, la actividad de información y la materia evolucionan a partir de un orden común, donde los patrones de conducta y de reacción de los animales se encauzan por la acción de estos campos mórficos, que desvían los átomos en la dirección correcta para que se formen las moléculas de una manera eficiente[23].

De ahí nacen los postulados del físico David Bohm[24] sobre una nueva potencialidad, donde las partículas elementales son la manifestación de un campo cuántico detrás de ellas, donde la materia y todos sus movimientos se producen por intermedio de un vaivén ondular; dicha potencialidad tiene mucho en común con la forma en que los campos mórficos actúan en el desarrollo de un organismo.

Los campos mórficos resultan un tipo específico de memoria, algo cercano a una traza de inteligencia, que se desempeña como un patrón formativo respecto a la estructuras, a los procesos y al comportamiento de la materia.

Los campos de información, los campos mórficos, existen y repercuten en las estructuras no solo de los organismos vivos, sino también de la materia inanimada. La evolución, entonces, se ve precipitada por el proceso molecular interno, el ADN, pero también por la información activa de todo el medio, los campos de información.

Así, los campos morfo–genéticos de los mamuts existieron antes del *big–bang* y no se afectaron por el desarrollo de estos animales o su posterior extinción, pues estas ecuaciones matemáticas de campos morfo–genéticos son como ideas de diseño que se hallan más allá del tiempo.

De esta forma, la conciencia, la actividad de información y la materia evolucionan de un orden común, equivalente a dos caras de una misma realidad, pues los reflejos y patrones de conducta y respuesta de los animales se rigen por la acción de estos campos mórficos que desvían los átomos en la dirección correcta para que se formen las moléculas de una manera eficiente.

En este sentido, los campos mórficos guardan relación con los arquetipos de Carl Jung, que pueden considerarse como formativos del colectivo inconsciente.

Por otra parte, el criterio de que la mente y la materia surgen de un terreno común que incluye lo mecánico y lo indefinido implica que la teoría cuántica corriente tiene sus limitaciones, ya que el corpúsculo no es el último nivel de la materia y se infiere que el mundo subatómico revelará formas más sutiles de conducta en los experimentos futuros.

De acuerdo con esta teoría, cuando dos campos interactúan lo hacen instantáneamente y en un punto fijo en el espacio, creando o aniquilando las partículas. Por su parte, el campo cuántico es la superposición de dos conceptos opuestos que se transforma en una paradoja cuando, de acuerdo con las categorías artificiales con que elaboramos nuestros conceptos, tratamos de que ese algo sea lo uno o lo otro, pero no ambos.

Ya es claro que la estructura interna de las partículas elementales es de una complejidad ilimitada, pues en esencia constituye la expresión de todo el Universo. Así, nuestra concepción acerca del orden del mundo varía del movimiento mecánico de los cuerpos sólidos a uno donde reinan los campos energéticos continuos, el de la dualidad onda–partícula.

La materia es holográfica

Nos han afirmado que la mente es producto del cerebro; pero si éste, junto con el resto del organismo físico, es solo un holograma –partes densas de un continuo sutil de campos energéticos–, entonces, ¿quién origina la mente?

Todo apunta a que hemos sobreestimado al cerebro, como si fuese el único ingrediente activo capaz de relacionar al humano con su mundo circundante. Si aspectos tales como la creatividad, la imaginación o la espiritualidad están ubicados en el cerebro, por la misma razón la mente no reside allí, sino en los campos energéticos.

Al moldear los campos energéticos nuestros cuerpos físicos puede suceder que imaginando dolencias, o reforzando repetidamente su presencia, pueda programarse al cuerpo para que manifieste tal enfermedad.

La tendencia de distinguir las enfermedades como algo externo y no parte de nuestra disposición del comportamiento reside en que nos consideramos unidades biológicas aisladas de las fuerzas que crean la salud y las enfermedades.

A través de los hologramas neurales que el cerebro usa para proyectar al mundo exterior de estructuras psico–físicas, el individuo no distingue entre realidad experimental o realidad imaginada.

Ambas tienen un alcance dramático en el organismo humano y pueden modular al sistema inmunológico, duplicar o neutralizar los efectos de los medicamentos, sanar heridas con rapidez asombrosa, diluir tumores, controlar nuestro programa genético o remodelar nuestra experiencia física.

Los temores que compartimos con otros integrantes de nuestra cultura son inducidos por la sociedad, y ellos nos alteran al grado de provocar enfermedades físicas.

La recuperación milagrosa de una dolencia fatal que en ocasiones acontece está sujeta a la convicción inquebrantable del paciente de superarla. Es por eso que cada uno de nosotros posee la potencialidad, al menos en cierto grado, de participar en nuestra salud y controlar nuestra forma física, a niveles que nos pueden asombrar.

En palabras de Agustín, obispo de Hippona: los milagros suceden no en oposición a la naturaleza, sino en oposición a lo que conocemos de la naturaleza.

No existe Yo y el exterior

La ciencia clásica comienza con el supuesto de la existencia de partes separadas que, en su conjunto, constituyen la realidad física. A partir de este principio, la ciencia ha venido preocupándose por saber cómo se relacionan entre sí estas partes separadas. El matemático francés Descartes descubrió la geometría analítica para representar las relaciones entre diferentes medidas de tiempo y distancia. Es una actitud mental que percibe el mundo físico fragmentado y ve las distintas experiencias como sucesos sin relación lógica entre ellos.

En su teoría general de la relatividad, Einstein conmociona al mundo cuando dice que el espacio y el tiempo no son entidades aisladas, sino que se hallan elegantemente enlazadas.

Uno de los aciertos más singular de David Bohm es el que señala que, detrás de la realidad tangible de nuestra vida diaria, hay un orden de existencia más vasto y primario, gestor de todos los objetos y las apariencias de nuestro mundo, cuyo físico responde a un tipo de ilusión, de la misma forma que una película holográfica crea una imagen.

Dice David Bohm[25]: "Tenemos que hacer que la física dé un giro total. En vez de comenzar con las partes y demostrar cómo actúan conjuntamente (orden cartesiano), nosotros comenzamos con el todo". La teoría de Bohm es compatible con el Teorema de Bell, que implica que las "partes" aparentemente "separadas" del Universo pueden estar íntimamente conectadas a un nivel profundo y fundamental.

Es este nivel primario energético, que Bohm llama "lo implicado" o, en otras palabras, el orden externo a nuestra vida (mientras que lo que toma forma en nuestro nivel de existencia es "lo explicado"), lo que conocemos como nuestra realidad y que en esencia es una interacción entre los dos órdenes.

Acorde con Bohm mediante la teoría del orden implicado se llega al nuevo concepto de la totalidad que niega la idea clásica del análisis del mundo en partes separadas e independientes implicado. En sus propias palabras[26]: "Las partículas pueden ser discontinuas en el espacio (el orden explicado), pero continuas en el orden implicado".

De lo que podría deducirse que el humano ha invertido el concepto clásico de que las "partes elementales" independientes del mundo sean la realidad fundamental, y que los diversos sistemas sean meramente formas y ordenaciones particulares de estas partes.

En realidad es al revés, la realidad fundamental es la inseparable interrelación cuántica de todo el Universo, y las partes que funcionan relativamente independientes son simplemente formas contingentes y definidas dentro de todo este conjunto.

Bohm comparte la idea del electrón no como una cosa independiente, sino algo perteneciente a una totalidad espacial indetectable, un océano potencial, en el que algunas de sus cualidades se hacen presentes en nuestra realidad en forma de onda y partícula del electrón. Cuando el electrón se destruye en los aceleradores de partículas no se esfuma, simplemente sus cualidades retornan al nivel primario proto–real recóndito del cual inicialmente sale.

Según la interpretación alternativa de Bohm respecto a la teoría cuántica[27], existe una realidad más profunda detrás del inviolable muro cuántico erigido por Böhr; una nueva forma de campo, de potencial sub–cuántico hológrafo, y que como la gravedad, permea todo el espacio, y explica por qué la realidad deviene no local a niveles sub–cuánticos.

Sin embargo, a diferencia de los campos gravitatorios, de los campos magnéticos y demás, su influencia no disminuye con la distancia. Sus efectos, que pueden tener un número infinito de causas, son más sutiles pero no por ello menos poderosos.

"La materia es una forma del orden implicado del mismo modo que un torbellino es una forma del agua, que no es reducible a partículas más pequeñas". Al igual que la "materia" o cualquier otra cosa, las partículas son formas del orden implicado. Si esto resulta difícil de captar es porque nuestra mente exige saber qué es el orden implicado. ¿El orden implicado de qué? El "orden implicado" es el orden implicado de aquello–que–es. Sin embargo, aquello–que–es, es el orden implicado. Este punto de vista sobre el mundo es tan diferente del que estamos acostumbrados a utilizar que, como Bohm señala[28] "la descripción es totalmente incompatible con lo que queremos decir".

Se puede ignorar la vastedad de causas que provocan un efecto específico, pero es importante recordar que ninguna relación de causa–efecto está separada de la totalidad universal. La naturaleza, entonces, debe ser infinita, pues no es posible para teoría alguna explicar completamente algo que es infinito.

Es por ello que todas las partículas (materia) son a la vez ondas, significando que los objetos físicos y todo lo percibido están compuestos de patrones de interferencia, un hecho que sin dudas no está exento de implicaciones holográficas.

La cantidad mínima de energía que una onda puede contener, en cada centímetro cúbico de espacio, es varias veces mayor que el total de la energía encerrada en toda la materia del Universo conocido; ello nos ofrece una ligera idea de la vastedad que se esconde en la naturaleza.

Todo parece indicar que la materia que contemplamos existe conectada a estos océanos infinitos de energía que no vemos, y a los que incorrectamente llamamos espacios vacíos. El problema está en que nuestro punto de vista presente está limitado a la perspectiva de los "elementos" aparentemente "separados" La necesidad de un nuevo instrumento de pensamiento con el que basar la comprensión de la física de Bohm.

Pero esta concepción de Bohm supera a la analogía con el holograma, a través de la creación del concepto del "holo–movimiento", al existir en un Universo dinámico que se pliega y se despliega, y así el cerebro capta esas frecuencias procedentes del Universo implicado, construyendo matemáticamente "una realidad".

Por eso, el cerebro es un holograma que interpreta un Universo holográfico. Danah Zohar, en su famoso texto *La Conciencia cuántica*, ha expresado que esta concepción presenta dos graves limitaciones que la hacen fracasar[29]: "Si el cerebro es un holograma que percibe y participa de un Universo holográfico, ¿quién mira el holograma? El propio holograma no es otra cosa que una fotografía poco habitual, que por sí misma no es capaz de ninguna percepción".

La aparente solidez del mundo exterior es solo una pequeña porción de la naturaleza que se revela al escrutinio de nuestras limitadas percepciones sensoriales. La realidad es un dominio de las frecuencias y de las radiaciones, y nuestro cerebro es un tipo de lente que convierte esas frecuencias en el mundo objetivo de las apariencias.

Pero existen múltiples frecuencias que no podemos visualizar; la vista se halla imposibilitada para captar radiaciones de espectros "infra" o por encima de cierta escala. La combinación del ojo–mente no resulta una cámara fotográfica muy veraz para reproducir la realidad. Además, existen grandes espacios en blanco en el acto biológico de la visión que son suplantados por la mente.

La mente es un holograma dentro de un Universo hológrafo y utiliza este principio para procesar la información visual, para construir la realidad objetiva interpretando las frecuencias que son proyectadas desde ese profundo orden existencial que se ubica más allá del espacio y del tiempo humano.

Otros universos

Se halla dentro de las probabilidades matemáticas un Universo que obedezca las leyes de la física clásica newtoniana sin efectos cuánticos.

Asimismo, a partir de una construcción matemática es plausible que el tiempo fluya por gradaciones, como en las computadoras, en lugar de ser continuado. Igualmente existen construcciones matemáticas de espacios que no incluyen al tiempo.

Todo ello depende de las distintas condiciones iniciales que pueden formar al Universo, si hubo o no big–bang, o varios de ellos, etcétera, lo que conlleva a diferentes constantes y leyes físicas, a disímiles partículas y simetrías heterogéneas.

La expansión producida por el *big–bang* revela que el Universo conocido sea de dimensión colosal, homogéneo y plano. Esa propagación acelerada del espacio–tiempo, a partir de la teoría elemental de las probabilidades, es lo que nos explica un espacio infinito y heterogéneo en materia[30].

Está aceptado por la física que nuestro Universo existe gracias a ciertas constantes, como la velocidad de la luz, la constante de Planck, el número del químico italiano Amedeo Avogadro[31], la carga elemental, el electrón–voltio, etcétera.

No podemos constatar si otros universos surgieron antes que el nuestro, puesto que tenemos un tope en la velocidad de la luz, que a partir del inicio de nuestro Universo se ha desplazado en el tiempo finito de 13,700 millones de años. Más allá de esa barrera de tiempo–espacio nada podemos detectar pues, salvo hipótesis, no ha sido posible discernir qué existía antes de que se produjera la explosión del *big bang* y se desatara la enorme expansión del espacio y el tiempo.

Existe la conjetura no comprobada de lo que aconteció en el orden de las magnitudes antes de la explosión big–bang. Es decir 10^{-32} segundos, (o sea $1 \div 1^{32}$). Se infiere la existencia de una región del espacio más pequeña que un átomo, y este disponía de una cantidad exigua de materia, cuyo tamaño comenzó a doblarse repetidas veces hasta llegar a crear él o los universos.

Ello no niega la existencia de un espacio que ha fluido con anterioridad, o de manera simultánea; el espacio discurre para siempre, pero nosotros solo podemos ver nuestra región puesto que estamos circunscritos a "nuestro Universo".

Como el *big–bang* se parece mucho a un agujero negro, en base a la teoría de la relatividad y a las parecidas singularidades matemáticas, podría ser que la dinámica de un agujero negro en nuestro Universo provocase un *big–bang* en otro Universo.

Así tenemos que la noción del multiverso parte de este huevo atómico que tras una explosión va desdoblándose dando lugar no sólo a nuestro Universo sino a otros más.

Así lo corroboran las matemáticas, la física cuántica y la astro–física. Y es que ya no se objeta que quien describe mejor la naturaleza son las matemáticas.

Se ha propuesto que "nuestro" *big–bang* no ha sido el único, y que en su primer instante generó un multiverso supuestamente de 11 dimensiones, de las cuales solo vemos las 4 dimensiones extendidas de espacio–tiempo.

Ahora bien, otra probabilidad considerada es la de un espacio finito si el Universo posee una forma curvada convexa o en otro caso interconectada[32].

La vida, nuestro planeta biótico, nuestro Sistema Solar y más allá pueden considerarse como algo cuyo ¿diseño? favorece la emergencia de nuestro tipo de vida. Estamos pues en un medio donde las constantes física son las apropiadas.

Con la teoría del multiverso nuestra realidad y los enigmas de nuestro Universo hallan una mejor explicación. Es decir, habitamos en un Universo, o en una región del Universo, cuyas condiciones atómicas, físicas y químicas son idóneas, quizás diferente a otros universos inhóspitos que impiden la emergencia de la vida.

Si la formación de nuestro planeta tuvo lugar a partir de pequeños detalles durante la inflación del Universo, detalles que se amplificaron, entonces existen universos paralelos en los que nuestro planeta se halla ubicado en un lugar diferente del Sistema Solar, o universos paralelos donde nuestro planeta ni siquiera existe.

De existir variaciones como un Sol más grande o pequeño, una ubicación de nuestro planeta algo más cerca o lejano del Sol, si la fuerza eléctrica fuese mayor o menor, todo se alteraría contra la emergencia de la vida.

Ello explicaría el por qué las leyes y constantes universales de la física son las justas para la creación de estrellas estables y la vida cuando no entendemos de dónde salieron, y por tanto pudieran haber tenido otros valores, salvo la intervención del *Deus–ex–Machina*.

Partimos de un planeta plano sostenido por cuatro mega–tortugas dentro de una esfera celeste, donde todo giraba a nuestro alrededor. Luego aceptamos estar viajando en un planeta redondo, junto a un grupo de planetas y otros cuerpos cósmicos, atados gravitacionalmente a una estrella, el Sol, que ahora era el centro de todo. Luego aceptamos ser parte de una galaxia, la Vía Láctea, dentro de un vasto Universo en expansión, que nació de una horrenda explosión, destinado a seguir su carrera dilatada o colapsar en algún punto distante del tiempo.

Ahora nos enfrentamos a la realidad de múltiples universos, de múltiples dobles de nuestra existencia, de impensables y extravagantes leyes físicas con dimensiones múltiples, y que choca contra nuestra histórica obsesión de ponernos siempre en el centro de todo.

Este planteamiento no solo desafía nuestra concepción de espacio y tiempo, incluida la de Einstein, y la de la formación de lo orgánico e inorgánico, sino también la de toda la estructura cósmica.

Nos confirma el hecho de lo simple que hasta el presente hemos percibido la realidad física, de cómo nos hemos considerado a nosotros mismos, y cómo funciona el mundo que nos rodea[33].

Lo fascinante resultan las maneras muy distintas de concebir la realidad que se están imponiendo, evitando las ideas pre–concebidas. Acaso, en un futuro no lejano, nuestra visión de nosotros y nuestro entorno resulte en una mayor complejidad. Nosotros, los humanos sólo podemos estar conscientes de una mínima parte de la realidad; la diferencia con otras épocas es que ahora no pensamos que las cosas que no se ven no existen.

Los multiversos

La polémica sobre la existencia de los multiversos es un tema de actualidad, y tiene tantos defensores como críticos. Aunque ambas posiciones coinciden que teóricamente su objetividad encuentra sostén en lo que en matemática se conoce como distribución probabilística.

Los llamados multiverso encuentran su definición en la Teoría de la Relatividad einsteiniana, en aspectos centrales de la mecánica cuántica de Böhr y Bohm, en el experimento del colapso de las ondas fotónicas de Thomas Young y en el Teorema de John S Bell.

Podría decirse entonces que el colapso de las ondas fotónicas en el experimento de la "doble ventana" propuesta por el inglés Thomas Young[34], nos lleva a la increíble realización de los mundos paralelos con realidades divergentes.

Si el colapso de las funciones ondulatorias de las partículas ocurre a cualquier distancia del Universo, y es obvio que lo hace de una forma insensible al tiempo, como ha demostrado el Teorema de Bell, entonces nuestras consideraciones de los sucesos del pasado están influidos por las decisiones que hacemos en el presente.

El Teorema de Bell sugiere que estas reacciones al decaimiento de una partícula no resultan hechos fortuitos, sino, como todo lo demás, dependen de algo que está sucediendo en otras latitudes.

La teoría del Universo paralelo, propuesta por primera vez en 1950 por el físico estadounidense Hugh Everett, la llamada meta–teoría, explicaría los misterios de la mecánica cuántica que han desconcertado a los científicos durante décadas.

La noción de diversos mundos encuentra además defensores en los físicos Ludwig Boltzmann y David Deutsch. Esta teoría ha sido también compartida por Alan Guth y por el físico teórico Andréi Linde, de la Universidad de Stamford, a partir de los resultados de la radiación de fondo de microondas, el actual brillo residual que inunda el Universo[35].

Un equipo científico de la Universidad de Oxford, dirigido por el doctor David Deutsh[36], demostró matemáticamente que la estructura del Universo (ramificado como un árbol), creada por este al dividirse en versiones paralelas de sí mismo, puede explicar la naturaleza probabilística de los resultados cuánticos.

Acorde con un artículo del físico Andy Albrecht en la revista *New Scientist*[37]: "Este trabajo será acogido como uno de los desarrollos más importantes en la historia de la ciencia".

El astrónomo estadounidense Max Tegmark[38] deduce la existencia de otros universos como una implicación directa de las observaciones cosmológicas.

El estudio descriptivo y las conclusiones científicas llegan hasta la causa del *big–bang*, y está en gran parte poco clara el fenómeno de la creación del Universo inflacionario.

Según el físico teórico Alan Guth[39] es difícil construir modelos de inflación cósmica que no conlleven una idea de multiverso; todos los experimentos sobre la teoría inflacionaria señalan que el multiverso es real. Y al efecto postula que después del *big–bang*, cuando el Universo creció de manera exponencial en los primeros momentos de su existencia, a una velocidad más rápida que la luz, algunas partes del espacio–tiempo se expandieron más rápidamente que otras.

Se considera que la inflación inicial del Universo tuvo lugar debido a fluctuaciones provocadas por el azar de partículas cuánticas, hecho que detuvo la inflación en algunas regiones. Así se crearon burbujas de espacio–tiempo que luego se convirtieron en otros universos que podrían reunir átomos, estrellas e incluso planetas. Y nuestro Universo sería simplemente uno más en esa miríada de universos.

La posición, velocidad, el color, tamaño, volumen y demás propiedades de la materia devienen indefinidas y problemáticas cuando las aplicamos al mundo de las partículas elementales.

Tanto en el mundo sub–atómico como en las colosales galaxias y meta–galaxias, encontramos en ambos casos indicios de universos paralelos; es lo que la naturaleza ahora nos está transmitiendo. Y, es que las ramificaciones cuánticas son una realidad comprobadas en los aceleradores de partículas, que además se desplazan por diferentes espacios–temporales.

Entonces, a partir de una estructura matemática verosímil que nos demuestre teóricamente la certeza del multiverso, aunque jamás podamos verlo objetivamente, sin dudas existe objetivamente; tal es la paradoja.

Tanto los físicos como los matemáticos se hallan ante la rareza de que el multiverso no es una mera especulación, sobre todo por su probabilidad a partir de una estructura matemática. Y se sabe que las estructuras matemáticas es lo más cercano a la constatación de la realidad.

Y nadie ya discute la verosimilitud de las estructuras matemáticas debido a los números vectores y a los objetos geométricos. Las matemáticas han probado su capacidad para describir el Universo, lo cual implica que el Universo es inherentemente matemático, y por ende, la física puede afirmarse como un conjunto de problemas matemáticos.

Una rama particular de la realidad que se nos presenta o actualiza como resultado de nuestra interacción experimental sobre el sistema observado, es meramente una vía de la descomposición de las funciones ondulatorias, la cual contiene a todas las vías posibles que se pueden tomar.

En otros términos el multiverso podemos explicarlo a partir de la función de onda como parte del estado de nuestro Universo, ondas que giran en un espacio abstracto de dimensiones infinitas, el llamado espacio de David Gilbert.

En principio, se tendría que calcular una función ondulatoria a partir de un número infinito de sucesos simultáneos en un número infinito de dimensiones.

Everett introduce una variante, donde se reconcilia la dicotomía cuántica de una realidad en potencia y su objetivación por nuestra acción.

En la meta–teoría de Everett la función ondulatoria no se transforma en una partícula o viceversa, sino que la misma pasa a otra dimensión en un mundo paralelo, que también es nuestro "Yo" que se desdobla en dos Universos equidistantes: en uno de ellos analiza la función ondulatoria y en el otro la de la partícula.

Una de las consideraciones refiere a un espacio inicial con nueve dimensiones, que luego se bifurcó. En algún momento toda la materia quedó confinada en tres dimensiones que nos permiten la existencia y provocan la expansión del cosmos. Pero las otras seis dimensiones no desaparecieron, simplemente quedaron en estado microscópico.

Entonces, es probable que nuestro espacio–tiempo sea una especie de membrana dentro de un espacio de nueve dimensiones.

¿Por qué no notamos todas esas dimensiones extras, si están realmente ahí? ¿Por qué vemos solamente tres dimensiones espaciales y una temporal?

La sugerencia es que las otras dimensiones están curvadas en un espacio Muy pequeño, algo así como una billonésima de una billonésima de una billonésima de un centímetro Eso es tan pequeño que sencillamente no lo notamos; vemos solamente una dimensión temporal y tres espaciales, en las cuales el espacio–tiempo es bastante plano.

Lo mismo ocurre con el espacio–tiempo: a una escala muy pequeña tiene diez dimensiones y está muy curvado, pero a escalas mayores no se ven ni la curvatura ni las dimensiones extra[40].

Es irrebatible la probabilidad del multiverso a partir de la dimensionalidad del espacio–tiempo, en especial las cualidades de las partículas elementales así como aquellas constantes físicas que surgen a partir de rupturas en la simetría inmediatamente después del big–bang.

Las burbujas–universos

Ya muchos astrónomos admiten que a partir del big–bang, algunas regiones del espacio dejaron de expandirse y quedaron contenidas en burbujas las cuales constituían universos específicos. Cada una de esta burbuja–universo sería de tamaño infinito colmado de la materia resultante del campo energético del big–bang.

El big–bang sería una burbuja junto a un inmenso enjambre de otras burbujas o universos paralelos similares generados por otros big–bang. Si nosotros vivimos en esta superficie cuatri–dimensional, este proceso seguro ocurrió en otras partes de ese hipotético multiverso.

Al ser cada Universo de burbuja, tendríamos el multiverso, una especie de espuma infinita en la que cada burbuja es un universo con sus propias versiones de las leyes de la física. De acuerdo con este concepto, nuestro Universo contiene sus propias leyes de la física, mientras que otros universos incluyen leyes físicas diferentes. Estos universos burbuja están inter–conectados en un medio de inflación eterna que aún amplía el espacio–tiempo más rápido que la velocidad de la luz.

El punto es que tales burbujas–universos se hallan infinitamente alejadas de nosotros con una velocidad de desplazamiento tal, que jamás lograríamos alcanzarles incluso a velocidades superiores a la luz. Y, Lo interesante es la existencia de dobles nuestros en tales universos–burbujas, producto de la ley de probabilidad matemática.

Se consideran mundos paralelos muy lejanos, más allá incluso de los dominios de los astrónomos, otros mundos que no podremos observar.

Los universos separados entre sí tuvieron condiciones iniciales diferentes y valores disímiles de constantes fundamentales. Un Universo con constantes de otro tipo sería totalmente diferente al nuestro.

Pueden existir universos paralelos con otros estados físicos, así como diversos paradigmas de universos, con leyes físicas y geometrías diferentes, en uno de los cuales estemos localizados.

En este sistema de universos paralelos, de multiverso, algunos universos pueden contener diferentes versiones del nuestro, mientras que otros pueden tener diferentes leyes físicas. Muchos universos pueden estar desconectados y otros en comunicación perpetua.

De existir otro Universo semejante al nuestro, la interacción entre ambos sería muy débil, al punto de resultar imposible que ambos se entrecrucen en algún punto. Es probable que los múltiples universos paralelos tengan distintas leyes y diferentes constantes de la naturaleza.

La teoría dice que el espacio es curvo y que, de esa forma, nuestro Universo, plegado varias veces sobre sí mismo, podría estar conectado a otros múltiples universos paralelos a través de "túneles del tiempo", fabricados por los agujeros negros y por los agujeros de gusano.

Otra estructura matemática nos concede la existencia de diversos universos que existieron antes del nuestro y se destruyeron, algo que ocurrirá con este Universo, el cual tras su aniquilación dará lugar a uno nuevo, y así repetidamente. Ello fue delineado por los físicos Richard C. Tolman y Paul J. Steinhardt.

El físico nuclear italiano Bruno Pontecorvo, pionero en el estudio de las elusivas partículas sub–atómicas, propuso construir un telescopio de neutrinos para penetrar algún Universo paralelo aledaño.

Se ha teorizado que una de las maneras para detectar la existencia de otros universos es que se produzca un rozamiento o choque del nuestro con otro universo burbuja, provocando una huella en la radiación de fondo de micro–ondas. Existe sospecha de que tal cosa puede haber sucedido; recientemente se ha detectado una fuerte señal de inflación, de ondulaciones pequeñas (ondas gravitacionales) en el tejido espacio–tiempo del Cosmos[41].

Tal posibilidad de rozamiento entre universos provocaría que las galaxias cercanas al evento se movieran en una dirección diferente al resto. Algunos astrónomos han afirmado que han observado este evento, calificado de flujo oscuro.

En los aceleradores de partículas se producen las interferencias de nuestro Universo con "otras realidades", como el caso de la misteriosa partícula "*mesón K*", en la cual no se cumple la ley de la conservación de la paridad, hecho que solo se explica que sea perturbado por fuerzas de un Universo paralelo.

La teoría de los multiverso no puede ser rechazada pues no está dado que los físicos denieguen totalmente las ecuaciones matemáticas, y el paradigma de multiverso responde a una ecuación matemática. Se necesita ampliar toda una teorización matemática de tales probabilidades para aceptar como verdad irrefutable la existencia de multiverso.

Ello implica un cambio en nuestro concepto del Universo y la vida; el Universo como lo concebíamos, algo finito, armónico, lleno de estrellas—soles, galaxias y cúmulo de galaxias y demás, con leyes físicas y matemáticas fijas, ha dado paso a un entorno de miles de millones de universos, igual o diferentes al nuestro, con leyes físicas exóticas.

El Universo paralelo

La física clásica nos ha dicho hasta el momento que solo existe un Universo, un mundo o una realidad, como queramos llamarle; frente a este discernimiento se debate la existencia plausible de mundos paralelos que plantea la evolución del Universo en formas y estados diferentes, infinito, no obstante la creencia de una sola y única realidad.

Pero en las disertaciones y análisis de la física cuántica está implícito que el Universo paralelo existe y evoluciona en el tiempo de manera fluida y determinada, sin ningún tipo de bifurcaciones irreversibles ni paralelismos perpetuos.

Se considera la existencia de un universo paralelo que interactúa con el de nosotros; es decir, una segunda membrana tridimensional al lado de la nuestra, sólo que está desplazada a una dimensión más elevada[42].

Debido a la naturaleza cuántica nosotros percibimos acontecimientos, campos de co—presencia, no sustancias; es decir, lo que captamos ocupa un volumen de espacio—tiempo.

El conjunto de acontecimientos de esta manera relacionados es lo que se llama una porción de materia. En el caso de los cambios súbitos, que admite la teoría de los quanta, existe, a pesar de ello, continuidad en todo, excepto en la posición espacial, y esta última sufre un cambio que se encuentra necesariamente entre un pequeño número de cambios posibles.

No se conoce si los cambios de *quanta* son efectivamente súbitos o no; no se conoce si el espacio encerrado en la estructura atómica es continuo o discreto.

Hasta ahora hemos encontrado que lo conocido del mundo físico puede dividirse en dos partes: por un lado, el conocimiento concreto de las percepciones de manera discontinua; por otro, el conocimiento abstracto y sistemático del mundo físico, tomado como un todo.

La única actitud legítima respecto al mundo físico nos parece ser la de un completo agnosticismo en todo lo concerniente a propiedades que no sean matemáticas.

Hay razones para este postulado pues el Universo paralelo es un paradigma matemático aceptado por la física. Lo difícil es detectar su existencia[43].

En su teoría, el físico Max Tegmark detalla los cuatro niveles de multiverso que podrían existir[44]. El **multiverso abierto, dentro de** un Universo infinito, con tantos universos paralelos posibles, con un número infinito de universos idénticos al nuestro. El primer nivel se refiere al Universo que conocemos con las leyes que vamos descubriendo y que lo rigen. En el segundo nivel existen leyes físicas diferentes.

La inflación producto del *big–bang*, como un proceso creativo, creará un espacio donde todas esas soluciones se materialicen realmente, a partir de las posibilidades hipotéticas. Es decir, que existen también otros tipos de espacio donde incluso las leyes de la física son distintas.

Tegmar pone el ejemplo del agua con sus tres estados diferentes: sólido, líquido y gaseoso, dependiendo de sus condiciones iniciales y transfiere este ejemplo al espacio–tiempo, en el sentido de que puede contener fases diferentes, o un número de fases infinitas.

Así, en cada fase de espacio–tiempo concurren leyes fundamentales específicas, propiedades concretas sólo para una de las fases en que se transforma el espacio–tiempo, y no genéricas para todo el espacio–tiempo.

Somos como los peces del océano que sólo conocen la fase líquida del agua (sólo conocemos uno de los estados de nuestro espacio–tiempo tri–dimensional), y generalizan leyes y propiedades como si el agua fuese inalterable, y nunca han experimentado la existencia en el agua sólida de hielo o en el agua vaporizada (otros universos o multiverso con multi–dimensiones).

En el modelo de "muchos universos" de Everett, cada vez que se explora una nueva posibilidad física, el Universo se divide.

A partir de la física cuántica surge la noción de los universos paralelos considerando que cada posible resultado existe simultáneamente en otros universos, las realidades alternativas. Y debido a que las posibilidades son literalmente infinitas, algunos universos podrían ser realidades alternativas. Por eso, para muchos astrónomos tales universos paralelos no están en un lugar físico sino que coexisten con el nuestro en una parte de la realidad separada y abstracta.

Se ha aceptado como un concepto científico la coexistencia armoniosa de una infinidad de universos paralelos, lo único que puede explicar los hechos inclasificables en la física. Ellos se interpenetran mutuamente sin confundirse, al poseer cada uno su espacio. Los universos paralelos existen no solo en las dimensiones superiores del espacio, sino también en el mundo de las partículas.

Es plausible que en cada universo paralelo existan infinidades de universos[45] cuya materia posee cargas eléctricas inversas a la de la materia que conocemos. Nos referimos a las galaxias constituidas de anti–materia, las cuales tendrán también sus universos paralelos.

La realidad es más extraña de lo que pensábamos; cuando no se está midiendo u observando algún aspecto de la naturaleza hay átomos que están en lugares diferentes a la vez. No obstante, cuando se busca medirlo mediante la función de onda, entonces se colapsa y los otros desaparecen.

El microcosmos está hecho de pequeñas partículas, incluso la propia luz, por uniforme que parezca se compone de partículas, los fotones. Cuando se apunta una luz, digamos a través de un cristal, una parte de la luz las atraviesa y otra parte vuelve reflejada. Es decir, al parecer hay partículas que atraviesan y otras que rebotan, pero no es así, pues la ecuación cuántica de Schrödinger nos afirma que cada partícula va en ambas direcciones a la vez.

Como un reduccionismo de su cosmovisión, el humano es un ente limitado en extremo que reduce y simplifica todo a sus perspectivas tridimensionales conocidas. Si bien el todo, es decir, el ser humano, percibe un género de cuatro dimensiones, su físico está formado por partículas que se desplazan e interactúan en incontables dimensiones.

Es por esa razón que tal noción aún es difícil de reconocer, incluso por científicos, y es considerada por la gran mayoría como perteneciente a la ciencia–ficción. Salvo que las investigaciones realizadas en Oxford ofrecieron una respuesta matemática a estos meandros cuánticos.

Mis otras realidades simultáneas

El o los multiverso explicarían las enormes coincidencias de nuestro Universo, de nuestra historia, de nuestras experiencias vivenciales.

La existencia de un número infinito de lugares donde concurren comienzos aleatorios, nos sugiere probabilidades en las cuales nuestro pasado sucedió, nuestro presente acontece o aún no ha transcurrido, y nuestro futuro puede ya haber tenido lugar.

En las pruebas de los aceleradores de partículas, solo se registra una de las tantas posibilidades observables, contenidas en las funciones ondulatorias de la luz; las demás, si bien se desvanecen de nuestra percepción, en realidad se subdividen a medida que se desarrollan, transitando por otras realidades coexistentes a la nuestra.

Ahora bien, por estar hechos de pequeñas partículas elementales, entonces las partículas de nuestros cuerpos pueden estar en dos lugares al mismo tiempo, y deberíamos estar en dos lugares simultáneamente.

Se argumenta que si se está en dos lugares diferentes a la vez, si las partículas nuestras están tanto aquí como allí, entonces las partículas de aquí sentirán que están aquí y no estarán conscientes de su versión paralela; igualmente sucede con la otra versión, la cual pensará que lo suyo es la única realidad que ocurre.

Es también el desconcertante ejemplo de una sola imagen televisada que se proyecta al espacio en infinitas ediciones que se mantienen latentes. Si nadie sintoniza esa imagen televisada, entonces ella no cristaliza y no existe en nuestro Universo personal.

Pero si todos los televisores eligen sintonizarla, así fuese una cantidad infinita de televidentes, entonces la imagen se concreta tantas veces como receptores lo quieran. En realidad, la emisión de la estación de TV se desdobla en el espacio en cantidades fantásticas, pues de salir solo una señal, entonces un solo televisor sería capaz de captarla, mientras el resto no recibiría la imagen.

La extraña física cuántica expresa que las diferentes ediciones de mi persona viven simultáneamente en diversos mundos, y todos ellos son reales. Pero, para quien está frente a mí, yo estoy en un solo lugar; y he ahí uno de los enigmas más profundos de nuestra existencia, que se debate desde hace casi un siglo.

Es así como nuestra realidad se divide en dos universos paralelos (el de aquí y el de allá) cada vez que tomamos una decisión como resultado de lo que han hecho las partículas cerebrales.

Es una realidad clásica que se va bifurcando en superposiciones de muchas realidades; son los mundos múltiples teorizados por Everett. Así, existe un gemelo de mi Yo en una galaxia, la cual por probabilidad matemática está ubicada a 10 a los 10^{28} metros del planeta Tierra.

En otras palabras, de acuerdo con la interpretación del congreso de físicos de Copenhague sobre la mecánica cuántica, conjuntamente con los estudios de Everett, John Archibald Wheeler y Richard Neill Graham, (creadores del teorema Everett–Wheeler–Graham) el desarrollo de la ecuación ondulatoria de Schrödinger genera una proliferación infinita de eventualidades, de diferentes derivaciones de la realidad.

Mis múltiples Yo

¿Existen copias exactas de cada uno de nosotros en otros Universos, como lo han corroborado numerosos estudios de la NASA?

Esta dimensionalidad de espacio–temporal varía y se divide en ramificaciones cuánticas paralelas, creando copias y copias del mismo Universo, en cada una de las ramificaciones cuánticas, como si un pájaro se crease en múltiples calcos cada vez que saltase de rama en rama de un árbol.

Cada una de tales subdivisiones es real, y todas, en conjunto, constituyen las diferentes vías en que podemos descomponer el presente, al igual que se desarma el Universo en el mundo atómico. Es una multiplicidad por donde transcurre nuestra existencia futura, de forma paralela y desconectada una de otra.

Alguien igual que yo, con mi mismo nombre y recuerdos, está escribiendo ese libro, pero en otro universo. Salvo que hay infinitos universos idénticos al nuestro y otra infinidad de distintos universos.

La única manera de transferirse de nuestro universo a otro universo–burbuja es superando la velocidad de la luz (la barrera einsteniana) y sobrevivir a la inflación de los átomos que componen nuestro cuerpo.

Un universo paralelo al nuestro debe contener una enorme cantidad de acontecimientos que se entrecruzan o se unen al nuestro y luego se bifurcan y se vuelven a unir continuamente, en un proceso que se ha dado en llamar "de–coherencia", que impide se perciban nuestras copias paralelas.

Ese Universo se desdoblará en tantos como fuesen necesarios, cada vez que se debe tomar una decisión cuántica, creando universos con otras estructuras matemáticas con diferencias fundamentales en sus leyes físicas.

Tal cosa implica que mi "Yo" se desacopla y se acopla acorde con decisiones simultáneas diferentes que asume, aunque no se percate de ello[46].

En algunos de tales mundos paralelos Napoleón Bonaparte venció en la batalla de Waterloo, España recuperó sus colonias después de las guerras de independencia bolivarianas y el poeta Vladimiro Mayakovski no se suicidó, convirtiéndose en el genio literario del siglo XX.

En cada instancia en que nos vemos en la necesidad de asumir decisiones frente a distintas disyuntivas de la vida diaria, todas las alternativas se toman, y se provoca una multiplicidad de Universos por donde transcurre nuestra existencia futura de forma paralela y disociada una de otra.

Al considerar mi persona más de una decisión a tomar, el seguir mirando la televisión o apagarla, y adoptar una de ellas, los efectos cuánticos dentro de mi cerebro (al igual que los observados en los aceleradores de partículas) conducen a una superposición de resultados.

De hecho estos son los mundos múltiples de la mecánica cuántica: donde mi "Yo" se desune en múltiples copias, cada vez que en mi mente se plantean diferentes opciones de decisiones a tomar. Si pienso en levantarme de la silla o quedarme sentado; ambas sucedieron.

El efecto es que mi Yo se desdobla en distintos duplicados, el que sigue viendo la televisión y el que lo apaga.

Al "Yo" decidir seguir viendo la televisión en el universo A, uno de mis copias apagó la televisión en otro continuo tridimensional en el universo B, ya sea en una galaxia distante, o de una membrana en un Universo paralelo contiguo o mezclado con mi Universo.

Dicho de otro modo, el universo B contiene un idéntico al del universo A, exceptuado que tiene un instante más de memoria.

Así, en nuestro Universo, alguien en un accidente automovilístico resultó solamente herido; en uno de los universos paralelos, otra versión del accidentado pereció; en otro de los universos, salió del accidente sin contratiempos.

Otro ejemplo: ubicado en la quinta planta de un edificio, tengo la alternativa de subir hasta el último piso o bajar hasta el sótano; en la realidad, ambas iniciativas que cruzaron por mi mente se llevan a cabo.

Si parados en una esquina consideramos virar a la izquierda, a la derecha o seguir recto, cada una de tales disyuntivas se produce con sus resultantes; por lo tanto, en aquella opción que elegimos y de la cual estamos conscientes, nos interrogamos: ¿qué hubiese sucedido de haber seguido recto?

En la realidad, las decisiones de seguir recto o de doblar hacia el lado contrario también tuvieron lugar con todas sus consecuencias, y se hallan en otras ramas del Universo que ya para siempre se han ubicado fuera de nuestra decisión experimental, y por donde transcurrirán también nuestras vidas de forma paralela.

Sólo que cada uno de mis alter egos no está consciente de los otros, y percibe sólo la posibilidad no realizada de tomar otra bifurcación como si fuese una ligera contingencia mental, una determinada probabilidad que pensamos.

Se trata de otra bifurcación cuántica con infinitas dimensiones donde todos los estados que pueden ser a cada instante y que para mi "Yo" no se dieron, todas las posibilidades que se pueden concebir y que estaban contenidas en la realidad mental de ese momento, no se desvanecen cuando mi individualidad se decide o escoge una de ellas en particular.

Por lo que el paso del tiempo podría estar en la mente de mi "Yo" consciente en "mi" Universo.

En la medida en que mi "Yo" toma una resolución entre varias alternativas tales opciones tienen lugar, fueron tomadas también por mí, y se concretaron, pero en otras derivaciones de la realidad, en otras ramas del Universo.

Al producirse este fenómeno, el Universo se escinde en dos reproducciones diferentes de la (*mi*) realidad, entonces existen distintas ediciones de nuestra persona en cada una de las opciones que para nuestro actual "**Yo**" no se tomaron.

La extraña física cuántica apunta que cada una de "*mis*" versiones lleva a cabo funciones diferentes, sin estar consciente de la otra, es decir, dos ediciones distintas de mi persona, y cada una de ellas ejecuta algo diferente a la otra en diversos mundos, simultáneamente, convencida de que su Universo es el único y verdadero.

Cada bifurcación de la realidad es inaccesible a la otra(s), y la conciencia en cada una de ellas se considerará como singular, aunque en realidad todas ellas son reales; ninguna de esas vías divergentes (ya sean vidas humanas o realidades cotidianas) podrá cruzarse de nuevo.

De acuerdo con la física moderna, todas las posibilidades son mutuamente excluyentes; es decir, existen varias ediciones distintas de mi persona, cada una de ellas ejecuta algo diferente a la otra, como el ensayo de la doble ventana de Young[47]. Sin embargo, esos desenlaces tienen lugar en esa otra vertiente y no en la nuestra.

Cada alternativa posible resultante se realiza en un número de escenarios que pueden llegar al infinito.

Universo holográfico

En las filosofías, en los mitos religiosos y en las disciplinas académicas, ha sido propagado el criterio de que en cada individuo en particular, y en todo el genérico humano, existen ideas, conceptos, criterios, instintos que son comunes y colectivos, que están grabados en nuestra memoria desde tiempos ancestrales, y se van transmitiendo de generación en generación.

Esta memoria genérica, estos arquetipos e ideas muchas veces no son reconocidos; cuando los experimentamos individualmente desconocemos que tales prototipos son colectivos, inconscientes y universales.

Platón ya nos había familiarizado con las ideas universales presentes en la especie humana, y cuya memoria, bloqueada al nacer, podía rescatarse a través de la filosofía.

Esto es lo que Carl Jung luego llamará los arquetipos colectivos inconscientes y el poli–matemático alemán Adolf Bastián las ideas elementales.

Tanto Kant como Schopenhauer concluyen que la multiplicidad de individuos y fenómenos, al igual que las diferencias entre ellos, son reflejos que existen en nuestra representación mental, algo muy diferente a lo que había teorizado Francis Bacon[48].

Las ciencias clásicas considerarán siempre a cualquier estructura (física o mental) como un sistema complejo resultado de la interacción de sus partes. Pero esta forma de explicar las estructuras y los sistemas se contradice con la potencialidad del submundo cuántico, el cual opera a un nivel donde la localidad deja de existir, donde todos los puntos del espacio son iguales al resto de los otros puntos del espacio.

La holografía es una técnica avanzada de fotografía sin lente, que consiste en crear imágenes tridimensionales; una imagen virtual que parece estar donde no está, que puede verse desde distintos ángulos, como si fuese un objeto real.

En la holografía el campo de onda de luz esparcido por un objeto se recoge en una placa como patrón de interferencia.

Cuando el registro fotográfico –el holograma– se coloca en un haz de luz coherente como el láser, se regenera el patrón de onda original. Aparece entonces una imagen tridimensional. Como no hay ninguna lente de enfoque, la placa aparece como un patrón absurdo de remolinos. Cualquier trozo del holograma reconstruiría toda la imagen[49]. En este sentido, el cerebro sería un holograma que interpreta un Universo holográfico.

Los arquitectos de esta idea son el físico David Bohm[50], un colaborador de Einstein y uno de los más reputados teóricos de la física cuántica, y Karl Pribram, un neurofisiólogo[51]. Ambos arriban a tal conclusión de forma independiente y desde dos direcciones disímiles. Los principios teóricos de la holografía fueron desarrollados por el físico británico de origen húngaro Dennis Gabor en 1947.

Por su parte, el equipo francés encabezado por el físico Alain Aspect demuestra en 1982 que en el entramado de las partículas subatómicas que componen nuestro Universo físico, en la misma contextura de la propia realidad, se posee una innegable propiedad holográfica.

El paradigma hológrafo nos concede un instrumento para ahondar en fenómenos e ideas que si bien están documentadas se tienen como controvertibles. La telepatía entre los seres humanos, e incluso la interacción de éstos con los objetos, puede interpretarse como una resonancia con significado de mente a mente.

Una de las anomalías que cae dentro de la holografía es el pre–conocimiento de sucesos que se desarrollan en nuestras vidas, los sentimientos místicos de unicidad con el Universo, la potencialidad mental de mover objetos físicos, las experiencias paranormales y místicas, el retorno de una muerte clínica, el colectivo inconsciente a que alude Jung[52].

8

Caos, Naturaleza y Vida

¿Qué es el Caos?

El siglo XX ha sido testigo de dos modelos teóricos del Universo: la teoría determinista proveniente de la cultura clásica por un lado, y la teoría del caos por el otro. La teoría determinista clásica de Newton, Laplace y otros encontró en Einstein un opinante incrédulo del caos como ley física, y en el matemático René Thom, un crítico persistente de la teoría del caos[1].

Hasta hace poco se creía en la "exactitud" de la ciencia la cual estudiaba los casos generales, aceptando "algunas" excepciones. Para los deterministas el Universo funciona como un reloj, sin el azar, prefijado inexorablemente por las leyes de la naturaleza.

Y, aún cuando era debatible, cuando nuestra cultura determinista se enfrentó a la mecánica cuántica aplicaba esta percepción argumentando que en los casos donde no resultaban posibles las predicciones el problema residía en la insuficiente información que aún se disponía de las causales iniciales, de leyes aún no descubiertas que regían esos procesos.

Las teorías deterministas, como la mecánica newtoniana, implican que, conocido en su totalidad el estado de un sistema en un instante determinado, su evolución posterior queda absolutamente predicha; se presuponía que los errores originados en las predicciones estaban dentro de los márgenes de error inherentes a toda observación experimental.

Hasta que intervinieron los matemáticos la palabra "caos" describía situaciones desordenadas, con secuelas negativas e inciertas más allá de toda posibilidad de comprensión y probablemente de control.

Parecía existir una cierta dualidad en los sistemas de la física donde se presentaba el caos; aquellos más simples eran viables de figurar totalmente, y así, ser susceptibles a predecirse, mientras que a los complicados, sólo era factible reconocer de ellos ciertos datos estadísticos.

De esta manera se examinaba al desorden, al caos, como una excesiva acumulación de factores incomprensibles. Pero esto era un facilismo porque tal distinción era puramente cuantitativa.

Estos teóricos deterministas plantearon como disyuntivas que la exótica mecánica cuántica en algún momento entraría en los reales de causa–efecto cuando se dispusiera de mayor información. Y, de no ser así, de considerarse sus funciones como no derivables, entonces habría que considerar a la mecánica cuántica como un paradigma "ajeno a la física", algo perteneciente a las "ciencias sociales globales".

Ahora el concepto nos obliga a aceptar una perspectiva completamente diferente del Universo y de la historia. Por eso en todo fenómeno que las ciencias examinan actualmente lo primario es comprobar cuánto hay de determinismo y cuánto de azar.

Cuando el concepto de caos fue desligado de connotaciones teológicas y políticas, y se redujo al ámbito de la física, se observó que cualquier sistema caótico estaba compuesto de un elevado número de elementos inter–actuantes entre sí.

Desde una óptica filosófica, el caos es un concepto operacional que define y permite la reconciliación entre el libre albedrío y el determinismo, es decir, un orden de donde emerge el desorden y, en un paso después, el caos se revierte al orden a partir de un módulo subyacente.

El caos es la predisposición al desorden, a la complejidad y a lo impredecible; es la persistencia de la inestabilidad intrínseca en todo sistema[2]. El caos mantiene la simetría dentro del mundo natural se mantiene por el caos, por eso se le puede encontrar virtualmente en cada disciplina.

De hecho, no hay una definición única de caos aceptada comúnmente, e incluso cuando se adopta una concreta resulta difícil demostrar rigurosamente que un sistema la satisface. Para hacerse una imagen detallada del caos, desde el punto de vista técnico, es necesario el uso de matemáticas muy complejas debido a la complicación del análisis.

La teoría del caos rechaza las mediciones precisas, y por ende la predicción invariable, paradigma que se ha refutado porque la expresión decimal real de cualquier variable no sólo matemática es potencialmente infinita.

Entre otras cosas el caos describe un comportamiento más verdadero del Universo, mostrando una interacción holística, una inter–dependencia, entre todos los niveles en los sistemas dinámicos cósmicos, en los que el azar y la indeterminación son las condiciones iniciales influyentes.

Los procesos de la realidad están sujetos a un conjunto enorme de circunstancias inciertas donde cualquier variación pequeña en un punto del planeta genere un efecto considerable en el otro extremo.

Es lo que explica parte del desarreglo en el Planeta, de cómo cambios imperceptibles en algún momento, ligeros desvíos al principio, causas muy pequeñas que escapan a nuestra atención, posteriormente provocan errores desmedidos con efectos colosales imposibles de ignorar.

Todavía es pronto para hacerse una idea completa de la teoría del caos.

Dinámica de inestabilidad

El concepto de "caos" es tan antiguo como la propia filosofía. Durante mucho tiempo, la ciencia ha hecho suyo el credo de que detrás de los desórdenes aparentes de la naturaleza siempre existe un orden escondido.

Predecesores de esta filosofía son los pitagóricos y Platón. Para este último el estado ideal del Cosmos es cuando cada cosa está en su lugar.

La racionalidad del Cosmos la interpreta Platón como el resultado de una operación efectuada por un poder ordenador, una figura semi–mítica a la que llama Demiurgo, especie de "obrero" que ordena el desorden al crear el Cosmos, palabra que significa en primer lugar belleza, arreglo, orden y en segunda instancia, mundo, es decir, orden del mundo[3].

Cuando los presocráticos, a quienes Aristóteles llamaba "físicos", trataron de explicar racionalmente la "naturaleza" pensaban que en su comienzo se hallaba desordenada, y la denominaron con el término "caos". Y, tras un proceso, consideraban que tal "caos" originario devendría en un estado de orden.

Esta equivalencia entre lo caótico, lo totalmente desordenado[4] se mantuvo a lo largo de la historia del pensamiento.

Con las ecuaciones de Newton se deshumanizó por completo el mundo natural al describirlo como un compuesto de bloques mecánicos en interrelación[5].

Desde la bomba atómica a los transistores, los logros de la física cambiarán la fisonomía del siglo XX, que será recordado por tres acontecimientos: la relatividad que elimina la ilusión newtoniana del espacio y del tiempo absoluto, la teoría cuántica que descarta el sueño de Newton de los procesos controlables y mensurable, y el caos que anula la fantasía de Laplace de la predicción determinista.

El caos provendría de la imposibilidad de aplicar los métodos de la mecánica newtoniana, algo análogo a lo que siglos atrás había enunciado Demócrito sobre el universo, de una "necesidad" ciega, pero que al ser abstrusa es confundida con el azar.

Algo dramático ocurre a principios del siglo XX, cuando la predicción pura y determinista de las ciencias tradicionales recibe su primer embate, al toparse los físicos con una descripción esencialmente válida del mundo circundante, con la teoría de la mecánica cuántica, intrínsecamente correcta para nuestra tecnología, para descifrar cómo se comportan las partículas fundamentales, y para la forma en que opera nuestro Universo.

La emergencia del caos, como una entidad *per se*, es la narración no solo de una nueva teoría con sus descubrimientos sino la comprensión de viejas ideas, muchas de ellas anticipadas tiempos atrás por los físicos Maxwell, Poincaré e incluso por el propio Einstein, y después olvidadas.

La rusa Sofia Kovalevskaya[6] la primera mujer profesora de matemática en Europa, fue quien en 1889, expone inicialmente y de manera independiente los primeros antecedentes del caos, cuando confecciona su definición matemática para la dinámica de la inestabilidad buscando medir el ritmo de crecimiento de las pequeñas desviaciones en la física.

A la luego relegada y olvidada Kovalevskaya deriva el ensayo de Henri Poincaré, con una mayor recepción, claro está, al provenir de un científico del género masculino.

A raíz del sexagésimo cumpleaños del rey Óscar II de Suecia y de Noruega en 1889, se convocó un premio para el mejor trabajo relacionado con una serie de problemas matemáticos planteados. El ganador fue Poincaré[7], el cual se convertirá en una de las figuras más interesantes de la ciencia de finales del siglo XIX y principios del siglo XX.

La memoria premiada, *Sobre el problema de tres cuerpos y las ecuaciones de la Dinámica*, razonaba sobre un problema astronómico de fácil enunciación pero diabólicamente complicado: los movimientos de tres cuerpos controlados por la ley de atracción universal de Newton, paradigma del determinismo "laplaceano" y base de la concepción mecanicista del mundo.

La expresión del caos, como ley física pudo descubrirse mucho antes, pero una cultura adoctrinada en los currículos educacionales de los paradigmas nomológicos, asumía el comportamiento de cualquier fenómeno condicionado a causas iniciales precisas.

En busca del Caos

En 1928 el ingeniero holandés Balth van der Pol[8] diseña el modelo matemático de una válvula electrónica oscilante a partir de la dinámica topológica de Poincaré.

En 1913, el matemático finlandés, Karl F. Sundman logró resolver el crucigrama de tres cuerpos celestes, siguiendo el método geométrico de los sistemas dinámicos fundado por Poincaré[9].

Pero serían los rusos quienes se aventuraron por la senda de Poincaré; en la década de los 1930 George Birkhoff estableció las bases teóricas del sistema dinámico del caos, lo que posibilitó la invención del radar por los británicos en la Segunda Guerra Mundial[10].

Aunque pueden rastrearse contribuciones importantes durante la primera mitad del siglo XX fue a partir de los años cincuenta cuando toda una serie de investigaciones multidisciplinares con contribuciones teóricas, numéricas y experimentales llevaron a la necesidad de aceptar que el determinismo más estricto era completamente compatible con lo impredecible; que los sistemas de simple apariencia por su estructura pueden presentar comportamientos verdaderamente complejos en su evolución temporal.

Tres hechos fueron necesarios para que compareciese la teoría del caos: computadoras potentes, un crecimiento del interés científico por los fenómenos irregulares y un nuevo estilo en las matemáticas en que se despliega la imaginación geométrica.

La predicción pura, determinista, de las ciencias tradicionales recibe su primer embate en la década de los 1920, cuando la mecánica cuántica se desarrolla para descifrar cómo se comportan las partículas fundamentales.

A pesar de lo simple y lo obvio de su verdad, este nuevo paradigma del caos enfrentará por años la resistencia y el resentimiento más feroz que provocar cualquier otra teoría en los cenáculos ilustrados.

Ante el dilema de admitir la falsedad de las conclusiones abrazadas de por vida, los físicos la tildarían de excesivamente abstracta y los matemáticos como demasiado experimental. No importó el hecho que el caos descansa en las matemáticas y se aplica también, exitosamente, a los fenómenos más intrincados de la física.

Entre las décadas 1950 y 1960 se establece una metodización más a fondo de la teoría del caos que descansa en las ideas del soviético Andrei Kolmogorov[11] y de su escuela matemática integrada por Vladimir Arnold, Yasha Sinaí y Boris Chirikov, quienes experimentaban en aceleradores de partículas.

En 1954 Kolmogorov examina todo lo concerniente a los sistemas dinámicos de las órbitas periódicas, y en 1963 Vladimir Arnold analiza en detalle las matemáticas del caos en un oscilador que remedaba los latidos del corazón.

Luego de siglos de búsqueda de una mecánica reguladora del orden cósmico, la reciente construcción de ciclotrones logró visualizar el caos en el Universo.

Arnold trata de armar una solución integral al misterio de la mecánica celeste presentado por Poincaré, el cual había reseñado en sus ecuaciones: el comportamiento de un sistema caótico que tiende a variar drásticamente en respuesta a los breves y tenues cambios de sus condiciones primiciales.

El matemático finlandés Pekka Juhana Myrberg se aventura en las dinámicas evolutivas, la llamada simbología dinámica, y el norteamericano Robert May las aplica a las caóticas fluctuaciones demográficas de los animales. La emergencia del caos, de actividades erráticas e impredecibles en un sistema determinista fue aplicada en 1975 por vez primera por el matemático James Yorke.

Pero el cuerpo coherente de las ideas básicas se asienta con el teorema de coexistencia del genial ucraniano Alexander N. Sharkovsky y los estadounidenses Mitchell Feigenbaum, David Ruelle, Floris Takens y en especial con Lorenz, quien establece los fundamentos del caos para el estudio y aplicación a los fenómenos meteorológicos. Feigenbaum advirtió que cuando un sistema ordenado comienza a evolucionar caóticamente, a menudo es posible encontrar una razón específica de la misma.

Feigenbaum confirmó en diversas ecuaciones matemáticas, cómo un sistema ordenado culmina en el caos[12]. Así, el número universal de Feigenbaum (*4,6692016090*) adquirió la trascendencia de ley natural.

Desde los años sesenta o setenta del siglo pasado toda una serie de estudios y experimentos han detectado comportamientos de este tipo en una gran multitud de sistemas y fenómenos, que descubrían situaciones caóticas por todas partes y se elaboraron modelos basados en las ideas del caos para explicar otras.

Tanto es así que incluso uno tiene que preguntarse ¿cómo tuvieron éxito las predicciones de la ciencia clásica?

La explicación reside que a corto plazo, en una duración que la teoría permite estimar, aún tienen sentido las predicciones de las ciencias clásicas; para detectar los fenómenos caóticos, las bifurcaciones, hay que dejar pasar un tiempo largo.

Simbología dinámica

El matemático John von Neumann había reconocido que un complicado sistema dinámico podía albergar puntos de inestabilidad, puntos críticos, en que un débil empujón llegaría a tener amplias consecuencias.

Para la teoría del caos, el sistema evoluciona por zonas de incertidumbre donde no reinan las leyes eternas de la física, el azar forma parte de la realidad física: el observador no es quien crea la inestabilidad o lo imprevisible: ellas existen de por sí.

La palabra *caos*, en el sentido científico fue usada por primera vez en 1975, en un artículo de los matemáticos Li y James Yorke, aunque el principal resultado había sido demostrado, incluso de manera más general, por el ruso Sharkovski en 1964 en una revista ucraniana[13].

El otro reto de envergadura en el siglo XX concurre con la aparición del postulado del caos en todas las disciplinas académicas. El caos nos ha acompañado desde siempre, pero no ha sido hasta fechas recientes que hemos comprendido su magnitud[14].

Se sugiere que el tiempo y el espacio son fractales, y no lineales. Con la aparición de los relojes de precisión atómica se descubrió que la Tierra sufría alteraciones en su rotación que provocaban sus irregularidades al paso del "tiempo", compareciendo lo que se ha dado ahora en llamar "estallidos intermitentes de caos o la teoría de la perturbación.

La teoría del caos resulta una síntesis de las matemáticas imaginativas, donde se reelabora el término de espacio, sustrayéndolo de la descripción normal de objetos tridimensionales habitables, y posibilitando su aplicación a cualquier cosa, a cualquier descripción.

En las matemáticas, la teoría del caos se estableció como un área específica de estudio, demostrando su utilidad en el estudio de muchos problemas de la física, sobre todo por la urgencia de comprender y describir aquellos fenómenos en los que los procesos regulares experimentan una descontinuación abrupta[15].

Así, la teoría del caos es un producto del desarrollo moderno de las matemáticas y las ciencias, y provee los medios para entender las fluctuaciones irregulares y erráticas que tienen lugar en la naturaleza.

¿Cuáles son las características principales de los sistemas caóticos, y luego de haberlos descritos en términos matemáticos, qué aplicación tienen estas matemáticas?

El nacimiento de las matemáticas del caos es una prueba de que la realidad se compone de toda una serie de sistemas dinámicos, o incluso un sistema global, y no de modelos abstraídos de esta realidad. Es, además, una indicación de que algo está cambiando en la comunidad científica.

Es la misma situación que podemos constatar en los sucesivos decimales de números como "*pi*", que van apareciendo sin ningún orden detectable, pero que se explican a partir del cociente entre la longitud de la circunferencia y su diámetro.

En el caso de números de partida situados entre 0 y 1, algunos de ellos daban órbitas caóticas, mientras que otros daban órbitas predecibles. En otras palabras, el sistema es a veces altamente sensible a sus valores iniciales, y otras veces no lo es (órbita caótica).

La teoría del caos en la matemática intenta así explicar por qué o cómo este tipo de sistemas pueden pasar de procesos predecibles a otros caóticos conforme vamos variando los números de partida[16].

En el caso anterior, de mantenerse la diferencia en las tres constantes y elevarse cada una crecidamente, el resultado será tres sustancias con cualidades diferentes.

¿Es simplemente un divertimento matemático y mera elucubración de teóricos? Ciertamente no.

El folclor popular relega las matemáticas a una ciencia simbólica y abstracta, no experimental, donde se arriba a la información y al conocimiento por medio de pasos lógicos, centrados en la manipulación virtuosa de fórmulas laberínticas. El afamado grupo Burbaque[17] había axiomatizado el papel del análisis lógico y la primacía de las matemáticas entre las ciencias, en términos de su aplicación a todos los fenómenos físicos.

Pero las matemáticas de Burbaque, puras, formales, austeras y desconfiadas de la geometría, rechazaron los modelos gráficos y mantuvieron un hermetismo sensible en todo el siglo veinte, al igual que las artes. Con este rigor de acero era imposible la reunión de las matemáticas con las ciencias naturales.

Pero la tendencia hacia la experimentación es inseparable para la teoría de los números, donde muchos de los teoremas más famosos se infieren a partir de datos numéricos, utilizados incluso como verificaciones.

Se puede imaginar el alcance logrado por las matemáticas si la mente humana pudiese desarrollar como las computadoras 10^{12} operaciones aritméticas por segundo; entonces sería una ciencia muy diferente como también describiríamos matemáticamente otro mundo físico diferente.

Fue por ello que el maridaje entre la teoría del caos y la computación tiene raíces muy sólidas. La computación añadió una dimensión novedosa a la fase del ensayo matemático transformándolo en algo tangible al mundo físico.

El efecto mariposa

Los estudios que realizaba el meteorólogo norteamericano Edward Lorenz, en la década 1960, respecto a las variaciones climáticas del planeta, abrieron espacio a la aplicación del caos, sobre todo al explicar cómo un sistema dinámico puede verse determinado por un pequeño detalle inicial en la cadena causa–efecto.

Lorenz demostró que una simple convección termal en la atmósfera terrestre era un sistema caótico[18]. Lo importante de su experimento es el haber simulado un tiempo meteorológico en una super–computadora, basado en doce variables, incluyendo relaciones no–lineales.

En este pronóstico meteorológico introdujo datos para varias variables y concluyó una predicción futura del estado del tiempo. Más tarde, reintrodujo los datos sobre las variables del sistema, redondeándolos a solo tres decimales. Los resultados de la segunda prueba arrojaron una predicción completamente distinta del tiempo.

Lorenz se percató de que si empezaba su simulación con perturbaciones ligeramente diferentes del original, el "tiempo" que obtenía en el ordenador era un modelo substancialmente diferente respecto al original[19]:"Esto implica que dos estados que se difieren por cantidades imperceptibles pueden evolucionar eventualmente en dos estados considerablemente diferentes.

Entonces, si hay cualquier error al observar el estado actual –y en cualquier sistema real tales errores parecen inevitables – puede que un pronóstico aceptable en un futuro lejano sea imposible.

La tradicional certeza de la matemática no podía compensar la tradicional incertidumbre de la meteorología. Lorenz descubrió una de las características definitorias de la teoría del caos, que sistemas dinámicos no lineales muestran una dependencia sensible sobre condiciones iniciales; que es imposible entender los sistemas dinámicos en la naturaleza al aislarlos de los sistemas dinámicos del mundo entero[20].

Ya no es viable la concepción del mundo como la suma de sus partes porque las partes son sensiblemente conectadas y dependientes la una a la otra. Es una visión holística y dinámica en vez de la anterior determinista.

Lo que Lorenz logró con la capacidad computacional fue trazar las trayectorias complejas de sus ecuaciones no–lineales, y descubrir el "atractor extraño" que modela la conducta que es aperiódica, y a la vez delimitada dentro de un área finita del espacio de fase; lo "extraño" en el atractor es que no se extiende por el espacio infinito de fase, sino que se encamina hacia un área de atracción.

Esta aportación de Lorenz llevó a que James Gleick[21] y otros calificaran como el "efecto mariposa".

Tanto en la ciencia como en la vida, es harto conocido que una cadena de sucesos puede arribar a un punto crítico que determine cambios insignificantes; pero con el caos tales puntos se hallan por doquier.

La inestabilidad es, además, parte de nuestro medio socioeconómico y de nuestra cultura; así, pequeños incidentes pueden desviar drásticamente el curso de la historia.

El azar y el caos

Luego de la confirmación de Lorenz, los científicos, especialmente matemáticos, se concentraron en el estudio de la progresión del orden al caos en diversidad de sistemas, analizando las variaciones del mismo.

La teoría de las estructuras disipativas, conocida también como teoría del caos, tendrá entonces como su principal portavoz contemporáneo al químico belga Ilya Prigogine, cuya tesis plantea un mundo diferente al modelo estricto del reloj cartesiano, donde lo previsible y determinado ha sido reemplazado por las propiedades caóticas.

La teoría del caos ha elaborado las nociones finamente detalladas de "dependencia sensible sobre condiciones iniciales", "la retroalimentación iterativa", y "los atractores fractales", los mecanismos teóricos por los cuales el azar en el universo juega su papel.

El fenómeno proporciona la base teórica para entender el comienzo de la conducta caótica, pero lo que nos permite verlo como algo "aberrante" para la ciencia clásica es cuando se modela alrededor de un atractor extraño que lo desvía de su linealidad.

La conducta caótica no es una aberración anómala sino más bien el *locus* del crecimiento dinámico y la evolución de la ley; aun cuando no sea previsible, es racional. Hay desviaciones aparentemente anómalas en los sistemas dinámicos que no se explican por las leyes deterministas clásicas; éstas no son obedecidas precisamente y la medición exacta es imposible.

Ilustramos con una reflexión de Charles Sanders Peirce[22]: "Estamos acostumbrados a atribuir estos errores de observación; sin embargo, por lo regular no podemos explicar tales errores de ninguna manera probable. Rastree sus causas lo suficientemente atrás y estará forzado admitir que siempre se debe a la determinación arbitraria, o al azar".

El comienzo de la conducta caótica puede entenderse como la interacción moderada y constante del Cosmos, entre el caos y el orden. El crecimiento y desarrollo del Universo no es el orden y la armonía sino el elemento no inteligible.

Si el azar y el caos no son anomalías ininteligibles, entonces el "determinismo" es una teoría inadecuada del Universo en su totalidad. El azar es un evento cuya intensificación puede potencialmente trastornar la regularidad de hábitos o leyes, produciendo efectos muy desproporcionados a los esperados por el determinismo.

No entendamos el caos sólo como desorden absoluto o azar perpetuo; la moderna teoría del Caos concibe la combinación del azar con el orden, en una relación que ofrece algo más reglado que el azar ciego o el orden que obvia los impedimentos, y provee las condiciones mediante las cuales la espontaneidad sostiene la vitalidad del cosmos, de nuestro plante y de nuestras vidas.

La realidad la tenemos como una noción inteligible, general, pero el caos nos demuestra que es una aproximación. Por eso, construir una hipótesis absoluta sería concebir la completa racionalización del universo y, por ende, la terminación de la condición humana.

La teoría del caos cuestiona estas ideas deterministas, sin proponer nuevas leyes físicas. Uno de los rasgos característicos es lo que se llama extrema sensibilidad en las condiciones iniciales de la evolución de los sistemas, puesto que una misma ley puede hacer que dos sistemas preparados inicialmente en estados prácticamente iguales acaben en su evolución, totalmente determinista, en estados diferentes.

El llamado sentido común señala que de ser posible para nosotros saber con exactitud las leyes de la naturaleza y la situación del universo en su momento inicial, entonces podría predecirse con exactitud la condición de ese mismo universo en tiempos posteriores.

Aun si ese fuese el caso, si las leyes naturales no escondiesen sus secretos, nuestras predicciones solo llegarían a la escala de las aproximaciones. También puede suceder que no estemos en capacidad de anticipar el porvenir incluso de forma aproximada, aun conociendo las leyes naturales.

De sucederse en los requisitos iniciales formativos de estas leyes una perturbación trivial, al final del fenómeno se producirá una alteración substancial. Un ligero desvío en el principio motiva luego un desmedido error, y así entonces, las predicciones son imposibles.

La persistente inestabilidad

Hay algunos fenómenos a los que se les puede aplicarse el esquema determinista, como el movimiento de la Tierra en torno al Sol, pero en otros hay una mezcla de determinismo y probabilidad o azar, como en la evolución humana, la sociedad, el clima terrestre, etcétera.

Un análisis matemático elemental arroja que incluso en aquellos sistemas simples que obedecen a las leyes newtonianas no siempre se puede profetizar qué sucederá seguidamente.

Esto es así por la inestabilidad persistente intrínseca en todos los sistemas, como lo demuestra el manoseado ejemplo del péndulo, cuyo movimiento oscilante nace de las leyes deterministas de Newton, pero cuyo futuro a largo plazo no puede predecirse.

Es el famoso ejemplo del llamado "efecto mariposa", el cual narra cómo un batir de alas de una mariposa en Lisboa va induciendo una reacción en cadena que, tiempo después, provoca una tormenta tropical en las Antillas.

Según lo prescribe el principio de equivalencia masas–energía de Einstein, una pequeñísima porción de masa, bajo ciertas condiciones puede liberar enormes cantidades de energía. También el austriaco Karl Ludwig von Bertalanffy, acaso el más importante teórico de la biología y mentor de la Teoría General de los Sistemas, describe la existencia de mecanismos amplificadores donde pequeñas causas generan grandes efectos[23].

El hecho incidental de que el comportamiento del caos surge en los sistema no–lineales aclara el por qué un pendular esférico se comporta caóticamente solo cuando las frecuencias que lo impulsan están relacionadas con la naturaleza.

Es entonces que la oscilación adquiere la amplitud suficiente para que la no–linealidad cobre significado[24]. Los sistemas como el péndulo, y lo insoluble de los procesos no–lineales que normalmente se toman como una deficiencia educacional y se almacenan en el archivo de las excepciones no verdaderas, se transforman en nuevos paradigmas que nos obligan a reconocer e incluir cosas tales como el proceso disipativo de la fricción.

Si el péndulo es por siglos el paradigma de la regularidad y linealidad del movimiento, ahora es el instrumento vital de los físicos para comprender la turbulencia en los fluidos, o la complejidad del caos y se aplica a las tecnologías de punta, desde el láser a la superconductividad, pasando por los circuitos electrónicos, las reacciones químicas y los ritmos cardíacos.

La teoría del caos nos enseña que cualquier sistema bien definido mostrará una conducta impredecible si se sostiene por un largo período de tiempo, no importa qué perfecta haya sido su condición inicial. Es la noción de cómo las cosas simples son prácticamente imposibles de pronosticar[25].

Todos los sistemas contienen sub–sistemas en constante fluctuación. A veces una sola fluctuación puede ser tan potente que hace añicos toda la organización pre–existente y no se sabe hacia dónde evolucionará el sistema, entrándose en el estado de improbabilidad. Entonces es cuando entra en juego el azar, y en ese sentido tiende a sucumbir la idea newtoniana de un universo absolutamente determinado por leyes eternas.

Los sistemas son predecibles, pero de repente empiezan a desordenarse y caotizarse, pudiendo luego retornar a una nueva estabilidad; en consecuencia el orden puede llevar al caos y el caos al orden. Los sistemas caóticos se encuentran en muchos campos de la ciencia y la ingeniería.

Dentro de la condición más desordenada pervive una conformación inesperada de ordenamiento. Mediante la dinámica caótica se descubre que el comportamiento alterado de los sistemas simples actúa como un proceso creativo, generando complejidades: patrones ricamente organizados, en ocasiones estables y en otras inestables, algunas veces finitos y otras veces infinitos.

En un sistema auto organizado como el de las termitas, hay varios niveles de ordenación que dependen de la densidad de la población, del sitio del termitero, etcétera. En cada caso, las "reglas" colectivas están retro–alimentadas por el medio y son diferentes.

Sin embargo, esta dinámica global del sistema no puede reducirse a la actividad de sus unidades constituyentes. La colonia de termitas, hormigas y abejas redefinen sus fronteras, para volver a la densidad óptima y poder mantenerlas auto organizadas.

En esa densidad crítica el sistema se comporta como un todo, a medio camino entre el orden y el desorden.

Al calentar el agua por debajo del punto de ebullición este se auto–ordena en un modelo de **vórtices** geométricos; un punto de bifurcación donde el sistema se transforma, y cada uno de los vórtices se enlaza a otras fluctuaciones formando más vórtices, amplificando el sistema, **retro–alimentándose** a sí mismo.

Una causa muy pequeña que escapa a nuestra atención provoca un resultado formidable imposible de soslaya. Este comportamiento impide el pronóstico del estado futuro de un sistema, y entonces erróneamente se manifiesta que si la predicción depende de la exactitud con que pueden medirse los requisitos iniciales, tal variación es producto de la casualidad.

El caos no es desorden

Los fenómenos caóticos no son desordenados como a simple vista parecen, y contienen patrones de regulación imperceptibles. El coro central de la trama es que presenciamos sistemas, aún en las matemáticas, que son a la vez deterministas e impredecibles.

Así, es el caos y no el orden, lo que regula y mantiene la simetría del Universo, de nuestro planeta, de la vida, del mundo subatómico y el natural, de la sociedad, y se puede encontrar virtualmente en cada disciplina de las ciencias y de las humanidades.

Ese retrato caótico de la realidad, que nos parece inaudito, es la verdadera objetividad del Universo, y fuera de ella no existe otra manera de examinar la información de lo visible, aunque ello exija un cambio radical en la forma en que intuimos las cosas.

Como dice James Gleik[26]: "En el espacio de fase el estado completo de conocimiento sobre un sistema dinámico en un momento dado se reduce a un punto. Ese punto es el sistema dinámico en ese instante. En el próximo instante el sistema habrá cambiado, por muy poquito que sea, y entonces el punto se mueve. Se puede trazar la historia del sistema al fijarse en ese punto en movimiento, trazando su órbita por el espacio de fase sobre el transcurso del tiempo".

Claro está, la teoría del caos maneja ecuaciones incomprensibles para nuestro sentido común cuando, en su afán por encontrar aquellas respuestas que puedan describir a la naturaleza, se sumerge en sus niveles subatómicos.

Con la invención (¿o descubrimiento?) de los números complejos se consiguió evitar el problema de las raíces negativas[27]. Pero con ello se descubrieron (y no "inventaron") los fractales: los objetos matemáticos más complejos, como se suele decir[28].

El caos también precipita nuestra reproducción estética, e introduce toda una novísima terminología: fase espacial, órbitas, corriente, mapificación, fuentes, atractores, bifurcaciones, cascadas de doble período. En física, el espectro de aplicaciones es amplísimo. Osciladores en sistemas mecánicos, circuitos electrónicos, corrientes de convección, turbulencias, sistemas acústicos y ópticos no lineales.

Dice Richard Robin[29]: "Así que, estos dos elementos, por lo menos, existen en la naturaleza, la Espontaneidad y la Ley. Ahora bien, pedir que la espontaneidad se explique es ilógico, y de hecho absurdo. Pero explicar algo es mostrar cómo pudo haber sido resultado de alguna otra cosa. La Ley, entonces, debería explicarse como resultado de la Espontaneidad. Ahora, la única manera de hacer eso es mostrar, de alguna manera, que la ley puede haber sido producto del crecimiento, de evolución".

Esta novedosa teoría posibilita hacer predicciones a corto alcance sobre fenómenos que son intrínsecamente caóticos y casuísticos, como las fluctuaciones e inestabilidad sobre los llamados fundamentos del mercado financiero, de nuestro medio socioeconómico y de nuestra cultura. Con la teoría del caos se manipulan, por ejemplo, los procesos químicos y la elaboración de los plásticos.

El caos gesta estabilidad

Este nuevo descubrimiento del caos se enlaza con las ideas de las futuras conformaciones de complejidades disciplinarias, al ser un sistema de naturaleza global, pues no es solo una teoría, sino que se transforma en un método, en una nueva práctica de hacer ciencia, y que será una de las disciplinas básicas, con aplicaciones en todos los ámbitos de nuestra sociedad.

El estudio de sus dinámicas es una parte esencial de la ciencia de la complejidad, y del esfuerzo por entender los principios del orden que se hallan tras los patrones de los sistemas reales, desde el ecosistema al Universo como un todo, pasando por los sistemas sociales.

La teoría del caos garantiza un comportamiento promedio estable que nos permite encontrar las leyes específicas dentro de la complejidad que se halla en la franja intermedia entre el orden y el caos.

Este nuevo descubrimiento se enlaza con las ideas de las complejidades y será una de las disciplinas básicas del futuro inmediato, con aplicaciones a todo lo ancho de nuestra sociedad.

El científico se ha especializado tanto que, las más de las veces, pierde de vista el "todo" y sus experimentos y racionalizaciones teóricas se alejan de la realidad. El caos es una ciencia de sistemas totales dinámicos, más que de partes por separado, a diferencia de las disciplinas científicas tradicionales, en gran medida aisladas en sus partes constituyentes.

Los científicos descomponen las cosas y examinan sus componentes uno tras otro, por turno. Y si desean reconocer la interacción de las partículas subatómicas, reúnen dos o tres. Con ello hay suficiente complicación. Sin embargo, la fuerza de la auto–semejanza empieza a niveles mucho más complejos.

No podemos clarificar tales sucesos alegando factores desconocidos; la incomprensión deriva de nuestra incapacidad terminal para medir o entender el tiempo presente con precisión infinita.

A lo largo y ancho de todas las ciencias y disciplinas humanistas los especialistas argumentan acerca de la conducta compleja de los sistemas. Aquellos que se inician con triviales variaciones condicionantes, a medida que evolucionan en el tiempo ven cómo estos cambios diminutos se amplifican rápidamente, provocándose la transición del movimiento regular al caos, y reformando sus condiciones.

Lo que vemos es un acercamiento holístico en lugar de reduccionista, el cual descarta la concepción de la conducta caótica como anómala, pues los atractores extraños muestran que hay un método en la locura.

Los teóricos del caos, como Ian Steward, son críticos despiadados contra los astrónomos quienes nos dicen que han logrado explicar al detalle los orígenes del universo, excepto el primer milisegundo más o menos del *big bang*.

De alguna manera, la teoría del caos ha hecho accesible el análisis de lo que previamente parecía incomprensible. Pero la capacidad de cálculo de computadoras de alta velocidad, ha revelado algo distinto de lo que se esperaba.

Las dimensiones fractales revelan una auto–similitud bien ordenada y jerárquica en todas las escalas de su estructura, lo que hace que el sistema que se describe no sea tan caótico como se había pensado[30].

La figura que los investigadores de los sistemas dinámicos buscan es lo que llaman un atractor, cuyos parámetros posibilitan predecir cómo será la futura conducta del sistema. El atractor es una parte normal del método de la investigación científica tradicional; es el punto hacia el cual el sistema es atraído, lo que quiere decir que su conducta tiende hacia un punto fijo, un estado de descanso completo.

Tomemos el prisma como ejemplo: Newton propuso que los colores puros son los componentes elementales que producen el blanco; su acierto más brillante reside en que los colores se corresponden a las frecuencias, a las vibraciones de luz[31]. Newton fragmenta la luz y halla la explicación más básica sobre el color y la lleva a un esquema matemático para toda la física.

Sin embargo Goethe, otra mente no menos lúcida, trata el mismo tema de los colores prismáticos desde otro ángulo. Donde Newton es reduccionista, Goethe se muestra holístico; afortunada o desafortunadamente aborrece las matemáticas, y estudia la pintura en busca de una explicación más general. Goethe lleva a cabo un gran número de experimentos sobre el color y lo investiga sobre una superficie blanca a partir del prisma, como Newton.

Pero Goethe no percibe colores, ni tal arcoíris, ni bandas individuales, sino un mismo efecto: la uniformidad. Cuando la luz es interrumpida se produce el estallido de colores; Goethe concluye con mayor acierto que Newton que el color es el intercambio entre la luz y la sombra, una degradación del negro (la naturaleza degradada en grises de Vincent Van Gogh), un aliado de las sombras. ¿Fue esto la inspiración de su Fausto?

Las ideas de Goethe eran científicas; es la percepción del color lo que resulta universal y objetivo, pues fuera de ella no existe evidencia científica para una cualidad definida del rojo, por ejemplo. En lenguaje moderno, el color es una condición y una singularidad fronteriza, y la percepción que de él recibimos varía de tiempo en tiempo y de persona a persona[32].

Newton asignó el formalismo matemático a lo exterior, a los colores del prisma, y construye entonces un sistema lineal de ecuaciones diferenciales. Inspirados en Goethe, tendremos que concluir que es necesario aplicar el formalismo matemático a nuestras percepciones; a un sistema no–lineal donde son imposibles tales ecuaciones diferenciales.

Ciencia y método del caos

Lo cierto es que la teoría del caos ha delineado la naturaleza interdisciplinaria en la frontera futura de las búsquedas e investigaciones, abarcando desde los fluidos dinámicos, los procesos químicos y bioquímicos, las matemáticas, la química, la astronomía y los cúmulos galácticos de estrellas hasta la computación, la ingeniería y el diseño de los circuitos electrónicos. Incluso en ciencias sociales, donde la matematización es reciente, se construyen comportamientos aleatorios, como los mercados financieros.

La dinámica del caos se percibe en los modelos y experimentos de los fluidos, en el movimiento de las olas marinas, en las reacciones químicas, en el comportamiento demográfico de los animales, en los desórdenes fisiológicos como la arritmia del corazón y la epilepsia.

En 1952, el filósofo escocés Walter Bryce Gallie, especializado en lógica y metafísica expresó[33]: "Parece razonable asumir, dado el progreso científico continuado y la discusión general inteligente sobre los resultados científicos, que dentro de pocas décadas la clase de distinción hecha por Charles Peirce entre las leyes que gobiernan procesos reversibles y las que gobiernan procesos irreversibles habrá sido suficientemente generalizados y aclarados como para aplicarse lo que actualmente son casos límites.

"Luego sería posible que habláramos con más claridad sobre la distinción que todos reconocemos vagamente, entre aquellas ciencias cuyas leyes son primariamente (si no exclusivamente) de un carácter previsor −ciencias que podríamos describir como "nomic"− y aquellas ciencias cuyas leyes sirven primariamente, no para hacer predicciones, sino para unificar o "espesar" nuestras concepciones de distintos hilos de la historia cósmica, terrenal, biológico, o humano −ciencias que podríamos describir como "gonic" en lugar de "nomic". Si se probara como cierta esta suposición, entonces sería mucho más fácil que futuros alumnos de la filosofía aprecien el valor de la cosmología de Peirce que para nosotros[34].

La naturaleza se halla saturada de la dinámica del caos que viola los esquemas de intuición y que perturba la alusión que de sí y del resto tiene el humano: la economía, la política, la sociedad, las artes, las ciencias, la tecnología, la naturaleza, el cosmos. El caos es algo que comienza a entenderse y aplicarse. En las físicas ya asistimos a un progreso substancial con el hallazgo de las ecuaciones deterministas del caos.

Los ingenieros averiguaban el comportamiento errático de los osciladores, la congestión del tráfico de una super–carretera y el vuelo de un aeroplano. Los químicos: las inesperadas fluctuaciones en las reacciones. Los economistas: las variaciones imprevistas de los precios, el mercado de valores. También se deja ver en el comportamiento meteorológico, en la configuración y movimiento de las nubes, en la trayectoria de los rayos, las turbulencias en el cauce de los ríos, el movimiento de una hoja por el viento.

El caos no solo describe las complejidades del mundo; los ecólogos examinaron la forma aleatoria en que cambiaban las poblaciones en la naturaleza[35], en la teoría evolutiva, en las variaciones genéticas.

Nada es irreversible

En la física actual se abre un nuevo diálogo entre el hombre y la naturaleza.

La irreversibilidad no es una constante universal, está implícita en las teorías de Darwin y Boltzmann y presupone un universo con limitaciones para la predicción del futuro.

Es una propiedad aún mayor del azar. No se piensa que la expansión del Universo y el big–bang inicial justifiquen la irreversibilidad absoluta, de hecho hay procesos reversibles o no en este universo en expansión.

El primer principio de la termodinámica postula la conservación de la energía en todos los sistemas. El segundo principio afirma que un sistema aislado evoluciona espontáneamente hacia un estado de equilibrio que corresponde a la entropía máxima.

La segunda ley de la termodinámica es el aumento de entropía, y pertenece por tradición al terreno de la física macroscópica, pero es curioso que su significado presente ciertos aspectos comunes con las teorías microscópicas como la teoría cuántica y la de la relatividad, por eso hay una interpretación microfísica de este segundo principio de la termodinámica.

La Segunda Ley de la Termodinámica tiene un estatus diferente a las restantes leyes de la ciencia, porque al ser probabilística no siempre se verifica.

La segunda ley plantea que la entropía de un sistema aislado siempre aumenta, y que cuando dos sistemas se juntan la entropía del sistema combinado es mayor que la suma de las entropías de los sistemas individuales.

Fue Clausius, en 1865, quien formuló la "ley del aumento de entropía" y Ludwig Eduard Boltzmann fue quien la relacionó con la probabilidad[36]. Pero entre Boltzmann y Darwin se presenta una aparente contradicción; Boltzmann postula la aproximación al equilibrio como la destrucción de estructuras primitivas y Darwin reivindica la evolución como creación de nuevas estructuras.

Por eso, lo de Boltzmann es una física clásica dinámica determinista y reversible y lo de Darwin contiene elementos esenciales de azar e irreversibilidad.

El premio Nobel Ilya Prigogine e Isabel Stengers en su co–autoría *Order out of Chaos, Man's New Dialogue with Nature* expresan[37]: "Los desarrollos contemporáneos en la física, el descubrimiento del papel constructivo jugado por la irreversibilidad, han planteado en las ciencias naturales una pregunta que ya se habían hecho los materialistas hace tiempo. Para ellos, comprender la naturaleza significaba comprenderla como capaz de producir al hombre y sus sociedades".

En el caso de Boltzmann su mérito se reside en ser el primero en señalar que la entropía era una medida del desorden molecular. Por eso, según Prigogine, el principio de orden de Boltzmann es de suma importancia, por ser aplicable a la descripción de gran variedad de estructuras, incluyendo, por ejemplo, algunas tan complejas y de delicada belleza como los cristales de nieve[38].

El Universo: orden y desorden

La ciencia clásica se centraba en la estabilidad. Pero las teorías científicas más definitivas, como las de Copérnico, Newton o Einstein, fueron refutadas, con lo cual la verdad científica demostró ser solo parcial. Según la herencia kantiana y la uniformidad "laplaceana" de la naturaleza ordenada, la organización del mundo depende de nuestras sensaciones y categorías del entendimiento, cuando ello es independientes del sujeto cognoscente.

La teoría del caos sostiene que la realidad es una "mezcla" de desorden y orden, y que el universo funciona de tal modo que del caos nacen nuevas estructuras, llamadas estructuras "disipativas".

La progresión del caos al orden tiene lugar tanto en las especies como en las estrellas y en la biota terrestre. Esta progresión puede revertirse en el devenir temporal, como acontece en la evolución natural, cuando el orden colapsa en una dinámica caótica.

Acorde con Ilya Prigogine el caos es imprevisible por naturaleza, puesto que para preverlo sería necesaria una cantidad infinita de información[39].

¿Por qué en el Universo impera tanto el caos como el orden?

Es una pregunta más filosófica que científica. El Universo nació de un caos inicial y generó un mundo organizado de galaxias; b) de la actividad desordenada de las moléculas nació la vida; c) de la actividad desordenada de muchos individuos nace el orden social y el progreso económico.

El Universo es un ciclo de caos, orden, donde se requiere un gran consumo de energía para pasar de una etapa a la otra. La mayor parte de la realidad no es ordenada, ni estable, sino que bulle con el desorden, el azar.

Además, la aceptación del caos como método absoluto por encima del orden y la lógica, y la convicción de que el Universo no es lineal, arroja luz sobre la anterior rigidez de nuestras culturas y filosofías con las que hemos analizado y representado el pasado y el futuro.

Ante una naturaleza que se gobierna por leyes caóticas y un mundo subatómico totalmente inestable, donde reinan el azar y las probabilidades, tiene lugar el desplome del pensamiento clásico, de los métodos lógicos, de las filosofías racionalistas, de las supuestas leyes inmutables y de los sistemas absolutos erigidos por el Iluminismo occidental.

En la mecánica celeste los sistemas que pierden energía por la fricción son disipativos, y sufren una especie de enlentecimiento con la radiación de energía. Los cúmulos globulares están densamente poblados de estrellas, y la explicación de cómo se mantienen cohesionados y evolucionan tiene perplejo a los astrónomos.

Ellos encierran problemas muy complejos, pues desde Poincaré los modelos matemáticos no han resuelto la dinámica e interacción que envuelve a solo tres cuerpos celestes −la Tierra, la Luna y el Sol− o la inestabilidad en las excéntricas órbitas planetarias −como Mercurio o Plutón− entonces el cuadro dramático de aquellos sistemas del universo que involucran la interacción caótica de millones de estrellas se halla fuera de nuestras posibilidades de comprensión. Para dos planetas, que están en interacción uno con el otro, el atractor es suficiente para describir su conducta.

Pero como demostró Poincaré, si se hace más complejo, por la introducción de un tercer cuerpo, esto distorsiona los resultados de un análisis tradicional y hace que la predicción exacta sea imposible[40].

La visión que Poincaré tuvo respecto al problema de los tres cuerpos desafió las suposiciones básicas de la visión newtoniana del universo como completamente ordenado, determinista, y predecible.

El caos creador del Sistema Solar

Como los conceptos básicos surgieron en un contexto matemático, no es extraño que fueran las ciencias más matematizadas, la astronomía y la física, los primeros campos de aplicación, y en el caso de la astronomía se ha utilizado para abordar la dinámica del Sistema Solar.

Muchos astros exhiben orbitas y evidencias de un comportamiento caótico, como los planetas del Sistema Solar, o las pulsaciones de las estrellas variables.

Se piensa que el Sistema Solar es un paradigma de orden y regularidad; nos imaginamos a los planetas fijos en sus órbitas ordenadas, predecibles, inmutables cual mecanismos cronométricos.

A todas luces el caos desempeñó un papel decisivo en la constitución del Sistema Solar que en su etapa inicial no presentaba su actual configuración de planetas bien espaciados cuyas órbitas casi circulares cursa un plano aproximado.

La formación del Sistema Solar, sin dudas no resultó un transcurso evolutivo, sino un proceso catastrófico de inicio a fin, en el que una serie de fenómenos como la hecatombe de estrellas masivas, el estallido de supernovas en el espacio interestelar conjuraron su formación, la de su sistema, la biosfera terrestre, las especies vivientes y el desarrollo homínido.

Asimismo, está demostrado que los impactos de bólidos extraterrestres resultaron un proceso importante en la formación planetaria, y que los mismos pueden aclarar desde la composición de Mercurio hasta la alteración extraña de la órbita de Urano.

Cada planeta, aún uno pequeño como Plutón o las lunas grandes, en algún grado repercuten en los otros mediante la interacción gravitacional.

Pero el modelo mecánico no consideró las derivaciones exóticas que han introducido los acercamientos de estrellas masivas a nuestro Sol, ni los ligeros efectos de los planetas interiores en su rápido desplazamiento.

El viento solar, compuesto de partículas y radiaciones, acarrea consigo masa que hace disminuir paulatinamente la dimensión del Sol.

El caos, ese prototipo que se caracteriza por el azar, es lo que modeló nuestro Sistema Solar, y dentro de 5,000 millones de años lo llevará a su desintegración.

Las variaciones de segundos o minutos de cada planeta crean condiciones, en un período de tiempo dilatado, para una transferencia repentina de sus configuraciones orbitales, capaz de desorganizar incluso todo el Sistema Solar.

Es cierto que el campo gravitacional solar señorea la dinámica de sus planetas y que éstos se desplazan por una órbita aproximada. Pero el caos nos ha revelado que nuestro Sistema Solar no es el parangón de predestinación que una vez nos imaginamos.

No hay una relación entre el tamaño de los planetas y su ubicación dentro del Sistema Solar; no existe una correspondencia en la velocidad de rotación de los planetas y lunas, de acuerdo con su volumen y densidad.

Los planetas también se influyen entre sí. Por ejemplo, la elipse básica de la órbita terrestre no es fija en el espacio; sino que contiene una rotación recesiva de **0.3°** por siglos, suscitada por la perturbación de otros planetas, en especial por Júpiter.

La distancia entre los planetas se ve conturbada por innumerables tirones gravitacionales y complicadas interacciones, distorsionando sus trayectorias, tal como la Tierra incide en la Luna.

Los planetas no siempre siguen un mismo curso, ni se desplazan a una velocidad uniforme; sino que viajan en una órbita elíptica, retardando su itinerario cuando se hallan a mayor distancia del Sol y cobran rapidez cuando se acercan al mismo.

Las olas en la superficie terrestre excitadas por la proximidad lunar disipan energía y las fuerzas de fricción entre la densa atmósfera gaseosa de Júpiter con sus satélites produce un corolario similar. Bajo tales influjos, las órbitas planetarias y lunares cambian despaciosamente en el curso de millones de años, y se separan gradualmente.

No existe ley física o de mecánica celeste que establezca la actual rotación de los planetas de oeste a este o de que el Sol emerja en el horizonte terrestre por el este. Si bien los planetas se trasladan hacia el este, periódicamente cambian de curso y lo revierten dirigiéndose hacia el oeste, para luego detenerse y nuevamente cambiar de dirección hacia el este, ejecutando un insólito movimiento de lazo.

No solo algunos planetoides y lunas giran de forma contraria al Sol y a los planetas (de este a oeste), sino que las curvas de las órbitas elípticas de todos los cuerpos del Sistema Solar se encaminan hacia puntos direccionales caprichosos.

Sin dudas, factores irregulares formaron parte del proceso que ajustó la posición de los planetas y asteroides. Así, el gigantesco Júpiter completa una rotación hiper–rápida en menos de la mitad de un día terrestre. Teóricamente, la velocidad angular de la revolución de un satélite debe ser más lenta que la rotación del planeta, pero las lunas de Marte, asombrosamente, lo hacen más rápido que éste.

La obliciudad de los ejes polares planetarios son esencialmente caóticos; la oscilación del eje de rotación varía de una forma caótica sobre un período universal tan corto de unos pocos millones de años para los planetas sólidos. El eje de Marte, que en la actualidad está rotando igual que la Tierra, ha recorrido toda su superficie en un total estado caótico y en ausencia de una masa lunar.

El caos es lo que explica la mancha roja de Júpiter es un vórtice gigantesco de gas, del tamaño de la Tierra, que ha permanecido intacto y estable a nuestra percepción desde su descubrimiento hace 300 años.

El caso de Hyperón, un satélite de Saturno, con su movimiento caótico, y la consideración de que todas las lunas y satélites[41], así como la distribución de asteroides, de forma irregular han pasado en su historia por épocas de movimientos irregulares de inestabilidades y caos.

En astronomía, el caos posibilita descifrar el origen de los meteoritos. Los asteroides que se desplazan bajo la acción gravitatoria del Sol y de Júpiter desandan por órbitas impredecibles y cambiantes.

El enjambre de meteoros desprendidos del cometa P/Encke, extraordinariamente viejo completa su órbita alrededor del Sol en poco más de tres años. Los miles de años que lleva vagando en el Sistema Solar le han bastado para llenarse de pequeños escombros.

Nuestro planeta intercepta restos de este cometa, entre septiembre y noviembre de cada año, produciendo los radiantes de meteoros conocidos como Táuridas, por provenir de la constelación de Tauro.

El caos también desestabiliza las órbitas de los cometas y los precipita hacia el Sistema Solar[42].

Los asteroides que se desplazan bajo la acción gravitatoria del Sol y de Júpiter asumen órbitas impredecibles y cambiantes. El caos ha amoldado y gobierna la llamada zona prohibida entre Neptuno y la nube de cometas de Oort[43], (incluyendo la nube de asteroides del Cinturón de Kuiper[44], ambos más allá del ahora planetoide Plutón.

Veinte mil maneras de morir

Nuestra historia geológica está marcada por incontables huellas físicas y químicas de este caos cósmico: por el impacto de cometas, asteroides u objetos estelares[45]; por el desplazamiento de las placas continentales; por el ascenso y disminución de los océanos; las violentas glaciaciones; las erupciones volcánicas; por monstruosos diluvios en diversos períodos.

Se teme que el Universo, como lo conocemos, pueda ser arruinado por los experimentos que llevan a cabo los físicos nucleares en los laboratorios de aceleradores de partículas.

El estadounidense Frederick Reines[46] premio Nobel de Física, sustenta la hipótesis de la posible desaparición de nuestro planeta a causa de la alteración de una estructura atómica, mediante la transformación de un protón en un neutrón, en cuyo proceso se desencadenaría una espantosa explosión terrestre.

Estos ensayos, en los cuales se colisionan partículas a velocidades inmensas, pueden crear concentraciones de energía desconocidas, condiciones locales anómalas de alta densidad sin precedentes en el cosmos, a no ser durante el *Big-Bang*.

Hay que ver hasta qué punto al realizar experimentos en los ciclotrones, despedazando la naturaleza atómica, desconociendo la real estructura de la materia y el universo, y la dinámica energía–materia, corremos el peligro de violentar un equilibrio y precipitar una eclosión universal.

Estos experimentos pudieran precipitar un cambio en nuestra ecuación local de espacio–tiempo, una transubstanciación de nuestras dimensiones que, al propagarse a la velocidad de la luz, instauraría un universo diferente al actual.

Puede, asimismo, verificarse la disminución drástica de la vida por una guerra de armas ultramodernas, o la del planeta por una catástrofe cósmica, sea el choque con un cuerpo celeste o el bombardeo de cometas, como el ocurrido a Júpiter en 1994.

Muchas veces se han enarbolado otros agentes, de menor globalismo, como cambios en el nivel de los océanos, perturbaciones climáticas, fluctuaciones químicas en las aguas marinas y los efectos del desplazamiento de las placas tectónicas.

Ya no se tiene como una hipótesis marginal la noción de las colisiones con bólidos extraterrestres, que se considera el proceso preponderante en la formación de la superficie terrestre.

La proporción de extinciones con cráteres es tan elevada que cobra fuerza la hipótesis de que cada extinción masiva fue causada por una lluvia concentrada de objetos de grandes dimensiones. Está dentro de las probabilidades la inquietante contingencia de que enfrentemos una catástrofe cósmica, que pudiera ser el encuentro con un cuerpo celeste de proporciones desmesuradas.

Por largo tiempo se supuso, erróneamente, que los impactos de meteoritos en la Tierra se confinaban a su período formativo, previo al advenimiento de la vida, hace entre 3,000 y 4,000 millones de años, y estaban desconectados de las extinciones masivas periódicas del planeta. Se asume que los astrónomos han catalogado meticulosamente las órbitas de los meteoritos. Lo que es una triste falacia: sólo hemos determinado 77 del millar que se entrecruzan en nuestra órbita planetaria.

También tenemos la noción candorosa de que podemos descartar el peligro de esta catástrofe utilizando nuestros cohetes atómicos. Pero es imposible divisar los meteoritos que provienen de la dirección del Sol y es un error asumir que podremos hacer los descubrimientos a tiempo.

Estos cuerpos cósmicos se desplazan a velocidades infernales de hasta 65 kilómetros por segundo, por lo que desde el momento en que detectemos uno de esos asesinos hasta su impacto en el planeta, no pasarían 24 horas.

Cuando uno de tales astrolitos golpea el planeta, este vibra como una campana. Un asteroide de 6 ó 7 kilómetros de diámetro, por ejemplo, a la velocidad de 72,000 kilómetros por hora, crearía un hueco en la atmósfera, en cuya base se originaría esa explosión.

Ella liberaría, por esa ruta de escape, antes que pudiera cerrarse, la energía equivalente a cien millones de megatones, produciendo un cráter de 200 kilómetros de diámetro.

Al penetrar el bólido hasta 50 kilómetros en la corteza terrestre, expondría el manto interior de lava, causando reacciones volcánicas que arrojarían océanos de materia hacia la atmósfera, al tiempo que terremotos monstruosos sacudirían los continentes, quebrando las placas tectónicas. Las ondas expansivas de la colisión viajarían a la velocidad del sonido, destruyendo todo a su paso.

Un espeso manto de polvo y gas cubriría el cielo, como un capote luctuoso, sometiendo al planeta a un repentino y anormal bombardeo de millones de toneladas de iridio, bloqueando la luz solar, generalizando el frío glacial y los fuegos devastadores que consumirían bosques y selvas.

Esta atmósfera, envenenada por el humo de los fuegos bestiales que se desatarían, precipitaría las lluvias ácidas por décadas. Gigantescas olas marinas barrerían los continentes. En este escenario dantesco no hay posibilidad de escape para la frágil civilización humana, ni para la biota terrestre.

Hasta hace poco, cráteres reconocibles, como el de Arizona, no se consideraban de interés para la historia evolutiva planetaria. Antes de la edad espacial, los científicos afirmaban que los cráteres lunares respondían a erupciones volcánicas.

Las misiones espaciales norteamericanas Apolo comprobaron que este era un fenómeno producido por impactos de meteoros, cometas y planetoides, algo común para todos los cuerpos planetarios del Sistema Solar, incluyendo el nuestro.

Con la evidencia indiscutible del impacto gigantesco responsable de la destrucción acaecida a fines del Cretáceo, se ha concedido mayor crédito a la visión catastrófica, admitiéndose que nuestro planeta ha estado sujeto en toda su historia a descomunales mecanismos aniquiladores, derivados, entre otras causas, de estos impactos periódicos que han exterminado especies como la de los dinosaurios hace 65 millones de años, y han estado a punto de destruirnos.

Nuestro caótico planeta

Sabemos cuánto de nuestra actual existencia terrestre depende del buen comportamiento del cosmos. El Sol tenía que ser una estrella tranquila, pero a la vez ejerce una influencia caótica sobre nuestro planeta.

El caos no solo condiciona nuestro Sistema Solar o nuestro clima, sino también nuestras vidas[47]. Debido a los vaivenes de su órbita e impacto de las radiaciones solares, la Tierra nunca dispondrá de un tiempo equilibrado del cual puedan extraerse pautas generales.

Es conocido que el geo–dínamo de nuestro planeta ha variado innumerables veces a lo largo de la historia, a intervalos que no son regulares sino erráticos e inexplicables; acaso, el geo–dínamo contenga su propio dispositivo de caos.

Los ciclos en la actividad solar que en la actualidad duran 13 y 26 años, provocan severas sequías o inviernos más crudos, así como otros desórdenes climáticos, e inducen a deformaciones tales como las edades de hielo.

La Tierra se ha deslizado por largas edades de hielo en misteriosos e irregulares intervalos, que son el subproducto del caos.

Los balanceos verticales del Sol ocurren periódicamente cuando, atraviesa con toda su cohorte planetaria, colosales nubes de polvo interestelar que agitan a sus cometas de la Nube de Oort. Esta anomalía concuerda con la periodicidad de las reversiones de la polaridad del campo magnético terrestre cada 26–30 millones de años aproximadamente.

En 1984 los investigadores David Raup y John Sepkoski de la Universidad de Chicago, fundamentados en una amplia muestra de organismos fósiles, y en la periodicidad de los cráteres terrestres con las extinciones masivas establecieron que desde hace 225 millones de años, a partir del genocidio Pérmico, tienen lugar cíclicamente, cada 26 millones de años cambios dramáticos en el clima y en la vida orgánica[48].

Otras pulsaciones de extinciones masivas se han producido cronométricamente cada 26.000 años, desatando furiosas perturbaciones que suscitan la extinción masiva de especies, las alteraciones geotectónicas y climáticas.

Cada 100 ó 150 millones de años, el Sol traspasa, peligrosamente, uno de los brazos espirales de la galaxia Vía Láctea, y deambula por este unos diez millones de años. Existen muchas posibilidades de que en algunos de tales viajes se aproxime arriesgadamente a alguna estrella supernova, trastornando toda su mecánica y dañando la vida biológica planetaria.

Dentro de poco puede originarse un cambio en la mecánica celeste del Sistema Solar, si en su actual penetración del Brazo de Orión tropieza con una sección densa de polvo y gases, cuya fricción puede frenar las órbitas planetarias elevando las condiciones térmicas en la superficie a niveles insoportables para las especies vivientes.

Si estos confusos laberintos tienen lugar en este sistema con una sola estrella, las excentricidades de los sistemas binarios de estrellas, las más comunes en el Universo, escapan a nuestros instrumentos matemáticos.

Las ciencias físicas han aceptado la realidad del caos como una rama especial de las ciencias para los sistemas dinámicos de la naturaleza no dependen de la función lineal, lo que les permite explicarse los sistemas impredecibles e incontrolables, la mayoría en la naturaleza, como el Sistema Solar.

En el aparente "caos" del universo podemos reconocer la existencia de una estructura claramente fractal. Dice Peirce[49], "Intente verificar cualquier ley de la naturaleza, y encontrará que entre más precisas sean sus observaciones, más cierto es que mostrarán desviaciones irregulares de la ley".

El caos y la vida

Los fisiólogos empezaron a investigar por qué en el ritmo cardíaco normal se filtraba el caos, en la paralización inexplicable del ritmo cardíaco que provoca la muerte repentina; así el caos encontraría campo de aplicación en la medicina, las epidemias, en los ritmos cerebrales, en los pulsos cardíacos y en la conformación de redes microscópicas en los vasos sanguíneos, en los erráticos dibujos de las ondas cerebrales, etcétera.

En el caso de la biogénesis, es decir, el nacimiento de vida a partir de un caos inicial de moléculas y radiación solar en el océano primitivo.

Se acepta que el diseño del organismo humano codificado en sus genes es el resultado de millones de años de evolución biológica. La casi totalidad del genoma humano se formó durante la evolución pre–agrícola y se considera que es el óptimo, el que nos permitió adaptarnos a las modificaciones del medio a las que se enfrentaron nuestros antecesores en cada etapa de nuestra evolución.

En sistemas biológicos se han estudiado poblaciones que pueden evolucionar caóticamente. Los biólogos hasta ahora han subestimado las bifurcaciones que conducen al caos, puesto que en general no disponen de la sofisticación matemática, sumado a la falta de motivación colectiva para explorar las conductas desordenadas[50].

Los formalismos utilizados por los biólogos para describir los paulatinos cambios poblacionales –donde las mismas funciones se aplican y se aplican, analizando la población en el tercer año mediante los resultados del segundo año, y así paulatinamente– reflejan también los modelos de los economistas, de los demógrafos, de los sicólogos y de los planificadores urbanos, es decir, los modelos de las bautizadas ciencias blandas.

Apunta Prigogine[51]: "Si calentamos una barra metálica, a largo plazo aparecen correlaciones entre sus moléculas. ¿Cómo no pensar en las relaciones de orden a distancia que existen en las secuencias de nucleótidos del ADN o entre las palabras del lenguaje?".

Las selvas tropicales, el callejón de los ciclones, las fajas planetarias congeladas, millones de especies interrelacionadas, las poblaciones como sistemas dinámicos, todo ello resulta un laboratorio incomprensible para los ecologistas, con sus modelos matemáticos–biólogos que caricaturizan la realidad encajonados en los determinismos de causa–efecto.

El cuerpo humano también es un sistema caótico. Está claro que es imposible predecir el recorrido que una partícula cualquiera tendrá dentro de nuestro cuerpo.

También está claro que la medicina todavía no puede hacer una predicción acerca de la evolución del cuerpo de determinado individuo.

Existen alrededor de 3,500 enfermedades genéticas conocidas, entre ellas el Alzheimer, las depresiones maníacas, las neuro–fibromatosis, las distrofias musculares los melanomas, el cáncer.

Sin embargo, el cuerpo humano, a pesar de las muy diferentes condiciones externas a que puede estar expuesto[52], siempre mantiene una forma general.

Es tan resistente a cambios (dentro de lo que cabe) porque los sistemas caóticos son muy flexibles. Una enfermedad es algo impredecible, pero si el cuerpo no tuviera la libertad de ponerse enfermo, con cualquier cambio producido, el sistema se desmoronaría.

Hasta tal punto es flexible dicho sistema, que mantiene una forma más o menos parecida durante más de 70 años, a pesar de que ningún átomo de los que hoy forman nuestro cuerpo era el mismo hace 7 años. La explicación de que un sistema tan impredecible como el cuerpo humano sea tan estable está en que es un atractor extraño y está lleno de atractores extraños[53].

Con la teoría del caos se entroniza un nuevo tipo de fisiología que favorece el entendimiento global de un sistema complejo, independiente a sus detalles. Los investigadores ya reconocen al cuerpo humano como un ámbito de movimientos y oscilaciones y han encontrado docenas de ritmos irregulares, invisibles al indiferente microscopio.

Ningún sistema como el cuerpo humano presenta una cacofonía tan heterogénea y caótica de movimientos rítmicos y arritmias, en escalas macroscópicas y microscópicas; de movimientos musculares, fluidos, corrientes eléctricas, fibras y células.

Pero los estudios del caos se difunden impetuosamente por la biología teórica, acercándola a un terreno común con los físicos. La biología molecular conceptúa a la proteína como un sistema en movimiento; los fisiólogos observan los órganos no como combinaciones estáticas, sino como complejidades de oscilaciones, algunas regulares y otras irregulares.

En fisiología se han utilizado ideas del caos para analizar electroencefalogramas o electrocardiogramas. Ningún sistema como el cuerpo humano presenta una cacofonía tan compleja de movimientos rítmicos y arritmias, en escalas macroscópicas y microscópicas; de movimientos musculares, fluidos, corrientes eléctricas, fibras y células.

Sin embargo, ningún sistema ha sido objeto de un estudio tan parcializado y reduccionista donde cada fisiólogo trata por años de especializarse en órganos específicos con su propia micro–estructura y química.

El sistema caótico humano

El cuerpo humano es un sistema caótico; es imposible predecir el recorrido de una partícula cualquiera dentro de nuestro cuerpo.

El problema, sin duda, es conceptual: los métodos tradicionales para tratar la maquinaria más inestable, dinámica y multidimensional que haya construido la naturaleza, el cuerpo humano, descansan en un reduccionismo lineal.

Sin embargo, el cuerpo humano presenta ejemplos de intermitencia, pues necesita un poco de caos para que el sistema inmunológico funcione de forma eficiente. Esto revela la necesidad de una revisión absoluta de su estudio que tenga como punto de partida la noción del cuerpo humano como un sistema complejo.

Es difícil aprehender cada una de tales partes; por ejemplo, el hígado es un órgano que incluye sólidos y líquidos; los linfocitos disponen de una maquinaria super–sofisticada para decodificar y codificar la información de los organismos invasores.

El estudio del sistema inmunológico humano con sus miles de millones de componentes y su capacidad para aprender y memorizar es una tarea formidable.

Pero el protoplasma está en una condición extremadamente inestable; y es la característica del equilibrio inestable que, cerca de ese punto, causas excesivamente minuciosas puedan producir efectos sorprendentemente grandes.

Los síndromes del caos en la salud incluyen el desarreglo de los sistemas, el colapso de la coordinación, la anarquía respiratoria, la apnea infantil, el síndrome de la muerte infantil repentina, los desórdenes sanguíneos incluyendo la leucemia, los mecanismos de intercambio en el control de las células sanguíneas blancas y rojas.

Los especialistas del cáncer especulan sobre la periodicidad e irregularidad en el ciclo del crecimiento celular.

Conocemos el ritmo que debe tener el corazón, pero este siempre tiene irregularidades, una muestra de la dinámica caótica flexible a los cambios, y es lo que permite al corazón un abanico de comportamientos que le posibilitan volver a su ritmo normal después de un cambio.

El corazón abarca niveles crecidos de complejidad matemática y cuestiones referentes a los fluidos porque la sangre no circula por una superficie rígida sino por paredes elásticas.

El corazón, con sus bifurcaciones, cambios abruptos de ritmo, estable o inestable, saludable o patológico, con su modelo que en nada se asemeja al lineal convencional, nunca se halla totalmente contraído o dilatado. En él los fluidos chocan con fluidos, o con sólidos, y los sólidos contra sólidos.

Allí, la sangre pasa de cámara en cámara bajo la presión de la contracción muscular trasera y la apertura de las paredes delanteras, y donde las válvulas fibrosas se cierran estrepitosamente, y la contracción muscular depende de un complejo tridimensional de ondas de actividad eléctrica.

Asimismo, al cambiarse con las válvulas artificiales los patrones con que discurren los fluidos en el corazón, se crean áreas de turbulencias y estancamientos, de vórtices y de remolinos sanguíneos.

Modelar una de las funciones del corazón atascaría la más poderosa de las supercomputadoras, y figurar todo el intrincado comportamiento del mismo es imposible con la tecnología actual.

Y es precisamente el corazón quien mide con precisión la distinción entre la vida y la muerte. Sin una figuración teórica de la dinámica del corazón es arriesgado seguir con las terapéuticas quirúrgicas actuales y de drogas, pues el grueso de los infartos cardiacos se produce sin que el órgano esté dañado, es decir, todas las partes del corazón trabajan de forma perfecta hasta que súbitamente el todo se detiene y se provoca la muerte.

Esto revela la necesidad de una visión diferente a su estudio más a tono con un sistema complejo.

La regeneración genética

La ingeniería genética está a las puertas de lograr la corrección o eliminación de los genes defectuosos que están en la base de una variada gama de enfermedades. Ello posibilite modificaciones dirigidas a alterar algunos de los rasgos de la herencia genética del hombre.

La creación de nuevas especies vegetales o animales con el fin de incrementar la producción agraria es objeto de serios debates.

En el curso de las últimas tres décadas se han producido avances colosales en el campo de la genética molecular. En 1972 se aisló y reprodujo el primer gen "clonado" en un laboratorio. Pero ahora la introducción de genes clonados en humanos se ha convertido casi en una rutina[54].

El surgimiento de la vida a partir de la materia inorgánica fue un salto evolutivo de gigante. Las combinaciones atómicas no son perennes sino temporales y debido a la caída que sufren, se desgastan o se disuelven por completo.

Así, los humanos somos el resultado de una de estas combinaciones. La computadora biológica se compone de RNA (ácido ribo–nucléico), el ADN y las proteínas.

Después de toda una serie de transformaciones, el desarrollo del cerebro pensante como producto de la vida social y el trabajo colectivo, fue otro paso de gigante. La materia adquirió consciencia de sí misma.

Los nano–biotecnólogos han comenzado a aprovechar el auto–ensamblaje molecular para elaborar nuevas nano–bioestructuras como los nano–tubos para la fundición de metales, las nano–vesículas para encapsular medicamentos y los armazones de nano–fibras para el cultivo de tejidos nuevos.

Se ha construido también un foto–sistema en nano–escala, de densidad extremadamente alta, y máquinas moleculares ultralivianas para capturar la energía solar.

Ahora por primera vez en 4.000 millones de años los seres humanos están en el proceso de adueñarse de los secretos de su propia evolución. La selección natural deja de ser una fuerza ciega y misteriosa.

Se puede llevar al genotipo todo poderoso bajo el control del fenotipo. El género humano tiene el potencial de determinar su propio destino, y modificar los duros dictados de la selección natural.

Las posibilidades de esta biología son casi infinitas. El mundo natural, incluyendo el cuerpo y la mente humanos, serán maleables; los órganos implantados podrían remodelar el cerebro, los virus diseñadores reconstruir tejidos viejos.

Los órganos humanos que crecen en animales para ser trasplantados ya se están diseñados. Pueden aparecer nuevos tipos de criaturas, criaturas que nos maravillen. Si la humanidad no puede encontrar seres parecidos en las estrellas, podría crear nuevas inteligencias en la tierra. La diferencia genética entre el hombre y el chimpancé es pequeña; nuevas especies pensantes no son inconcebibles.

La vejez prematura y la longevidad, en última instancia, están sujetas a la temperatura del cuerpo humano, en especial la del hipotálamo, que es demasiado elevada. La regulación de la temperatura del hipotálamo y la renovación del sistema inmunológico, fundamentalmente los linfocitos, prolongaría por siglos la vida humana[55].

No estamos en el campo de la mitología: el alargamiento de la vida humana más allá de un siglo, o sea, la búsqueda de la inmortalidad del sumerio Gilgamesh, será un hecho para finales del siglo XXI.

Con la aplicación combinada de la neurocirugía, la nanotecnología, la cibernética, la genética molecular y la física, pueden lograrse mejoras sustanciales en el cuerpo y en la mente humana[56].

Es esencial lograr el proceso de subdivisión en las 10,000 millones de células del órgano cerebral, posibilitando que este sobreviva durante un milenio, y se aproveche más allá del actual 10% utilizado, creándose un homo super–inteligente.

En el futuro, la tecnología de *cyborg* no se limitará al reemplazo de órganos o miembros dañados. Al envejecer una persona, el cuerpo humano irá dando paso a partes artificiales, es decir, la técnica del *cyborg*, hasta que la parte original de la persona resulte el cerebro dentro de un cuerpo artificial.

Incluso, se ha especulado la transferencia del órgano del cerebro a una máquina. Será posible la fabricación en laboratorios de moléculas de la memoria, saturadas de información, para ser inoculadas en seres vivos, ampliando de manera formidable no sólo el caudal de conocimientos e información, sino la propia inteligencia.

No resultará un sueño o una novela de ciencia–ficción el intento de rescatar por medio de sustancias químicas las facultades, los conocimientos y las experiencias de un humano en vías de morir, para transferirlas a un organismo más joven, o a un cerebro artificial.

No es un sueño la investigación de los anticuerpos monoclonales y el arribo a la técnica del *cyborg* con la cual piezas artificiales pueden ser recubiertas de músculos y piel, iniciándose la integración entre las máquinas y el cuerpo, lo que pudiera superar el simple reemplazo de órganos o miembros dañados. En el futuro, se promoverá la regeneración de partes del cuerpo, y se ampliarán las investigaciones prenatales del feto[57].

Aún conservamos en el organismo cierta capacidad de regeneración proveniente de nuestra fase embrionaria, sobre todo para los tejidos. Esta facultad podrá acrecentarse para restaurar órganos lesionados y partes del cuerpo amputadas.

Se ampliará la capacidad craneal no sólo para alojar un cerebro más voluminoso que elevará nuestra capacidad analítica, sino también para acomodar los implantes electrónicos con el fin de operar con una proporción de información y memoria superior a la actual.

La nanotecnología puede subsanar muchas de las incorrecciones moleculares humanas, posibilitando sobrepasar, como promedio, los cien años en plena facultad física y psicológica.

Un número de procesos reguladores bioquímicos que también inciden en la vejez es factible de ser revertido. Muchos de los problemas de salud comunes a las sociedades tecnológicas son resultado del desbalance en la dieta que consumimos, para la cual nos adaptamos hace cientos de miles de años.

De acuerdo con los gerontólogos, es factible conseguir un promedio de vida de entre 170 y 200 años, y una estatura promedio de 2,10 metros, de resolverse las enfermedades con una medicina preventiva y una dieta alimenticia científica, controlando los mecanismos del envejecimiento prematuro que hoy padecemos, higienizado nuestro ecosistema y superando la ansiedad en la vida contemporánea.

Es la nanotecnología la que puede revertir todos estos procesos reguladores bioquímicos[58]. Esta prolongación de la vida implicará un período de maduración y educación más dilatado, con la rápida asimilación de inmensos conocimientos, y con una excelente plenitud creativa. En consecuencia, las distancias cósmicas serán más cortas al alargarse la vida humana.

El desequilibrio psíquico

La evolución de la inteligencia la veremos desarrollarse en términos de pérdidas de equilibrio, que conducirán a nuevas reestructuraciones superiores. A juzgar por los registros electro–encéfalo–gráficos, el cerebro se vuelve más caótico cuando comienza a resolver problemas.

Plantea Peirce[59]: "Los hábitos son modos generales de comportamiento que son asociados con la eliminación de los estímulos.

Pero cuando la eliminación esperada del estímulo no ocurre, la excitación continúa y aumenta, y reacciones no habituales suceden; y éstas tienden a debilitar el hábito. Entonces, si suponemos que la materia nunca obedece sus leyes ideales con una precisión absoluta, sino que hay desviaciones fortuitas y casi insensibles de la regularidad, éstas producirán, en general, efectos igualmente minuciosos.

Aquí, entonces, las desviaciones usuales de la regularidad serán seguidas por otras que son mucho mayores; y las grandes desviaciones fortuitas de la ley que se produce tenderán aún más a desmoronar las leyes, suponiendo que éstas son de la naturaleza de los hábitos.

Ahora bien, este desmoronamiento del hábito y la renovada espontaneidad fortuita, según la ley de la mente, serán acompañados por una intensificación de sentimiento[60].

Asimismo, los procesos psicológicos se gobiernan por mecanismos no–lineales, de espectros caóticos que siguen luego a los ciclos estables. Ciertas enzimas cerebrales muestran un comportamiento tan extraño que solo responden a métodos de las matemáticas no–lineales.

Los cambios en los factores psicológicos que sostienen el normal proceso rítmico del cuerpo producen enfermedades dinámicas de proceder errático o fluctuaciones caóticas, como es el caso de la disrupción en los ritmos cardíacos.

De hecho los trastornos mentales no son producto de una realidad caótica, como se ha martilleado hasta el momento, sino todo lo contrario, son el producto de un yo rígido y cerrado al mundo, de un extremo mecanicismo. La realidad caótica es una creatividad diversa.

El caos es perceptible en la epidemiología, en el metabolismo de las células, y en la propagación de los impulsos del sistema nervioso.

Acorde con Peirce[61]: "Tenemos que considerar la materia como mente cuyos hábitos se han tornado tan fijos de modo que pierden el poder de formarlos y perderlos, mientras que hay que considerar la mente como un género químico de extrema complejidad e inestabilidad. Ha adquirido, en un grado sorprendente, un hábito de tomar y dejar hábitos".

Pocos pacientes bajo tratamientos psicofármacos logran recuperarse, y algunas drogas utilizadas agudizan el comportamiento caótico del afectado.

En su afán por comprender los flujos geométricos que sostienen los sistemas complejos, como la mente, los psiquiatras ya se interesan por un acercamiento multidimensional a la esquizofrenia y algunos casos de depresión más allá de la prescripción de drogas antidepresivas.

Asimismo, los cuadros clínicos en psicología se gobiernan por mecanismos no lineales, de espectros caóticos que se enlazan con las fases estables.

La historia: caos y no leyes

Se ha experimentado la dinámica caótica en las ciencias sociales, en los ciclos económicos, la guerra, etcétera. Campos como la sociología y la psiquiatría ya son objeto de la aplicación de esta teoría del caos.

Así, la secuencia de eventos en la realidad, la historia misma, podría ser descrita por las leyes naturales que rigen al Universo, como intentaron los marxistas. Incluso imaginar que el devenir de las cosas puede codificarse en sistemas de ecuaciones; en otras palabras, que el pasado, presente y futuro parecen estar determinados, solo basta conocer el programa.

De ser así, la historia habría quedado escrita en el instante mismo en que se creó el Universo y ahora simplemente actuamos los papeles que se nos asignaron en ese escenario en el cual vivimos.

Aceptar a la historia como una secuencia de eventos perfectamente determinados por las leyes de la naturaleza es lo que ha fundamentado la noción de que la misma se puede repetir, siempre y cuando se imiten las condiciones que dieron origen a un fenómeno o episodio particular.

El concepto moderno de "caos" nos permite establecer que esta posibilidad no es viable. Las secuencias en las que se suceden los eventos históricos pueden encontrar "contingencias" y en ellas se suceden las bifurcaciones o encrucijadas en los que no existen leyes naturales que dicten el derrotero a seguir.

En su libro *La tercera ola*, Alvin Toffler[62] describe la historia de la humanidad en términos de tres cambios: La revolución agrícola de hace 10.000 años. La revolución industrial y el sistema newtoniano. La tercera es el fin de la edad de la máquina, la ciencia post–industrial, donde caduca el modelo mecánico de la ciencia clásica.

Ahí la historia no es regida por leyes sistemáticas, sino por simple "causalidad": el caos; una secuencia de periodos sistemáticos con relaciones de causalidad que ordenan el devenir de los eventos, alternados con periodos caóticos provocados por contingencias o intersecciones en las que se enrumba indistintamente entre dos o más caminos.

Así, tenemos que aceptar los eventos históricos influidos por dos componentes: uno sistemático, donde operan las "leyes naturales" que tradicionalmente han investigado los científicos y otro componente contingente y caótico donde hay poco o nada que se puede investigar y entender.

El componente sistemático tiende a dominar en las secuencias históricas. De manera que el conocimiento científico en general nos puede seguir ayudando a entender y predecir en las fases sistemáticas, entre una contingencia y la siguiente. Las bifurcaciones en las secuencias históricas se presentan cuando dos o más sistemas cada uno con sus propias relaciones de causalidad se confrontan mutuamente.

En estos puntos la historia es indiferente y prácticamente puede "elegir" cualquiera sin que medie razón alguna que incline la balanza por uno u otro sistema. Por ejemplo, al principio del automóvil era indistinto colocar el volante de un lado o del otro. La escritura podía ser de derecha a izquierda o al contrario.

Si simplemente no existe ninguna razón objetiva que determine la superioridad de una o la otra de las alternativas, Aníbal de Cartago pudo haber destruido totalmente a Roma y su civilización jamás hubiese florecido. Adolf Hitler pudo haber vencido a los soviéticos e invadido Inglaterra, y el mundo fuese hoy diferente, con tres bloques homogéneos y diferentes: Eurasia germánica, Asia–Pacífico japonesa y el continente Americano de Estados Unidos.

En el año 1241 un rodillo militar de jinetes mongoles dirigidos por el kan Batú (1203–1255), nieto de Genghis Khan, y sus hábiles generales Sobutai y Kashdán acampados en los Cárpatos, las planicies húngaro–polacas y el Adriático, y prestos para el asalto final sobre la restante Europa, se convocaron al Asia para asistir al entierro del Khan Ogadai, y elegir un nuevo regente.

Este funeral salvó a la cristiandad de ser barrida y asiatizada −como lo fue Rusia−, factor que hubiese impedido la manifestación del Renacimiento, del Humanismo, la Reforma, el Iluminismo y la aparición de los estados nacionales.

Otra cosa que nos sugiere este enfoque en las secuencias históricas es que en la contingencia impera el caos. Sin embargo, un proceso caótico tiende a ordenarse, conforme se difunde y establece un nuevo sistema con sus propias reglas y relaciones de causalidad. Al consolidarse el dominio del nuevo sistema el caos cede hasta que eventualmente se alcance una nueva contingencia.

La aplicación del caos a la economía nos permite observar a las crisis bajo una nueva luz. Hace treinta o cuarenta años los economistas, convencidos del determinismo científico, pensaban que existían "ciclos económicos" que regían las fases de prosperidad interrumpidas por crisis y depresión, en una secuencia alternada.

Creían que estos ciclos se sucedían con una frecuencia y ritmo determinable casi en un sentido físico, y que bastaba conocer las causas para predecir y remediar los efectos del ciclo.

Los economistas solo pueden predecir las crisis con antelación de uno o dos meses, y son ineficientes para prever la recuperación y su duración. No se puede pensar que una crisis sobrevendrá ineludiblemente, como tampoco se puede esperar que la expansión se prolongue indefinidamente.

El orden nace de la fluctuación

La teoría del caos también se considera como la ciencia más excitante e intrigante en esta era de la computación, que ha inaugurado una revolución tan profunda como la de la gravitación newtoniana, la de la relatividad einsteiniana o de la mecánica cuántica de Bohr[63].

Con ella se manipulan la química y los plásticos, solo que en sus niveles fundamentales, la teoría no tiene sentido para nosotros, en especial cuando nos interrogamos cuál es el significado de sus ecuaciones y cuál es su descripción de la naturaleza.

A pesar de que ella posee una trayectoria no podemos simbolizar a la partícula en su desplazamiento; es imposible visualizarla de esa manera, pues la teoría cuántica no guarda relación con los prototipos mentales de imaginación que nos han inculcado.

Albert Einstein, a pesar de ser uno de los fundadores de la teoría cuántica, nunca se reconcilió con la idea de un universo no−determinista. En una carta al físico Böhr, insistía en que "Dios no juega a los dados".

Cada vez más, los científicos de diferentes campos percatan de que la especialidad es un callejón sin salida. Algunos físicos interpretan el caos como ciencia del proceso y no del estado, del devenir antes que del ser, pues presienten que el caos interrumpe cierta tendencia al reduccionismo, al análisis de los sistemas en términos de sus partes constitutivas: quarks, cromosomas o neuronas.

La corriente principal, durante la mayor parte de este siglo ha estado representada por la física de las partículas, que explora los bloques constructivos de la materia, según energías cada vez más altas, escalas cada vez más pequeñas y tiempos cada vez más fugaces.

De ella han nacido teorías sobre las fuerzas básicas de la naturaleza y sobre el origen del universo.

El punto de partida de los defensores de la teoría del caos fue una reacción precisamente contra este método, al que llamaron "reduccionismo". Al presentarse el caos se escenificó un cambio de dirección de toda la física. Las rutilantes abstracciones de las partículas de alta energía y la mecánica cuántica se habían impuesto más de lo conveniente.

Por su parte, los físicos se enfrentan al caos en el mundo de las partículas, de los átomos y moléculas de los gases[64]. Todo esto del comportamiento intrínseco de las partículas nos hará pensar en las mónadas de William Leibniz, y de sus armonías preestablecidas.

Se ha denominado "orden por fluctuaciones" al orden generado por el estado de no equilibrio y al proceso de auto–organización, "estructura disipativa". Pero el orden y el desorden no son excluyentes.

Hay casos de partículas ordenadas que colisionan y generan desorden, como también viceversa: grupos de partículas desordenadas que generan partículas colisionadas que se desprenden en orden. Por eso no pueden prepararse ni comprobarse en los sistemas físicos correlacionados pre–colisiones persistentes de largo alcance. Las correlaciones son siempre consecuencia de interacciones dinámicas previas.

Al desconocer la posición exacta y la velocidad de cada partícula, tenemos que echar mano a la teoría de la probabilidad para relacionar y promediar el comportamiento corpuscular con el general del sistema que la contiene.

El caos nos ayuda a estudiar los elementos subatómicos atrapados por el magnetismo terrestre, cuyo escape a la atmósfera provoca la desconcertante Aurora Boreal.

Los astrónomos ahora usan las teorías del caos para modelar la pulsación del universo primitivo, la arritmia cósmica, el movimiento de las estrellas dentro de las galaxias, así como la de los planetas, satélites y cometas del Sistema Solar.

El catastrofismo encauza la Tierra

Ya sabemos que los anales del planeta manifiestan crisis periódicas provocadas por impactos descomunales y devastadores. La extinción masiva del período fronterizo entre el Cretáceo y el Terciario, hace 65 millones de años[65], no ha sido la única registrada en nuestra historia geológica, ni siquiera la más demoledora.

Hoy se acepta que hace 4,000 millones de años se produjo una gran colisión entre nuestro planeta y otro cuerpo celeste del tamaño de Marte, que a todas luces provocó la actual rápida rotación sobre el eje figurado. Esta fue la denominada Era Proterozoica, que finalizó con una catástrofe masiva atribuida a un impacto colosal extraterrestre.

Si la vida parece que compareció en nuestro planeta hace 4,000 millones de años, hay razones para pensar que la vida compleja evolucionó y desapareció dramáticamente, al menos una vez, antes de que se rehiciera hace 600 millones de años.

Percibiéndolo de esta manera, el dilema supervivencial es más un producto de lo impredecible que de la decantación de los menos aptos, resultando en una naturaleza planetaria inclemente, caótica, muy lejos de estar establecida de forma concertada.

De no ser así, ¿cómo explicarnos que dos tercios de los mamíferos vivientes estén integrados por los roedores, las variedades menos idóneas; que animales como las cucarachas, los tiburones o el caballito del mar no han evolucionado un ápice en cientos de millones de años; o que la actual bio–diversidad marina se circunscriba a los arrecifes tropicales?

El mundo biológico es un semillero de genomas separados e independientes, infértiles entre sí. Tales fronteras genéricas, de especialización, han impedido que el mundo esté dominado por organismos genéricos incapaces de realizar con eficiencia funciones especializadas.

A pesar de que los primeros organismos conformaron estructuras más perfeccionadas que las de los actuales, y que las extinciones han eliminado linajes promisorios reduciendo la diversidad, al final no se ha dañado la innovación evolutiva.

9

FRACTAL, TURBULENCIA Y HOLOGRAFÍA

La escala determina la estructura

Más que elevar la casualidad a un principio de la naturaleza, la nueva ciencia hace completamente lo contrario: demuestra irrefutablemente que los procesos considerados casuales, sin embargo están dominados por un determinismo subyacente, el crudo determinismo mecánico del siglo XVIII.

Cualquier incertidumbre en el estado inicial de un sistema dado –no importa cuán pequeño e insignificante sea– puede reproducir un crecimiento geométrico de errores, que terminan por afectar todo su comportamiento total futuro.

Kenneth Wilson, premio Nobel de física en 1982 y uno de los pioneros teóricos del caos, conjuntamente con el prestigioso físico Peter Carruthers, atacan el fenómeno de la turbulencia en la transición de la materia de un estado a otro[1].

Wilson tropieza con algo que parece absurdo y que resulta un nuevo concepto para estudiar los problemas no–lineales: que ciertas cantidades –un humano, las costas de un territorio, o una partícula– siempre consideradas fijas en realidad no lo son, y que tales cantidades fluctúan y son relativas dependiendo de la escala con que se las mida. En las estructuras geométricas fractales, cada parte es una réplica del todo.

Radicalmente diferente de este tipo de visión, la contemplación analítica y fragmentada de la realidad con la que hemos convivido durante tanto tiempo a juicio del físico y escritor Fritjof Capra es "inadecuada para tratar con nuestro mundo super–poblado e inter–conectado".

Según Capra estamos experimentando una "crisis de percepción". La teoría del caos nos sugiere una percepción y una concepción asociada de un mundo de una pieza, un mundo orgánico, sin costuras, fluido e interconectado: el todo[2].

"La intuición matemática, que tanto se cultiva", escribió Robert May[3], "equipa mal al estudiante para enfrentarse con el extravagante comportamiento del más sencillo de los sistemas no lineales".

La topología son las matemáticas de la continuidad; como la explica Ian Steward[4]: "La continuidad es el estudio de los cambios uniformes, graduales, la ciencia de lo continuo. Las discontinuidades son repentinas, dramáticas: sitios en los que un cambio minúsculo en causa provoca un cambio enorme en efecto".

Como lo describe Gleick[5]: "La topología estudia las propiedades que siguen inalteradas cuando las formas se desfiguran por torsión, extensión o comprensión. No se interesa en si la forma es cuadrada o redonda, grande o pequeña, porque la deformación cambia tales atributos. Los topólogos se preocupan de si está acoplada, tiene agujeros o está anudada o enredada. Conciben las superficies, no en los universos euclidianos unidimensional, bidimensional y tridimensional, sino en espacios de dimensiones múltiples, imposibles de imaginar de manera visible. La topología es la geometría en trozos de goma. Se preocupa de lo cualitativo más que de lo cuantitativo".

Al pensarse que gran parte de la naturaleza funcionaba de esta manera la mecánica clásica fue capaz de introducir modelos perfectos.

El caos atraviesa con impunidad las fronteras de todas las facultades científicas al ser sus sistemas de naturaleza global, aunque ellas simplemente lo ignoren por considerarlo a–científico y enajenado.

El caos deviene no solo en un paradigma más, una mera teoría sino todo un método, una novísima forma de hacer ciencia, pero no a la manera de un canon de principios, sino planteando problemas que desafían las formas tradicionales de investigación y de metodología del conocimiento.

En la visión paradigmática mecanicista del mundo se desprecian aquellos fenómenos fortuitos.

En el caos de sistemas dinámicos simples subyace un orden oculto pues sus fenómenos caóticos son impredecibles. La paradoja es que lo simple y lo complejo son inseparables al ser reflejo lo uno de lo otro.

La complejidad aparece en condiciones especiales, en los puntos críticos, o bifurcaciones.

Allí, el orden y el desorden coexisten formando estructuras fractales que se caracterizan por presentar un aspecto auto–semejante a diferentes escalas.

Uno de los casos más fácil de entender, la meteorología, no puede predecir con precisión más allá de un determinado período de días. La teoría del caos por lo tanto, pone límites bien precisos a lo predecible en los sistemas complejos no–lineales.

Las variables se retroalimentan a sí mismas y su multiplicación exponencial repetida sobre sí misma hace que el sistema se comporte de manera caótica.

Sin embargo, todos los procesos naturales considerados como las reglas acaban desembocando en este tipo de funciones caóticas, que se tenían como anomalías y por tal eran descartados. Ahora resulta que los casos antes estudiados como patrones generales, es decir los procesos naturales deterministas de causa–efecto, son las excepciones dentro de la regla general del caos.

Lo casual concreta las posibilidades

La física se basó en sistemas lineales; parafraseando a Newton, si estableces una ecuación lo que obtienes es una línea continua. Según el modelo de la causalidad lineal, la relación causa–efecto es unidireccional, donde lo pasado actúa sobre lo presente.

A diferencia de los sistemas lineales, fácilmente calculables y obviamente clasificables, la esencia de los sistemas no–lineales todavía se halla fuera del alcance de los inventarios, cada cual enteramente distinto al otro.

El caos representa sistemas liberados a la exploración casual de sus propias posibilidades dinámicas. Es el comportamiento irregular e impredecible de sistemas dinámicos determinísticos, no–lineales.

Y es todo lo contrario, una parte considerable de la naturaleza no funciona de manera lineal y no puede ser entendida en base a sistemas lineales. Ciertamente, el cerebro no funciona de manera lineal, ni la economía con sus ciclos caóticos de auges y recesiones.

Una ecuación no–lineal tiene en cuenta el carácter irregular, contradictorio y frecuentemente caótico de la realidad. La irreversibilidad y lo no–lineal son los elementos comunes de estos fenómenos disímiles.

Si bien los sistemas no–lineales presentan propiedades comunes, cuando llega el momento de medirlos y calcularlos, nos tropezamos que cada uno es un mundo por sí mismo, y la comprensión de uno en particular no es auxilio para entender al siguiente.

Los pioneros de la teoría del caos están intentando romper con la metodología "lineal" para elaborar unas nuevas matemáticas "no–lineales", que estén más de acuerdo con la realidad turbulenta de la naturaleza en cambio constante.

La teoría del caos puede definirse como el estudio cualitativo de la conducta a–periódica e inestable en sistemas dinámicos deterministas y no–lineales[6] (como el agua goteando de una llave, o los latidos del corazón) compuestos de un número de variables que definen los parámetros del sistema y de los cuales se puede crear una "imagen" matemática utilizando ecuaciones diferenciales.

En los sistemas no–lineales hay propiedades emergentes, que aparecen como resultado de la interacción entre sus partes y que no pueden explicarse a partir de las propiedades de sus elementos componentes, aunque la complejidad no es, necesariamente, sinónimo de complicación.

¿Cómo imaginaríamos la realidad si la forma que utilizamos como sistema de referencia hubiera sido diferente de lo que hoy llamamos línea recta?

En los sistemas no–lineales no hay relación entre causa y efecto pues un pequeño cambio en una de las variables, en uno de los valores iniciales, afecta el valor de otra provocando un resultado diferente en los finales, pues la conducta de un sistema inestable no resiste cambios pequeños[7].

Así las soluciones para sistemas lineales no funcionan para sistemas no–lineales, para los cuales hay que buscar patrones sobre una escala holística en lugar de una reductiva.

Además de introducir dudas sobre el modelo tradicional en que se erigen las ciencias, su fascinación estriba en el enlace entre las matemáticas, las ciencias y la tecnología.

Debido a que los sistemas complejos son altamente provocativos unido a su dinámica no–lineal, donde se renuncia al pasado para presagiar el futuro, los teoremas del caos causan una conmoción histérica en los salones académicos pues atentan y desmontan nuestro milenario molde de pensamiento.

La unidad caótica está llena de particularismos, activos e interactivos, animados por retro–alimentaciones no lineales y con la capacidad de producir desde sistemas auto–organizados hasta auto–semejanzas fractales, pasando por el desorden caótico impredecible.

En la actualidad notamos cómo se extiende el modelo de la dinámica no–lineal para desentrañar y simplificar las manifestaciones complicadas.

Por suerte en la historia de las ideas vemos que las nuevas consideraciones sobre la naturaleza siempre reemplazan a las ya acomodadas, y que los viejos enigmas son analizados bajo diferentes luces, mientras otros problemas se reconocen por vez primera.

La geometría fractal

El caos inauguró la etapa de la experimentación computacional, ensayó con la matemática de las formas y la evolución, y estudió las bifurcaciones que de ellas emergen.

En esto sobresale la técnica especial de las imágenes gráficas en las computadoras, que capturan las estructuras fantásticas y delicadas de gran complejidad. Entre sus resultados expone en gráficas la naturaleza geométrica abstracta de la teoría del caos, de formas que se repiten a escalas cada vez más diminutas.

El orden y el desorden son conceptos antagónicos, pero, al mismo tiempo, complementarios. El caos no es más que un desorden en apariencia, tiene poco que ver con el azar; hay un cierto orden interno subyacente y obedece estrictas leyes naturales de evolución dinámica.

El caos está ligado a los fenómenos de auto–organización, ya que el sistema puede saltar espontáneamente desde un estado hacia otro de mayor complejidad.

Pero estos sistemas son tan irregulares que jamás repiten su comportamiento pasado, ni siquiera de manera aproximada.

En el caos siempre existe la paradoja. Y la paradoja aquí es que lo simple y lo complejo parecen ser reflejos lo uno de lo otro: son dos cosas inseparables.

Los fractales matemáticos están generados por fórmulas muy simples, pero son figuras de inagotable complejidad[8].

La teoría del caos estudia la evolución dinámica de ciertas magnitudes. Al representar geométricamente el conjunto de sus soluciones, aparecen modelos o patrones que los caracterizan.

Por su parte, la nueva geometría fractal se adhiere a una matemática dinámica, fluida, a la manera del pre–socrático Heráclito, de Éfeso. Lo fractal se halla en la filosofía presocrática de Anaxágoras, en la obra del neo–platónico, Proclo.

En los fractales de Mandelbrot las matemáticas jugaron un papel decisivo: "Discontinuidad, ruidos súbitos, polvos de cantaré", explica Gleick[9], "fenómenos como ellos no habían tenido acogida en la geometría de los dos milenios anteriores. Las figuras de la geometría clásica son líneas y planos, círculos y esferas, triángulos y conos. Representan una abstracción poderosa de la realidad, e inspiran una atractiva filosofía de armonía platónica. Euclides hizo de ellas una geometría que duró dos mil años, la única que estudia todavía la inmensa mayoría de los seres humanos. Aristóteles encontró la belleza ideal en ellas. Mas, para entender la complejidad, su abstracción resulta inconveniente".

De la misma forma puede considerarse al filósofo Giordano Bruno entre los precursores, con su teoría de las "mónadas". Tanto los matemáticos Leonardo Fibonacci en el siglo trece como Moritz Cantor en el siglo diecinueve exploraron ciertos aspectos de la geometría fractal.

Los modelos de la geometría clásica –euclidiana–, que representan una poderosa abstracción de la realidad, son líneas y planos, círculos y esferas, triángulos y conos, rombos, cuadrados, rectángulos y demás figuras.

El patrón de medidas euclidiano fracasa en su intento de capturar la esencia de lo irregular, de la dimensión fractal donde se define el grado de escabrosidad, o el quebrantamiento, o la irregularidad de un objeto.

Pese a que la realidad no está congelada en la inamovilidad, el tema de la evolución de las formas en el espacio y en el tiempo, su universalidad y similitudes a través de las escalas, siempre fue evadido por los científicos hasta que llega la teoría del caos debido a que su geometría era totalmente irregular, hasta que apareció la teoría del caos.

La naturaleza, sin embargo, no tiene esas estructuras físicas tan armoniosas; de ahí que la geometría clásica no represente a la realidad y, por más que nos esforcemos en construir todo a partir de rectas y curvas, esta noción no deja de ser anti–naturaleza[10].

En su recorrido por la física Goethe investiga sobre las formas pero de manera estática. Ya a principios del siglo XX, el excepcional naturalista D'Arcy Wentworth Thompson[11], indaga en el ámbito de las formas en el territorio de la vida; Theodor Schwenk[12], en la década de 1960, dedica un libro al estudio de las serpenteantes corrientes de aguas ribereñas y marinas, y denomina "caos sensitivo" a la relación entre la fuerza y la forma.

La raíz de la geometría fractal puede trazarse a fines del siglo XIX, cuando los matemáticos iniciaban el desafío a los principios geométricos de Euclides. El tema de las dimensiones fractales cobró interés en 1919, en ocasión de que el alemán Felix Hausdorff[13] aventuró la idea de las formas matemáticas en las estructuras de menor escala.

El paradigma se instauró definitivamente en las ciencias, y en especial en las matemáticas, con los fractales no lineales y sus comportamientos caóticos o impredecibles.

El lenguaje de esta nueva ciencia es la representación fractal y las bifurcaciones, las intermitencias y las periodicidades. Un "fractal" es una estructura geométrica con dos características: la "auto–semejanza", que posee la misma estructura cualquiera sea la escala en que se la observa, y la "dimensión fraccionaria" que mide las irregularidades de un objeto y no se parecen en nada a una línea o a un plano.

Los fractales, se explican por su propio término, es decir, los fractales –como identifican tales formas–, pueden considerarse como simetrías, de líneas, planos y esferas euclidianas, que se transfieren a la escala inferior. Su estructura se genera por la repetición de un proceso.

La naturaleza es irregular

La geometría fractal dispone de un tipo de orden e irregularidad recóndita donde se describe la frontera entre la regularidad y la expresión caótica y calcula y piensa sobre complexiones que son fragmentadas y melladas[14].

Esta es la famosa tesis del principio cuántico de la auto–similitud o de la geometría fractal[15] forjada por Benoit Mandelbrot en la década 70 del siglo veinte[16], y que en la actualidad está haciendo furor en los círculos científicos[17]; el de un resultado que depende de la relación entre el objeto y el observador.

Los fractales no se circunscriben solo al mundo matemático; tales objetos pueden encontrarse en toda la naturaleza. Las formas en la naturaleza son fractales y es lo único que explica que existan 6.000 millones de humanos diferentes.

Es interesante el hecho de que si se juntan varios sistemas caóticos los grados de libertad aumentan, mientras que los grados de libertad disminuyen mucho, si es que queda alguno si se tienen que concentrar varios sistemas donde rige un orden artificial[18].

La complejidad creciente puede ser modelada matemáticamente utilizando atractores. Los teóricos del caos han encontrado que la conducta caótica es modelada por una dimensión fractal, es decir, un espacio entre dos y tres dimensiones.

La formalización del caos se apoya en la nueva geometría, la fractal, cuyos nuevos principios de estética natural posibilita hallar las causas a lo casual e introducir la euritmia y probar lo improbable.

La unidad caótica está llena de particularismos, activos e interactivos, animados por retroalimentaciones no lineales y con la capacidad de producir cualquier cosa, desde sistemas auto–organizados hasta auto–semejanzas fractales, pasando por el desorden caótico impredecible[19].

La dimensión fraccionaria de los objetos fractales tiene como característica principal la auto–semejanza, en la cual cada una de sus partes al reproducirse en diferentes escalas, es similar al conjunto total.

Tal consideración de lo auto–semejante dentro de cada una de sus "partes" se está transformando en una **antítesis** de la perspectiva mecanicista que arrastramos de siglos, generalizada a finales de la Edad Media, y deshumanizada con las ecuaciones de Newton al describir al mundo natural como un compuesto de bloques mecánicos en interrelación.

Matemáticas fractales

La diferencia entre orden y caos tiene que ver con relaciones lineales y no–lineales. Las ecuaciones diferenciales representan la realidad como un continuo en el que los cambios de tiempo y lugar se producen ininterrumpidamente.

El reciente debate sobre caos y anti–caos se ha centrado en aquellas que implican rupturas de la continuidad, cambios "caóticos" repentinos que no se pueden expresar con las matemáticas clásicas. La revolución en los ordenadores ha hecho accesibles las matemáticas no–lineales, lográndose deducir sistemas "caóticos" que en el pasado eran imposibles de calcular.

Se han creado modelos matemáticos en sistemas caóticos como las órbitas galácticas, los osciladores electrónicos, fenómenos caóticos en biología, cambios de población. Todo ello demostrando que los sistemas caóticos no son necesariamente estables, ni se prolongan por un período indefinido.

La conocida "mancha roja" en la superficie del planeta Júpiter es un ejemplo de un sistema continuamente caótico pero que es estable. El teorema radica en lo siguiente: con un pequeño aumento de valores del parámetro no–lineal, se desarrolla una situación que no tiene estado estacionario alguno ni periodicidad reconocible.

Así fue como el matemático Benoit Mandelbrot utilizando los más complejos teoremas matemáticos nunca vistos, encontró "modelos" en los procesos naturales "casuales", o sea, sistemas caóticos. Al magnificar el detalle estos dibujos mostraban la vasta e infinita variedad de formas, con la característica de la semejanza a diferentes escalas del grado de irregularidad y ondulación. Estos modelos "fractales" inducidos se construían alterando ligeramente las reglas matemáticas y Mandelbrot los comparó con ejemplos de geometría también fractales.

El "conjunto de Cantor", que lidiaba con el infinito, sirvió de base para estas matemáticas fractales de Mandelbrot, las cuales hoy resultan cardinal en la teoría del caos. El caos se halla en las transiciones de fases, como el paso del fluido uniforme y "laminar" a un flujo turbulento; en la transición de sólido a líquido o de líquido a gas; o el cambio en un sistema de conductividad a "super–conductividad".

Las herramientas matemáticas utilizadas en estas transiciones de fase son decisivas para el diseño tecnológico y la construcción. El matemático Mitchell Feigenbaum ha gestado una "teoría universal" del caos que lidia con los sistemas en el punto de transición entre el orden y la turbulencia[69].

Al lidiar con las irregularidades de la naturaleza, las matemáticas del caos nos sacan de atolladeros, confirmando la existencia de leyes subyacentes en lo que antes se tenía como casual.

Tenemos, además, el ejemplo de la topología, la ciencia de lo continuo o matemáticas de la continuidad que brega con los cambios uniformes, graduales. La topología concibe las superficies, no en los universos euclidianos unidimensional, bidimensional y tridimensional, sino en espacios de dimensiones múltiples e imposibles de imaginar de manera visible.

Así, las líneas rígidas se fragmentan, el cuadrado se transforma en círculo, y por su parte, las discontinuidades, al ser repentinas y dramáticas, admiten que un cambio minúsculo en causa provoque enormes efectos.

Del Universo a la ínfima pequeñez: fractal

La forma fractal es un modelo que nos sirve para observar los diminutos huecos, canales y poros rocosos, la perspectiva fragmentada de la naturaleza que contemplamos, las zonas sísmicas o las sinuosidades costeras, revelándose las diminutas sub–bahías, sub–penínsulas, hasta que se llega a escalas atómicas.

James Gleick describe así la diferencia entre las matemáticas clásicas y la teoría del caos[20]: "Mandelbrot suele decir que las nubes no son esferas. Ni los montes conos. Ni el rayo fulmina en línea recta. La nueva geometría refleja un universo áspero, no liso, escabroso, no suave. Es la geometría de lo picado, ahondado y quebrado, de lo retorcido, enmarañado y entrelazado. La comprensión de la complejidad de la naturaleza convenía a la sospecha de que no era fortuita ni accidental. Exigía fe en que el interesante fenómeno de la trayectoria del rayo, por ejemplo, no dependía de su dirección, sino de la distribución de zigzag. La obra de Mandelbrot era una reivindicación del mundo, la exigencia de que formas tan raras gozaban de significado.

Los hoyos y marañas eran algo más que distorsiones que afeaban las figuras de la geometría euclidiana. Con frecuencia servían de clave de la esencia de una cosa".

La característica más interesante es que cada una de sus escalas es auto–similar y que parecen ir hasta la infinita pequeñez. Así, dentro de una dimensión fractal son posibles las trayectorias infinitas dentro de un espacio finito. Esta naturaleza interactiva de la dimensión fractal es algo que Mandelbrot descubrió en una expresión algebraica básica[21]. El modelado son espirales y remolinos fantásticamente extravagantes.

En la meteorología, a su vez, se provee un tipo de espacio–tiempo fractal. La geometría fractal elucida la arquitectura desordenada de las nubes, la configuración desconcertada de las cadenas montañosas, la extravagancia figurativa de los relámpagos, la arácnida configuración de las ramificaciones arborescentes; en esencia, todo aquello que nunca pudo ser explicado por la geometría lógica que nos rigió hasta hace poco.

Es en la geometría fractal donde tiene lugar nuestro punto de enlace inmediato con la naturaleza, donde el aspecto de los árboles no es liso, donde las montañas no son conos, y las costas no son círculos, donde las nubes no son esferas, y el relámpago no viaja en línea recta, al igual que la distribución de las galaxias, donde el Universo es rugoso, escabroso, y no esférico y liso, donde las ramificaciones del sistema vascular, desde la aorta a los capilares, que no son lineales sino laberínticas, de tipo fractal[22].

Es significativo que el humano busca una terapia mental y la tranquilidad espiritual en la contemplación de la naturaleza, que es precisamente irregular y fractal, y huye del enclaustramiento entre las rígidas formas geométricas euclidianas de las edificaciones y urbanizaciones, que, en múltiples casos, provocan síndromes neuróticos.

La geofísica ha observado la superficie de nuestro planeta como si fuese una lisa placa sin desproporciones. Pero la Tierra despliega una inmensa irregularidad: los farallones y fracturas imperan en la estructura de su superficie y es la clave para la descripción de casi todos los fenómenos naturales.

Tales desniveles y protuberancias entrecruzan las placas terrestres y encauzan los fluidos como el agua, el petróleo, o el gas natural, además de controlar el calibre de los terremotos. En geología se ha hecho evidente la geometría fractal de las cadenas montañosas, valles, y en la corteza terrestre. La dinámica de los terremotos es de tipo fractal, pues se produce a partir de temblores ínfimos e irregulares.

Los témpanos de hielo son fenómenos del desequilibrio, o sea, productos del desbalance en la transferencia de energía de un estado de la naturaleza a otro. El flujo se transfigura en una punta helada, y ésta en un sinnúmero de ramales de estructuras complejas nunca vistas que obedecen a las leyes del caos.

Al verse restringidos por las limitantes de su disciplina, los biólogos llevaron todas las fisonomías a una sola fuerza generadora, sobre todo al reducir a los organismos y las plantas a sus partes funcionales o moleculares. Sin embargo, figuras dinámicas como las llamas del fuego y los moldes orgánicos como las hojas extraen su diseño de una madeja de fuerzas desconocida.

Las formas cambian con la distancia

El número de dimensiones que tiene un objeto depende de la distancia o perspectiva de escala según la cual lo observemos. Desde gran distancia, cualquier objeto no es más que un punto en el espacio, no tiene dimensión; de más cerca se advierten sus detalles, repliegues y sus diferentes dimensiones fraccionarias.

Ello significa que cuando un objeto se magnifica a cualquier escala, a cierta distancia parece liso y parejo, las pequeñas partes del todo se definen con precisión en formas irregulares y fraccionadas –contrarias a la geometría euclidiana–, que se repiten a medida que aumentan de tamaño.

La geometría fractal analiza el proceso en que las cosas se funden, se separan o se fraccionan, y demuestra que los cambios de escala ocasionan nuevos fenómenos y nuevos tipos de conducta.

Dentro de la constitución fractal, el patrón inicial mayor se va repitiendo en subestructuras exquisitas, que caracterizan la naturaleza del caos, e indican cuándo la predicción se quiebra.

Es decir, sus partes reflejan exactamente al todo, y este patrón se repite de forma continua, a medida que se agranda el objeto.

Una simple ilustración de la geometría fractal es el borde dentado de la costa. Al ir reduciéndose la proporción de un objeto, aumenta entonces la longitud de las costas, bahías y penínsulas.

Si nos moviéramos más cerca en un mapa a gran escala se mostrarían detalles demasiado finos. A una escala más cercana se revelarían detalles que inicialmente no pudimos ver, y así, indefinidamente.

¿Por qué los objetos a larga distancia mantienen su significado como entidades y, conforme más nos acercamos al mismo, lo pierden y se fragmentan?

¿Por qué cuando los objetos son más pequeños resultan más incomprensibles?

Como puede deducirse, la tecnología depende cada vez más del mejoramiento de la calidad fractal, de solventar la existencia de excesivas irregularidades[23]. Sin la geometría fractal no se hubiera construido, por ejemplo, el colosal lente del telescopio espacial Hubble[24].

La geometría fractal permite un mejor tratamiento de las propiedades de las superficies de los materiales que entran en contacto entre sí; de la dimensión fractal de la superficie microscópica de los metales como, por ejemplo, de la porosa y rugosa superficie del acero; de las uniones de maquinarias o contactos eléctricos; permite solucionar la "fatiga" de los metales en los aviones, causa de frecuentes accidentes.

El aspecto más inmediato de aplicación práctica de la geometría fractal es una gama de herramientas teóricas para los físicos, químicos, sismólogos, metalúrgicos, analistas teóricos de probabilidades y sicólogos, entre otros.

Esta geometría se ha convertido en un principio para el estudio, por el ejemplo, de los polímeros, de los problemas de seguridad de los reactores nucleares y para la adaptación de efectos especiales cinematográficos.

Para 1961, las semejanzas fractales en las fluctuaciones menores y mayores se aplicó al mercado de valores, a la turbulencia de los fluidos, y en astronomía a la distribución de las galaxias.

La geometría fractal posibilitó explicar los fenómenos térmicos de las proteínas, precisamente por la forma fractal de la cadena lineal de los polímeros; asimismo dilucidó el patrón atómico de las superficies en las proteínas, su estructura interna.

Sin embargo, la física fue la disciplina científica más afectada por la geometría fractal: en la materia condensada, en los estados sólidos, en los fenómenos críticos en fase de transición, y en la mezcla de átomos con propiedades opuestas.

Todo ello, conllevaría una amplia gama de aplicaciones, como el caso de la conductividad eléctrica, del crecimiento cinético, de la estructura atómica en los cristales, y otros materiales amorfos.

El fractal ojo del arte

La irrupción del racionalismo cartesiano en la civilización occidental, el triunfo del mecanicismo y el orden newtonianos, transfiguraron la mentalidad convirtiendo a la estética y al arte en un formalismo automatizado de estrechos moldes estéticos, sin alma ni imaginación intuitiva, sin conflicto vital ni margen a lo inesperado, sometido a formulaciones mecanicistas y tecnológicas.

El arte del siglo XX, basado en una geometría superada, aplicó una mentalidad estética frígida, muy lejana de una caótica naturaleza y percepción humana.

Las corrientes que arrancan del "modernismo", como el cubismo, el abstracto y el estructuralismo, y sus más connotados representantes (Piet Mondrián, Paul Klee, Vasili Kandinsky, etcétera.), así como el "estilo Bauhaus" el cual creó las bases del diseño industrial y gráfico, y la pintura de Joseph Albert son los ejemplos extremos de este formalismo racionalista encuadrado en una geometría euclidiana.

La ciencia occidental no presume y, por lo tanto, descarta los pequeños eventos que se presentan dentro de un sistema, y por tal se ha mostrado indolente ante el fenómeno más importante e indescifrable de la física.

La columna o la silueta de un edificio moderno no guardan relación con las ramificaciones arborescentes, con las montañas o con los cristales de nieve, ninguno de los cuales es exactamente igual a otro; ni el atardecer otoñal o los cúmulos de nubes se asemejan a Pablo Picasso o Giorgio de Chirico.

Los conos, las esferas, la línea recta, los ritmos regulares, etcétera, son esquemas geométricos abstractos del mundo mental, que en nada reflejan la naturaleza física polimorfa que no se rige por la geometría lineal que aplicamos a todo lo que hemos construido a lo largo de la civilización.

Esa geometría euclidiana, que sin dudas expresa una belleza conceptual, sin embargo nos impidió la comprensión y descripción de nuestro contexto, la complejidad caótica en la naturaleza.

El humano se mueve en un entorno donde la belleza y estética en nada tiene que ver con la armonía ni el orden; su medio es dinámico en el cual al lado del orden se halla el desorden; su naturaleza[25] son una mezcla figurativa de incoherencias impredecibles y caos.

Aún hoy muchos intelectuales suponen que los planetas se mueven en sus órbitas sin sufrir variación; ven al Sistema Solar como una maquinaria enorme y ajustada; consideran que las combinaciones químicas y moleculares están sujetas a leyes inalterables; creen que la naturaleza funciona automáticamente.

La matemática tradicional, lineal y estática, demostró su incapacidad para dar respuesta a los problemas que plantea la naturaleza.

La revolución científica que ha significado la geometría fractal está inaugurando una nueva consideración estética. Tanto el caos como los fractales han entronizado profundas implicaciones de tipo estético y metafísico filosófico, derrumbando los antiguos esquemas euclidianos abusados por el siglo XX.

La geometría fractal es una verdadera analítica de la naturaleza, que aporta una nueva estética, la del caos. Como expresiones de una novedosa ley matemática, universalizadas en un "super–orden" válido para cualquier sistema dinámico, el caos y el azar ilustran que nuestra existencia y la historia de la civilización se mueven por una dinámica caótica, no–lineal y no responden a modelo geométrico alguno capaz de figurarlos.

También, en cierto sentido, el arte es la teoría sobre cómo la naturaleza no–euclidiana contempla a los seres humanos: es obvio que no conocemos en detalle el mundo que nos rodea, y de ello se han percatado muchos artistas. No es una discusión bizantina preguntarse, por ejemplo, si las nubes son círculos perfectos o diseños fractales.

Estamos ante algo muy complejo modelado por la naturaleza, y el resolverlo nos ofrece la clave para solucionar los escollos que se nos presenten para el futuro de la civilización.

Las formas fractales son los objetos más complejos en las matemáticas y todo el tiempo universal es insuficiente para descifrar la más simple de sus ecuaciones.

Esta complejidad se destaca en los detalles que conforman las obras de Michelángelo Buonarrotti, Diego Rodríguez Velázquez, Francisco Lucientes y Goya, Vincent van Gogh en las cuales existe una cantidad de información descomunal.

Turbulencia y desorden

La turbulencia de los fluidos es un enigma con estirpe. La fluidez de los líquidos y gases –la transición del orden a la turbulencia– se ha convertido en el problema más importante y menos entendido de toda la física.

Durante siglos, todos los grandes físicos, los matemáticos y especialistas en la dinámica de los fluidos, de una forma u otra, se han esforzado en lograr entender la turbulencia que concurre en los fluidos y los mecanismos que generan esta dinámica de caos y desorden.

En la actualidad nos manejamos en el territorio exótico de las partículas, nos adentramos en la teoría de los campos cuánticos, en la teoría general de los procesos estocásticos, en las estructuras fractales; pero la turbulencia aún se mantiene inconquistable.

Esta irregularidad, esa transición, ha devenido en una incógnita trascendental para las ciencias, y ello no es por un mero acertijo académico, sino porque la imposibilidad de entender la turbulencia obstaculiza nuestras potencialidades de avanzar en muchos campos de la ciencia, de la tecnología y en el conocimiento.

En 1971 el físico David Ruelle[26] y el matemático Floris Takens establecieron que la transición de un fluido en movimiento hacia una turbulencia caótica tenía lugar en una definida y crítica velocidad del fluido[27].

El físico norteamericano Mitchell Feigenbaum estableció ese valor crítico en que un sistema ordenado se desintegra en un caos[28].

El avance tecno–científico de este siglo veintiuno pende en gran medida de la aclaración de la turbulencia en los fluidos, sobre todo en la medicina, las altas velocidades, las aleaciones metálicas, el programa espacial, la computación.

La turbulencia hoy puede ser descrita con más acierto, pero nadie puede responder aún, por ejemplo, por qué una corriente tranquila, o laminar, donde al parecer los menudos disturbios parecen que se disipan, repentinamente se desorganiza en espirales y remolinos; o por qué hay patrones bruscos en la frontera entre lo fluido y lo sólido; o por qué la energía se drena rápidamente cuando pasa de movimientos de gran escala a otros más pequeños.

El orden, inseparable del caos, surge espontáneamente en todo sistema de la naturaleza, aunque la turbulencia es la cara irregular, discontinua y errática de ella; es una confusión anárquica a todas las escalas, es inestable, drena energía y crea resistencia que retarda todo movimiento. Dicho de otra forma, la turbulencia es un movimiento transformado en caos.

Se ha llegado a la conclusión de que las posibilidades y rutas por las cuales un sistema organizado[29] puede desembocar en el caos son infinitas. Por eso, el reto más grande de la física moderna es aplicar la teoría del caos al campo de la turbulencia de los fluidos (líquidos, gaseosos, semi–sólidos), donde existe un desorden completo en espacio y tiempo.

¿Cómo es posible que, armados con lo más avanzado de nuestra tecnología y con las teorías científicas más adecuadas, aún nos resulta imposible medir a la naturaleza?

¿Cómo es que requerimos del tiempo infinito del Universo para evaluar una región del espacio tan pequeña (el que ocupa un fluido) y un período de tiempo tan corto?

¿Cómo se inicia la vida y qué es la turbulencia en un Universo que nos lleva inexorablemente hacia más y más irregularidad?

Los fluidos son inestables

Es caótico tanto el movimiento del aire como las corrientes de agua caliente; la turbulencia local que provocan las rocas en medio de una corriente líquida, o la que tiene lugar cuando se abre demasiado una llave de agua; en la circulación del aire atmosférico y en las ondas oceánicas.

Las secuelas turbulentas que produce la rotación planetaria en la dinámica atmosférica y oceánica adquieren importancia y crean inestabilidades de grandes proporciones como los huracanes, los monzones, las depresiones, o el conocido "efecto coriolis"[30].

De hecho, la atmósfera se conduce como un fluido turbulento, como un sistema inestable y no lineal[31], características que son los componentes cruciales del caos.

Todas las reglas y principios que conocemos se invalidan ante la turbulencia; incluso las actuales supercomputadoras son incompetentes para codificar los movimientos anómalos de los fluidos[32].

La disipación en un sistema y la pérdida de energía por la fricción significan que en su fase espacial el mismo se contrae a un punto y momento que provoca su total paralización.

Utilizando las ecuaciones no–lineales de los fluidos en movimiento, hasta las más rápidas supercomputadoras del mundo se muestran incapaces de rastrear con certidumbre, en un centímetro cúbico y por pocos segundos, el fenómeno de la turbulencia, que como una hidra incontrolable presenta modos ilimitados, infinidad de independencia y un sinnúmero de dimensiones

La conclusión es que los aspectos visibles en la turbulencia de los fluidos –los vórtices, espirales, remolinos– reflejan patrones que solo pueden razonarse por leyes aún no descubiertas.

Si se reflexiona sobre un flujo, puede pensarse de él en variados escenarios: en la economía, o en la historia. Primero discurre de manera laminar, luego se bifurca en estados más complicados, después se presentan las oscilaciones y finalmente desemboca en el caos.

El ejemplo paradigmático es el flujo del agua en un río, que al aumentar su volumen y velocidad aparecen los vórtices y remolinos, tejiéndose los unos con los otros.

Turbulencia e ingeniería

La mayoría de los sistemas que fabrica la ingeniería tienen como patrón conceptual la dinámica no lineal[33] en la que los parámetros no varían de forma proporcional y no se experimentan con fuerzas y tensiones que pueden ser imprevistas.

La dinámica no–lineal, en esencia, es el futuro para toda la física y todas las ciencias. El empleo de la teoría del caos a la ingeniería puede parecer extraña, pero nos beneficia en la comprensión de las dinámicas de comportamiento no–lineal, cuando tiene lugar en situaciones reales.

Asumimos erróneamente que las maquinarias y las estructuras operan con la regularidad de relojes; pero la ingeniería ha descubierto que los desastres repentinos implican la presencia del caos y la geometría fractal.

Aunque no lo notemos por ser tan imperceptible, todo lo que nos rodea se halla en movimiento, como el bamboleo de los edificios o de los puentes.

Lo inaudito es nuestro afán de simplificar, fabricando barcos, aviones, locomotoras, automóviles y demás como si su función fuese estática.

Ello provoca accidentes; por ejemplo, la estabilidad en el diseño original de un barco está poco relacionada con el vaivén y la diferencia en intensidad de las marejadas a las que se va a enfrentar.

La mayoría de los sistemas que fabrica la ingeniería son muestras de la dinámica no–lineal, donde los parámetros no varían de forma proporcional y experimentan fuerzas y tensiones imprevistas.

La ingeniería aún se concentra en los métodos de la evolución y explosión que causan los desastres, las llamas y los choques; poca atención se presta en ello al fluido y a la turbulencia.

A modo de ejemplo: el proyecto de la bomba atómica durante la Segunda Guerra Mundial se hallaba en manos de los físicos nucleares; pero en realidad, la física nuclear para la bomba ya había sido resuelta mucho antes del inicio del proyecto; lo que absorbe al ejército de científicos concentrados en Los Álamos es el problema de las dinámicas de los fluidos.

La actual incomprensión de la turbulencia envuelve desastres de consideración: en las rutas de vuelo aéreo, en el prototipo de naves aéreas, en los motores de turbina y hélice, en los cascos de submarinos, buques y otros diseños de objetos que se mueven a través de fluidos, o de fluidos que se mueven a través de objetos, como en los oleoductos, gasoductos, válvulas y marcapasos cardíacos.

El florecimiento técnico y científico del siglo XXI (la medicina, las altas velocidades, las aleaciones metálicas, el programa espacial, la computación, entre otras), depende, en parte, de la aclaración de la turbulencia en los fluidos. El empleo de la teoría del caos en la ingeniería puede parecer extraño pero nos beneficia, ya que es lo único a mano para analizar la turbulencia.

Los circuitos electrónicos no funcionan de forma predecible, puesto que su diseño no es lineal al estar repleto de ángulos, curvas, bifurcaciones.

Solo hay que ver sus resultados los cuales no son equivalentes a lo insumido, puesto que siempre existe una merma en cualquier proceso lineal.

En resumen, no podemos darnos el lujo de continuar con neurobiólogos especializados en la química de las neuronas humanas e ignorantes de los mecanismos de la memoria y las percepciones; con diseñadores de aeronaves que utilizan túneles de vientos para solventar problemas de aerodinámica sin entender las matemáticas de la turbulencia; o con economistas que analizan la psicología de las decisiones de compra sin disponer de la habilidad para el pronóstico del caos a largo plazo.

Esta irregularidad, esta transición, se ha erigido en una incógnita trascendental para las ciencias, y ello no es por un mero acertijo académico, sino porque el inconveniente de entender la turbulencia obstaculiza nuestras potencialidades de mejorar en muchos espacios de la ciencia, de la tecnología y en el conocimiento, y sin su solución la civilización no podrá avanzar mucho.

La atmósfera es caótica

Si igual que los pronósticos económicos los meteorológicos descansan en la premisa de que dado un punto particular de inicio, el tiempo siempre se comporta de la misma forma. Tal enfoque no reconoce los patrones ni las ligeras variantes capaces de precipitar las perturbaciones.

Será Edward Lorenz[34] el primero en reconocer que la atmósfera se conduce como un fluido turbulento, como un sistema inestable y no–lineal, características que son los componentes cruciales del caos.

Lorenz demostró que la meteorología combina variables tan innumerables y ecuaciones tan complicadas que incluso las actuales supercomputadoras son incapaces de manejarlas.

Después de dos o tres días cualquier pronóstico del tiempo cae en lo especulativo, y más allá de una semana es quimérico ya que los errores y las incertidumbres se multiplican exponencialmente.

Se sabe que la atmósfera es un sistema caótico e impredecible, donde la única herramienta factible de aproximación es la teoría del caos, pese al esfuerzo de los meteorólogos en anticipar el estado del tiempo para los días subsiguientes.

Por eso, aunque se disponga de los elementos iniciales formativos de los ciclones –localización, intensidad de sus vientos, velocidad de desplazamiento, y magnitud, y se posean los récords donde estos elementos primarios se hayan repetido exactamente en otros ciclones anteriores– es virtualmente imposible determinar su desarrollo y trayectoria final ya que estos elementos nunca se repiten.

La atmósfera trata de bombear hacia los polos el calor que la luz solar provoca en las regiones tropicales, de la manera más eficiente que permite la termodinámica.

Pero como la Tierra no se halla fija, sino que rota sobre su eje, este calor que desplaza la alta atmósfera hacia los polos no desciende a la baja atmósfera para retornar al Ecuador y completar un ciclo lógico.

El retorno del calor de la radiación solar solo se produce, de forma muy limitada y parcial, en las latitudes tropicales y subtropicales, conformando las regiones desérticas del planeta. Sucede entonces que la energía caliente que llega a los polos es radiada de nuevo al espacio, enfriando la atmósfera.

Las secuelas de la rotación planetaria en la dinámica atmosférica asumen importancia y crean inestabilidades a gran escala como los huracanes, los monzones las depresiones, y el conocido efecto Coriolis.

Debido a las fluctuaciones de la órbita planetaria e influencias de las radiaciones solares, la Tierra nunca dispondrá de un tiempo equilibrado del cual puedan extraerse pautas. La Tierra se ha deslizado por largas edades de hielo en intervalos irregulares misteriosos que pueden ser el subproducto del caos.

El clima terrestre no tiene una pauta cíclica a largo plazo, de la cual puedan tomarse patrones de conducta y de promedio; el tiempo de los últimos 12,000 años ha sido diferente a los 12,000 años anteriores, y así sucesivamente.

Los atractores de la turbulencia

La mayor seducción dentro de la turbulencia es la extraña imagen de los atractores, uno de los inventos más poderosos de la ciencia moderna, que moran en el espacio de cada fase.

Los atractores se clasifican como regiones o fases del espacio que ejercen atracción sobre los objetos vecinos, y se manifiestan en toda la naturaleza.

El atractor es una pieza matemática, un relámpago filosófico pero incierto tecnológicamente, inserto en la turbulencia de los fluidos, a su vez inconforme con nuestras viejas teorías, y que concede substancia matemática a nuevas propiedades fundamentales del caos.

Los atractores comparecen dondequiera la naturaleza se comporta sin orden ni concierto, y todo indica que son fractales, implicando que sus verdaderas dimensiones son fraccionales.

Hay dos prototipos distintivos de ellos: uno es el de un punto singular, que siempre se corresponde a una situación estable; el otro es un círculo tubular que atañe a una dinámica cíclica o periódica.

En una fase dada (sólido, líquido, gaseoso) dentro de un sistema de partes en movimiento mecánico o fluido, la información esencial que maneja todo el sistema se concentra en un punto. La información se halla comprimida, en forma fantástica, en nuestros mecanismos imaginativos, y la mente, con su flexibilidad es capaz de discernir el orden en el caos.

Existe un comportamiento caótico cuando dichos modelos —a lo largo de extensos períodos de tiempo. Hay oscilaciones caóticas que giran en las inmediaciones de ciertos valores que se denominan "atractores" puesto que atraen las soluciones y presentan propiedades fractales.

Los llamados "atractores extraños" representan lo "extraño" en el impredecible comportamiento de sistemas caóticos complejos. La dinámica clásica enseña que cualquier trayectoria supone alguna fuerza, responsable del desplazamiento de tal o cual masa desde un lugar a otro.

El modelo lineal empieza y termina por la predicción, idealizando constantemente su contenido, mientras los atractores son extraños o caprichosos, aunque llevan en sí cierta forma que se auto–produce; cada uno de sus momentos va inventándose, y desde esa libertad–necesidad que es su caos "atrae" constantemente algo afín a una particular existencia.

En contraste con ello, ciertos atractores reelaboran espontáneamente esos límites con cascadas de bifurcaciones, que acaban resolviéndose en alguna fluctuación interna. A diferencia de los sistemas inerciales, ese tipo de existencia "elige" su evolución y se despliega en todas direcciones[35].

En la fase espacial específica, toda la información de la dinámica del sistema, por muy complejo que este sea, colapsa en un punto; entonces ese punto se convierte, para ese momento, en la dinámica del sistema.

En el instante posterior, el sistema cambia y el punto se desplaza; así, la historia–tiempo del sistema puede describirse siguiendo el punto atractor en movimiento, trazando su órbita a través de las fases y del paso del tiempo.

El planeta Júpiter es un fluido en movimiento y su gran mancha roja es una isla de estabilidad en medio del mismo, su atractor, un sistema auto–organizado, creado y regulado por el mismo desvío no–lineal que conforma el tumulto impredecible que lo rodea.

Extrapolado a nuestra historia social, como una corriente en movimiento, pueden señalarse en ciertos períodos a personalidades poderosas, agrupaciones políticas o naciones que ejercen el papel de atractores, concentran los fundamentos de información de esa época, y guían el movimiento general y sus cambios: el imperio asirio, Alejandro el Magno, Mahoma, el renacimiento italiano, el imperio español, Simón Bolívar, Napoleón Bonaparte, el evolucionismo darvinista, la Inglaterra victoriana, el movimiento surrealista, la bomba atómica.

La disipación de energía en una turbulencia nos lleva a una contracción del espacio hacia un atractor, que no se halla en un punto fijo porque el flujo nunca se detiene. La energía entra en el sistema y de la misma forma este la drena

¿Cómo es que un punto fijo dentro de un sistema, un atractor, ubicado en un espacio finito y confinado, dispone de infinitas posibilidades?

Las transiciones de las sustancias

Mientras las hipótesis y experimentos de la física en el siglo XX se concentrarían más en los sólidos o la materia condensada, la rama hidrodinámica, inaugurada por Osborne Reynolds y Lord Raleigh, sería tenida como periférica, hasta que con los nuevos estudios de Lev Landau y Harry Swinney cobrarían relevancia los fenómenos de la turbulencia, de la bifurcación en los fluidos[36].

Al igual que el caos, el fenómeno de la transición en la faceta de las sustancias (de un no–magneto a magneto, de un líquido a vapor, de conductor a superconductor) hoy recibe mayor atención.

Para la década ochenta del siglo veinte, Swinney experimenta el fenómeno del caos en la transición de los fluidos a un estado de confusión; conversión hacia la complejidad de forma pronta, ausente de ciclos distintivos y sin nuevas frecuencias, que no tiene lugar mediante una acumulación gradual, como pensaba inicialmente Lev Landau,

Pero como comprobará David Ruelle, la turbulencia se resiste al análisis matemático. Las ecuaciones en la dinámica de los fluidos son de tipo diferencial parciales, no–lineales e insolubles, donde no se produce una acumulación de frecuencias que nos lleve a un nuevo estado.

Cuando un sólido se calienta, sus moléculas vibran con la energía que se adiciona; ellas ejercen presión hacia el exterior, contra sus puntos de uniones y fuerzan la expansión de la sustancia. Mientras más se calienta, más se expande.

A cierta temperatura y presión los cambios devienen abruptos y discontinuos; las formas cristalinas se disuelven y las moléculas se despegan unas de otras. La energía atómica promedio no varía pero el material –ahora líquido, o magnético, o superconductor– entra en una nueva fase.

En el mundo fractal del caos maravilla la enorme cantidad de información encapsulada en una sola de sus estructuras coherentes: en nuestra visión mental, lo fractal es una forma de ver al infinito.

La fase espacial de los sistemas físicos expone patrones de movimientos que serían invisibles de no existir los atractores, como el infrarrojo, que se halla más allá de nuestras percepciones.

El caos está liquidando el programa reduccionista, del razonamiento y la pauta lógica e inmutable en las ciencias, al evidenciar la carencia de regularidad en todos los sistemas dinámicos[37], al desvirtuar (o de–construir) las nociones de un orden sin periodicidad, del comportamiento provocado por causas directas en un sistema determinista simple.

Esto lo va logrando con la independencia del dinamismo de las cadenas del orden y la predicción, con la liberación de los sistemas para explorar caóticamente todas las posibilidades de su dinámica, con las funciones infinitas de la geometría fractal[38].

La teoría del caos será el instrumento metodológico esencial de las ciencias para este nuevo siglo XXI.

Todo lo visible está interconectado

El proceso de aprendizaje no se efectúa memorizando todos y cada uno de los datos, sino la integridad, la totalidad fluida que tipifica la forma en que aprendemos las actividades físicas sería difícil de afirmar si nuestra mente guardase la información detalle por detalle.

Debido a que todo en el Cosmos se confecciona a partir de una textura hológrafa, es absurdo decir que está ensamblado de partes, como si los diferentes géiseres en una fuente estuviesen disociados de la corriente del agua subterránea de la cual brotan; y por ello, la materia visible se halla interconectada mediante ese vasto océano, como los bañistas por el agua de una piscina.

En el orden implicado –área de la cual sale todo– no existe la división entre la mente y la materia; la aparente separación de la conciencia y los objetos es una ilusión, un artificio que ocurre luego de que ambos se han desdoblado, de que aparecen en el orden explicado de los objetos y del tiempo secuencial que es nuestra realidad.

De esta forma, hemos completado el círculo de los descubrimientos de que la conciencia contiene la totalidad de la realidad objetiva, toda la historia de la vida biológica del planeta, las religiones y mitologías, la dinámica de las células y las estrellas; y de que, a la vez, ese Universo material encierra dentro de sí los procesos más íntimos de nuestra conciencia.

Por su parte, Pribram diseña desde su vertiente al Universo hológrafo, compelido por el fracaso de las teorías tradicionales en descifrar la exorbitante cantidad de enigmas neurofisiológicos, como nuestra habilidad de precisar la dirección y procedencia de un sonido utilizando un solo oído; o nuestra aptitud para reconocer una cara humana que no hemos visto por años.

El neurocirujano Wilder Penfield[39], en su obra *Los misterios de la mente,* establece a principios del siglo XX que las memorias específicas disponen de lugares precisos en el cerebro, y en lo adelante se aceptará como dogma que la memoria está localizada en el cerebro.

Por otro lado, Pribram critica y se enfrenta a la técnica de la lobotomía pre-frontal, propuesta por el neurólogo portugués Egas Moniz en 1935 para el tratamiento de las enfermedades mentales, y que le vale a este nada menos que el premio Nobel.

Esta atroz torpeza médica intenta llevarse a la práctica en forma masiva por el tristemente afamado senador norteamericano Joseph McCarthy, quien propone aplicar la lobotomía a los indeseables culturales, a los esquizofrénicos, a los homosexuales y radicales para lograr buenos ciudadanos.

En un final se demuestra que la lobotomía no logra extirpar las funciones intelectuales o sensoriales o las enfermedades mentales que se buscan remover.

La experiencia en cirugía cerebral arroja que no importa la porción del cerebro que cercenemos, nunca se logra erradicar la memoria, puesto que ella puede ser una proyección holográfica que reside fuera de nuestro cerebro, en un territorio universal, con el cual se retroalimenta y que nos devuelve nuestras experiencias.

La memoria holográfica de una extremidad amputada aún se mantiene, y es por ello que el paciente recuerda y siente mucho tiempo después la presencia del miembro.

Acorde con el paradigma hológrafo de Pribram[40], nuestra mente puede construir matemáticamente la realidad objetiva interpretando las frecuencias que son proyectadas desde la otra dimensión. La mente es un holograma dentro de un Universo hológrafo, y utiliza este principio para procesar la información visual.

Bohm va mucho más allá de Pribram al proponer que no solo los objetos en el Universo son proyecciones hológrafas que nuestra mente construye –¿interpreta?– de las ondas energéticas e interferencias, sino que incluso nuestra mente manufactura el espacio y el tiempo.

El homo como apariencia virtual

El electrón no es un objeto; aunque puede comportarse como si fuese una pequeña partícula compacta, no posee literalmente dimensión, algo difícil de imaginar pues todo a nuestro alrededor posee alguna magnitud.

Si las partículas subatómicas no existen hasta que las observamos, entonces no podemos describirlas como cosas independientes, sino como un sistema indivisible. No tiene sentido referirse a la conciencia y a la materia como una interacción, pues en cierto sentido la conciencia–observador es parte integrante del objeto–observado.

Esto explica el hecho que Einstein fundamente su argumento en un error al considerar la doble función de las partículas como si fuesen entidades separadas.

Es muy posible que el Universo uniforme de Einstein no sea la respuesta definitiva; es factible que la distribución de la materia en un trozo del Universo —en nuestra vecindad— provocará diferentes curvaturas y, en consecuencia, distintos tipos de espacio con leyes físicas particulares.

En nuestra vida individual establecemos una vinculación con el todo que nos rodea. Como en su momento dijo Lao Tsé[41]: "La existencia está más allá del poder de las palabras para definirla. Pueden usarse términos, pero ninguno de ellos es absoluto".

Dice el escritor inglés Aldous Huxley refiriéndose a la *Philosophia Perennis*, frase fue acuñada por Leibniz[42]: "la cosa –la metafísica que reconoce una Divina Realidad en el mundo de las cosas, vidas y mentes; la psicología que encuentra en el alma algo similar a la Divina Realidad, o aún idéntico con ella; la ética que pone la última finalidad del hombre en el conocimiento de la Base inmanente y trascendente de todo el ser–, la cosa es inmemorial y universal".

Y sigue Huxley[43]: "La Filosofía Perenne se ocupa principalmente de la Realidad una, divina, inherente al múltiple mundo de las cosas, vidas y mentes. Pero la naturaleza de esta Realidad es tal que no puede ser directa e inmediatamente aprehendida sino por aquellos que han decidido cumplir ciertas condiciones haciéndose amantes, puros de corazón y pobres de espíritu... Análogamente, nada, en nuestra experiencia diaria, nos da mucha razón de suponer que la mente del hombre sensual medio posea, como uno de sus ingredientes, algo que se parezca a la Realidad inherente al múltiple mundo o que sea idéntico con ella, sin embargo, cuando esa mente es sometida a cierto tratamiento harto duro, el divino elemento, de que, por lo menos en parte, está compuesta, se pone de manifiesto, no sólo para la mente misma, sino también, por su reflejo en la conducta externa, para otras mentes".

Así, se propone que nuestro mundo y todo lo que en él existe, los cuerpos físicos, son únicamente imágenes fantasmagóricas, una proyección holográfica o imagen virtual de este mar energético, una forma de densidad y de realidad tan distante del nuestro que literalmente se ubica más allá del espacio y del tiempo.

Es la exteriorización de algo que se encuentra más allá del dominio material, en el confín más básico de la naturaleza que es la energía infinita, que parece estar donde no está, que puede verse desde distintos ángulos, y que hemos considerado real.

Así, escindir el Universo entre cosas vivas y no vivas también pierde su sentido. Un pedazo de roca es vida, está conformado por partículas y energía, y la vida y la inteligencia no están solo presentes en la materia sino en la energía, en el espacio, en el tiempo, en la textura de todo el Universo.

El Universo concreto y finito no existe por sí mismo; se considera un resultado de la excitación de ese profundo y vasto abismo energético, en cuya cresta y superficie se manifiestan proyecciones tridimensionales: átomos, moléculas, gases, polvo estelar, planetas, estrellas, galaxias, cúmulos de galaxias, etcétera.

La noción desconcertante de tener acceso al pasado palidece ante la posibilidad de que el futuro también nos sea asequible en un cosmos holográfico.

Todo ello pese a estar pre–condicionados de que no es posible el acceso al futuro, pese a haber relegado nuestras habilidades innatas pre–cognoscitivas al territorio del inconsciente, junto a las premoniciones y los sueños.

El mundo holográfico

El principio gestor no es la materia ni la mente y nuestros cuerpos no son objetos sino proyecciones de holografía.

Si la realidad es un vasto holograma donde el pasado, el presente y el futuro se encuentran fijos en un punto, las preguntas que nos saltan son:

¿Se halla nuestro futuro individual predeterminado íntegramente o puede ser alterado completamente, o solo el holograma futuro que corresponde a nuestra individualidad?

¿Existen miríadas de futuros holográficos separados del cual escogemos cuáles eventos se manifiestan?

¿Cómo puede el futuro existir y no existir simultáneamente?

El mundo objetivo no afluye, al menos en la apariencia en que estamos acostumbrados a concebirlo; lo que se halla fuera de nosotros es un vasto océano de ondas y frecuencias que, en nuestra supuesta realidad, se nos aparece concretado porque nuestra mente es capaz de tomar esa borrosidad holográfica y convertirla en los objetos familiares de los que se compone el mundo.

El considerarnos elementos constituyentes del Universo nos liberaría de pensar como fragmentos inconexos, de enfatizarnos en el "Yo" aislado y en la conciencia de que el conocimiento solo lo podemos adquirir de manera individual.

No sabemos las implicaciones que tendría el hecho de que la capacidad creativa de la conciencia humana trabajara integrada a través de todo el planeta.

No sabemos si nuestra naturaleza es la de funcionar como individuos incomunicados o como una totalidad. Todo parece indicar que en los fundamentos de nuestra psique se halla una fuerte tendencia al holismo con toda la especie, como apuntaría Jung.

Es posible que detrás de los fenómenos del mundo material actúe este orden generador y formativo podría ser calificado como la inteligencia objetiva. Esta duplicidad implica que la materia no prevalece como una proporción primaria y última, sino que esta corresponde a la presencia de simetrías y principios de ordenamiento, a una asociación más penetrante y complementaria entre la materia y la mente.

Así como el electrón no es accesible de manera concluyente, de la misma forma el contenido del inconsciente colectivo no se presenta directamente, sino que es colegido.

En las últimas décadas un gran cúmulo de pruebas se ha amontonado, tanto en las ciencias y en disciplinas ignoradas como en prácticas tildadas de oscurantistas; tales evidencias sugieren que nuestra mente puede físicamente interactuar con la realidad objetiva y apuntan lo erróneo de nuestra ilustración corriente de la realidad, el cuadro material y sólido de la naturaleza que aprendimos en la escuela.

El Universo –la naturaleza– consiste en mucho más de lo que normalmente percibimos o aceptamos. No es solo que la naturaleza, el mundo de las apariencias que contemplamos, sea incomprensible, sino que tenemos una forma incomprensible de ver y analizar lo que llamamos realidad.

Entre ellas, la fragmentación síquica aprisionada en el notorio síndrome destructivo donde cada una de ellas no tiene discernimiento de la condición de las otras, y que tiene perplejas a las ciencias.

Pero la razón estriba en la resistencia de las ciencias a abordar el espectro de los sucesos extrasensoriales y paranormales, en nuestra incorrecta visión cotidiana del Universo y de la realidad.

La física cuántica demuestra que la realidad se establece a partir de la interacción de la conciencia con su medio subatómico.

Un ejemplo de ello lo tenemos en la naturaleza de muchas experiencias y visiones personales pre–cognoscitivas, las premoniciones de tragedias, los presentimientos de muerte sobre personas cercanas a nuestras vidas, la comparecencia de capacidades sobrehumanas en momentos de peligro.

Los paradigmas de la eternidad

Se ha propalado por los cuerpos filosóficos occidentales que la materia es diferente a la energía; pero, se ha comprobado en los fotones que la energía dispone de masa y que la masa representa la energía; lo que hace imposible la separación energía–materia.

En palabras de Einstein, que evocan al Viejo Testamento: la energía tiene masa y la masa representa energía; significando ello que la materia más minúscula dispone de una tremenda cantidad de energía concentrada.

La transformación de la materia en energía[44], a través de la conocida ecuación einsteniana $E = mc^2$. De tal forma una masa pequeña puede producir una enorme energía, como es el caso de las reacciones en las armas nucleares.

Toda la vida succiona energía, se servicia de ella y descarta la que no usa en forma de desperdicios o energía degradada. La historia de la vida es una saga continua de ingenuidad inconsciente, contra la fatalidad entrópica, rastreando nuevas sendas en los parajes de la energía desbordante.

Los organismos, los naturales actuales, y también los híbridos bio–técnicos y los mecánicos-electrónicos o magnéticos del futuro, como sistemas por sí mismos, son estimulados por surtidores primordiales de baja energía, como la luz solar floja y quimicales para los biológicos; las masas, fotones y cargas eléctricas para los artificiales posibles.

La revolución de los conocimientos cósmicos en las últimas tres décadas ha puesto todas las ciencias en crisis; sobre todo los paradigmas de la eternidad inalterable del cosmos, de las leyes matemáticas, de la cantidad eterna de materia y energía.

El Universo aún es demasiado joven, y derrocha su energía en caprichosos excesos de los cuales se aprovecha la vida: las estrellas rutilantes, las singularidades nebulares en espiral, los atavíos de ostentosas transparencias gaseosas.

Es altamente debatible la noción de la entropía del Universo; considerar que la maquinaria cósmica va perdiendo lentamente vapor, y se encamina hacia una muerte termodinámica cuando la entropía o el desorden arriben a su punto máximo, disolviéndose el cosmos en el caos. Pero, este pesimismo cósmico representa la futilidad de la vida.

El Universo no existe por sí mismo, sino que es el vástago de algo aún más colosal e inefable, pese a su aparente materialidad y enorme dimensión; es un dinámico océano energético que se revela en complicaciones cuánticas, las cuales configuran una totalidad no fragmentada en sus niveles primarios, y en sucesos interconectados en todas las escalas.

De acuerdo con la física de las partículas, el mundo está hecho de la energía, la cual asume una y otra forma, donde la materia se crea se vuelve a aniquilar para luego crearse y destruirse en forma perpetua.

La caracterización holística del Universo en la teoría del caos es afín a la insistencia de unidades discretas y atomizadas cuya suma constituye el contenido del Universo. El carácter primordial del mundo es entonces una pura energía indiferenciada.

Nosotros los humanos contenemos una gran intensidad electromagnética, como demuestran los ya rutinarios reconocimientos de nuestra actividad eléctrica con el electrocardiograma, el electro–encefalograma, el electro–miógrafo, entre otros. Pero no somos únicamente seres electromagnéticos.

Los cuerpos físicos integran un nivel de densidad provenientes de los campos de energía eléctrica, por eso, al lado de tales campos existe una mayor complejidad, como lo evidencia nuestra alta frecuencia o vibración superior a la normal de la materia–energía[45].

Estos mares infinitos de energía nos ofrecen una ligera idea de la vastedad que se esconde en el orden implícito de la naturaleza.

Estos patrones simétricos inmateriales, estos arquetipos abstractos bosquejados por la imaginación humana, son potencialidades creativas que no existen, en un sentido explícito, en el mundo material, sino que se revelan en el mismo.

El espacio es real y también fértil en procesos, como lo es la materia; la materia no existe independiente de esos océanos de energía a los cuales llamamos espacio vacío, sino que es parte del mismo.

Se sugiere que los campos energéticos, de alguna manera, son más primarios que el organismo físico, y funcionan como un tipo de cartografía o programa del cual el cuerpo obtiene sus vías de estructuración al resultar estos océanos energéticos la matriz de todo lo existente en el Universo, y hallarse todo en contacto evidente con nuestros pensamientos y con los de todos los seres capaces de inteligencia.

Nosotros poseemos dos realidades: la primera, en la que nuestros cuerpos se revelan como efigies concretas y ostentan un contorno limitado en el espacio y el tiempo, y una segunda en la que nuestro ente se presenta primordialmente como una nube de energía cuya ubicación definitiva en el espacio es ambigua.

Somos cerebros–mentes cósmicos

La materia viva es una concentración temporal de energía del Universo, y la energía que en cada momento específico contiene un humano es parte del flujo cósmico. Nosotros somos células–cerebros cósmicos. La actividad en el cerebro es fluido, espontáneo y único y responde a estímulos holísticos y nuestras respuestas con únicas y no predecibles.

Si los mitos y animismos de las civilizaciones prehistóricas buscaban en los animales y los elementos naturales la explicación de nuestra presencia (impotencia para ellos), al paso de los milenios acabamos por abrazar que debemos nuestra evolución a fuerzas desconocidas pero bajo patrones del Universo trasmitido por la energía.

Los patrones dinámicos de las neuronas generados por la mente, que son las bases de las representaciones de nuestra realidad, revelan en ellas los estadios previos de la evolución del universo, y están íntimamente inter–conectadas con el resto de las actividades del cosmos.

Si la conciencia de los seres humanos es una propiedad que ha emergido en un momento de la evolución de nuestro Universo, que está conectado y relacionado en todas sus partes, como demuestra el Teorema de Bell, ello implica que el Universo en sí es consciente.

Pues la temporalidad y localidad de este hecho, es decir, nuestra conciencia, que es complementaria de la totalidad universal, no solo evidencia que ella siempre ha estado presente, sino que antecede a la emergencia del homo.

Quiere decir que es un Universo auto–reflexivo, consciente de sí como realidad que ha construido el orden previo a las condiciones que crearon al humano.

Una corriente de opinión conceptúa que los organismos sólo son receptáculos de la información genética, introduciendo una distinción entre la información y la materia, donde el individuo es un objeto material y el gen una compilación de información.

En este criterio lo primario no es el gen, sino la información contenida en los mismos. Lo imperecedero y evolucionable no es el humano sino la información sobre la construcción del humano, o sea, los genes. Así, cuando se refieren a genes, genotipos o reservas genéticas, están hablando de información, de patrones y no de objetos físicos.

Para ellos, las características de la complexión humana, las manifestaciones físicas, no persisten sino que surgen como resultados de instrucciones genéticas que ordenan la construcción de manos, ojos, orejas, uñas, y demás.

El ilógico sentido común

Todo nuestro sentido común y nuestros prejuicios sobre el mundo descansan en la premisa de que la realidad objetiva y la subjetiva están separadas. Nuestra tendencia general a fragmentar el mundo e ignorar las interconexiones dinámicas entre los elementos ha sido responsable de mucho de los escollos insolubles en las ciencias, en nuestras vidas y en la sociedad.

Cuando un automóvil se avería buscamos la parte dañada para repararla. En los sistemas caóticos, como son las familias, las sociedades o los sistemas ecológicos, el problema es a partir del "todo", nunca desde la "parte" defectuosa.

Las ciencias clásicas verán siempre la condición de un sistema como un absoluto que es resultado de la interacción de sus partes. Esto no solo es inoperante, sino que puede llevarnos a la extinción.

La visión de la naturaleza dominada por la causalidad, el análisis y la reducción, el tiempo lineal y las explicaciones en términos de elementos, se halla impresa en nuestras mentes.

Por ejemplo, estamos persuadidos de que podemos extraer o alterar partes valiosas del planeta sin afectarlo; pensamos que es dable medicar órganos específicos de nuestro cuerpo y desatender al resto; concebimos que es posible lidiar con las múltiples calamidades de nuestra sociedad –como el crimen, la pobreza, la drogadicción– sin enfrentar los problemas de la civilización como un todo.

Seccionar la realidad en partes y luego concederles nombres es un producto arbitrario del convencionalismo, porque las partículas subatómicas, y todo lo demás en el Universo, no están más separadas una de otra que los ornamentos de una alfombra. Ello no implica que los objetos puedan ser piezas de una integridad indivisible y posean sus cualidades peculiares.

Al deshacer el dualismo sujeto–objeto y mente–materia de Descartes, se abrió espacio para la concepción del cosmos como una totalidad.

Para Descartes una piedra y la mente que la conoce son cosas completamente distintas, pero en la consideración holística, son nada más diferentes grados del continuo penetrante del Universo.

Pero las leyes de la termodinámica, raigalmente incompatibles con las ciencias clásicas, quebrantaron este patrimonio del reloj universal y de molduras newtonianas, introduciendo la "irreversibilidad" y demostrando, por medio de la Segunda Ley de la Termodinámica, que existe una perdida irrecuperable de energía en el Universo, que debilita inexorablemente la habilidad para sostener estructuras organizadas.

La "irreversibilidad" tiene un soterrado desempeño clave en los procesos de la naturaleza. No existe una enhilada progresión hacia un tiempo histórico específico ni por tanto "experiencia histórica" puesto que la inestabilidad y diversidad se observan tanto en las partículas elementales como en la astrofísica, donde la "irreversibilidad" y el azar ocupan un rol extenso.

Pero la física cuántica concluye que si bien en el nivel de nuestra experiencia diaria las cosas disponen de una ubicación específica, la potencialidad cuántica opera a un nivel donde la localidad cesa de existir, donde todos los puntos del espacio son iguales a todos los otros puntos del espacio; así, la conducta de las partes en esencia es organizada por la totalidad.

De ahí que las casualidades, los hechos fortuitos, los fenómenos inconexos, la total autonomía del individuo en realidad no sean casualidades, azares e inconexiones, sino productos de un ascendiente imperceptible.

Ellos son solo impresiones imperfectas de algo que aún no somos capaces de comprender y que en la civilización de Occidente no se reconoce, con excepción de los trabajos realizados por Jung. Por eso, las conductas de las partes (ya sea en un automóvil, en el cuerpo humano, en el planeta Tierra, en el Sistema Solar, etcétera), en esencia no son independientes[46].

Las dudas referentes a que el espacio sea hiperbólico tienen desanimados a los físicos defensores de la relatividad, pues cualquier objeto que se esté desplazando por esta modalidad de espacio jamás llegará al lugar de partida, ya que las rectas no lograrán cortarse en ningún punto.

Si desmembramos la materia en fragmentos cada vez más pequeños, se arriba eventualmente al momento donde tales segmentos subatómicos ya no poseen traza del objeto que conformaban; por eso, las partículas no son cosas independientes sino integrantes de un conjunto indivisible que va más allá de la simple suma de sus partes.

El holismo planetario

La consideración del cosmos como un mecanismo eterno se ha suplantado por la de una entidad en evolución, un organismo en crecimiento que forma nuevas estructuras dentro de sí. Al igual que las galaxias, el Sol y las biosferas que contiene –incluyendo la Tierra–, son en realidad organismos cósmicos.

Poincaré se adelantaba a la indeterminación matemática de Gödel, al demostrar que las ecuaciones matemáticas y los sistemas de la física manifestaban el caos, logrando fusionar ambas ramas nuevamente.

Con estas nuevas herramientas se abordó la estabilidad del Sistema Solar, lográndose una mejor comprensión referente a cómo surgió la estrella Sol y sus planetas, y de si otros, como el nuestro, existen en diversos rincones de la galaxia Vía Láctea.

Los procesos naturales de la Tierra son indivisibles y constituyen un holismo capaz de mantenerse y alimentarse, a menos que en el sistema caótico intervenga algún factor que lo desestabilice[47].

En la atmósfera hay considerables cantidades de metano que por lógica deberían entrar en combustión con el oxígeno. Lo mismo ocurre con el porcentaje de sal del mar. Estas concentraciones son óptimas para la supervivencia de la vida. Por eso, para muchos, nuestro planeta tiene la dinámica de un ser vivo, con los bosques, los océanos y la atmósfera como sus órganos, y los animales sus bacterias.

En la escala de la naturaleza el tamaño de nuestro planeta se halla justamente en el medio entre el diámetro y la masa del átomo y la del Universo; y el humano ocupa una posición promedio entre el átomo y el planeta Tierra; tales relaciones no pueden ser fortuitas.

Los conceptos mentales derivados de la física newtoniana nos dicen que los hechos comprensibles pueden ser apreciados físicamente. Sin embargo, a nosotros, nuestro planeta nos parece estar inmóvil, pero en la realidad viaja por el espacio a la fantástica velocidad de 64,000,000,000 de millas por hora, y todo parece indicar, que está acelerando aún más este colosal desplazamiento[48].

Esto es auténtico desde la singularidad de sus orígenes hasta los crecientes grados de relaciones complementarias en el espacio y el tiempo, en los cuántos y los campos, en las ondas y las partículas, en los campos con los campos, en las estructuras atómicas con las estructuras atómicas, en el intercambio de electrones en las profundidades de los cuanta y los campos.

Este desarrollo dinámico eventualmente gesta las relaciones de complementariedad a los niveles más intrincados entre las moléculas orgánicas, que despliegan regularidades biológicas, y las moléculas inorgánicas, incapaces de hacerlo.

La realidad física es insustancial, lo que cuenta son los "campos", ya que la partícula, es decir, la materia es simplemente la manifestación temporal de la interacción de los intangibles e insustanciales campos, lo único verdadero en el Universo.

Está claro que la energía se puede comprimir en el tiempo; el Universo está lleno de liberaciones de energías repentinas y explosivas. Un ejemplo con el cual el astro–físico Hannes Alfvén[49] estaba familiarizado era el de las flamas solares, que suscitan las corrientes de partículas que provocan tormentas magnéticas en nuestro planeta. La comprensión de la liberación explosiva de energía, era la clave para entender la dinámica del cosmos.

La materia y la mente, el soma y el psique, no son órdenes de experiencia diferentes.

La materia universal

El *big-bang* puede describirse mejor como una enorme emergencia caótica, donde el espacio-tiempo fue lanzado intacto y en un una sola pieza. Con el espacio-tiempo se reveló la materia que lo fue curvando, enlazándolos hasta el fin de los tiempos eternos.

El Universo no es una celosía estática de estrellas, ha ido creciendo, y no de forma regular; en sus primeros millones de años estaba desbordado de luz. Al disponer del tiempo suficiente, la materia se agrupó con las de su clase, caprichosamente, y el polvo y el gas se fueron plegando en astros jóvenes, en estrellas más y más voluminosas; al lado de los soles enrojecidos la vida planetaria va brotando alimentada por la lumbre disipada de las catástrofes supernovas de la primera generación estelar.

Todo lo que conjeturamos sobre las condiciones físicas aplicables a objetos astronómicos se deduce de las observaciones y estimaciones a partir de las leyes naturales y sus constantes de nuestro planeta. Si estas leyes difieren en cada lugar y en cada punto del tiempo, entonces estamos percibiendo el Universo de forma distorsionada.

En los últimos tres siglos el motor principal del pensamiento científico del mundo occidental ha sido el reduccionismo metodológico que tiene su origen en la física del siglo XIX y en el desarrollo de la teoría atómica de la materia.

Se argumenta que el origen de la materia, la expansión cósmica y la evolución biológica han funcionado mancomunada y precisamente en nuestro favor, para construir un universo de forma tal que pueda producir al menos un tipo de vida inteligente, y por ello, nuestra especie, la inteligente, es lo que hace a este Universo tener conciencia de sí mismo.

La concepción del Universo material como una máquina se extiende a los organismos vivientes. La asunción cartesiana expresa que el cuerpo humano, como el resto del mundo material, es totalmente mecánico y en principio explicable en tales términos.

El enigma principal es decidir a partir de qué umbral de complejidad estructural se puede hablar de vida. Sólo cuando las moléculas orgánicas adquieren un cierto nivel muy elevado de complejidad se puede decir que están "vivas", en el sentido de que almacenan en forma codificada una enorme cantidad de información.

El problema está en comprender cómo los procesos físicos y químicos ordinarios pueden cruzar este umbral sin la ayuda de ningún agente sobrenatural.

En resumen, no es difícil concebir una sopa prebiótica que contuviera todos los ingredientes biológicos necesarios y que, con la ayuda de perturbaciones exteriores, se auto−organizara en engranados bucles de "realimentación" a través de los cuales se concentró el orden y aumentaron fantásticamente las posibilidades favorables de atravesar el umbral de la vida[50].

El surgimiento de la vida a partir de la materia inorgánica fue un salto evolutivo de gigante. Después de toda una serie de transformaciones, el desarrollo del cerebro pensante como producto de la vida social y el trabajo colectivo, fue otro paso de gigante. La materia adquirió consciencia de sí misma.

El movimiento de incesante incremento de la complejidad, tiene su ejemplo más evidente en los circuitos eléctricos y los sistemas biológicos. Los cánones de ordenación de las entidades vivas, desde la más simple como los átomos, pasando por las ya más complicadas células, a las estructuras orgánicas, es un camino hacia la complejidad.

La mayor parte del control reside en el núcleo de la célula, dentro del cual se encuentra el "código" genético, el "negativo" químico que permite a la bacteria duplicarse a sí misma. Las estructuras químicas que controlan y dirigen toda esta actividad pueden comprender moléculas compuestas de más de un millón de átomos dispuestos de una manera complicada aunque altamente específica.

Paradojas y mucho más

En este fin de siglo se plantea frecuentemente la cuestión del porvenir de la ciencia. Para algunos, como Hawking[51], estaríamos cerca del fin, del momento en que podríamos descifrar "el pensamiento de Dios".

Por el contrario, creo que la aventura recién empieza. Asistimos al surgimiento de una ciencia que ya no se limita a situaciones simplificadas, idealizadas, mas nos instala frente a la complejidad del mundo real, una ciencia que permite que la creatividad humana se vivencia como la expresión singular de un rasgo fundamental común en todos los niveles de la naturaleza.

Las nuevas formas de pensar acerca de la naturaleza, de la realidad del conocimiento que tenemos y de nuestra capacidad para explicarlas es producto de la imaginación de científicos como Boltzmann, Einstein y Böhr.

La teoría cuántica está estrechamente ligada a la filosofía y a las teorías de la percepción. El principio de complementariedad de Böhr se refiere a la relación existente entre la física y la consciencia.

La propia naturaleza de la causalidad y de cómo debemos describirla surge de manera diferente en el contexto cuántico. Tenemos que pensar profundamente en la relación entre las condiciones iniciales y las leyes, así como en el papel desempeñado por ambas en la explicación de la razón por la cual tiene lugar lo que acontece en el mundo.

Una y otra vez los pensadores de la tradición occidental, como Kant, Whitehead o Heidegger, defendieron la existencia humana contra una representación objetiva del mundo, que amenazaba su sentido. Pero ninguno logró proponer una concepción que satisficiera las pasiones contrarias, que reconciliara nuestros ideales de inteligibilidad y libertad.

Las demostraciones de imposibilidad de la existencia de variables ocultas locales, sugieren que las ciencias nos obligan a adoptar una nueva actitud en relación con las correlaciones descubiertas entre los fenómenos cuando en el momento que ocurren se hallan en interacción causal.

La percepción definitiva no tiene su origen en el cerebro ni en ninguna otra estructura material, aunque una estructura material es necesaria para que se manifieste. El sutil mecanismo de conocimiento para llegar a la verdad no se origina en el cerebro.

Así, la solución propuesta por el propio Epicuro, el *clinamen* que en momentos imprevisibles trastorna imperceptiblemente la caída paralela de los átomos, permaneció en la historia del pensamiento como el paradigma mismo de la hipótesis arbitraria, que salva un sistema mediante la introducción de un *at hoc*.

Desde sus orígenes la dualidad del ser y el devenir ha obsesionado el pensamiento occidental, a tal extremo que Jean Whal pudo caracterizar la historia como una historia desdichada que oscila continuamente entre un mundo autómata y un universo gobernado por la voluntad divina.

Existe una semejanza entre pensamiento y materia. Toda la materia, incluso nosotros mismos, está determinada por la «información». La «información» es lo que determina espacio y tiempo.

La concepción de una naturaleza pasiva sometida a leyes deterministas es una especificidad de Occidente. En China, o en Japón, "naturaleza" significa "lo que existe por sí mismo". Joseph Needham[52] nos recordó la ironía con que los letrados chinos recibieron la exposición de los triunfos de la ciencia moderna.

Según la filosofía oriental de la luz, la realidad es aquello que tomamos por cierto es aquello en que creemos; y se basan en nuestras percepciones, de lo que tratamos de ver; y depende de lo que pensamos. Lo que pensamos depende de lo que percibimos. Lo que percibimos determina lo que creemos. Lo que creemos determina a su ver, lo que tomamos por verdad. Y lo que tomamos por verdad es nuestra realidad. El símbolo de apertura (Cristo, Buda, Krishna, la infinita diversidad de la naturaleza, etc.) abrir nuestra mente, el primer paso en el proceso de la iluminación.

Quizá el gran poeta hindú Rabindranath Tagore también sonrió al enterarse del mensaje de Einstein[53]: "Si la Luna, mientras cumple su carrera eterna alrededor de la Tierra, estuviera dotada de consciencia de sí misma, estaría profundamente convencida de que se mueve *motu propio* en función de una decisión tomada de una vez por todas.

No sería sorprendente que entre las asignaturas de la física en el siglo XXI se incluyera la meditación transcendental, al permitir que la mente escape a los límites de lo simbólico, pues todas las cosas son símbolos, las personas y las cosas. Más allá de lo simbólico está la pura "conciencia".

Un punto de vista siempre está limitado en sí mismo; comprender algo es renunciar a los demás caminos de concebirlo, y es cuando la mente actúa en formas de limitación. Se necesita una relación entre el contenido del conocimiento y la habilidad de la mente para transcenderse a sí misma.

Un budista tibetano del siglo XIV, Longchenpa, escribió[54]: Dado que todo no es más que una aparición, perfecto por ser lo que es, sin relación alguna con lo bueno o lo malo, con la aceptación o el rechazo, uno siente deseos de soltar una carcajada.

Sería un craso error considerar que el hinduismo y el budismo son iguales. Para el budismo, la separación entre el ego y el resto del Universo es ilusoria, por lo tanto, si yo soy el Universo ¿sobre qué puedo ejercer mi libre albedrío? pero el libre albedrío es una ilusión del ego.

Por su parte, el budismo es ambas cosas: filosofía y práctica. La filosofía budista puede ser intelectualizada, una creación de la mente racional, pero el Tantra, no, puesto que transciende la racionalidad. Los pensadores más profundos de la civilización india descubrieron que las palabras y los conceptos solamente podían llevarlos hasta allí. Más allá de ese punto sólo queda el ejercicio de una práctica cuya experiencia resulta inefable.

También sonreiría un ser dotado de una percepción superior y de una inteligencia más perfecta al mirar al humano, sus obras y su ilusión de actuar por libre voluntad.

El profesor de física en Berkeley, G. F. Chew observó lo siguiente[55]: "Nuestra lucha actual con la física superior podría, por esa razón, ser tan sólo un anticipo de una nueva forma de conducta intelectual humana, que no sólo está fuera de la física, sino que ni siquiera puede ser descrita como científica".

Negar la accesibilidad a la propia existencia de una realidad objetiva, de concepciones subjetivistas y relativistas es un Universo en el cual todas las opiniones tienen el mismo valor y ninguno está efectivamente "con razón" sobre cosa alguna.

Así, demolida la distinción entre el pensamiento–sentimiento de cada uno y todo el que está fuera de nosotros, entre el que proyectamos nos otros y el que ven de nosotros mismos, imposibilita la comunicación y comprensión del otro, dado que estamos efectivamente negando su derecho de existir independientemente.

En octubre de 1994, la revista *Scientific American* dedicó un número especial a "La vida en el Universo". En todos los niveles, en cosmología, geología, biología o en la sociedad, se afirma cada vez más el carácter evolutivo de la realidad.

En consecuencia, debería esperarse que se planteara la pregunta sobre cómo entender ese carácter evolutivo en el marco de las leyes de la física. Un solo artículo (escrito por el célebre físico Steven Weinberg) discute ese aspecto, sin embargo.

Steven Weinberg escribe[56]: "Sea cual sea nuestro deseo de poseer una visión unificada de la naturaleza, no cesamos de tropezar con la dualidad del papel de la vida inteligente en el universo... Por una parte está la ecuación de Schrödinger que describe de manera perfectamente determinista cómo evoluciona en el tiempo la función de onda de cualquier sistema. Y, en forma independiente, hay un conjunto de principios que nos dice cómo utilizar la función de onda para calcular las probabilidades de los distintos resultados posibles, producidos por nuestras mediciones".

¿Nuestras mediciones?

¿Acaso ello sugiere que somos nosotros, con nuestras mediciones, los responsables de lo que escapa al determinismo universal?

En *The Emperor's mind* Roger Penrose[57] escribe que "nuestra comprensión actualmente insuficiente de las leyes fundamentales de la física nos impide expresar la noción de mente en términos físicos o lógicos".

La naturaleza nos presenta a la vez procesos irreversibles y procesos reversibles, pero los primeros son la regla y los segundos excepción: Los procesos macroscópicos, como las reacciones químicas y los fenómenos de traslado, son irreversibles.

La irradiación solar resulta de procesos, nucleares irreversibles. Ninguna descripción de la ecósfera sería posible sin los innumerables procesos irreversibles que en ella se producen[58].

Somos fuente de conciencia

Con inusitada destreza la naturaleza instituye sus moldes originales. Algunos están ordenados en el espacio pero desordenados en el tiempo, como el péndulo cuyo actual vaivén, por muy regular y exacto que parece, llega a trastornarse a largo plazo.

Otros patrones están ordenados en el tiempo pero desordenados en el espacio, como el caótico pero perpetuo desplazamiento de las galaxias. La mayoría de los paradigmas de la naturaleza son fractales, repitiendo sus formas estructurales cada vez que observamos sus escalas más pequeñas, como un árbol que mientras más nos acercamos a él mantiene y repite su irregularidad.

Otros prototipos cristalizan en estados estables u oscilantes, como la órbita terrestre alrededor del Sol. Pero al final, todo tiende hacia el desorden ya que cualquier proceso con el proceso calórico (como la madera sometida al fuego) transfiere o convierte energía de una matriz a otra, perdiendo parte de ella, haciendo imposible una perfecta eficiencia.

La dinámica del Universo se considera como un sendero que lleva a una sola dirección: a su desorganización entrópica que siempre va en aumento a medida que transcurre el tiempo.

Esto no solo sucede en el Universo, sino dentro de cualquier hipotético sistema aislado, como las partes mecánicas de un automóvil. No queda más remedio que revertir nuestra idea de considerar todos los sistemas de la naturaleza como lineales e inmutables, y ensayar un estilo diferente de conjeturar.

Muchas descripciones científicas y sociales, sin embargo, están fundadas en la presunción de que el mundo físico es armonioso y metódico. Las variaciones meteorológicas, la devastación de un terremoto, o la caída de un meteorito, hechos que en el pasado se consideraban como las iras de los dioses mitológicos, hoy se toman también, equivocadamente, como arbitrarios y fortuitos.

Ese portento de la física que fue Bohm, con sus trabajos sobre potencialidad cuántica y la física del plasma, se adentra en la novísima idea hológrafa.

La materia existe en forma líquida, sólida y gaseosa; y se alude a su cuarto estado, el plasma, cuando la sub–partícula electrónica se separa de la estructura atómica y por sí sola se mantiene ionizada y magnéticamente energética. Esta partícula con tales atribuciones es uno de los módulos básicos del Universo.

El plasma es el resultado del calentamiento de la materia más allá de los 8.300 grados, califica como una reacción de fusión, y es el componente del centro de las estrellas y de nuestro Sol.

El plasma magnético convertido en fluido límite sería una fuente casi infinita de energía.

La energía y la materia negativa no existen en la naturaleza, aunque dentro de milenios quizás logremos dar con ellas[59]. La ventaja de los agujeros de gusano de energía negativa es que, al no existir los horizontes de eventos, son más fácilmente traspasables.

La segunda posibilidad es usar grandes cantidades en el orden de la energía de Planck, exclusivamente accesible a una civilización tipo galáctica, para contraer el espacio vacío delante, y expandirlo por detrás, y de esa manera superar la velocidad de la luz en ese entorno[60].

Un "cambio de topología" en la "relatividad general" haría posible las máquinas del tiempo, las curvas del tiempo cerradas y los agujeros de gusanos, los cuales al conectar dos regiones del espacio e igualmente del tiempo, funcionarían como una especie de máquina del tiempo.

Una máquina del tiempo necesitaría la fabulosa cantidad energética de una estrella, a menos que se disponga de una "materia exótica" o de energía negativa.

¿Construirá el humano para ese fin agujeros negros cerca del Sistema Solar? La capacidad de crear agujeros en el espacio y el tiempo se volverá accesible en el futuro, si bien lejano. Se ha especulado sobre la construcción de un agujero negro cercano para los viajes interestelares, a partir de una masa diez veces superior a la del Sol y a un año luz de distancia, lo suficiente para que no devore nuestro Sistema Solar.

El viaje dentro de la máquina del tiempo del agujero negro no se concibe de forma rectilínea, porque la nave que lo emprendiera se precipitaría a ese centro caótico.

El cálculo de dónde puede reaparecer la materia o una astronave que se introduzca en el agujero negro, es decir la distancia de tal viaje, está en relación directa y proporcional a su masa y su fuerza gravitacional.

La fuente de todo poder no es en realidad la energía. El Universo está colmado de energía, pero se halla en manos del caos. El verdadero poder del Universo está en la vida inteligente. Super–civilizaciones derivadas del humano y otras formas bióticas terrestres podrían colocarse cerca de los agujeros negros para aprovecharse de los flujos de corrientes energéticas que conforman los protones.

El humano puede aprovechar la inagotable energía de los agujeros negros en rotación, ubicando plantas en su órbita que almacenarían y traspasarían esa energía a centros espaciales para uso humano.

Se analiza la posibilidad de construir mundos habitables alrededor de los agujeros negros, que se beneficiarían de una fuente energética casi infinita.

Al ser fuentes de conciencia en un cosmos muerto y encontrarse este a nuestra disposición, nuestra responsabilidad sobre el mismo es absoluta y temible. Para bien o para mal debemos aceptar las considerables implicaciones de nuestro lugar en este esquema de cosas, como pináculos de la creación en un planeta.

De lo que no estamos seguros, es que de fracasar la vida inteligente cristalizada en nuestra especie, y de ser el homínido un fenómeno único del Universo, entonces este Universo fracasará con nosotros.

También, se ha sugerido como factible que una civilización avanzada pudiera mantener abierto un agujero de gusano. Para ello, o para doblar el espacio–tiempo de tal forma que permitiera los viajes en el tiempo, se puede demostrar que se necesita una región del espacio–tiempo con curvatura negativa, similar a la superficie de una silla de montar.

La materia ordinaria, que posee una densidad de energía positiva, le produce al espacio–tiempo una curvatura positiva, como la de la superficie de una esfera. Por lo tanto, para poder doblar el espacio–tiempo de tal manera que nos permita viajar al pasado, necesitamos materia con una densidad de energía negativa1[61].

Algo que ha tenido perplejo a todos los astrónomos y físicos, a partir de Kepler, es la célebre Paradoja de Olbers[62], donde la suma de la luminosidad de todas las estrellas debería mantener mucho más brillante el cielo durante la noche y el día.

A tenor de ese fenómeno al paso del tiempo, cuando se detenga la expansión del Universo, entonces aumentará la temperatura y la luminosidad, arrasando con la vida organizada. La luminiscencia del Sol es tomada como la unidad básica para evaluar la luminosidad astronómica.

Se ha dicho que el polvo y el gas interestelar absorben tal luminosidad, pero esta propuesta no puede aclarar el fenómeno por la simple razón de que la absorción implica calentamiento y posterior emisión de la radiación asimilada.

Otra consideración es que la luz de las estrellas y galaxias nos baña en el espectro del rojo; hay quienes piensan que la luz estelar y galáctica aún no ha tenido tiempo de cubrir todo el Universo visible pues el mismo es demasiado joven.

Al paso del tiempo, cuando se enlentezca la expansión, la noche se iluminará, aunque ello calentará de forma invariable a nuestro planeta. Al encogerse aún más el Universo aumentará la temperatura y luminosidad arrasando con la vida organizada.

NOTAS

Introducción

1   Meyer, Eduard L. *Histoire de l'antiquite*. Paris, Geuthner. Digitizing University of Toronto.

2   Hendry, John. *The Creation of Quantum Mechanics and the Böhr–Pauli Dialogues*. Boston. D. Reidel. 1984.

3   Philip Ball, We're free to choose – but not likely to do so. The Miami Herald, Mayo 30, 2004.

Los paradigmas matemáticos

1   Poincaré, Henri. *La Ciencia y la Hipótesis*, trad. por Alfredo B. Besio y Josér Banfi, Bs. As., Espasa–Calpe, 1943.4ta parte, cap. IX, p. 15.

2   Poincaré, cap. IX, pp. 147–148

3   Collins, Randall. *The Sociology of philosophies; a global theory of intellectual change*. Harvard University, Cambridge MA, 1998, pp. 865,869.

4   $(a = m = -|- n =; h = 2mn; c = .m — n'–$, aquí m y n como números naturales y $m > n)$.

5   Wood, Alan; Ted Grant. Razón y Revolución – Filosofía Marxista y Ciencia Moderna. 2010.

6   Ídem.

7   Hoffmann, Banesh. *Relativity and its Roots*. NY. Dover Publications. 1998

8   Abu Kamal al–Din y resolvió problemas tan complicados como encontrar las x, y, z que cumplen $x + y + z = 10$, $x2 + y2 = z2$, y $xz = y2$.

9   Grattan–Guinness, Ivor. *The Search for Mathematical Roots 1870–1940*. Princeton University Press, 2000.

10 Asimov, Isaac. A choice of catastrophes. New York: Simon & Schuster, 1966, 1977.

11 De tal manera que el radio de dos términos consecutivos tiende a lo siguiente ½ $(1 + \sqrt{5})$.

12 Douglas, Jesseph M. *Squaring the Circle. The War Between Hobbes and Wallis*. Chicago University of Chicago Press. 1999.

13 Descartes, René. Discurso del método. Alborada Ediciones. 1989.

14 La controversia entre el enciclopedista Bernard Fontenelle y Georges de Buffon se basa en la idea del progreso y su impronta en la literatura.

15 A partir de Newton y Leibniz los problemas del espacio y el tiempo se convirtió en el centro de la filosofía metafísica.

16 Shabel, Lisa. *Kant's Philosophy of Mathematics*. Fri. Jul 19. 2013. shabel.1@psi–edi–

17 Kant, Immanuel: *Filosofía de la Historia* (1784), trad. por Eugenio Ímaz, México, F. C. E., 1985.

18 Idem.

19 Bautizado luego con su nombre.

20 Kepler, Johannes. *Johannes Kepler New Astronomy*. trans. W. Donahue. forward by O. Gingerich. Cambridge University Press, 1993.

21 Moore, George Edward. "The Refutation of Idealism". *Mind* 12 (1903) 433–53. Reprinted in *Philosophical Studies* and in *G. E. Moore: Selected Writings*, 23–44.

22 Weyl, Hermann Klaus. *Space, Time, Matter*. Dover Books on Physics. Dover Publications, 1952.

23 No existen soluciones a la ecuación $an + bn = cn$ con a, b y c enteros positivos si es mayor que 2.

24 Dunham, William. *The Genius of Euler: Reflections on his Life and Work*. Mathematical Association of America. ISBN 978–088385–558–4.

25 Ecuación de diferenciación parcial: $(1 + fy^2) fxx - 2 fx fy fxy + (1 + fy^2) fyy = 0$

26 Dunnington, G. Waldo. *Carl Friedrich Gauss: Titan of Science*. The Mathematical Association of America, 2003.

27 (1768–1830).

28 Dunnington. Ob. cit.

29 Hawking, Stephen W. *God Created the Integers: The Mathematical Breakthroughs that Changed History*. Running Press, 2007.

30 Smoot, George y Davidson, Keay. *Arrugas en el tiempo*. 1994, Plaza & Janes Editores, S. A., Barcelona.

31 Hawking. Running Press, 2007.

32 Astruc, Alexandre. *Evariste Galois, Grandes Biographies*. Flammarion, 1994.

33 Poincaré, Bs. As., Espasa–Calpe, 1943

34 Poincaré, Tusquets, 1993, p. 53.

35 Ídem.

36 Ídem.

37 Poincaré, 1943, I, Cap. IV, pp. 56 y 58.

38 Klein, Lawrence. *An Introduction to Econometric Forecasting and Forecasting Models*. Oxford University Press. 1980.

39 Idem.

40 Idem.

41 El Círculo de Konigsberg se refiere a la reunión del círculo de Viena en la ciudad de Konigsberg en 1930.

42 El formalismo plantea que las matemáticas no se reducen a nociones y principios lógicos, sino que posee objetos que describe desde una percepción interior. Es decir las inferencias lógicas o los objetos concretos extra–lógicos.

43 Poincaré, 1943, 2da. parte, cap. III, pp. 60 y 62.

44 Convexa.

45 Whitehead realizó aportes en su tratado sobre el álgebra universal y expansión los principios de las matemáticas.

46 Whitehead, Alfred North. *Science and the Modern World*. New York: Mentor Books, 1948; orig. publ. 1925.

47 Henri Cartan, Jean Dieudonné, André Weil.

48 Klein, Oxford University Press. 1980.

49 Idem.

50 Menger, Karl. *Calculos: A Modern Approach*. Dover Books, 2007.

51 Terryn, Waylon Christian. (Editor) Paperback. Fer Publishing, 10/15/2011.

52 Smullyan, Raymond. *Gödel's Incompleteness Theorems*. Oxford University Press. 1992.

53 Pereira, Luis Carlos. Review of Modern Logic 8 No. 3–4. *Review of Piergiorgio Odifreddi, editor, Kreiseliana: About and Around Georg Kreisel. 200.*

54 Holfstadter, Douglas R. *Gödel, Escher, Bach: An Eternal Golden Braid*. Nueva York. Basic, 1979.

55 Ekeland, Ivar. *Mathematics and the Unexpected*. Chicago University Press. 1988.

56 El principio de inducción propuesto por Giuseppe Peano, o axiomas de Peano son un conjutno de axiomas aritméticos ideados para definir los números naturales.

57 Heijenoort, Jean van. *From Frege to Gödel: A Source Book in Mathematical Logic, 1879–1931*. Harvard Univ. Press, 1967.

58 Oskar Morgenstern, economista alemán, co–autor junto a John von Neumann de la Teoría de Juegos o comportamiento económico.

59 Wood, John A. The Solar System. Englewood Cliffs, N.J.: Prentice–Hall, Inc. 1979.

60 Idem.

61 Idem.

62 Idem.

63 Hooper, Alfred. *Maker of Mathematics*. Faber and Faber 1949. Digitized Dec. 10, 2007

64 Monroe C. Beardsley (Ed.); European Philosophers. Modern Libary Classics. 2002.

65 Deleuze, Gilles y Félix Guattari. ¿Qué es la filosofía? (c) Editorial Anagrama, S.A., 1993) Cantor, Fondements d'une théorie générale des ensembles (Cahiers pour l'analyse, no. 10.

66 Russell, Bertrand. *Nuestro conocimiento del mundo externo* (1914), trad. por Ricardo J. Velzi, Bs. As., Losada, 1946. p. 140.

67 O'Connor, John J.; Robertson, Edmund F. "Karl Weierstrass". *Mac Tutor History of Mathematics archive.* University of St. Andrews. On Line.

La abstracción lógica

1 Aristóteles. *Obras Completas.* Editorial Gredos. Madrid. (1988–2005).

2 Gonseth, Ferdinand. *Time and method: An essay on the methodology of research.* American lecture series, publication no. 838. A monograph. 1972.

3 Hegel, G.W.F. *Ciencia de la lógica.* Ediciones Solar, Buenos Aires, 1976.

4 Locke, John. *Ensayo Sobre el Entendimiento Humano.* (1690), México, F.C.E., 1956, 1956, § 22

5 Aristóteles. Gredos, Madrid, 1988–2005.

6   El Congreso Internacional de matemáticos de 1900 tuvo lugar en Paris Francia, donde David Gilbert anunció su famosa lista de los 23 problemas matemáticos no resueltos.

7   Popper, Karl R. *Conjectures and Refutations. The Growth of Scientific Knowledge.* Routledge & Kegan Paul, London, 1972 (4.° Ed.)

8   Poincaré, Espasa–Calpe, 1943, p. 36, 41.

9   Quine, Willard Van Orman. La relatividad Ontológica y Otros Ensayos (1969), trad. por Manuel Garrido y Josep Ll. Blasco, Madrid, Tecnos, 1974, p. 161.

10 Carnap, Rudolph. Logical Foundations of Probability. *Journal of the American Statistic Association.* Vol. 46, No. 256 (Dec. 1951) p. 220.

11 Carnap. Ob. cit. pág. 571.

12 Carnap. Ob. cit. pág. 202.

13 Idem.

14 Carnap. Ob. cit. pág. 33.

15 Polanyi, Michael. "Life´s Irreducible Structure". *Science* 160 (3834) 1308–1312. June 1968.

16 Collins, Randall. *The Sociology of philosophies; a global theory of intellectual change.* Harvard University, Cambridge MA, 1998, p.706.

17 Klein, Morris. *The Loss of Certainty.* Oxford University Press. paperbacks. 1982.

18 Ídem.

19 (1848–1925).

20 Le théoreme de Gödel, Ed. du Seuil, págs. 61–69.

21 Geach, Peer and Max Black, eds. *Translations from the Philosophical Writings of Gottlob Frege.* Blackwell, 1980.

22 Church, Alonzo. *Introduction to Mathematical Logic.* Princeton University Press. 1996.

23 Heyting, Arend. *Axiomatic projective geometry.* North Holland Publishing Co., Amsterdam. 1963.

24 Poincaré, Espasa–Calpe, 1944, pp. 26– 29.

25 Adler, Alfred and Brett, Colin. *Comprender la vida.* Barcelona: Paidós Ibérica. 2003.

26 Bradley, Francis Herbert (1846–1924). *The Presupposition of Critical History* (1876) Chicago: Quadrangle Books, 1968.

27 García Sierra, Pelayo. Diccionario filosófico. Biblioteca Filosofía en español. Oviedo 1999, p. 1150.

28 Popper. London, 1972 (4.° Ed.

29 Idem.

30 Idem.

31 Russell. Ob. Cit., p. 84.

32 Russell, Ob. Cit., p. 84– 85.

33 Russell, Ob. Cit., pp. 215– 216.

34 Russell, Ob. Cit., pp. 368 y 372.

35 Russell, Ob. Cit., p. 23.

36 Russell, Ob. Cit., p. 315.

37 Russell. Ob. Cit., p. 142.

38   Acorde con la epistemología, la lógica intuitiva es un conocimiento que se adquiere sin necesidad de empelar un análisis o razonamiento, por lo que es una consecuencia directa de la intervención del subconsciente en la solución de conflictos racionales.

39   Abbagnano, Nicolás. *Historia de la Filosofía*. Hora SA Editora. 2000, v. 3, p. 638.

40   Russell, Ob. Cit. p. 95–97.

41   Vaught, Robert L. "Alfred Tarski´s work in Model Theory". *Journal of Symbolic Logic* (ASL) 51 (4) 869–882. Dec. 1986.

42   Turing, Alan M. (1912–1954). *Computing Machinery and Intelligence*. Paper. Mind. A Quarterly Review of Psychology and Philosophy. Vol. 59, No. 236, Oct. 1950, pp. 433–460.

43   Kitcher, Philip Stuart. MIT Press, 1982. Paul Ernst, The Philosophy of Mathematics Education. Routledge, 1991.

44   Milagros Legay / NetJoven.

Relatividad y cuarta dimensión

1   Kelvin, Lord (Sir William Thompson), "Nineteenth Century Clouds over the Dynamical Theory of Heat and Light", Philosophical Magazine, 2, 1901, 140.

2   Hoffmann, NY. Dover. 1998.

3   Popper. London, 1972 (4.° Ed.

4   Stanley, Jaki. Uneasy Genius: The Life and work of Pierre Duhem. Dordrecht, Martinus Nijhoff, 1987.

5   Blum, Deborah. *Ghost Hunters: William James and the Search for Scientific Proof of Life After Death*. Penguin Press, 2006.

6   Poincaré, Espasa–Calpe, 1943, pp. 86–87.

7   Por ejemplo, la fisión del núcleo de uranio U–235 por un lento neutrón se comporta de la manera siguiente $^{235}U + n \rightarrow {}^{148}La + {}^{85}Br + 3n$. La energía liberada es aproximadamente 3×10^{-11} J para el núcleo de ^{235}U. Para 1 kg de ^{235}U es equivalente a 20,000 mega watt horas, o sea, la cantidad de energía producida por la combustión de 3×10^6 toneladas de carbón.

8   Behrens, Charles Frederick. *Atomic medicine*. University of Michigan. Williams and Wilkins. 1959. Digitized, Oct. 8, 2007.

9   Planck, Max. *L'image du monde dans la physique moderne*. Ed. Gonthier, Genève, Suisse, 1963.

10   Rabi, Isidor, "Profiles —Physicist, II", The New York Magazine, 20 de octubre de 1975.

11   Stapp, Henry. "The Copenhague Interpretation and the Nature of Space–Time", American Journal of Physics, 40, 1972, 1.098.

12   La constante de Planck cuyo símbolo es h, en la cual la constante fundamental es igual al radio de energía E de un quantum de energía en su frecuencia v: $E = hv$, con un valor de $6.626\,176 \times 10^{-34}$ J s.

13   Planck. Ed. Gonthier, Genève, Suisse, 1963.

14   Kuhn, Thomas S. "La función del dogma en la investigación científica", en Revista Teorema, Valencia, 1979.

15   $(E = hv)$.

16 Elvira, Antonio Ruiz. Trad., introd., y notas. *Cien años de relatividad. Los artículos clave de Albert Einstein de 1905 y 1906*. Madrid, Nivola, 2004, pp. 45–71.

17 Los cuantos de luz: $E = h\nu$ y $p = h\nu/c$ (ν es la frecuencia, c es la velocidad de la luz) llegando a relacionar la constante de Planck (h) y el momento (p) con la longitud de onda.

18 Eddington, Arthur S.: *La naturaleza del mundo físico* (1937), 2a ed., Bs. As., Sudamericana, 1952.

19 Elvira, Nivola, 2004, p. 189.

20 Lenard, Philipp. *Great Men of Science*. London, G. Bell and sons, 1933.

21 Kuhn. Madrid, Alianza, 1980. p. 236

22 ($E = hf$) donde "E" es energía; igual a "h", o acción universal; y "f", su frecuencia.

23 La fórmula de materia en energía.

24 El experimento Michelson–Morley tuvo lugar en 1887, por Albert Michelson y Edward Morley en Cleveland, Ohio. El mismo buscaba detectar el movimiento de la materia a través del "éter luminoso". El resultado se considera la primera evidencia contra la prevaleciente teoría del éter, lo que llevó a la relatividad.

25 Einstein, Albert. *Notas Autobiográficas*. Madrid. Alianza. 1984, pp. 24–25, 53.

26 Einstein, Ob. Cit., p. 60.

27 En su ecuación, se describe la forma $\alpha = (3/4\pi N)\ [(n^2-1)/\ (n^2 + 2)]$, donde N es el número de moléculas por unidad de volumen.

28 Einstein, *Sobre la teoría de la relatividad especial y general*, Madrid, Alianza, 1984, pp. 193–194.

29 (E) y en un campo magnético (B), con la siguiente velocidad v: $F = q\ (E + v \times B)$.

30 Es la unidad de densidad de flujo magnético, o inducción magnética del Sistema Internacional de Unidades.

31 Esta constante contenía el valor siguiente: $\mathbf{5.6697 \times 10^{-8}\ J\ s^{-1}\ m^{-2}\ K^{-4}}$.

32 Einstein, Ob. Cit., p. 51.

33 Esta energía expresada como $E = hf$, en la cual f es la frecuencia de la luz y h es la constante de Planck cuya definición para la energía de los fotones llevó a la expresión equivalente del p de tales fotones: $p = h/\lambda$, donde λ es la onda de la luz.

34 Einstein, Ob. Cit. p. 51.

35 Ídem.

36 Einstein, *Sobre la electrodinámica de cuerpos en movimiento*. Stachel, J. (ed.): Einstein 1905: un año milagroso. Cinco artículos que cambiaron la física. Barcelona, Crítica, 2001.

Barcelona, Crítica, 2001, pp. 111–112

37 Einstein, Madrid, Alianza, 1984, pp. 35–36).

38 Einstein, Madrid, Alianza, 1984, p. 41.

39 Einstein, Madrid, Alianza, 1984, p. 28.

40 Holton, Gerald. *The advancement of science, and its burdens*. Cambridge: Cambridge University Press. 1986.

41 Ídem.

42 Magie, William Francis. The Primary Concepts of Physics. *Science*, vol. XXXV, enero–junio 1912, pp. 281–293.

43 Idem.

44 Lorentz, Hendrik Antoon. *The Theory of Electrons*. Dover, Nueva York, 1954, p. 321.

45 Reichenbach, NY, Dover Publications, 1957, p. 195.

46 Russell, Ob. Cit., p. 63.

47 Bergson, Henri. Duración y simultaneidad: A propósito de la teoría de Einstein. Buenos Aires, Ed. del Signo, 2004.

48 Bergson, Ob. Cit., pág. 11.

49 Einstein, Madrid, Alianza, 1984, pp. 94–95.

50 La ecuación de energía de Einstein: $E^2 = m^2 c^4 + p^2 c^2$.

51 De ahí que en la definición de la diferencia entre materia y espacio vacío, la conservación de la energía es la conservación de M, no de m.

52 Eddington, 1952. pp. 131.

53 Smoot, George y Davidson, Keay. *Arrugas en el tiempo*. 1994, Plaza & Janes Editores, S. A., Barcelona. p. 33–34.

54 Peierls, Rudolf. *Bird of Passage: Recollection of a Physicist*. Princeton: Princeton University Press.

55 Poincaré, 1943, pp. 69–70, 76.

56 Hawking, Stephen W. A brief history of time: from the big bang to black holes. Bantam Books: New York. 1988. p. 107.

57 Einstein–Besso. *Correspondence*, Ed. P. Speziali, Herman, París 1972.

58 Bloom, Alan. *The closing of the American mind*. Simon & Schuster, N.Y., 1987.

59 Poincaré, Cap. VI, p. 97–98.

60 Hawking, 1987, p. 124.

61 Davies, Paul. *How to build a Time Machine*. Penguin–Viking, New York, 2002.

62 Einstein, Madrid, Alianza, 1984, p. 28.

63 La energía simbolizada en E, y expresada en $E = mc^2/\sqrt{(1 - v^2/c^2)}$, devendría infinita, pues la velocidad de la luz en el vacío es de $2.997\,924\,58 \times 10^8$ m s^{-1}.

64 Hawking, 1987, p. 50.

65 Para un cuerpo moviéndose linealmente con una aceleración constante a, con una velocidad u, a una velocidad v, nos lleva a la siguiente fórmula clásica: $a = (v - u)/t = (v2 - u2)/2s$ donde t es el tiempo que toma y s la distancia. Tomando la Teoría Especial de la Relatividad, la masa m de un cuerpo moviendo a una velocidad dada v se enuncia por $m = m0/\sqrt{(1 - v^2/c^2)}$, donde $m0$ es su masa en reposo y c la velocidad de la luz.

66 Eddington, 1952. pp. 141, 143 y 151.

67 Hawking, 1987, p. 129.

68 Debería creerse que $v + w$; pero, en realidad es: $(v + w) / (1 + v w / c2)$.

69 Entre los resultados de la teoría de la relatividad de mayor popularidad es la ecuación que relaciona masa, energía y velocidad: $E^2 = m^2 c^4 + p^2 c^2$ En la cual, E representa energía, "m" es la masa de la partícula, "p" es el momento de la partícula y "c" es la velocidad de la luz. La que se reduce a $E = m c^2$ cuando el momento es cero.

70 Pais, Abraham. *Subtle is the lord: the science and life of Albert Einstein*. Oxford, Oxford University Press, 1982.
71 La teoría de la relatividad especial, o restringida del matemático Hermann Minkowsky se expresa en la fórmula siguiente (**ds^2 = c^2 dt^2 – dx^2 – dy^2 – dz^2**).
72 Einstein, Madrid, Alianza, 1984, p. 18.
73 Hawking, Barcelona, Crítica, p. 52, 53.
74 Hawking, Barcelona, Crítica, p. 36, 37.
75 Hawking, Barcelona, Crítica, p. 23.
76 Hawking, Barcelona, Crítica, p. 41.

Naturaleza irracional cuántica

1 Tercera ley de Newton.
2 Zukav, Gary. *La danza de los maestros del Wu Li*. Plaza & Janés Editores, S.A. 1991, p. 94.
3 Russell, Ob. Cit., p. 443.
4 (1882–1944).
5 Koyré, Alexandre. *Del mundo cerrado al universo infinito*. Siglo XXI, Madrid, 1984.
6 *E*, energía expresada en ergios es igual a la masa expresada en gramos *mc*, multiplicada por el cuadrado de su velocidad de la luz, expresado en centímetros por segundo.
7 Einstein, Albert, Boris Podolsky y Nathan Rosen. "Can Quantum Mechanical Description of Physical Reality Be Considered Complete?". *Physical Review*, 1935, p. 47.
8 Einstein, Albert. *Philosopher–Scientist*. ed. por P. A. Schilpp, 1949, pág. 674.
9 Hawking, 1987, p. 148.
10 Hawking, 1987, p. 122.
11 Hawking, 1987, p. 165.
12 La implosión o la expansión infinita.
14 Radiancia espectral: ($RT = RT. (v). dv$).
15 1871–1937.
16 El electrón se considera una partícula elemental, clasificada como un leptón, con una masa en reposo (símbolo *me*) de **9.109 3897(54) × 10^{-31}** kgl, una carga negativa de **1.602 177 33(49) × 10^{-19}** coulomb.
17 La referida ecuación de Schrödinger es la siguiente: $\nabla^2\psi + 8\pi^2 m (E - U) \psi / h^2 = 0$ donde ψ es la función ondulatoria, ∇^2 el operador de Laplace, *h* la constante de Planck, *m* la masa de la partícula, *E* el total de energía, y *U* su energía potencial.
18 Böhr, Niels. *Nuevos ensayos sobre física atómica y conocimiento humano*. Madrid, Aguilar, 1970, p. 47.
19 Zukav, 1991, p. 124.
20 Capra, Fritjof. *El Tao de la física*. Luís Cárcamo Ed., 1992, p. 66.
21 Heisenberg, Dover, New York. 1949.
22 Idem.
25 Hawking. Cap. 11, p. 221.

24 Heisenberg, Werner Karl. *The physical principles of the quantum theory.* Translators Eckart, Carl, Hoyd, F. C. Dover, New York. 1949.

25 Schrödinger, Erwin. *Mente y materia* (1956). 4a ed., Barcelona. Tusquets. 1990.

26 Jammer, Max. *The Conceptual Development of Quantum Mechanics.* Nueva York, McGraw–Hill, 1966.

27 Broglie, Luis de. *La física nueva y los cuantos.* Ed. Losada. Buenos Aires. 1965, p. 143.

28 Broglie, Buenos Aires, 1965, pp. 144–145.

29 1711–1776.

30 McDermott, John J. (Ed.) *The Basic Writings of Josiah Royce*, 2 vols. Fordham University Press. 2005.

31 Poincaré, Espasa–Calpe, 1944, p. 72.

32 Esta ley física en la actualidad se plantea de esta forma: $F = Q1Q2/4\pi\varepsilon d2$, donde ε es la permisividad absoluta del medio interventor, $\varepsilon = \varepsilon r\varepsilon 0$, donde εr es la permisividad relativa (la constante dieléctrica) y $\varepsilon 0$ es la constante eléctrica.

33 1892–1987.

34 Schrödinger, Erwin. *La naturaleza y los griegos.* Madrid, Aguilar, 1961, p. 25.

35 Bohm, David. *Causalidad y azar en la física moderna*, UNAM, México, 1959, p. 128.

36 Patton, Lydia. *"Signs, Toy Models, and the A Priori from Helmholtz to Wittgenstein."* Studies in the History and Philosophy of Science, 40 (3): 281–289. 2009.

37 Böhr, Madrid, Aguilar, 1970. p. 3.

38 Hawking. 1987, p. 56.

39 Mc Graw–Hill. *Dictionary of Scientific and Technical Terms.* Nueva York: McGraw–hill, 1994, p. 1222 (m.27).

40 Mc Graw–Hill. 1994.

41 Hawking, 1987, pp. 100, 101.

42 Una definición en términos de probabilidades de $C(t, e)$, es decir, del grado de corroboración (de una teoría "t" relativa a los elementos de juicio e) que satisfaga los requisitos, es la siguiente: $C(<, e) = E(t, e) [1 - t - P(t)P(t, e)]$ donde $f(i, e) = [P(e, t) - P(e)] / [P(e, t) + f(e)]$. Por lo cual, $C(t, e)$ no es una probabilidad. Los enunciados "t" no son verificables no pueden llegar siquiera a $C(i, e) = C(f, i)$ sobre la evidencia empírica e. $C(t, t)$ es el grado de corroborabilidad de "i", y es igual al grado de testabilidad de "t", o al contenido de "t".

43 Einstein, México, 1973, pp. 35–37 y 108.

44 Einstein, México, 1973, p 119.

45 Hendry, Boston; D. Reidel, 1984.

46 Broglie, Buenos Aires, 1965, p. 143.

47 Hendry, Boston; D. Reidel, 1984.

48 Böhr, Madrid, 1964, pp. 40–82.

49 Planck. Genève, Suisse, 1963, p. 24.

50 Böhr, Aguilar, Madrid, 1964.

51 Graham, Farmelo. *The Strangest Man: The life of Paul Dirac.* London, Faber and Faber, 2009.

52 El anti–neutrón es la anti–partícula del neutrón, y lleva el símbolo **n**. Difiere del neutrón en que algunas de sus propiedades tiene igual magnitud pero opuesta.

53 Böhr, Madrid, 1970, pp. 67–68.

54 Böhr, Madrid, 1970.

55 Hawking, 1987, cap. 1, p. 30.

56 **(X + Y;** □ **) = (X;** □ **) + (Y;** □ **) (1)** Teorema de John von Neumann sobre la mecánica cuántica.

57 Wigner, Eugene; *Symmetries and Reflections*; Woodbridge, Ox Bow Press, 1979.

58 Hawking, Barcelona, 1987.

59 Stewart, H. Bruce y J. M. Thompson. *Nonlinear Dynamics and Chaos*. Chichester Wiley. 1986.

60 Bell, John S. *Speakable and Unspeakable in Quantum Mechanics*. Cambridge: Cambridge University Press, 1987.

61 Hawking, *Investigación y Ciencia*, n° 6, 1977.

62 Hawking, n° 6, 1977, p. 29.

El Atomo

1 Chevalier, Jean Jacques. *Los grandes textos políticos de Maquiavelo a nuestros días.* Madrid. Aguilar. 1972, p. 87.

2 1585–1642.

3 1773–1859.

4 1754–1838.

5 1804–1881.

6 1841–1929.

7 Organización del Tratado del Atlántico Norte.

8 Antiguo discípulo de Niels Böhr.

9 Pionero de la estructura atómica.

10 Bell, John S. *Physics*. 1964, I vol, p. 195.

11 Bohm, Nueva York: Bantam, 1987.

12 Stapp, Henry. *Mindful Universe: Quantum Mechnics and the Participating Observer.* Springer, 2007.

13 El 6 de enero de 1983, la revista *New Scientist*, de Londres, publicó que dos experimentos realizados por el Dr. Alain Aspect, del Instituto de Optica Teorica de Orsay, cercano a Paris, vindicaban el Teorema de Bell, al establecer una conexión cuántica en una distancia de unos 12 metros. Posteriores experimentos en criptografía han logrado detectar efectos de conexión cuántica del orden de kilómetros. Bajo la patente 771165 de los EE.UU., el Dr. Jack Sarfatti registró un prototipo de sistema de comunicación más rápido que la velocidad de la luz. Aducía que mientras que la energía no podía alcanzar la velocidad de la luz, la información, en base al Teorema de Bell, si podía.

14 El hipotético elemento subatómico conocido como takión fluye más rápido que la luz.

15 Bohm, University of London, 1974.

16 Peat, David F. *Einstein's Moon. Bell's Theorem and the Curious Quest for Quantum Reality.* Chicago: Contemporary, 1983.

17 Stapp, 29B, 1975, 271.

18 Stapp. 1971, págs. 1.303 y sigs.

19 Baxter, James Phinney. Scientists against time. Boston: Little, Brown & Company, 1946.

20 Einstein, 1949, pág. 85.

21 Negentropía es otro término para designar "orden".

22 Slapp, Nov. 1976.

23 Stapp, 40B, 1975, 191.

24 Stapp, 1971, págs. 1.303 y sigs.

25 Bohm. UNAM, México, 1959.

26 Dadas las condiciones descriptas, se establece que el número de pares $A^+ B^+$ no puede ser superior a la suma de los pares $A^+ C^+$ y el número de pares $B^+ C^+$. La desigualdad queda expresada de esta manera: $n (A^+B^+) \leq n (A^+ C^+) + n (B^+ C^+)$.

27 Bohm. UNAM, México, 1959.

28 Idem.

29 Idem.

30 Hawking, 1987, p. 145.

31 Feynman, Richard. *Six Easy Pieces: Essentials of Physics Explained by Its Most Brilliant Teacher.* Perseus Books, 1994.

32 Baxter, Boston: Little, Brown Co., 1946.

33 El radio de Hubble.

34 Feynman. Perseus Books, 1994.

35 En términos de electrón voltios obtendremos para un electrón: E (energía) $= me$ c^2 (ecuación de Einstein), $E = 9,11.10^{-33}g. \ 3.10^{11}cm/seg. \ E = 0,51.10^6 \ ev.$ Para un protón obtendremos $E = 9,39.10^8 \ ev.$ El electrón posee una energía de $0,511$ $Mev.$ El protón posee una energía de $0,9383 \ Gev.$ El neutrón tiene una energía de $0,9396 \ Gev.$). La fuerza eléctrica entre el electrón y el protón es 10^{40} más poderosa que la fuerza de gravedad entre dos partículas.

36 El radio de un átomo es de $3.10^{-10}m.$ y la masa de un electrón es de $9,11.10^{-30}$ Kg.

37 ($h = 6,55.10–27$ ergios por segundo).

38 Eddington, 1952, pp. 200–201.

39 Eddington, ob. cit. p. 87.

40 Russell, 1976, p. 396.

41 E=mc2. Donde (E) es energía expresada en ergios, que es igual a la masa expresada en gramos (mc); que al multiplicarse por el cuadrado de su velocidad de la luz, se expresa en centímetros por segundo.

42 Al doble de la masa de la partícula que es creada.

43 El mesón el eléctricamente neutral, y su espín es cero, con una masa de 5.279 $GeV.$

44 Newton, su tercera ley.

45 Anderson, Paul. Our many roads to the stars, galaxy: the best of my years. James Baen, ed., New York: Ace Books, 1980.

46 Graham, Faber and Faber, 2009

47 El anti–neutrón es la anti–partícula del neutrón, y lleva el símbolo **n**. Difiere del neutrón en que algunas de sus propiedades tiene igual magnitud pero opuesta

48 Un fotón de luz visible posee una energía de 10 Mev., y carece de masa.

49 El radio de un protón oscila alrededor de $8.10^{-16}m$.

50 El radio de un núcleo típico es alrededor de $3.10^{-15}m$.

51 Hawking, 1987, p. 70.

52 La partícula hyperón es un barion que contiene uno o mas quark estraños. El Lambda hyperon es una energía en reposo.

53 Las partículas se identifican de la manera siguiente: p = protón, n = neutrón, α = particular Alfa, γ = fotón (rayo gamma), e^- = electrón, νe = electrón neutrino, d = deuterón ^2H, $e+$ = positrón, etcétera.

54 Un Hadrón es una partícula subatómica formada por quarks que permanecen unidos debido a la interacción nuclear fuerte.

55 Holt, J. R. "James Chadwick at Liverpool". *Notes and Records of the Royal Society of London*, 48 (2) 299–308. July 1994.

56 En la década de los 1950 tanto Chen Ning Yang y Robert L. Mills intentron generalizar el concepto de simetria espiral, retro–rotatorio, a las simetrias de la interacción nuclear fuerte. También llamada simetría de Isospín.

57 El Ypsilón es una partícula formada por un quar b y un anti–quark b.

58 El acelerador de partículas es un dispositivo lineal que utiliza campos electromagnéticos para acelerar partículas cargadas hasta altas velocidades, y así, colisionarlas con otras prtículas, para generar una multitud de nuevas partículas que casi siempre son muy inestables y duran menos de un segundo.

La complejidad

1 Teorías doctrinas, ideologías.

2 Morín, Edgar. *La epistemología de la complejidad*. Gazeta de Antropología, CNRS, París, 2004.

3 Benemelis. Benya Publishers. Miami, 2008.

4 Como el quark en el caso de las partículas.

4 Myers, Norman (Ed.). *Gaia. An Atlas of Planet management*. Nueva York: Double–day. 1984.

6 Sheldrake, Alfred Rupert. *A new science of life*. Los Ángeles: J. P. Tarcher. 1981.

7 Como el nitrógeno, el metano, el sulfato, etcétera.

8 Antebi Elizabeth y David Fishlock. *Biotechnology. Strategies for Life*. Cambridge: MIT Press. 1988.

9 Benemelis, Juan. *Paradigmas y Fronteras. Al Caos con la Lógica*. Editorial Plaza Mayor. San Juan Puerto Rico. 2003.

10 Ward, John C., Memoirs of a Theoretical Physicist. *Optics Journal*, Rochester, New York, 2004.

11 Benemelis, Ed., Plaza Mayor. Puerto Rico. 2003

12 Wigner, Eugene; Symmetries and Reflections; Woodbridge, Ox Bow Press, 1979

13 Flanagan, Brian O. *The Science of the Mind*. Cambridge: MIT Press. 1984.

14 Locke, Steven y Douglas Colligan. *The Healer Within*. Nueva York: New American Library. 1988.

15 McGuire, William (ed.) *The Freud–Jung Letters*. The Correspondence between Sigmund Freud and C. G. Jung. Ralph Manheim y R. F. Hull (trads.) en Bollingen Series. Princeton: Princeton University Press. No. 94. 1974.

16 Jung, Carl G. *La interpretación de la Naturaleza y la Psique*. Paidós. 1984, cap. I, p. 28.

17 Penrose, Roger. *Shadows of Mind. A Search for the Missing Science of Consciousness*. Oxford: Oxford University Press. 1994.

18 OVNI: Objetos Volantes No Identificados.

19 Strogaz, Steven. *The Emerging Science of Spontaneous Order*. Hyperion, 2003.

20 Kegan Paul. David F. Peat. *Science, Order and Creativity*. Nueva York: Bantam, 1987.

21 Benemelis. Benya Publishers. 2003.

22 Pietsch, Paul Shufflebrain. *The Quest for the Hologramic Mind*. Boston: Houghton Mifflin. 1981.

23 I Ching. Princeton University Press. 1977.

24 Hawking, 1987, p. 15

25 Idem.

26 1853–1932.

27 Eddington, Bs. As., 1952. p. 41.

28 Poincaré, Madrid: Gutenberg, 1907.

29 Por lo menos en el Sistema Solar.

30 Kellert, Stephen H. *In the Wake of Chaos*, Chicago: The University of Chicago Press, 1993, p. 15.

31 Prigogine. Tusquets, 3ra. Ed., 1993.

32 Prigogine. *La Nación On Line* (1998).

33 Gardner, Martin. *The New Ambidextrous Universe: Symmetry and Asymmetry from Mirror Reflections to Superstrings*. Dover Publications. 2005.

Sincronía cósmica y mundos paralelos

1 Guth, Alan H. y Paul J. Steinhardt, "The Inflationary Universe", Scientific American, mayo de 1984; y Andrei Linde, "The Self–Reproducing Inflationary Universe", November 1994.

2 Luminet, Jean–Pierre, Glenn D. Starkman y Jeffrey R. Weeks, "Is Space Finite?"; Scientific American, abril de 1999.

3 Musser, George, "Been There, Done That", Scientific American, marzo de 2002. Montesquieu. *Del Espíritu de las Leyes*. México D.F. Porrúa. 1987.

4 Feynman. Perseus Books, 1994.

5 Pauli, Wolfgang Ernst. *Theory of Relativity*. New York. Dover Publications. 1981.

6 El Universo natural.

7 Capra. Luís Cárcamo Ed., 1992.

8 4×10^{33} ergios por segundo.

9 Hawking, 1987, p. 139.

10 Hawking. 1987, p. 141

11 Hawking, 1987.

12 Kerr, Roy & Kip Thorne. Physical Review Letters, vol. 71, p. 2517. *New Scientist*. Cambridge Relativity and Cosmology. Public home pages.

13 Barrow, John D. *Impossibility: the limits of science and the science of limit*. Oxford University Press, Inc., 1999.

14 Gödel, Kurt. *Collected Works*: Oxford University Press: New York. Editor–in–chief: Solomon Feferman. 1986.

15 Singh, 1982, 300.

16 Morín, CNRS, París, 2004.

17 Kerr, Appl. Math. 17: 119.

18 Los agujeros de gusanos llamados también puentes Einstein–Rosen.

19 10^{19} mil millones de electrón voltios.

20 Russell, Madrid, Taurus, 1976, p. 382.

21 Bai–Lin, Hao. *Chaos*. Singapore: World Scientific. 1984.

22 Sheldrake, Rupert. A new science of life. Los Angeles: J.P. Tarcher. 1981

23 Swedeborg, Emanuel. *The Universal Human and Soul–Body Interaction*. George F. Dole (ed. y trad.) Nueva York. Paulist Press. 1984.

24 Bohm, Routledge. 1980.

25 Discurso pronunciado el 6 de abril, 1977, en la Universidad de California, en Berkeley, California.

26 Idem.

27 Bohm, 1980.

28 Discurso, Berkeley.

29 Zohar, Danah. *La conciencia cuántica*. Plaza & Janés Editores S.A., 1990.

30 Tegmark, S.A., febrero 2003t.

31 El número de Avogadro se refiere al número de entidades elementales, como átomos, eletrones y demás, que existen un una porción (un mol) de cualquier sustancia. La ecuación sería la siguiente: **1 mol = 6,022045 x 10^{23}**.

32 Tegmark, Max y John Archibald Wheeler, "100 Years of Quantum Mysteries", Scientific American, febrero de 2001.

33 Idem.

34 El experimento de la doble ventana de Thomas Young fue realizado en 1801 buscando discernir sobre lanaturaleza corpuscular u ondulatoria de la luz, al difractarse en el paso por dos rejillas, contribuyendo a la teoría ondulatoria de la luz.

35 http://actualidad.rt.com/ciencias/view/122913–

36 Deutsch, David. "El Mundo es bizarro", *Der Spiegel*, 11–2005.

37 Albrecht, Andy citado por Zeeya Mreali en Parallel universes make quantum sense, *New Scientist Magazine*, issue 2622, 21 September 2007.

38 Guth, S A, mayo 1984.

39 Hawking, 1987, p. 15.

40 El experimento Bicep–2.

41 Tegmark, febrero 2001.

42 Singh, 1982, 300.

43 Se llega a la conclusión de que, dado un acontecimiento "x" en un tiempo "t", existirán en los tiempos contiguos acontecimientos muy análogos al primero.

Esto se simboliza diciendo que si existe un acontecimiento *"x"* en un tiempo *"t"*, existirá en cualquier otro tiempo contiguo *t* + *dt*, otro acontecimiento: *x* + *f1(x) dt* + *f2(x) dt2* siendo *f1(x)* una función continua en el tiempo, en tanto que *f2(x)* viene determinada por las ecuaciones diferenciales del segundo orden de la física.

44 Ídem.
45 Ídem.
46 Idem.
47 Bohm, Routledge. 1980.
48 El considerado sentido común anglosajón.
49 Wilber, Ken. *El paradigma holográfico.* Ed. Kairos, S. A., 1987, págs. 14–15.
50 Idem.
51 Bohm, Londres. 1980.
52 Pribram, Karl H. Quantum holography: Is it relevant to brain function? *Information Sciences*, 115 (1–4), 97–102, 1999.

El Caos, la naturaleza y la vida

1   El matemático francés René Frederic Thom, inventor de la teoría catstrófica a partir de fenómenos no predecibles, a su vez, experto en topología y la geometría de objetos abstractos.
2   Biofísico, estatal, social, solar, galáctico.
3   Schifter, México. 1996.
4   Estocástico.
5   Bonev, Ivan Ivanov. *Teoría del caos.* www.cibernous.com.
6   Koblitz, Ann Hibner. *A Convergence of Lives: Sofia Kovalevskaia, Scientist, Writer, Revolutionary.* Rutgers University Press, 1983.
7   Poincaré, Madrid: Gutenberg, 1907.
8   Ídem.
9   Por lo menos en el Sistema Solar.
10 Gleick, James. *Chaos. Making a New Science.* Nueva York: Viking and Penguin. 1987.
11 Sundman, Karl Frithiof. Recherches sur le problem des trois corps, Acta Soc. Sci. Fenn. 34 No. 6, 51. (Citado por A. G. Kusnirenko, 1981).
12 Birkhoff, George David. Basic Geometry, Three Public Lectures on Scientific Subject: Delivered at *The Rice Institute*, March 6, 7 and 8, 1940.
13 Kolmogorov, Andrey N. Foundations of the Theory of Probability. Second English Edition, translation edited by Nathan Morrison, Chelsea Publishing Company, New York, 1956.
14 Lyubich, Mikhail. Feigenbaum–Coullet–Tresser universality and Minor's Hairiness Conjecture. Annals of Mathematics, 149 (3–4) 319–420. 1999.
15 Sharkovski, Alexander Nikolaevich. *Dynamics of One–Dimensional Map.* Springer Netherlands. 2009.
16 Bai–Lin. Hao. Singapore, 1984.
17 Schifter, Isaac. *La ciencia del caos.* Fondo de Cultura Económica, México. 1996.

18 Los experimentalistas manipulan sustancias en proporciones constantes, que un día arrojan **3.001** y al siguiente **3.003**, y luego **2.998**, promediándolas finalmente a un radio de **3 x 1** porque la variabilidad mili–decimal para nuestra parecer galileano no cuenta en lo absoluto.

19 Lorenz, Edward. "Deterministic Nonperiodic Flow" en Journal of the Atmospheric Sciences 20, 1963

20 Idem.

21 Ídem.

22 Gleick, NY: Penguin. 1987.

23 Chiasson, Phyllis. *Pierce's Pragmatism: The Design for Thinking.* Values Inquiry Book Series. Rodopi, 2006, p.46.

24 Bertalanffy, Karl Ludwig Von Bertalanffy. *General System Theory. Foundations, Development, Applications.* New York. George Braziller, 1950.

25 El comportamiento errático tiene lugar por un desvío no- lineal en el flujo de energía hacia o desde un oscilador simple.

26 Bai–Lin. 1984.

27 Gleick. 1987, p. 134.

28 Bonev, Cibernous.com.

29 Se trata de reiterar una función $f: z \longrightarrow z2 + c$ en un plano donde un eje representa los números reales y el otro los complejos. Lo que se obtiene es una figura (que depende del parámetro "**c**" de infinita complejidad, pues por muchas ampliaciones que se hagan siempre siguen surgiendo detalles nuevos.

30 Robin, Richard S. *Annotated Catalogue of Charles Sanders Peirce.* Amherst: University of Massachusetts Press, 1967.

31 Ditto, William L. y Louis M. Pecora. "*Mastering Chaos*", Scientific American, agosto 1993, pp. 62–8.

32 El rojo es una radiación de ondas entre las 620 y las 800 mil millonésimas de partes del metro.

33 Gleick, 1987, pp. 166-167.

34 Gallie, Walter Bryce. *Peirce and Pragmatism.* New York: Dover Publications, Inc., 1966, p. 238.

35 Ídem.

36 Baker, Gregory I., y Jerry P. Gollub. *Chaotic Dymanics. An Introduction.* Nueva York: Cambridge, Cambridge University Press, 1961.

37 Blackmore, John, Ludwig *Eduard Boltzmann – His Later Life and Philosophy, 1900–1906.* Book One: A Documentary History, Kluwer, 1995.

38 Prigogine, Tusquets, 1993.

39 Prigogine, Tusquets, 1993.

40 Prigogine, Tusquet, 1993.

41 Poincaré, Paris: Flammarion. 1906.

42 Como Fobos y Deimos en Marte, o Nereida de Neptuno.

43 Peterson, Ivars. *Newton's Clock; Chaos in the Solar System.* W.H. Freeman and Company. New York; 1993

44 La Nube de Oort es una nube de cometas que se cree se encuentra en el límite del Sistema Solar, a una distancia aproximada de 100.000 UA.

45 El cinturón de Kuiper recibe su nombre en honor al astrónomo norteamericano Gerard Kuiper, padre de la moderna ciencia planetaria, que predijo su existencia en los años 1960, treinta años antes de las primeras observaciones de estos cuerpos celestes.

46 El astrónomo Duncan Steel ha declarado que se han identificado más de 200 cráteres de impactos alrededor del planeta.

47 Frederick Reines (16 de marzo de 1918 – 26 de agosto, 1998) fue un físico norteamericano que recibió el premio Nobel de física en 1995 por su co–detección de la partícula neutrino.

48 La energía del viento solar es equivalente a 10 trillones de toneladas anuales; 81,000,000 de GigaWats de energía solar diaria por persona recibe el planeta, que en la actualidad se pierde en el espacio estelar.

49 Raup, David M. *Extinction, Bad Genes or Bad Luck?* Nueva York: W. W. Norton. 1992.

50 Chiasson. 2006, page. 46.

51 Penfield, Wilder. *The Mistery of the Mind: A Critical Study of Consciousness and the Human Brain*. Princeton, N.J.: Princeton University Press, 1975.

52 Prigogine. Tusquets, 3ra. Ed., 1993.

53 Clima, alimento, esfuerzo físico, etcétera.

54 Bonev. Ob. Cit.

55 Lewontin, Richard C., Steven Rose y Leon J. Kamin. *Not in Our Genes*. Nueva York: Pantheon. 1984.

56 Milne, David H., Davo M. Raup, John Billingham, Karl Niklas y Kevin Padian. "The Evolution of Complex and Higher Organisms", en *NASA Special Publication,* SP–478. Washington, D. C.: NASA. 1985.

57 Mulhall, Douglas. *Our Molecular Future: How Nanotechnology, Robotics, Genetics, and Artificial Intelligence Will Transform Our World*. Editorial: Prometheus Books, Amherst, New York, 2002.

58 Drexler, K. Eric. *Engines of creation: the coming era of nanotechnology*. New York: Doubleday. 1987.

59 Chiasson. 2006, p. 264.

60 Ídem.

61 Chiasson. 2006, p. 101.

62 Dossey, Larry. Space, time & medicine. Shambhala, Boulder & London. 1982.

63 Toffler, Alvin. *The Third Wave*. Bantam Books, USA, 1980.

64 O entre varias células en organismos más desarrollados.

65 Kellert, p. 15.

66 Prigogine. Tusquets, 3ra. Ed., 1993.

67 Prigogine. *La Nación On Line* (1998).

68 Gardner, Martin. *The New Ambidextrous Universe: Symmetry and Asymmetry from Mirror Reflections to Superstrings*. Dover Publications. 2005.

69 Schifter, México. 1996.

70 Böhr, Cambridge, 1961.

71 Nominado como período K/T.

Fractal, turbulencia y Holografía

1 Baker, NY. 1990.
2 Capra, Luís Cárcamo Ed., 1992.
3 May, Robert M. "Simple mathematical models with very complicated dynamics". *Nature* 261, 459–467 (10 June 1976).
4 Steward, Ian. *Goes God Play Dice? The New Mathematics of Chaos.* Wiley–Blackwell; 2 edition, February 26, 2002.
5 Gleick. NY, Viking, 1987.
6 Kellert, Chicago, 1993, p. 2.
7 Bonev. Ob. cit.
8 Bonev. Ob. cit.
9 Gleick. NY, Viking, 1987.
10 Kauffman, Stuart A. *Origins of Order Self–organization and Selection in Evolution.* Oxford: Oxford University Press. 1993.
11 1860–1948.
12 1910–1986.
13 Hausdorff, Felix. *Set Theory.* AMS Chelsea Publishing. 2005.
14 La distribución estadística se transforma en fractal si el número de "objetos" " N posee una dependencia fraccional del valor inverso, en la dimensión lineal de los objetos, o sea en la fórmula r. $N \sim r^{-D}$ donde $^{-D}$ es la dimensión fractal.
15 Del latín *fractus*.
16 Mandelbrot, Benoit. *The Fractal Geometry of Nature.* Nueva York. Freeman. 1977.
17 Así, un fractal que produce patrones auto–similares complejos en términos matemáticos contiene una carga de valor de c lo cual hace que las series $zn + 1 = (zn)2 + c$ convergen, donde c y z son números complejos y z comienza en el origen $(0,0)$.
18 Ivanov. http://www.cibernous.com/
19 Feigenbaum, 149 (3–4) 319–420. 1999.
20 Gleick. NY, Viking, 1987.
21 Karagulla, Shafica. *Breakthrough to Creativity.* Marina Del Rey: De Vorss. 1967.
22 Peitgen, Heinz–Otto y Peter H. Richter. *The Beauty of Fractals.* Berlin: Springer Verlag, 1986.
23 Idem.
24 Edwin Powell Hubble fue un astrónomo norteamericano que realizó algunos de los más importantes descubrimientos de la astronomía moderna.
25 Bosques, desiertos, vientos, el fuego, los rayos, el sistema vascular, los océanos, islas, continentes, etcétera.
26 Ruelle, David Pierre. *The Mathematician's Brain. A personal Tour Through the Essentials of Mathematics and Some of the Great Minds Behind Them.* Princeton University Press. 2007.
27 Un fluido en movimiento hacia una turbulencia caótica tenía lugar en una definida y crítica velocidad del fluido.
28 Sea físico, químico, astronómico o social.
29 Gleick. NY, Viking, 1987.

30 El efecto Coriolis, donde los proyectiles se curvan hacia la derecha en cada Hemisferio, norte y sur.

31 Yuan, Hunag C., y B. M. Lake. "Non–linear Deep Waves", en *The Significance of Non–linearity in the Natural Sciences*, de B. Kursunoglu, A. Perlmutter y I. F. Scott (eds.) Nueva York: Plenum. 1977.

32 Tritton, David John. *Physical Fluid Dynamics*. Oxford: Oxford Science Publications. 1988.

33 Brand, Stewart. The media lab: inventing the future at MIT. NY: Penguin Books, 1988.

34 Lorenz, Vol 62, No. 5, pp. 1574–1587.

35 A modo de ejemplo incluimos el famoso atractor de Henon, con sus sucesivas ampliaciones: $f: (x, y) \rightarrow (0.3\,y, 1 + x - 1.4\,y^2)$.

36 Swinney, Harry and Qi Quyang. Transitions to chemical turbulence. *Chaos: An Interdisciplinary Journal of Nonlinear Science*, Volume 1, Issue 4, December 1881, pp 411–420.

37 Como la historia, la circulación sanguínea, el desarrollo fetal, el comportamiento de las poblaciones, la producción fabril, etcétera.

38 Percival, Ian, Michael Berry y Nigel Weiss (Eds.). Dynamical Chaos. Princeton. Princeton University Press. 1987.

39 Penfield, Princeton. 1975.

40 Pribram; ob. Cit.

41 Lao–Tse. HTML. 1999, 2000.

42 Huxley, Aldous. *La Filosofía Perenne*. Ed. Edhasa, 1992. Pág. 7.

43 Huxley, 1992. Pág. 8–9.

44 *E*, energía expresada en ergios es igual a la masa expresada en gramos *mc*, multiplicada por el cuadrado de su velocidad de la luz, expresado en centímetros por segundo.

45 Gribbin, John. Blinded by the light. The secret life of the Sun. Harmony Books: NY. 1991; pp. 146–147.

46 Penfield, Princeton. 1975.

47 Chevalier. Madrid. 1972. p. 87.

48 El sonido se propaga por el aire a la velocidad de 340 metros por segundo. Los líquidos lo transmiten con mayor rapidez; la velocidad del sonido en el agua es de 1,425 metros por segundo.

49 Alfven, Hannes Olof Gosta. "Cosmology in the Plasma Universe. An Introductory Exposition". IEEE *Transactions on Plasma Science* 18: 5–10.

50 Peat, David F. *Synchronicity. The Bridge between Mind and Matter*. Nueva York: Bantam. 1987.

51 Hawking, 1987, p. 142.

52 Needham, Noel Joseph. *Science and Civilisation in China*, Volume V. Cambridge University Press. 1988.

53 Penrose. Oxford University Press. 1994.

54 Longchenpa, Rambjampa. "The Natural Freedom of Mind", trad. Herbert Guenter, Crystal Mirror, vol. 4, 1975, pág. 125.

55 Esta cita fue hecha en el Fundamental Group Physics, Lawrence Berkeley Laboratory, 21 de noviembre 1975 (en el curso de un intercambio de impresiones informal) por el doctor F. Capra, colega del doctor Chew.

56 Scheler, Max. *El puesto del hombre en el cosmos.* Tauro, Bs. As., Losada, 1928.

57 Se ha creado en laboratorio pequeñas cantidades de energía negativa creada por discos paralelos: el Efecto Casimir.

58 Como ejemplo tenemos al big–bang, que se expandió mucho más rápido que la velocidad de la luz.

59 Heisenberg, Dover, New York. 1949.

60 Hawking, Ob. cit., p. 142.

61 Ïdem.

62 Formulada por el astrónomo alemán Heinrich Wilhelm Olbers.

Otros títulos de Neo Club Ediciones

El salto interior
(Colección Ensayo)
Ángel Velázquez Callejas

Ojos de Godo rojo
(Colección Narrativa)
Manuel Gayol Mecías

Mi tiempo
(Colección Biografías)
Humberto Esteve

Para dar de comer al perro de pelea
(Colección Poesía)
Luis Felipe Rojas

Anábasis del instante
(Colección Poesía)
Tony Cuartas

Erótica
(Colección Narrativa)
Armando Añel

Hábitat
(Colección Poesía)
Joaquín Gálvez

Café amargo
(Colección Poesía)
Rafael Vilches

El verano en que Dios dormía
(Colección Narrativa)
Ángel Santiesteban Prats

Siete historias habaneras
(Colección Narrativa)
Augusto Gómez Consuegra

Toca al corazón que late
(Colección Poesía)
Nilo Julián González

Revolución a la carta
(Colección Testimonio)
Víctor Manuel Domínguez

121 lecturas
(Colección Crítica)
José Abreu Felippe

Así lo quiso Dios y otros relatos
(Colección Narrativa)
Orlando Freire Santana

www.ingramcontent.com/pod-product-compliance
Lightning Source LLC
Chambersburg PA
CBHW070850180526
45168CB00005B/1760